国家出版基金项目

NATIONAL PUBLICATION FOUNDATION

中国空间规划与人居营建

武廷海 著

中国城市出版社

清华大学建筑学院教授　两院院士　吴良镛　题

毛益千圖

临周以伯尊抚片弄

延濤教授書

吴良镛

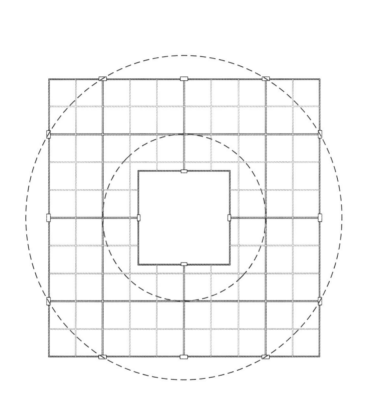

匠人营国图

《考工记》云：「匠人营国，方九里，旁三门。国中九经九纬，经涂九轨。」从城方九里、九经九纬可知，九里十分，每分二百七十步；四旁各三门，分别居于城墙二五八等分处。城墙和城门位置较为精准地确定内外两个圆。外圆经过临近四个城角的八个城门，内圆内切于中央大方，外圆半径是内圆半径的两倍。匠人营国空间结构形态中矩又中规。

体国经野图

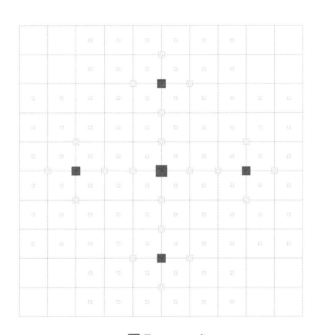

县　乡

亭　里

《周礼》云体国经野。秦汉以来一县大致相当于一个国野单元。《汉书》称，大率县地方百里，十里一亭，十亭一乡。一县之地方百里，设四到五个乡，一乡设四到五个亭，亭乡并非完全均匀分布，主要集中于县城周边及四方大道，大致呈五方模式。县域四境往往是山川画界，人口稀疏。

城邑天下图

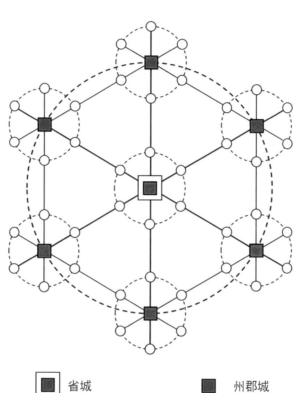

- 🔲 省城
- ○ 县城
- ■ 州郡城
- ── 道路

自秦汉行郡县制以来，行政区划就是以不同等级的治所为圆心，以相应统治能力为半径的规画。在不同空间层次，城市对周围山水都具有统率性。《地理人子须知》云：「（山水）聚会愈多则局势愈阔，局势愈阔则结作愈大，上者为畿甸、省城，次者为郡，又其次者为州邑，又其次者为市井乡村基址，莫不各以聚之大小以别优劣。」

自序

1995 年，我师从清华大学建筑学院吴良镛先生，学习人居环境科学。1999 年毕业后遵师嘱留校执教，研究中国人居史与规划历史理论。中国人居规划设计思想浩阔、方法独到，人居环境建设达到了很高的技术与文化水准，但是长期以来对空间规划与人居营建的理论与方法缺乏应有的总结、提炼与论述。二十多年来，我对这个学术领域情有独钟，孜孜以求，陆陆续续有所心得与体会，兹以《规画：中国空间规划与人居营建》为题，整理出版。为了便于读者理解，先将个中来龙去脉，简要叙述如下，权当"自序"。

　　发现"规画"，偶然之中有必然。2008 年研究隋唐都城规划时，见《隋史·宇文恺传》记载"凡所规画，皆出于恺"，突然眼前一亮。众所周知，中国古代很少使用"规划"（规劃）一词，在规划学科长期隶属于建筑学的学术背景下，常用"营建"来表述"规划"的含义。事实上，规划不仅仅是建设，更重要的是从"地"到"城"，用"规画"（规畫）来表达更为贴切。宇文恺究竟如何开展"规画"工作？从此，我开始了对中国古代规画的研究，努力从规划师的角度，探索城市建成环境或形态背后由"地"到"城"的规划过程。规画复原要综合考虑规划师（planner）、规划过程（planning）及其规划成果（plan，规划图），这种三"规"合一，实现了从建筑史或营建史到规划史的关键转换。

　　"规画"，顾名思义，就是以"规""画""圆"。中国古代城市的基本形态是"方"，又何必"规画"？隋大兴城规画研究表明，由"地"到"城"的过程实际上包括对"相地"与"营城"的综合思考，人居选址与功能区布置需要结合地理环境条件，讲究中规矩或合法度。规画就是通过"画""圆"来"正""方"，具有"立极 – 为规 – 正方"的程序性特征。宇文恺隋大兴城规画复原工作，不只是在城市形态研究上实现了从"方"到"圆"的转变，更重要的是实现了从形态研究到过程研究的转变，符合从"地"到"城"的客观规划过程。这是我做的第一个可重复的规画复原案例，成果发表于《城市规划》2009 年第 12 期。

面对几乎空白的规画研究，如何自觉地进一步加以推进？我想起 2001 年随吴良镛先生去剑桥大学讲学时，协助整理纪念梁思成先生诞辰一百周年的文章，吴先生告诉我，1930 年代梁先生研究中国古代建筑史时，为了注释天书《营造法式》，采用了案例实证与文献解读相结合的溯源式研究方法。梁先生开拓性的研究成果后来获得了国家自然科学一等奖，答辩时吴先生专门介绍了这种先进的科学研究方法，我听了有醍醐灌顶之感。运用科学方法论，应该可以得到新发现，于是决定在隋大兴城研究基础上，继续对规画进行溯源式探索。

隋唐以前属于南北朝时期，比较典型的都城有南朝建康（今南京）、北魏平城（今大同）与洛阳。我对南京比较熟悉，在那里度过了七年的求学时光，比较之下便选择了六朝建康作为研究对象。南京是典型的山水城，规划讲究"因天材就地利"。研究过程中，我体悟到规画要以"大地"为依据，规画复原时将"大地为证"与王国维先生提倡的"二重证据法"（历史文献记载与田野考古资料）相结合，这种"三证合一"的研究方法，追求城建历史与规画逻辑的统一，符合中国都邑规画追求科学性、技术性与艺术性的特征。2011 年著述《六朝建康规画》，将规划过程总结为"仰观俯察 – 相土尝水 – 辨方正位 – 计里画方 – 置陈布势 – 因势利导"，借鉴西晋裴秀的"制图六体"，称之为"规画六法"，在研究方法上有所创新，结论也具有较强的说服力。

六朝建康规画复原后，我又以余勇追穷寇，继续探索中国早期规画方法。2013 年得到国家自然科学基金资助，与中国社科院考古研究所王学荣研究员合作，开展基于规画理论的秦都咸阳规划设计方法与技术研究。秦始皇陵是十分难得的大规模秦代建筑遗存，并且保存质量好，研究从"若都邑"的秦始皇陵规画复原入手，自觉地运用规画六法，按图索骥，对秦始皇陵选址与营建进行了别开生面的解释。通过秦始皇陵的规画复原，我深刻体会到两个鲜明的规画技法：一是在仰观俯察、相土尝水、辨方正位的基础上，提炼出通过"山川定位"立轴线的做法，对秦始皇陵朝向与秦都咸阳轴线提出新的认识；二是"形数结合"，自觉建立考察秦始皇陵的尺度体系，并找到了帝陵营建时期的量地尺，揭示了秦始皇陵与自然环境之间的形态、数量关系及其内在的统一。

规画的对象是人居环境，规画的源头滥觞于人居起源与人居概念形成的过程之中。现代考古学已经初步揭示了中国万年文化史与五千余年文明史，为我们认识中国人居史与规划史提供了科学基础，也为中国传统思想中天地人关系再认识提供了新契机。我尝试将古典文献老子《道德经》作为人居材料进行新解读，原创性地揭示了"无有"这个中国传统空间概念，以及"道生万物 / 人法自然 / 知常乃久"生成论与生存之道，承蒙清华大学吴彤教授推荐，后者发表于《系统科学学报》2020 年第 4 期。凡此，对于我们认识中国人居概念与规画观念之本质及其文化特色，具有重要的启发意义。

规画涵盖从地到城的技术过程，相地是人居的前提和基础。中国古代相地历史悠久，从日常所居的宅到更大规模的聚、邑、都，相地经验十分丰富乃至芜杂。综合考虑中国人居相地实践与相地文献记述，我总结提炼出"地宜－形法－风水"相地范式转型历程，在 2017 年 12 月香山科学会议第 617 次学术讨论会上，以"相地之相"为题进行报告，北京大学唐晓峰教授在评论中予以肯定，认为这是运用人居概念进行全局性认识，进而对传统相地技术与方法的大总结，给我莫大的鼓励。历史与逻辑的统一，也成为规画研究中的一个基本追求。

规画研究有一个绕不开的话题，就是对《考工记·匠人营国》的解释。如果作为一种新范式，规画就必须有效解释中国城市规划史上的一个学术难题，即匠人营国作为一种制度规范具有举足轻重的地位，但是事实上其具体运用却十分有限。贺业钜先生《考工记营国制度研究》《中国古代城市规划史》，与郭湖生先生《中华古都》关于匠人营国观点之激烈冲突，就是这个难题的典型表现。我将这个难题分解为两个基本问题：一是《考工记》的成书年代，二是具体的匠人营国图式。研究发现《考工记》是关于"考工"的"记"，"考工"即"巧工"，以"考工"为书名强调的是"工有巧"，进而证明《考工记》成书于西汉前期，书中的基本材料可能源自先秦乃至秦与汉初，这些文献材料对于研究成书以前科技发展与城市规划建设具有重要史料价值，有关成果发表于《装饰》2019 年第 10 期。研究还发现，《考工记·匠人营国》文本通篇皆言"数"，从城、门、涂、祖、社、朝、市等空间位置关系，以及明确的数字和计量单位，可以定量刻画匠人营国的空间结构形态，称之为匠人营国图。《考工记·匠人营国》是记述中国古代"方城"传统的经典文本，规画研究揭示了其"中规""中矩"的特征，在方形背后实际上隐藏着一种圆形的结构，方圆的图式是统一的。

　　实际上，匠人营国图只是方圆相割的规画图式的一个特例。方圆相割图源自井田格网，蕴含十二方位体系，凝聚着古老的天圆地方、天覆地载等思想观念，体现着中国早期宇宙观，至迟战国秦汉时期，方圆相割图案已经较为广泛地出现在器物形态与图像中，从文化结构的深层影响着古代都邑的规画。秦汉以来，随着帝制国家的建立，都城作为天子之都，其规画不仅要"法地"，而且崇尚"象天"，譬众星之环极，形成"天下 – 天子之都 – 象天设都"的基本逻辑。关于秦都咸阳象天法地的研究成果，发表于 Science Bulletin（《科学通报》英文版）2016 年第 11 期。

规画从"地"到"城"的过程，实际上是"地→圆→方→城"的过程，规画复原就是从"方"探寻"圆"，揭示规画之"规"。在规画图落地时，由于地理尺度宏大，实际上不可能在大地上进行画圆，因此需要通过化圆为方，将蕴含哲学理念的方圆形态关系转化为具体数量关系，通俗地讲，要把规画图转化成计里画方"数格子"，这与中国建筑史上，傅熹年先生等总结的"模数制"是衔接的。将哲学理念融入城市营建过程，即"哲学理念－规画图式－形数转换－落地营建"，是古代中国取得伟大营建成就的一个技术性前提，或者说中国规画对营建成就的一个贡献。2020年以来，在国家自然科学基金资助下，我主持开展面广量大的府县城市规画研究，发现规画理论、方法与技术的简单易明与其广泛应用互相辉映。原本方正的城市平面，在圆形的规定下，呈现出唯一确定的几何美，规画具有实用、理性、美观的品质。

　　人居天地间，"画圆以正方"所蕴含的"立极－为规－正方"过程，与从"地"到"城"的"规画六法"，相辅相成、相得益彰，共同构成"规画术"的完整内涵。揭示中国古代都邑规画理论与技术方法，发掘典型案例所承载的规画遗产价值，可以为当代空间规划与人居营建特别是历史文化遗产保护利用提供科学基础。运用规画理论与方法，我主持完成了世界文化遗产秦始皇陵国家考古遗址公园规划、国家历史文化名城扬州唐子城规划等重要规划研究，支撑了雄安新区规划（工作营）、黄帝陵国家文化公园规划设计等标志性成果。有关元大都明清北京城的规画研究，可以为北京老城整体保护与中轴线申遗工作提供借鉴。

　　总体看来，中国规画植根于中华大地与中华文明的深厚土壤，体现追求天地人和谐的中华民族精神，是科学、技术与艺术的综合结晶。以规画的眼光看待中国空间规划与人居营建，似乎都含着一种大自然的美，并且是全尺度的，从数百里范围的山河形势，到城市生活圈内的自然风光，乃至城市内部低头不见抬头见的山水，都反映出中国规画的讲究与高明。规画之完美实为文化高明之象征，纵观历史，每个文化强盛的时代，往往都有伟大的规画以容纳和表现着丰富多姿的生命和生活。规画是中华民族文化的瑰宝，规画价值的发掘、展示与利用可能需要几代人艰苦的努力。希望《规画：中国空间规划与人居营建》一书能为更好地认识中国规画，为建设美丽国土与美好人居，乃至提高对中华文明的认识，促进中华民族文化自信和文化繁荣提供有益的借鉴。

武廷海
于清华园
2020 年 12 月 13 日

目录

概述

第一章　人居：作器成物，物返其宅

第二章　为治：参赞天地，设官治民

第五章　风水：藏风得水，形止气蓄

第六章　巧工：天地材工，作巧成器

第七章   规画：山川定位，法地作城

第八章　象天：参天营居，太紫圆方

结语

概述

人类历史进程中，总会有一些特殊的年代，有一系列重要的事件接二连三地发生，注定要成为历史的分水岭。远的不说，2020年就是这样的年代，人类经历百年未遇的重大疫情，世界百年未有之大变局向纵深演变。随着人类社会的演进，2020年作为历史进程中的一个地标，非但不会模糊，而且还会不断显现其广泛而深远的影响。

　　肆虐全球的新冠肺炎疫情，促使人们冷静地反思生产、生活与生命，如何才能在这个小小的星球上安然栖居？当宅居、社区控制，乃至封城成为控制疫情的有效手段，当在地的"居"成为最后的避难所，中国人居及其规划设计智慧特别值得重新审视。

　　《规画》谋篇布局已久，但是成文于2020年全球新冠肺炎疫情期间，强行宅居，俯而读，仰而思。人居属于形下之器，处于"哲学－科学－技术－人居"知识体系的末端，但是人居载有形上之思，体现了中国哲学、科学与技术成就。《规画》旨在探研中国人居的性质及成因，发掘中国空间规划与人居营建的智慧，从人居这个具体的器探寻中华民族在大地上（天地之间）的生存之道。

一、人居及其规画

　　"人居"（human settlement）是一个现代学术概念。1942 年希腊学者道萨迪亚斯（C. A. Doxiadis, 1913—1975 年）在雅典工学院（Athens Institute of Technology）发表学术讲演时，第一次使用了"OIKIΣTIKH"（人类聚居学，英文为 EKISTICS）一词，用来表示开展包括区域、城市、社区的规划与住房设计在内的人类住区的科学研究（the science of human settlements）。[1] 1976 年，联合国在加拿大温哥华召开第一次人类住区大会，通过《温哥华人居宣言》，并促使联合国随后成立了人居委员会及其执行机构人居中心（United Nations Center for Human Settlements）。中国于 1988 年成为联合国人居委员会成员国。

　　1947 年 4 月初，普林斯顿大学为庆祝建校 200 周年，举办"人类体形环境规划研讨会"（Planning Man's Physical Environment），梁思成（1901—1972 年）受邀参加。[2] 回国后，梁思成在清华营建系开学典礼上提出两个观点，一是住者有其房，有意识地把建筑的主要任务导向宜居的住宅；二是体形环境论（Physical Environment），以有体有形的环境，细自一灯一砚、一杯一碟，大至整个城市，乃至一个地区内的若干城市间的联系，作为学科的研究对象。

　　改革开放以来，中国经历了大规模、快速工业化和城镇化，面临着复杂的人口、资源、环境等城乡建设问题。1990 年代吴良镛创立人居环境科学（Sciences of Human Settlements），2001 年出版《人居环境科学导论》，研究包括乡村、集镇、城市、区域等在内的人类聚落及其环境的相互关系与发展规律。吴良镛中国人居环境科学思想的形成，受到国际人类住区学术潮流、梁思成体形环境思想以及中国环境观念的综合影响。[3]

---

[1] DOXIADIS C A. Ekistics: An Introduction to the Science of Human Settlements[J]. Geographical Review, 1968, 60(1): 147; DOXIADIS C A. Ekistics: An Introduction to the Science of Human Settlement[M]. NY: Oxford University Press, 1971.

[2] 魏瑞瑞（Ngai Rui Rui）. 清华建筑学院收藏家具与梁思成体形环境论之对照研究［D］. 北京：清华大学，2015.

[3] 武廷海. 吴良镛先生人居环境学术思想［J］. 城市与区域规划研究，2008，1（2）：233–268.

事实上，人居有广义和狭义之分，广义的人居是指人类居住的处所（从乡村到城市，从城市到区域），狭义的人居更多是指生活性的住宅。本书所言人居，一般是指广义的概念。人聚而定居，人居具有一定的地点或场所，并占据一定的空间或范围，呈现一定的结构与形态；就人而言，人居是群体性的行为，众人结成社会，形成城市与国家。人居是人类物质成果和精神成果的综合表现，离不开人类自觉的规划设计。长期以来，有关中国人居规划设计的研究主要集中在建筑史、城市史、科技史领域，特别关注城市的空间结构与形态。考古学与历史学、历史地理学等领域对特定城市进行专门研究，为认识中国人居提供了丰富而扎实的基础材料与实证。1980 年代以来，关于中国人居史的专题和综合研究日益丰富。2014 年吴良镛著《中国人居史》，对城乡古代人居环境建设的历史进程与规划设计方法进行了系统梳理与总结。[1]

中国人居规划设计思想和方法浩阔，人居环境建设达到了很高的技术与文化水平，但是在中国历史上很少使用"规划"（规劃）一词，而多使用更为广义的"规画"（规畫）。所谓规画，也称计画、谋画，大到国家发展、战争之运筹帷幄，小到具体水利工程、宫室之经营建设，运用十分广泛。顾名思义，规画离不开规与矩，《史记·夏本纪》记载大禹治水时"左准绳，右规矩"；汉代画像石或画像砖显示伏羲执规、女娲执矩，规与矩、日与月代表着阴阳思想，赋予伏羲、女娲驾驭宇宙时空的力量，成为人类始祖崇高地位的表现（图 0-1、图 0-2）。

本书所说的规画，是关于人居之规划与营建的学问，究其实质，是涉及人居之科学技术和社会文化的工程问题，具有很强的实践性。总体看来，规画是从"相地""度地""量地"开始的，规画视野中的人居有一个从"地"到"居"的过程，地是人居得以生成的"底"（ground），人居是在此基础上形成的"图"（figure）。如果说中国古建基于"材"，讲究"以材为祖"，结构形态控制上有"模数"[2]，那么人居则基于"地"，讲究相地、度地、量地，在结构形态控制上有"规画"。规画是人居研究中的一种思维转换，人居规画主要处理两个层面的问题，一是如何在广袤的国土空间中安置人民（settle

---

[1] 吴良镛. 中国人居史［M］. 北京：中国建筑工业出版社，2014.
[2] 傅熹年. 中国古代城市规划、建筑群布局及建筑设计方法研究［M］. 北京：中国建筑工业出版社，2001.

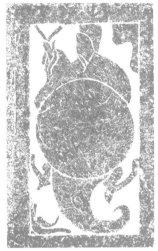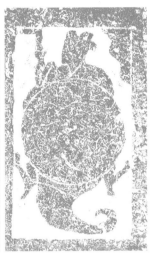

图 0-1　汉画像石中伏羲女娲执规矩图（左伏羲，右女娲）

山东费县城北乡潘家疃出土的一对画像石上，人首蛇身的伏羲、女娲右手分别持规、矩，怀抱日、月。

（资料来源：中国画像石全集委员会. 中国画像石全集 3 山东汉画像石 [M]. 济南：山东美术出版社，2000：76-77）

图 0-2　东汉画像砖中的
伏羲女娲图

四川崇庆出土的东汉画像砖上，伏羲左手执规，右手擎日；女娲右手执矩，左手擎月。

原画像砖拓片，长 39.2cm，宽 47.9cm。

（资料来源：四川省成都市博物馆）

the people），通过人居来组织国土空间，实现空间规划与治理；二是如何构建适宜的人居环境，使人民"安其处而有长居之心"。

二、人居本质

规画的对象是人居。人居天地间，通过居与大地建立了稳定的联系，大地也因居成为生活的世界。人类以人居实践活动获得生存首要的智慧，人居及其形式感开启了领悟宇宙的门户。中国人从哲学的存在的高度认识人居，具有深邃的空间意识。在中国文化中，人居本质上是一种器，从原始聚落的胚胎中演进而来，城也是用来盛人的容器。人居之器承载着空间意识。人类面临危机时的生存之道，就是要"反"（返）其宅，宅是人类在大地上最后的避难所。中华民族在生存的基础上安居乐业，中华文明因此而生生不息。

本书第一章曰"人居"，从伏羲画卦结绳、神农各得其所、圣王制礼作乐作井作邑等诗性传说中，追溯人居作为盛人之器的实用性起源；进而通过对老子《道德经》的人居解读，拈出"无有"这个中国式空间概念，揭示道生万物、人法自然、知常乃久等生存之"道"，以及物返其宅、安居乐俗等人居启示（图0-3）。器以载道，中国实用性人居实践闪烁着理性的、智慧的光辉，人居哲学是中国哲学中有待发掘的富矿。

人居规画实践内容丰富而复杂，值得从理论上加以总结提炼。历史地看，规画既然已经发生，就有其必然性，有规律性的东西可以探索；同时，具体的规画活动又有其特定的偶然因素，特别是主其事者的个人行为，这也是规画创造性的奥秘。本书研究的主题和核心，就是解释中国规画的这种偶然与必然、规律性与创造性，揭示通过人居之空间安排与环境设计，以实现国家与社会治理的规划设计智慧。

规画是致用之学，既有十分深刻的原理依据，又有具体的技术方法承载。中国空间规划与人居营建构思严谨，步骤合理，规画过程具有明显的"程式化"特征，符合技术的逻辑；规画成果具有明显的"图式化"特征，用一种抽象的"方圆相割"来化简差异，控制变化，实现了直观性和整体性的统一。

图 0-3　孔子见老子画像石拓片（局部）

"孔子见老子"是著名的历史典故，又称"孔老相会"或"孔子问礼于老子"，《史记·老子韩非列传》《礼记·曾子问》《庄子》均有记载。画中二人躬身相对，右边一人榜题"孔子"，左边一人榜题"老子"。

（资料来源：中国画像石全集委员会. 中国画像石全集 2 山东汉画像石［M］. 济南：山东美术出版社，2000：123）

三、为治之治

在古代中国，一切社会经济活动都必须从属和依从于"王制"，即使发展经济（"食货"），目的也在于"治国安民"，天下所有财富必须作为皇权统治万民的工具。人居的根本目的在于"居民"，从政治的角度看，关键是将人民安顿到土地上，实现人尽其力，地尽其利，适得其所。《为治》章揭示了中国古代规画"务为治"的高远立意，宏阔的天地人关系及人伦（五伦）为技术性规画定下基调，空间规划与人居营建从属于治国纲领；圣王着眼于富民、均民、安民，采取筑城郭、制庐井、开市肆、设庠序等空间性行动，著民于地（即将人附着到土地上），实现"域民"这个更高的目的；设官治民也建立在辨方正位、体国经野等空间治理的基础之上。王国时期，"司空"是专门处理国土空间中"人－地－邑"关系的职官，通过审时度势，量地以制邑，度地以居民，追求人、地、邑三者的均衡（"参相得"）。帝国时期，通过著民于地的土地管理制度、编户齐民的人口管理制度，以及与郡县制相匹配的城市等级制度，共同塑造了以县为基本单元的层级式"人－地－城"空间治理体系，为建基于农业文明的统一多民族国家的长治久安提供了物质的规范。中国人居规画中，家国同构的政治意识发挥着重要作用，体系化的人居及其规画可谓农业时代中华文明进程中最伟大的发明。

四、相地之相

相地是人居的前提与基础，为了选择一个合适的居址，需要对人居环境的结构、功能布局、重点地段经营等进行初步但是整体的思考。中国古代相地历史悠久，从日常所居的宅到更大规模的聚、邑、都，相地理论与实践经验丰富。相地之"相"，作为知识反映了当时的生产力条件与人们的认识水平，作为文化反映了时代的哲学社会人文思想，中国相地有着独特的历史形态及哲学。历史地看，相地经历了"地宜－形法－风水"的演进，本书分三章加以说明。

相地的初始阶段，可谓"圣人"求"地宜"，正如《诗经·大雅·公刘》所记载的，相的是自然地形的高下向背，开物成务，详见"地宜"章。《汉书·艺文志》记载了作为一种"数术"的"形法"相地，"术家"分析地形的高下向背特征及其相应的吉凶含义，进而为城郭室舍的选址与布局提供基础，详见"形法"章。五代宋初之时开始出现根据地气之美恶来选择葬地的观点，旧题郭璞撰《葬书》主张根据山水之形势来判断"生气"之吉凶，世人皆言风水。不同的相地范式有着共同的指向，即自然之"地"经过"相"而成为人居之"地"，详见"风水"章。

从认识论的角度看，自然之"地"是客观存在的先天之本体，"相"则是考虑到后天之妙用的主观行为（人杰而地灵），被相中而成为人居之"地"已经不同于此前的自然之"地"，而是与人处于某种关系之中，成为人的一种认识成果，是主观与客观的统一、先天与后天的统一、体与用的统一。

五、营建之营

营建关系国计民生，上至国都府县城池，下至百姓住居。"营"，最早或指按特定意愿安排的集中住区，是军民一体的聚居地，后来所谓军营就带有这种住区的遗痕。集中住区有空间秩序与环境质量的要求，需要作特定的安排与布置，即"经之营之"；后来"营"又延伸为"经营""管理"和"治理"等，对城市或国家而言有"营国"，对宫室或建筑而言有"营室"，对墓葬而言有"营椁"。因此，"营"含有规划和建造两个过程。规画视野中营建之营，主要是在相地基础上，对主要建筑物或功能区进行空间布置与安排，对自然不足之处进行人为修复，对自然特色之处加以彰显与强化，因地而制宜。本书总结中国古代人居营建的方法与技术，分为"巧工""规画""象天"三章。

"巧工"章指出，《考工记》中"考工"的真实含义是"巧工"，追求天时、地气、材美、工巧，作巧成器；通过"考工"之名的考释，可以推测《考工记》可能成书于西汉前期；通过定量推算，发现匠人营国图式中规中矩，其形成应该比较古老；匠人建国、营国、为沟洫作为一个整体，昭示了城邑营建要顺天合地的理念。通常认为，中国古代规划有"匠人营国模式"与"管子模式"之分，如果用规画的眼光看，这两个模式实际上是统一的，都为规画奠定了基础。

"规画"章收录了一系列都城规画复原，揭示了"仰观俯察 – 相土尝水 – 辨方正位 – 计里画方 – 置陈布势 – 因势利导"的规画技术与方法体系，营应规矩，形数相合；中国的城是天地人观念的重要承载，规画之圆（又称规）凝练了"山 – 水 – 城"一体的结构形态关系，体现了规画之匠心；在规画图落地时，由于不可能在大地上画圆，因此需要通过化圆为方来落地。镶嵌于天地间的方形人居形态反映着规画的巧思。中国人居规画术堪与西方人居几何学相媲美。

象天法地思想影响和塑造了中国古代分野、城市、建筑、园林、器物等不同尺度和类型的空间建构，"象天"章探索大一统时期帝国"天下 – 天子之都 – 象天设都"的逻辑，揭示都城人居规画的理论与思想关怀。

顺便指出，在相地、营建中，中国规画还有一个特点，那就是神灵观念，《周易·系辞上传》云"阴阳不测之谓神"，《论语·雍也》的态度是"敬鬼神而远之"，本书因侧重规画技术与方法，对此涉及较少。

六、规画道与术

总体看来，本书聚焦空间规划与人居营建，对中国规画理论分为八章加以论述。第一章与第二章论规画之道，其中第一章论述作为规划与营建对象的"人居"这个本体，作为一种特殊的盛人之器所承载的空间之道，可谓"器以载道"；第二章论述对人居所施加的规划与营建这种实践行为，作为一种特殊的技艺所承载的为治之道，可谓"技以载道"。第三至第八章论规画之术，其中"地宜""形法""风水"三章聚焦相地之术，"考工""规画""象天"三章聚焦营建之术。当然，中国规画内容丰富，意境高远，所谓道与术只是相对的区分，通常是道中有术，术中有道，如"为治"章涉及圣王域民与制土分民、司空量地制邑与度地居民之术，"风水""规画""象天"等章又包括具体的天地之道等。

最后结语试图从中与西、古与今的广阔视野中展望中国人居规画走向。从全球范围看，自 5000 年前第一批城市形成以来，人居形态就发生了革命性变化，人类与城市在自然中协同进化，甚至可以说城市改变了人类发展的轨迹。中华文明起源具有多源性，从多源走向统一，广域的统一多民族国家的形成不仅有着内在的天下思想贯穿其中，而且有赖于以一个个城市为纽带，不断实现空间的整合与传承，因此有必要进一步认识城市在中华文明中的价值，重视中华文明的城市维度。近 500 年来，西方经历文艺复兴和科技革命，现代城市不仅成为人口聚集之地，而且发展成为科技与文化创新之中心，西方科技文明发展迅速并占据优势地位，中华民族的伟大复兴在相当程度上取决于在现代科技文明中的城市复兴，要吸收现代科技文明成果，促进城市与科技发展的良性互动（图 0-4）。

18 世纪以来，人类把握科学的秘密，征服自然。恩格斯警告人类不要过分陶醉于对自然界的胜利，对于每一次这样的胜利都得到了自然界的报复。书稿付梓之时，英伦又发现了新冠肺炎病毒的新变异，人类的地平线已经陷入了历史的迷雾。联合国开发计划署刚刚发布《人类发展报告 2020》指出，"虽然人类已经取得了令人难以置信的进步，但我们认为地球是理所当然的，破坏了我们赖以生存的系统。几乎可以肯定，新冠肺炎是由动物传到人类，它让我们有机会一瞥未来，地球所承受的压力反映了人类社会面临的压力。新冠肺炎疫情花了很短的时间就揭露和利用了不平等，以及社会、经济和政治制度的弱点，威胁到人类发展的逆转。"人类社会何去何从？灿烂的日月星辰之下，广袤的大地之上，人类曾诗意地栖居，天地人是一个和谐的生命的共同体。未来城市是人类主要聚居地，承载着人们对美好生活的梦想，自觉传承利用大自然法则处理人地关系的规画遗产，寻求"人法自然"或基于自然的解决方案（nature-based solutions），塑造优美的人居环境以提高人民生活的品质并寻求人与自然之间的新平衡。这不仅是中国空间规划与人居营建亘古不变的议题，同时也具有重要的现实意义和深远的战略意义。希望本书能为更好地认识中国规画以建设美丽国土与美好人居，乃至提高对中华文明的认识，促进文化繁荣提供有益借鉴。

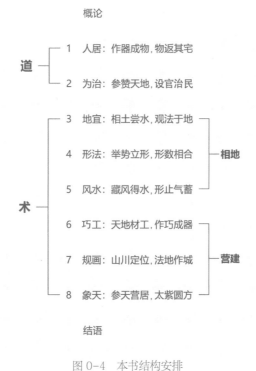

图 0-4 本书结构安排

第一章

人居：作器成物，物返其宅

传说盘古开天辟地，从此有天地之分，天地之"间"则成为后来人居的世界。用今天的眼光看，人居的世界是天地所界定的"空间"。西方现代地理学认为人居的空间是"地表"，地理学就是"将地球当作人类家园的研究"。在中国传统观念中，人居的空间是"天下"，无论天下为公还是家天下都是把天下当作家园。人居天地间，有秩序感，有人情味，生生不息。

第一节　原始

原始，是原人居之始，人居起源涉及人居的本质。原人居之始，离不开自古流传的一些神话和传说，一些听似荒诞不经的神话与传说，实际上有着历史的素地和先民的感受与智慧。[1] 认识中国人居，需要回到今人看来似乎凡俗的、诗性的，或创造性的智慧里，找到中国人居规划设计哲学与科学的根源，进而对当下的人居规划设计进行创造和再造。《周易·系辞下传》记载伏羲、神农、黄帝、尧、舜等圣王制器，揭示了中国早期人居"创造""制作"对于文明发展的关键意义。自从伏羲女娲规天矩地，经过圣人规画，混沌的世界日益呈现出秩序来（图 1-1）。

伏羲画卦结绳

人之初，站立行走，手脚分开，开始从事采集与渔猎生产。原始先民处于日月星辰、山川大地、草木禽兽的环绕之中，长期的生存实践逐渐积累起对周围事物及自身特性的认识来。神话传说中的伏羲氏，在采集、渔猎活动中，作出画卦与结绳的创造。《周易·系辞下传》云："古者包牺氏之王天下也，仰则观象于天，俯则观法于地，观鸟兽之文，与地之宜，近取诸身，远取诸物，于是始作八卦，以通神明之德，以类万物之情。作结绳而为网罟，以佃以渔，盖取诸《离》。"山东武梁祠东汉画像石，献给伏羲的颂词为："伏戏苍精，初造王业，画卦结绳，以理海内。"伏羲传说因形迹久远已经无从考证，不过可以肯定的是，早在战国秦汉时期，关于伏羲画卦与结绳的故事已经广为流传了；并且伏羲"初造王业"或"王天下"前无因承，主要是从天地自然和生产实践中进行总结。可以认为，伏羲画卦与结绳属于先民基于

⊙ 1　1725 年，意大利历史哲学家、美学家维柯出版《新科学》，又名《关于各民族的共同性质的新科学原则》，花了一半的篇幅来谈各民族最初的"诗性智慧"（poetic wisdom），那是一种如同感觉力和想象力的诗性能力和心理功能，更是一种诗性创造。维柯表明，"诗人们首先凭凡俗智慧感觉到的有多少，后来哲学家们凭玄奥智慧来理解的也就有多少，所以诗人们可以说是人类的感官，而哲学家们就是人类的理智。"科学和哲学的智慧在试图认识自身时，所用的办法就是在凡俗的、诗性的或创造性的智慧里去重新找到自己的根源。这么做，科学和哲学的智慧本身就成了创造性的或再造性的。见：维柯（G.Vico）. 新科学 [M]. 朱光潜，译. // 朱光潜全集（第 18、19卷）. 合肥：安徽教育出版社，1992：210.

图1-1 武梁祠西壁古帝王图画像拓本

山东嘉祥武梁祠，东汉画像石。共有十一位古代帝王的肖像，他们是：伏羲、女娲、祝融、炎帝、黄帝、颛顼、帝喾、尧、舜、禹、夏桀。针对每位古帝王的肖像，石上均有榜题，其中伏羲女娲像铭："伏戏苍精，初造王业，画卦结绳，以理海内"；神农氏像铭："神农氏因宜教田，辟土种谷，以阵万民"；黄帝像铭："黄帝多所改作，造兵井田，制衣裳，立共宅"；帝尧像铭："帝尧放勋，其仁如天，其知如神，就之如日，望之如云"；帝舜像铭："帝舜名重华，耕于历山，外养三年"；大禹像铭："夏禹长于地理，脉泉知阴，随时设防，退为肉刑"。

（资料来源：中国画像石全集委员会. 中国画像石全集1［M］. 济南：山东美术出版社，2000：29）

自然的元创造，这是影响后来中国规画的深层结构。

先看伏羲画卦。天有日月，地有山泽，天地交感而有风雷，伏羲时代的狩猎活动就发生于天地、日月、山泽、风雷构成的自然环境之中。伏羲始作乾、坤、离、坎、艮、兑、巽、震八卦，分别对应天、地、日、月、山、泽、风、雷八个自然要素。

古人以八卦表现八方，南、北、东、西为四方，东南、西南、西北、东北为四维（又称四隅）。对于八卦所代表的具体方位，《周易·说卦传》云：

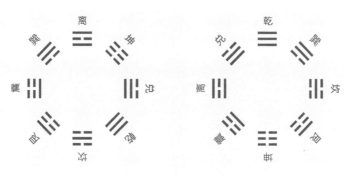

图 1-2　文王后天八卦与伏羲先天八卦图式

"天地定位，山泽通气，雷风相薄，水火不相射[1]，八卦相错……雷以动之，风以散之，雨以润之，日以烜之，艮以止之，兑以说之，乾以君之，坤以藏之。"在文王八卦体系中，乾、坤、艮、巽指四维（又称四隅，居于西北、西南、东南、东北四个隅位上），震、兑两卦分别配东、西，坎、离两卦分别配北、南。北宋邵雍提出"伏羲先天八卦图"，称之为"先天八卦"，以区别于"文王后天八卦"（图 1-2）。邵雍认为，天地定位指乾南坤北，南北对峙；山泽通气指艮为山居西北，兑为泽居东南；雷风相薄指震为雷居东北，巽为风居西南；水火相射指离为日居东，坎为月居西。

　　无论后天八卦还是先天八卦，实际上都将八卦（八个要素）在平面上进行排列。尽管八个要素的相对位置关系有所不同，但是都呈辐辏之势。推测伏羲画卦的传说可能与远古人类狩猎活动有关。先民在自然环境之中游猎，变动不居，不会停留于某一具体的地点，但是需要相互合作，相互之间的位置关系至关重要。先民驱赶猎物，以猎物为中心，自然要围合形成一个圆环。因此，八卦构成一个相对的空间体系，并没有特别强调与具体地点的关系。这种"中心－围合"的向心结构可谓后世人居规画的一个空间结构原型（图 1-3）。

---

[1]　今本《说卦》作"水火不相射"，而马王堆汉帛本作"水火相射"，知今本衍"不"字。见：冯时. 文明以止 [M]. 北京：中国社会科学出版社，2018：76.

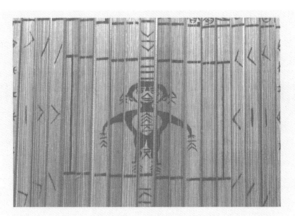

图1-3　清华简《筮法》所附以人为中心的八卦方位图
清华简《筮法》记载了战国中晚期占筮的原理和方法，
十分难得地附了一幅插图，描绘以人为中心的八卦方位
关系。
（资料来源：清华大学艺术博物馆）

再看伏羲结绳。所谓伏羲"作结绳而为网罟，以佃以渔"，显然是远古人类织网捕鱼活动的反映。在原始时代，人类常在陶盆等器具壁上印上渔网织纹（图1-4）。

渔网呈现的是"方格 – 均匀"的网络结构，具有很好的均质性，疏而不漏。统治天下亦与捕鱼类似，要网罗天下。治理天下的要害在于"纲纪"，纲是网上大绳，纲纪强调抓总，有位有序，《诗》云："亹亹文王，纲纪四方"；东汉班固《白虎通德论》有"三纲六纪"篇云："何谓纲纪？纲者，张也；纪者，理也。大者为纲，小者为纪。所以张理上下，整齐人道也。人皆怀五常之性，有亲爱之心，是以纲纪为化，若罗网之有纪纲而万目张也。"帝王良治的境界是垂拱而治，渔夫是常见的圣王意象。渔网所呈现的"方格 – 均匀"网络结构也是后世人居规画的一个空间结构原型。

总体看来，传说的伏羲画卦结绳可能是人类在采集渔猎时期的文化遗产，反映了人类最早形成的空间认知图式，属于"文明前的文明"。画卦呈现的是"中心 – 围合"向心结构，属于极坐标体系，像车轮辐辏，或车顶张

图1-4 渔网印纹与织纹

上图为甘肃临洮马家窑文化鱼纹罐；下图为郑州西山
新石器文化遗址出土的渔网织纹陶器。

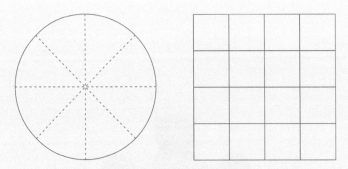

图 1-5 伏羲画卦结绳所蕴含的向心辐辏与均匀格网空间图式示意

盖，又像周天二十八宿以北辰为中心而环列。结绳呈现的"方格－均匀"网络结构，属于直角坐标体系，像棋盘、井田或九宫格局、九州之势。《周髀》对天地的描绘"天圆如张盖，地方如棋局"，正好运用了这两种平面坐标系，天象以极坐标表示，地方用直角坐标表示（图 1-5）。

神农时代人居发生

地质史上的全新世时期（约 12000 年前以来），地球气候转暖，适合于农作物生长，为采集发展成农耕、狩猎演进为畜牧创造了条件。大约 10000 年前考古学上的新石器时代，农业、畜牧业已经产生，人类经济从以采集、狩猎为基础的攫取性经济转变为以农业、畜牧业为基础的生产性经济，这是人类历史上的一次巨大革命，被称为"农业革命"。农业生产的周期性劳动要求人们常居一地，以便播种、管理、收获。这样，人类就从迁徙生活逐渐转为定居生活。

在上古传说中，农业革命发生于神农氏时代。神农氏教民农作，神而化之，使民宜之。《周易·系辞下传》云："包牺氏没，神农氏作，斫木为耜，揉木为耒，耒耨之利，以教天下，盖取诸《益》。日中为市，致天下之民，聚天下之货，交易而退，各得其所，盖取诸《噬嗑》。""耒耨之利"，制作农具进行生产，农业产生了，大幅提高了劳动生产力。神农之"神"不仅在于农业畜牧业生产方式，还在于相应的定居生活方式。先民从事农业活动，不用像渔猎时代居无定所了，可以找块地定居下来，人居因此发生（take place）了。[1]《周易·系辞下传》记载神农氏时"各得其所"，说的就是定居后不同的活动找到合适的地方。因此，农业革命同时也是"居住革命"，农业革命促使人类生活方式发生根本性的变化。

人居活动与稳定的地点相联系，遂成聚落。从考古发掘成果看，新石器时代中期（公元前 7000 ~ 前 5000 年）我国以耜耕农业为基础的固定式原始聚落普遍出现，迄今所知中国最早的聚落见于浙江义乌桥头遗址的上山文化遗存，约公元前 7000 年。[2]到了新石器时代晚期（公元前 5000 ~ 前 3500 年），随着农业犁耕和制陶业的兴起，除了较为简单的小聚落外，部分聚落复杂性明显提升，典型遗址如黄河流域仰韶文化前期的临潼姜寨遗址。

姜寨聚落已经开始出现功能分区，每组建筑中心有一座大房子，可能是公众或者氏族部落首领集会议事或举行宗教活动的公共场所。每座大房子的周围都有一些小型房子，构成居住单元，多个居住单元环绕在大房子的周围形成 5 个居住组团，5 个组团围成环形，建筑皆面向中央约 4000m[2] 的广场，呈现以大房子为中心的布局模式与以广场为中心的布局模式的空间组合，又被称为"周边集团"的布局模式[3]。在姜寨遗址的村落平面图上，如果以 5 座大房子中心为顶点连接成五边形，求内接圆，以其圆心定为广场的中心；假定该内接圆的半径为 2R，以广场中心为圆心再作两个半径分别为 3R 和 4R 的同心圆，则壕沟基本分布在半径为 4R 的圆附近，大房子位于半径为 3R 的圆附近，聚落建筑分布于半径为 2R 与 4R 的圆之间。聚落平面形态似乎经过了定量的控制和统一的规划（图 1-6）。

在 3000 多年前创作的云南沧源岩画中，有一幅珍贵的"村落图"（图 1-7）。村落由多间大小不等、错落有致的房屋组成。村寨呈椭圆形，东西长向。村寨外侧环以壕沟，边界明显。住宅沿村寨边界内侧环形布置，围合形成广场，有人正在广场从事舂米活动。广场中心，也是村寨的中心，有大房子。村落可能位于山前，北侧山脚是动物出没之区，适宜游猎。先民

---

[1] 唐晓峰. 新订人文地理随笔［M］. 北京：生活·读书·新知三联书店，2018.

[2] 蒋乐平. 浙江义乌桥头遗址［J］. 大众考古，2016（12）：12-13.

[3] 巩启明，严文明. 从姜寨早期村落布局探讨其居民的社会组织结构［J］. 考古与文物，1981（1）：63-72.

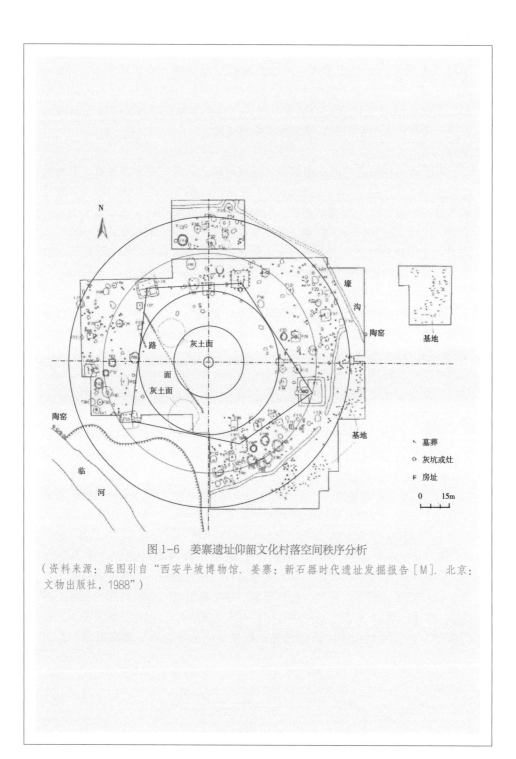

图1-6 姜寨遗址仰韶文化村落空间秩序分析

（资料来源：底图引自"西安半坡博物馆. 姜寨：新石器时代遗址发掘报告 [M]. 北京：
文物出版社，1988"）

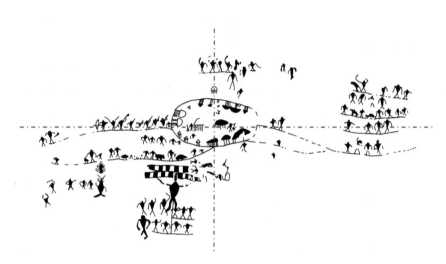

图 1-7　云南沧源岩画中的 "村落图"

（资料来源：底图据 "汪宁生. 云南沧源岩画的发现与研究 [M]// 汪宁生. 汪宁生集（二）. 北京：学苑出版社，2014：30"）

的生产生活主要沿着东西方向展开，村寨有西向和东向干道，东南方向也有一条道路，汇入东向大道。南出干道实际上通往西南方向。先民的生产活动主要集中在西向干道以南和东向干道以北地区，其间有多条东西向生产性道路，主要从事农耕生产。总体看来，沧源岩画 "村落图" 展示了一个有序的村落空间：一方面，环形向心结构的村寨，就像一个容器，镶嵌在山前地带；另一方面，村寨通过道路与周边的自然环境相联，植根于自然环境之中。村落是先民在自然环境中营造的一个具有边界、中心、对外联系、标志的人居环境。根据对岩画地区佤族村落翁丁村的调查，佤族人在村寨选址后，要立寨桩、建寨门，并以寨桩为中心向外扩展，最后沿着村落边界设立围栏。寨桩样式简单，为崇拜的象征，同时寨桩主宰着全村的祸福兴旺，也是各大祭祀活动的中心。出于防御目的，寨门周边设置护寨沟或带刺的篱笆等，保护村落的安全。村民以从事山地农耕为主，兼事渔猎和采集生产。[1]

---

[1] 富格锦. 民族村落文化景观构成及保护研究 [D]. 昆明：昆明理工大学，2016.

最近考古揭示了河南郑州巩义双槐树聚落遗址。遗址位于伊洛河汇入黄河处，东西长约1500m，南北宽约780m，残存面积达117万 m^2，是仰韶文化中晚期的一处大型聚落遗迹，距今约5300年前后。遗址区域有三重巨大环壕，以及大型房址分布区1处、窑址4处、器物丰富或特殊的祭祀坑13处、公共墓地3处（图1-8）。值得注意的是，遗址出土一件牙雕蚕，长6.4cm，宽0.6~1cm，厚0.1cm，背部凸起，头昂尾翘，与蚕吐丝或即将吐丝时的形态高度契合，可以作为神农晚期农业生产力水平的有力见证（图1-9）。

神农氏时"斫木为耜，揉木为耒，耒耨之利，以教天下"，说明食足；"日中为市，致天下之民，聚天下之货，交易而退，各得其所"，说明货通。食足货通仓廪实，教化礼节可以登上历史舞台了。

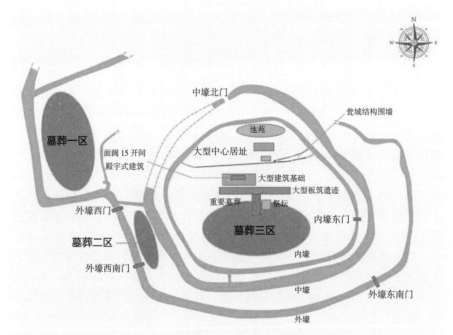

图1-8 双槐树遗址功能布局示意图

（资料来源：王丁，桂娟，双瑞."河洛古国"掀起盖头，黄帝时代的都邑找到了？[EB/OL].[2020-09-29]. http://mrdx.cn/content/20200508/Page09DK.htm）

图 1-9 双槐树遗址出土的牙雕家蚕

（资料来源：河南巩义双槐树遗址出土牙雕蚕［J］．大众考古，2017（11）：97）

制礼作乐，以利天下

黄帝尧舜时期，圣王制器的主题转变为促进社会秩序的完善，呈现出"礼乐化"倾向。《周易·系辞下传》云："神农氏没，黄帝、尧、舜氏作，通其变，使民不倦，神而化之，使民宜之。《易》：穷则变，变则通，通则久。是以自天佑之，吉无不利。黄帝、尧、舜垂衣裳而天下治，盖取诸"乾""坤"。刳木为舟，剡木为楫，舟楫之利，以济不通，致远以利天下，盖取诸"涣"。服牛乘马，引重致远，以利天下，盖取诸"随"。重门击柝，以待暴客，盖取诸"豫"。断木为杵，掘地为臼，杵臼之利，万民以济，盖取诸"小过"。弦木为弧，剡木为矢，弧矢之利，以威天下，盖取诸"睽"。上古穴居而野处，后世圣人易之以宫室，上栋下宇，以待风雨，盖取诸"大壮"。古之葬者，厚衣之以薪，葬之中野，不封不树，丧期无数。后世圣人易之以棺椁，盖取诸"大过"。上古结绳而治，后世圣人易之以书契，百官以治，万民以察，盖取诸"夬"。"

黄帝、尧、舜时期，衣裳、水陆交通、重门击柝、杵臼、弧矢等制作的意义，已经由生存保障变为秩序象征，意在治天下、利天下、济万民及威天下等，在物用基础上更强调对社会秩序建设的作用，引导人们的行为，塑造人们的生活方式，塑造礼乐社会。

接着的三项制作，宫室之居（生人之宅）、棺椁之葬（死人之宅）、书契之文（文化世界与政治家园），与更为复杂的人居世界相关联。神农时代以来基于物质与空间的保障，先民心智大开，进入人居"造作"与"营为"的时代，内容十分丰富。先秦文献《世本》有"作"篇，系统搜集传说中的技术创造，其中有与人居规划直接相关者：黄帝见百物，始穿井、祝融作市、化益作井、倕作规矩准绳、鲧作城郭、禹作宫室。[1]这类圣人创世纪的工作，标志着中国早期技术时代的原创性涌现。

《礼记·礼运》比较圣人之作前后的变化："昔者先王，未有宫室，冬则居营窟，夏则居橧巢。未有火化，食草木之实、鸟兽之肉，饮其血，茹其毛。未有麻丝，衣其羽皮。后圣有作，然后修火之利，范金、合土，以为台榭、宫室、牖户。以炮以燔，以亨以炙，以为醴酪；治其麻丝，以为布帛。以养生送死，以事鬼神上帝，皆从其朔。"台榭、宫室、牖户等人居之作服务于礼乐建设，开启了一个真正属于人的世界。圣人作器成物是圣人之所以为圣的主要标志。《考工记》云："知者创物，巧者述之，守之世，谓之工，百工之事，皆圣人之作也。"

作井作邑，田邑共生

古代井田制度因田形似"井"字而名。《世本·作篇》记载"化益作井"，化益又称伯益，传说为夏禹时东夷部落首领，协助大禹治水有功，并"初作井"。这里"作井"的"井"，应当指井田而非水井。段注《说文》第五卷"丼部"，"丼上"引《风俗通》曰："古者二十亩为一井，因为市交易，故称市井"，"市井"之说是指"市"起源于"井"（井田），而不是说集市贸易在水井边进行。成语"背井离乡"的"井"并非指水井，而是指井田。

《孟子·滕文公上》记载古井田之制："方里而井，井九百亩，其中为公田，八家皆私百亩，同养公田，公事毕，然后敢治私事。"孟子认为，一里见方的田地，井画为9份，每份一百亩；中间为公田一百亩（一夫之地），由8家出力耕种。《穀梁传·宣公十五年》有类似记载："古者三百步为里，

⊙ 1 原昊，曹书杰.《世本·作篇》七种辑校［J］. 古籍整理研究学刊，2008（5）：41-49.

名曰井田。井田者，九百亩，公田居一。"金文有"丼"字，陈梦家认为象井田，"丼"中指事符号所标注的应该正是井田中央的公田，掌其事者（管理井田之官，而非耕作井田者）为丼人。[1]

　　井田中有人居之所"庐舍"。汉代班固《汉书·食货志下》记载至殷周时先王作井田的情况："六尺为步，步百为亩，亩百为夫，夫三为屋，屋三为井，井方一里，是为九夫。八家共之，各受私田百亩，公田十亩，是为八百八十亩，馀二十亩以为庐舍。"按照这种说法，中间一块一百亩的地又被进一步分为八十亩的"公田"，由八家分种，每家十亩，此外"馀二十亩以为庐舍"，即用作庐舍的二十亩，八家分之，各得二亩半，比起"五亩之宅"[2]来少了一半，这二亩半只是暂时的住所，农民春天在田中耕种居住于庐舍，冬天则藏于城邑内的里中（图1-10）。这种在中间百亩用地中设置二十亩庐舍（实际公田只有八十亩）的说法，可能是汉代人的发明。汉人何休（129—182年）注《公羊传·宣公十五年》，对于班固的说法深信不疑，根据他的说法，另外二亩半确实布置到邑里中了："一夫一妇受田百亩……公田十亩，即所谓什一而税也，庐舍二亩半，凡为田一顷十二亩半。八家而九顷，共为一井，庐舍在内，贵人也，公田次之，重公也，私田在外，贱私也……在田曰庐，在邑曰里，春夏出田，秋冬入保城郭。"

私田 百亩	私田 百亩	私田 百亩
私田 百亩	公田八十亩 庐舍二十亩	私田 百亩
私田 百亩	私田 百亩	私田 百亩

图1-10 《汉书·食货志》对井田制的设计

---

[1] 陈梦家. 西周铜器断代（六）[J]. 考古学报，1956（4）：85-131，144-151.

[2] 孟子倡导"民本"，希望每家有"五亩之宅"，并非宅的规模是五亩，而是宅及其四旁桑地共五亩，每家都是一个完全的生产生活单位。

井田不仅有田地，而且有居邑，共同构成一个生产生活单元。《公羊传》云："邑者何？田多邑少称田，邑多田少称邑。"所谓"作井"，并非掘地营造水井以"达泉"的意思，而是"封疆"为"井田"。《考工记》记载有匠人建国、营国、为沟洫三节，这里的"国"即城邑，建国与营国主要是确定城邑的方位、规模与布局，为沟洫则是挖掘不同尺度的沟洫，标出疆界，以成"井田"。古代分封实际上是井田制度据点式、飞地式扩散。

总之，井田制是封建制在最底层的制度安排，古之圣王莫不设井田，然后天下乃治。百姓以井田为生计，置家安居。推而广之，井、邑、丘、甸、县、都，乃至九州。《周官·地官司徒》云："乃经土地而井牧其田野：九夫为井，四井为邑，四邑为丘，四丘为甸，四甸为县，四县为都，以任地事而令贡赋，凡税敛之事。乃分地域而辨其守，施其职而平其政。"（图1-11）所谓修身、齐家、治国、平天下，空间尺度不断扩大，空间层次不断上升，但是在空间图案上，实际上都是以井井有条的格网为基础的。普天之下，莫非王土。王畿千里，行五服之制，五服制度表面上是同心圆模式，实际上是井田网络式向外围扩散（图1-12）。

田中居邑，作为一种器，也是"作"的对象。商周甲骨文和金文中，"邑"的字形相同，上下结构，从"人"从"囗"，其上"囗"为围邑的象形文，其下为人踞坐而居的"人"，所以"邑"会意具有围合特征的人居之地（图1-13）。《释名·释州国》："邑犹俋也，邑人聚会之称也。"最常见的邑的围合形式，就是环壕，或沟树之封。"邑"的选址与营建工作，一般称为"作邑"，甲骨文中"作邑"的卜辞较为多见。《周礼·地官》记载大司徒之职："制其幾疆而沟封之，设其社稷之壝，而树之田主"。郑玄注："沟，穿地为阻固也；封，起土界也。"

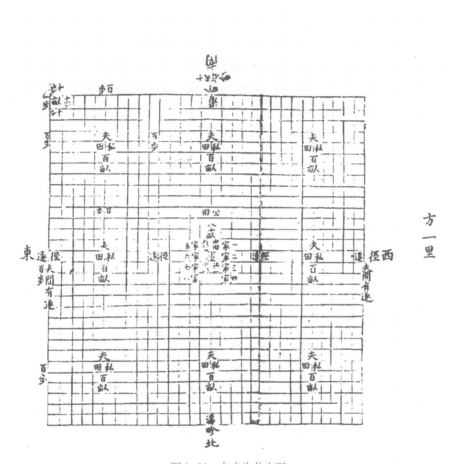

图 1-11　九夫为井之图

（资料来源：（南宋）唐仲有. 帝王经世图谱［M］// 北京图书馆古籍出版编辑组. 北京图
书馆古籍珍本丛刊 76. 北京：书目文献出版社，2000：98）

图 1-12　五服制度示意图

图 1-13　甲骨文 "邑" 字

（资料来源：冯时. 殷周畿服及相关制度考［C］// 考古学集刊（第 20 集）. 北京：社会科学文献出版社，2017：115）

就"邑"的防御工程而言，一些聚落存在筑"城"的现象。甲骨文中有"✤"或"✤"，象城垣而四方各设门亭，即"城"字之形，表示有城墙的聚落。城起源于环壕聚落，到公元前 3000 年至前 2000 年左右大量演进为城，并呈现出南北差异。在南方地区，为了防御洪水而人工堆筑"城""墙"，又称"圩"或"厝"，一些房屋直接建筑于城墙之上。湖南澧县城头山遗址，位于洞庭湖西北岸澧阳平原中部的徐家岗南端的东头，始建于大溪文化早期（距今约 6000 年），是中国目前发现的年代最早的史前城址（图 1–14）。浙江杭州余杭良渚文化古城遗址（距今约 5300～4300 年），是目前中国所发现的同时代古城中最大的一座（图 1–15）。河南郑州西山仰韶文化晚期的城址（距今 5300～4800 年），是目前发现的中原地区最早的城址，城址中首次发现运用方块版筑来大规模建造城垣，代表了一种较为成熟的夯筑方法，显示出巨大的技术进步和创造力（图 1–16）。

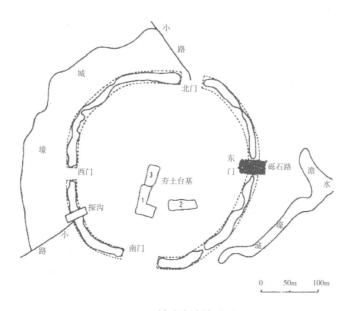

图 1–14 城头山遗址平面图

城垣平面呈圆形，遗址面积约 7.6 万 m^2。遗址外围堆筑起城墙，周长约 1000m，遗存基宽 11m，高出地面 4～5m。城墙在四个方向各开一门，基本对称。城外环绕有护城河，部分为人工开凿，部分利用自然河道，最宽处达 35m，深约 4m。

（资料来源：单先进，曹传松，何介钧. 澧县城头山屈家岭文化城址调查与试掘 [J]. 文物，1993（12）：19–30）

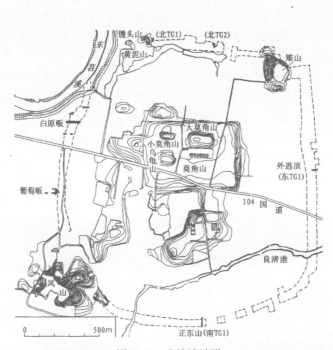

图 1-15 良渚遗址群

在 100km² 的范围内，分布着古城核心区、水利系统、祭坛墓地和外围郊区等遗存区，核心区面积为 8km²，由城垣环绕的城址区总面积近 300 万 m²，城内中心位置是高起的莫角山土台，可能是用于祭祀活动的大型礼仪性建筑。2019 年，良渚古城遗址被联合国教科文组织列为世界文化遗产。

（资料来源：刘斌. 杭州市余杭区良渚古城遗址 2006～2007 年的发掘［J］. 考古，2008（7）：3-10，97-98）

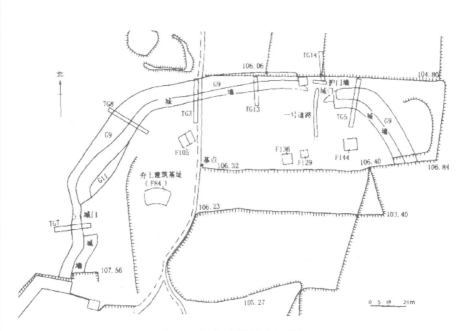

图1-16 河南郑州西山城址

遗址北半部城墙尚存，呈圆弧形，南半部城墙被河水冲毁，原始形态估计略近于圆形。如果按照东、西城墙间约200m的最长距离估算，原城内总面积约3万m²。城墙遗存总长约300m，墙宽约5~6m，存高约3m，北墙东端有一城门，城门外有护门墙。外侧有沟壕，最宽处约5~7.5m，深4m左右。城内发现大量房址，面积多数在30~40m²，最大的一座达100m²左右，还发现有夯土建筑的基址。

（资料来源：张玉石，赵新平，乔梁. 郑州西山仰韶时代城址的发掘 [J]. 文物，1999
（7）：4-15）

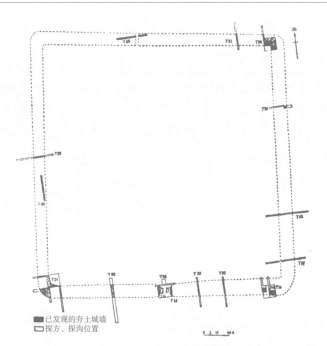

图 1-17　淮阳平粮台城址

城址平面呈正方形。每边长 185m，面积约 5 万 m²。西南城角保存最为完整，外角略呈弧
形，内角较直。城门对称分布，其中南、北、西城门基本居中，东城门可能遭晚期破坏无存。
（资料来源：曹桂岑，马全. 河南淮阳平粮台龙山文化城址试掘简报［J］. 文物，1983
（3）：21-36，99）

　　进入龙山时代，社会变革分化加剧，早期国家开始出现，同时方形城池
起源。河南淮阳平粮台城址是中国新石器时代晚期龙山文化城址（距今 4300
多年），具有正方城墙，方向南偏东 6°，城门对称分布，排水系统完整，高台
式土坯排房规则分布（图 1-17）。[1] 方正的城墙与平展的地势和直线版筑的工
艺有关，城池朝向最大限度地接近正南北，具有明显的人为痕迹，是意识形态
作用于人居规划设计的表现，似乎表达了朴素的方位观乃至宇宙观。[2]

────────────────

[1]　秦岭，曹艳朋. 中轴对称 布局方正 规划严整［N］. 中国文物报，2020-03-06
　　（008）；曹桂岑，马全. 河南淮阳平粮台龙山文化城址试掘简报［J］. 文物，1983
　　（3）：21-36，99.
[2]　许宏. 先秦城邑考古［M］. 北京：西苑出版社，2017.

"郭"（墉）特指建有城垣之城郭。甲骨文有"作邑"与"作郭（墉）"的不同卜事，"作郭（墉）"特指筑城。《说文·亯部》："亯：度也，民所度居也。从回，象城亯之重，两亭相对也。或但从口。凡亯之属皆从亯。"古以管理邑制之官曰"邑人"，管理城墉之官为"墉人"。

从逻辑上讲，"邑"与"城"是可以共存的，那些筑有城的邑，可以称之为"城邑"。在考古学上，仰韶文化时期已经出现"城邑"，龙山文化时期几乎遍地有"城邑"。中原龙山文化晚期和二里头文化早期河南新密市新砦遗址，发现外壕、城墙及护城河、内壕三重防御设施，城墙内复原面积约 70 万 m^2，若将外壕所围的空间计算在内则总面积达 100 万 m^2 左右（图 1-18）。

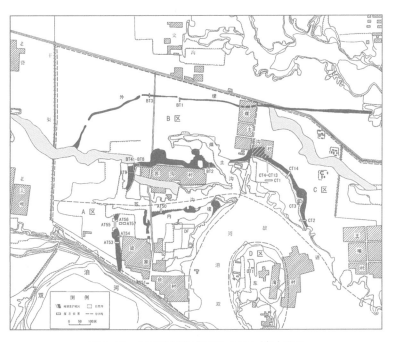

图 1-18　河南省新密市新砦（壕）城址平面

城址平面基本为方形，南以洧水河为自然屏障，现存东、北、西三面城墙及贴近城墙下部的护城河。70 万 m^2 的设防聚落规模，在龙山末期的中原腹地独具特色。城址的西南部地势较高，设有内壕，现存西、北和东三面内壕。在城址中心区中央偏北处坐落一座东西长 92.6m、南北宽 14.5m 的大型建筑基址。

（资料来源：赵春青，等. 河南新密新砦遗址发现城墙和大型建筑［N］. 中国文物报，2004-03-03）

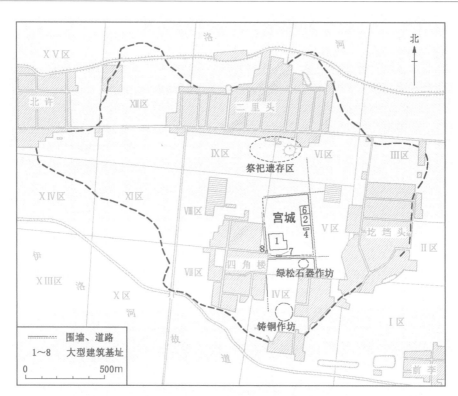

图 1-19　二里头遗址

（资料来源：许宏. 先秦城邑考古［M］. 北京：西苑出版社，2017：142）

　　位于洛阳盆地东部偃师市境内的二里头文化，年代约为距今 3800～3500 年，相当于古代文献中的夏、商王朝时期。遗址沿古伊洛河北岸呈西北－东南向分布，北部为今洛河冲毁，估计原聚落面积约为 400 万 m²。遗址东南部的微高地为中心区，西部为一般性的居住生活区。中心区包括宫殿区和宫城（晚期）、祭祀区、大型围垣作坊区以及贵族聚居区，这可以说是都城的规制（图 1-19）。二里头遗址并没有发现城墙，许宏用"天子守在四夷……国焉用城"的政治理念来解释这一现象，认为"大都无城"。⊙1

⊙1　许宏. 大都无城：中国古都的动态解读［M］. 北京：生活·读书·新知三联书店，
　　 2016.

《诗经·大雅·崧高》记载周宣王改封申伯于南国，在邑作城的情形，对于理解先民作邑作城有参考价值："亹亹申伯，王缵之事。于邑于谢，南国是式。王命召伯，定申伯之宅。登是南邦，世执其功。王命申伯，式是南邦。因是谢人，以作尔庸。王命召伯，彻申伯土田。王命傅御，迁其私人。申伯之功，召伯是营。有俶其城，寝庙既成。既成藐藐，王锡申伯。四牡蹻蹻，钩膺濯濯。"申伯对周之中兴贡献很大，宣王乃褒赏申伯，将其改封于南国。《毛传》记载："谢，周之南国也。召伯，召公也。庸，城也。椒，作也。"郑玄《笺》："时改大其邑，使为侯伯。"谢本称"邑"，并无城垣，故于作墉之前而云"于邑于谢"，是谢邑只为有封域之邑。后令谢人在谢邑的基础上改大其地，作墉筑城，遂云"以作尔庸"，"召伯是营，有椒其城"，说明谢邑原本无城。[1]

城邑是盛民之器。东汉许慎《说文解字》卷十四《土部》记载："城：以盛民也。"清段玉裁注："言盛者，如黍稷之在器中也。"城邑作为盛民之器，不同于一般的器物，其所盛之物为人民，因此作邑作郭有特别的追求。

第二节　器用

中国早期城邑，常以容器为喻，具体包括两方面的含义。一是"器"，指城邑的实体部分，是有体有形的物质载体；二是"容"，指器之中空部分所具有的可以承载的功用，强调的是人居社会的属性。人居是中国早期空间意识的来源。

器惟求新

城邑作为一个整体，通常是一定地域范围内的政治、经济和文化中心。值得注意的是，城邑中"权力空间"的实现往往不是通过原地"更新"，而是通过易地新建。许宏《先秦城市考古学研究》指出，考古学上许多具有早

---

[1] 冯时．"文邑"考［J］．考古学报，2008（3）：273-290.

图1-20 新邑戈及"新邑"铭文

新邑戈，西周早期，通长23.8cm，刃宽3.8cm，1981
年出土于北郭祝家巷，内上铸有铭文"新邑"两字。
（资料来源：岐山县博物馆）

期城市性质的龙山文化城邑"都不是在原来的中心聚落之上就地兴建的，换言之，我们还没有发现某一地点的中心聚落直接演变为城邑的考古学例证。龙山时代的城邑相对于此前的中心聚落来说都是易地而建"；唐晓峰认为，古人在这个转变过程中之所以出现了位置调整，即改换地点重新建设，其目的正在于从实用性与象征性这两个方面来突出"王城"的独特性，进而让王城与其他类型的聚落空间（比如普通居民的空间）相区别（图1-20）。[1]

⊙1 唐晓峰. 上古城市景观的衍变［N］. 光明日报，2018-11-25（06）.

城邑所承载的权力的等级决定了其地位的尊卑。《吴越春秋》曰："（鲧）筑城以卫君，造郭以守民，此城郭之始也。"此语虽然后起，但是说得很明白，城郭中有特别的统治阶层，处于城邑中关键的位置。都城是最高等级的城邑，乃王庭之所在。中国上古都城屡迁，正是易地新建王都或王城的表现。

《尚书·盘庚》记载商代盘庚计划把都城迁到殷，臣民不愿前往那个处所，盘庚于是以"器"为喻开导臣民。盘庚引用古代贤人迟任的话："人惟求旧；器非求旧，惟新。"[1]职官是用来治理人与国土的，任用官吏当然是旧的好，因为他们有经验，但是可以盛人的国都则要用新的，黄河边的旧都容易招致水患，迁都新建，可以复兴。果然，盘庚迁殷之后，又兴旺了几百年："盘庚既迁，奠厥悠居……适于山，用降我凶德，嘉绩于朕邦……用永地于新邑，肆予冲人，非废厥谋，吊由灵，各非敢违卜。用宏兹贲。"[2]

盘庚将都城比喻为容器，器惟求新，老百姓是很有体会的。当时最常见的器是陶器，自新石器时代以来，先民就开始制作陶器，可以用来贮存粮食和农产品等，也可以用来盛水，从而降低了地形和水源地的约束与限制，人居的规模开始扩大，空间选址与分布也更为自由。

老百姓身处的聚落乃至城邑，实际上也是一个大容器，是当时规模最大、最为综合复杂的人工构筑物，其容量即所承载的社会规模，是时代的生产力水平和组织水平的标志。人类社会的进步，在相当程度上，表现于容器技术，从新石器时代陶器储存水与农产品，到城邑盛人，到当今信息社会芯片存储知识，形态虽异，其理实同。

当其无有

在长期的制器与人居实践中，人们认识到"器－用"的关系，并总结形成中国式空间概念"无有"。古来经常引用老子《道德经》第十一章，来说明中国传统的空间观念：

[1]　尚书［M］. 慕平，译注. 北京：中华书局，2009：104.
[2]　尚书［M］. 慕平，译注. 北京：中华书局，2009：94-96.

> 三十辐共一毂，当其无，有车之用。
> 埏埴以为器，当其无，有器之用。
> 凿户牖以为室，当其无，有室之用。
> 故有之以为利，无之以为用。

文中以车、器、室为例，三个"当其无"，强调的是"无"作为"用"的根据，因此说"无之以为用"；相应地，"有"，即车、器、室等可见的、具体的、有形的实体，是其发挥功能作用的载体，因此说"有之以为利"。按照这种说法，"无"比起"有"来，似乎显得更为实用，更为根本，也更为重要。

然而，文本的最后一句"故有之以为利，无之以为用"，已经清楚地表明，老子的原意应该并非重视"无"而轻视"有"，或者肯定"无"而否定"有"。一个"故"字，说明前面的例证和后面的判断之间有关联。文中连举三个例子，都是为了说明，器物的"有"和"无"标志着其"利"和"用"，"无"与"有"是对立统一体，"有－利"强调的是实在，"无－用"强调的是其存在、运动、发展。这就启发我们，可以将上述引文进行重新句读，将"无"与"有"连读，"当其无有"断句：

> 三十辐共一毂，当其无有，车之用。
> 埏埴以为器，当其无有，器之用。
> 凿户牖以为室，当其无有，室之用。
> 故有之以为利，无之以为用。

这样"无有"就成为一个新的空间性概念，表明器物乃由实体的"有"与虚体的"无"共同构成（构成论），"有"与"无"相生，互相依存；没有"无"这个"用"，就没有"有"这个"利"，词意通达。

任何抽象的概念都源自客观的社会实践，老子从车、器、室等具体概念中，抽象出"无有"这个中国式空间概念来，"无有"这个概念并非重视"无"而轻视"有"，或者肯定"无"而否定"有"，这在中国早期文献中也有很多例证。以制车为例，《考工记·轮人》记载车的中心部位"毂"的做法："毂也者，以为利转也。辐也者，以为直指也。牙也者，以为固抱也。轮敝，三材不失职，谓之完。"◎1 这里的"毂也者，以为利转也"，显然与《道德经》"有之以为利"有关，强调的是"有"。东汉郑玄《注》曰："利转者，毂以无有为用也"，显然与《道德经》"无之以为用"有关，强调的是"无"。上述《考工记》的文本与郑玄的注释，正好符合《道德经》关于"无"与"有"的辩证关系的认识。郑玄强调的是"无"，但是用的是"无有"这个概念，也就是说，他认为"无有"就相当于"无"。

清代毕沅（1730—1797 年）《〈道德经〉考异》注意到郑玄"以无有为用"的释读，提出应以"有"字断句（即断句为"当其无有"）。这是很有见地的，可惜他也没有指出作为"空间"的"无有"概念。对于毕沅"当其无有"的断句，杨树达（1885—1956 年）认为："'无有'为句，'车之用'句不完全，毕说可酌。"◎2 也就是说，杨树达觉得，毕沅的说法还值得斟酌，因为"有车之用"中的"有"字，如果断到前一句"当其无有"，就成为"车之用"了，这句并不完全。杨树达的见解不是没有道理，事实上 1970 年代发现的马王堆帛书，已经解决了这个疑惑。在马王堆出土的《老子》文本中，"车之用""器之用""室之用"的"用"后，都分别有一个"也"字，这进一步表明"有"字应当与"无"连读。◎3 总体看来，《道德经》第十一章原文及句读应当为：

> 三十辐共一毂，当其无有，车之用也。
> 埏埴以为器，当其无有，器之用也。
> 凿户牖以为室，当其无有，室之用也。
> 故有之以为利，无之以为用。

可能是三国王弼（226—249 年）注《道德经》时，删除了这个他认为无关紧要的"也"字。殊不知，这个不起眼的"也"字的删除，造成了对"无"与"无有"概念理解的根本差别。

如果以王弼为界，我们对历史上的"无有"概念作一番梳理，就可以发

◎1 周礼（下）[M]．徐正英，常佩雨，译注．北京：中华书局，2014：875-876.
◎2 转引自：朱谦之．老子校释[M]．北京：中华书局，2000：43.
◎3 徐志钧．老子帛书校注[M]．南京：凤凰出版社，2013：370.

现，王弼之前，对于"无有"的认识还是比较清楚的。如西汉初年，《淮南子·说山训》认为"物莫不因其所有，而用其所无"，观点十分清楚，全然没有重"无"轻"有"的意思。《道德经》所举车、器、室，乃至万物，都是"无"与"有"的统一体，当其"无"，方有"有"之利；当其"有"，方有"无"之用。"有""无"相生相需，这正是《淮南子》所说的"因其所有，而用其所无"的意思。

与王弼同时代且交往甚密[1]的钟会（225—264 年）注解《老子》，用"体用"来说明"有无"，认为"有""无"相资，俱不可废，也没有孰轻孰重的意思。"举上三事，明有无相资，俱不可废，故有之以为利，利在于体；无之以为用，用在于空。故体为外利，资空用以得成；空为内用，借体利以得就。但利用相借，咸不可亡也。无赖有为利，有借无为用，二法相假。"[2]

王弼之后，尽管有人感到疑惑，但是似乎一直难以突破定本《道德经》的限制，如明代薛惠在《老子集解》中说："章内虽互举有、无而言，顾其旨意，实所以即有而发，明无之为贵也。盖有之为利，人莫不知，而无之为用，则皆忽而不察，故老子借此数者而晓之。"

老子《道德经》第二章揭示"有无相生"的空间构成规律："有无相生，难易相成，长短相形，高下相倾，音声相和，前后相随。"有无、难易、长短、高下、音声、前后，是六对具体的矛盾，每对矛盾中相互对立的两个方面，同时也是彼此依存的两个方面。其中，有与无、长与短、高与下、前与后，都是与空间相关的概念。这里的有与无，就像长与短、高与下、前与后，是具体的空间中有与无的概念，有与无是构成"无有"的有与无。今本老子《道德经》中，像"无有"这样辩证的词组俯拾皆是，如阴阳、刚柔、强弱、吉凶、祸福、荣辱、贵贱、大小、美丑、难易、损益、生死、智愚、胜败、攻守、进退、轻重、曲直、牝牡、奇正、开阖、厚薄、兴废，等等。

总之，"有之以为利，无之以为用"是关于无有的辩证法，也是深刻的认

---

[1] 《三国志·魏志》注引《王弼传》曰："弼与钟会善，会论议以校练为家，然每服弼之高致。"
[2] 《道德真经取善集》卷二引钟会《老子注》。

识论。以"无有"来认识中国古代人居形态，可以获得更为本质的认识，有豁然开朗之感。

人居与空间意识

中国人居文明，悟得了"无"与"有"，建立起"无有"概念，也形成了中国人的空间意识。宗白华《中国诗画中所表现的空间意识》认为，人居空间启示了中国时空合一的"宇宙"概念。

> 中国人的宇宙概念本与庐舍有关。"宇"是屋宇，"宙"是由"宇"中出入往来。中国古代农人的农舍就是他们的世界，他们从屋宇得到空间观念，从"日出而作，日入而息"（击壤歌），由宇中出入而得到时间观念，空间、时间合成他们的宇宙而安顿着他们的生活。他们的生活是从容的，是有节奏的。对于他们空间与时间是不能分割的，春夏秋冬配合着东南西北。这个意识表现在秦汉的哲学思想里。时间的节奏（一岁十二月二十四节）率领着空间方位（东南西北等）以构成我们的宇宙。所以，我们的空间感觉随着我们的时间感觉而节奏化了、音乐化了！画家在画面所欲表现的不只是一个建筑意味的空间"宇"，而须同时具有音乐意味的时间节奏"宙"。一个充满音乐情趣的宇宙（时空合一体）是中国画家、诗人的艺术境界。⊙1

人们居于庐舍、庭院之所，窥见了大宇宙的生气与节奏，网罗山川大地于门户，饮吸无穷时空于自我，形成了"天地为庐"的宇宙观。老子曰："不出户，知天下。不窥牖，见天道。"庄子曰："瞻彼阕者，虚室生白。"孔子曰："谁能出不由户，何莫由斯道也？"

人居天地间，中国人形成了移远就近、由近知远的空间意识，成为中国宇宙观的特色之处。东晋陶渊明《饮酒》诗云："结庐在人境，而无车马喧。问君何能尔，心远地自偏。采菊东篱下，悠然见南山。山气日夕佳，飞鸟相与还。此中有真意，欲辨已忘言！"唐李白诗云："天回北斗挂西楼。""檐飞

⊙1 宗白华. 宗白华全集（2）[M]. 合肥：安徽教育出版社，2008：434.

宛溪水，窗落敬亭云。"唐杜甫诗云："卷帘唯白水，隐几亦青山。""白波吹粉壁，青嶂插雕梁。""江山扶绣户，日月近雕梁。""窗含西岭千秋雪，门泊东吴万里船。"

居民为先

中国古代有司空之职。关于"空"字，清代段玉裁《说文解字注》曰："窍也，今俗语所谓孔也，天地之闲亦一孔耳。古者司空主土。《尚书大传》曰：'城郭不缮，沟池不修，水泉不修，水为民害，责于地公。'司马彪曰：'司空公一人，掌水土事。凡营城、起邑、浚沟洫、修坟防之事。则议其利、建其功。'是则司空以治水土为职。禹作司空，治水而后晋百揆也。治水者必通其渎。故曰司空犹司孔也。"

古代司空主土，传说大禹曾任司空之职。《尚书·虞书·舜典》记载："舜曰：'咨，四岳！有能奋庸熙帝之载，使宅百揆亮采，惠畴？'佥曰：'伯禹作司空。'帝曰：'俞，咨！禹，汝平水土，惟时懋哉！'禹拜稽首，让于稷、契暨皋陶。帝曰：'俞，汝往哉！'"大禹担任舜的司空，所主之事为"平水土"，即与水土整治打交道。《诗经》屡言各地高山大川"惟禹甸之"；《山海经·海内经》："鲧禹是始布土，均定九州。"春秋齐国《叔夷钟》铭："咸有九州，处禹之堵。"

司空主平水土却不称"司土"，因为司空所司并非单纯的水土，平水土的目的在于安民，即把人民安顿到土地上。《尚书·周书·洪范》记载，箕子向周武王讲道："八政，一曰食，二曰货，三曰祀，四曰司空，五曰司徒，六曰司寇，七曰宾，八曰师。"箕子说大禹得到了类似政治原理的洪范九畴，并将其实现而获得成功，其中第三畴"八政"就包括"司空"。

关于"八政"之间的具体关系，尚需诠释考证，但是单从"八政"的顺序来看，可能是存在一定的递进关系。东汉郑玄指出其先后排列的意义，并与《周礼》相对比，认为司空是掌"居民"之官："此数本诸其职先后之宜也。食，谓掌民食之官，若后稷者也；货，掌金帛之官，若《周礼》司货贿是也；祀，掌祭祀之官，若宗伯者也；司空，掌居民之官；司徒，掌教民之官；司

寇，掌诘盗贼之官；宾，掌诸侯朝觐之官，《周礼》大行人是也；师，掌军旅之官，若司马也。"○1

　　唐代孔颖达认为，"司空"主要考虑"安居"或"居民"，即安置人民，使之适得其所，用今天的话说，是关于"人居"的事，值得注意。

　　　八政如此次者，人不食则死，食于人最急，故"食"为先也。有食又须衣货为人之用，故"货"为二也。所以得食货，乃是明灵佑之，人当敬事鬼神，故"祀"为三也。足衣食、祭鬼神，必当有所安居，司空主居民，故"司空"为四也。虽有所安居，非礼义不立，司徒教以礼义，故"司徒"为五也。虽有礼义之教，而无刑杀之法，则强弱相陵，司寇主奸盗，故"司寇"为六也。民不往来，则无相亲之好，故"宾"为七也。寇贼为害，则民不安居，故"师"为八也。此用于民缓急而为次也。

　　按照孔颖达的说法，大禹作为司空而辨九州之土地山川、草木禽兽，其主要目的是使人民"安居"，安土居民。

　　中国古代的"司空"主土，主"居""民"，即安顿人民，为人民提供宜居之地，这是非常重要的工作。古代安居实际上包括两个方面的工作：一是相地，选择安居之地；二是营建，营造宜居之所。这两个方面都与人居"空间"有关。至于司空究竟如何"平水土""主居民"，详见"为治"章。

第三节　返宅

　　两千多年前的中国，正值春秋战国时期。周天子礼乐天下，到春秋战国时期已经礼崩乐坏了。仔细分辨，春秋时期诸侯争霸还讲究点斯文，战国时期列国争雄则是惨烈的攻城略地与血流成河。面对时代的剧变，诸子百家兴起，《庄子·天下》称"天下大乱，圣贤不明，道德不一，天下多得一察焉以自好……道术将为天下裂。"

○1　（清）孙星衍. 尚书今古文注疏（下册）[M]. 北京：中华书局，1986：300.

这是老子生活的时代。因为生于乱世，以至于对其身世，连太史公司马迁也说不清楚。不过，从老子五千余言的《道德经》可知，他对生与死、存与亡等矛盾有着深刻的认识，并上升到哲学的高度，可以推知他生活在战国甚至较晚的时期。

老子是中国早期伟大的思想家、哲学家，他基于特定的生产力水平条件、社会历史背景与科技知识基础，其中包括远古以来人居实践中积淀形成的哲学智慧，针对时代问题，著述了思想蕴涵深刻的《道德经》。胡适《中国哲学史大纲》"截断众流"，直接从老子讲起[1]；借用社会学家帕森斯（Talcott Parsons）的概念，老子实现了"哲学的突破"（philosophic breakthrough）[2]。

老子思想的最伟大之处，是对天地万物的根源及其本性进行探讨，在天地万物之外设想出一个"道"来，从哲学高度对乱世的行动指明方向。兹对道生万物、人法自然、知常乃久等观念，以及人居之道进行初步的揭示。

道生万物

打开《道德经》，开篇第1章，第一句就是："道可道，非常道。名可名，非常名。无名天地之始，有名万物之母。"很显然在老子的话语体系中，"天地"与"万物"是对言的，并且"天地""万物"皆源自"道"。老子所说的"道"，究竟什么含义？《道德经》第25章："有物混成，先天地生。寂兮寥兮，独立不改，周行而不殆，可以为天下母。吾不知其名，字之曰道，强为之名曰大。大曰逝，逝曰远，远曰反。故道大，天大，地大，王亦大。域中有四大，而王居其一焉。人法地，地法天，天法道，道法自然。"老子所言"道"，是"先天地生"的"物"。"道"的具体情形如何？长期以来，对"道"

⊙ 1 蔡元培（1918年）《中国哲学史大纲》序。见：胡适. 中国哲学史大纲（卷上卷中）[M].
　　桂林：广西师范大学出版社，2013：4.
⊙ 2 帕森斯根据韦伯（Max Weber）对于古代四大文明——希腊、希伯来、印度和中国——
　　的比较研究，指出在公元前一千年之内，这四大文明恰好都经历了一场精神觉醒的运
　　动，思想家（或哲学家）开始以个人的身份登上历史舞台，因此提出"哲学的突破"
　　这个具有普遍性的概念。

的认识正如上文所言"吾不知其名，字之曰道，强为之名曰大。大曰逝，逝曰远，远曰反"，按照这种说法，"道"名为"大"，"大"又名为"逝"，"逝"又名为"远"，"远"又名为"反"。众所周知，"道"是老子提出的本源、本根的概念，所谓"大""逝""远"等，显然都不能与"道"相提并论。

如果我们将上面一段话进行重新句读，就可以获得新的认识："吾不知其名，字之曰道，强为之名，曰大大，曰逝逝，曰远远，曰反。"这个先天地生的物，老子强为之名曰"道"，其特征是"大大""逝逝""远远"，都是用叠词来形容"道"，意思是大而又大（无穷的大），逝而又逝（无穷的久），远而又远（无穷的远）。总体而言，就是"反"（通"返"）。老子认为，"反"是"道"的存在或形态特征，如《道德经》第 40 章即认为"反者道之动"（图 1-21）。这种句读与理解，比起强为"道"之名曰"大"，"大"又曰"逝"，"逝"又曰"远"，"远"又曰"反"，要通达得多。

万物是由道直接产生的，即"道生之"。《道德经》第 51 章曰："道生之，德畜之，物形之，势成之。"《道德经》第 42 章具体说明了这个问题："道生一，一生二，二生三，三生万物。万物负阴而抱阳，冲气以为和。"长期以来，一直认为"道生一"这个"一"是"道"之最初生成物；"一生二"是一分而为二，即阴与阳（即一生阴阳）；"三生万物"是阴阳合而产生第三者，

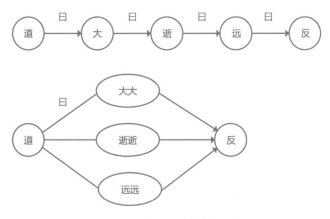

图 1-21　道曰反及其特征示意

再繁衍而成万物。实际上，这种认识也是有问题的，问题也源于句读不当。恰当的断句似乎为："道，生一一，生二二，生三三，生万物。"老子说的是"道""生万物"，不是说"道"生"一"而"二"而"三"而"万物"，"道"与"万物"之间不是线性的或时间性的序列过程。

古代九九乘法表，因自"九九八十一"开始，称之为"九九"（元代朱世杰《算学启蒙》（1299 年）始，才改为从"一一如一"起）。《汉书·杨胡朱梅云传》："臣闻齐桓之时，有以九九见者，桓公不逆，欲以致大也。"《周髀算经》引商高之言："数之法，出于圆方。圆出于方，方出于矩，矩出于九九八十一。"因此，"一一""二二""三三"，就如同"九九"，本义是代表数及其算术知识。《道德经》中所谓"一一""二二""三三"，乃至"九九"，由简而繁，指向"万物"。"一一""二二""三三"，与"万物"的精神是一致的，这句话强调的是"万物"由道而生，道乃宇宙"万物"之始祖（图 1-22）。

混沌的道是生成万物的总根子。道生万物的生，是事物的从无到有的过程，是创生，就像植物从土壤中长出来，胎生的动物或人类从母体中孕育出来，道是母。万物的生，是忽然出现的，就像"大爆炸"（Big Bang）。庄子讲的一则神话故事有助于我们对"道生万物"的认识。《庄子·内篇·应帝王》："南海之帝为倏，北海之帝为忽，中央之帝为浑沌。倏与忽时相与遇于浑沌之地，浑沌待之甚善。倏与忽谋报浑沌之德，曰：'人皆有七窍，以

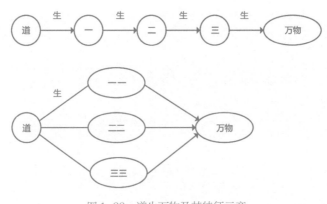

图 1-22　道生万物及其特征示意

视听食息，此独无有，尝试凿之。'日凿一窍，七日而浑沌死。"庄子说，中央之帝浑沌（混沌），没有七窍（即双眼双耳双鼻孔一嘴巴），这是浑然不可分的状态，也就是老子所言的"有物混成"；南方之帝倏与北方之帝忽强行为浑沌开窍，显然这是不顺应自然的行为；七窍是感知世界的器官，七窍既开，混沌的自然状态也就结束了。这则故事很幽默，但是很有哲理。混沌结束自然状态的过程是在倏忽之间完成的，倏忽之间是时间的概念，是一瞬间，难以捉摸，甚至了无踪迹；倏忽之间也是空间的概念，南方之帝倏与北方之帝忽共同见证了中央之帝浑沌开窍而结束的场景。倏忽之间是时空一体，见证了浑然一体的道"生"万物的突然涌现。因此，将道"生"万物的过程分为"道生一"，然后"一生二"，然后"二生三"，最后"三生万物"这四个阶段，这种理解是值得商榷的。

道究竟如何"生"万物？或者说，道"生"万物的过程是什么？《道德经》的说法是"万物负阴而抱阳，冲气以为和"。可惜的是，由于"道生一，一生二，二生三，三生万物"的错误断句，结果导致对"万物负阴而抱阳，冲气以为和"这句话的理解和认识也有偏差。长期以来，一般认为"负阴而抱阳"的意思是"一"（道）分为"二"（阴阳），"冲气以为和"的意思是阴与阳合而为"三"，其实不然。

所谓"万物负阴而抱阳"，意思很明白："万物"（包括一一、二二、三三在内）都是"负阴而抱阳"，阴与阳是促成万物运动与变化的内在力量，阴阳二气参合的比例、交感的方式不同，导致万物出现不同的形式，正如宋代周敦颐《太极图说》所谓"二气交感，化生万物"。"冲气以为和"的意思是万物因阴阳之和而形成，也就是说，道为万物之源，道经过气成为物：道→气→物。

老子《道德经》的意思是，"有物混成"，暂且称之为"道"，它"先天地生"，"可以为天下母"，因此，是"道""生"天地，"道""生"万物，这是很自然的。一一、二二、三三、万物，都是道所生，又怎么能理解为，道生一，然后一生二、二生三、三生万物呢？追溯这种错误认识的产生原因或时代，从现有文献看，可能始于汉初《淮南子·天文训》："道曰规。道始于一，一而不生，故分而为阴阳，阴阳合和而万物生。故曰'一生二，二生三，三生万物。'"《淮南子》引用了《道德经》之言，但是认为道"始于一"，也就是说道从"一"开始，这明显与《道德经》所说的道"生一一"的原意不合。既然《淮南子》认为"道生一"，那么这个"一"就已经是"道"所"生"，又怎么认为"道始于一"又"一而不生"呢？因此，《淮南子》的这段理解是有偏差的。[1]

人法自然

基于对"道，生一一，生二二，生三三，生万物"的新认识，对前述《道德经》第25章所谓"人法地，地法天，天法道，道法自然"，也可以重新断句如下："人，法地地，法天天，法道道，法自然。"按此断句，整句话的意思就是，人法地之所以为地，法天之所以为天，法道之所以为道，凡此都是法自然。"人"要"法地地""法天天""法道道"，这些都是对人的要求，实际上就是"法自然"。这与前文所谓域中"四大"，即"道大""天大""地大""王大"并言，基本精神是一致的。注意，老子用叠词，地地、天天、道道，其含义是不同于地、天、道的，叠词强调的是地、天、道的法则与道理（the law of）。老子为了说明法自然，将地地、天天、道道作为自然的特殊形态，说明天、地、道的作用，并非有外力或者意志的作用，只是一个"自然"，这个自然的含义，胡适说得直白明了："自是自己，然是如此，自然就是自己如此。"[2]法自然，是有关地、天、道的法则与道理的总结，遵循的是"自然之法"（the law of nature，nature 是本来、本性的意思）。

老子强调的是"人法自然"，而不是"道法自然"。道具有本源性，已是最终极的存在，怎能将自然作为道的效法对象？所谓"道法自然"，在逻辑上或道理上都是说不通的。《道德经》第37章说"道常无为而无不为"，可以为"人法自然"的新认识提供内证。老子说"法道道，法自然"，其中"道道"的意思是道之所以为道，是因为道的作用只是万物自己的作用，因此说"道常无为"；但是，天地之所以成为天地（即天天、地地），万物之所以成

⊙ 1 《淮南子》前文说"规生矩杀"，这里又说"道曰规"，推测可能是想表达"道"曰"生"。至于"道"如何"生"，由于《淮南子》错误地认为"道生一"，只好牵强地解释为"道始于一，一而不生"了。实际上，这是将"道"等价于"一"，明显与《道德经》所谓"道，生一一"的意思不合。

⊙ 2 胡适. 中国哲学史大纲（卷上卷中）[M]. 桂林：广西师范大学出版社，2013：40.

为万物，又皆因只有一个道，因此说道"无不为"。

综上所述，老子的原意是"人法自然"，而不是"人"通过"法地"而"法天"，又通过"法天"而"法道"，又通过"法道"而"法自然"；否则，人与自然也隔得太远了，古往今来还鲜闻有谁通过这样一个线性的、环环相扣的路径去法自然！

顺便指出，唐代李约《道德真经新注·序》也有"法地地，法天天，法道道，法自然"的类似断句："盖王者，法地、法天、法道之三自然妙理，而理天下也。天下得之而安，故谓之德。凡言人属者耳，故曰人法地地，法天天，法道道，法自然，言法上三大之自然理也。其义云：法地地，如地之无私载。法天天，如天之无私覆。法道道，如道之无私生成而已矣。如君君、臣臣、父父、子子之例也。"李约将法天、法地、法道并列，作为三大自然妙理，这显然与《道德经》认为道先天地而生不一致；李约认为"法地地"就是"法地"，"法天天"就是"法天"，"法道道"就是"法道"，这种认识也是不确切的。实际上，正如前文所指出的，"法地地"是指法地之所以为地，"法天天"是指法天之所以为天，"法道道"是指法道之所以为道；尽管天、地与道并不在一个层次上，但是法地地、法天天、法道道三者可以并言，就是因为三者的道理是一致的，那就是"法自然"（图 1-23）。

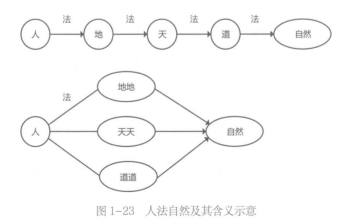

图 1-23　人法自然及其含义示意

知常乃久

《道德经》第 16 章："致虚极，守静笃。万物并作，吾以观复。夫物芸芸，各复归其根。归根曰静，是谓复命。复命曰常，知常曰明。不知常，妄作凶。知常容，容乃公，公乃王，王乃天，天乃道，道乃久，没身不殆。"这一章阐明致虚、守静的道理，前半段容易理解。"致虚极，守静笃"，强调守静，使心境空明宁静。按照汉河上公《道德经注》的解释，"万物并作，吾以观复。夫物芸芸，各复归其根"，说明万物并生，无不皆归其本也；枝繁叶茂，无不枯落各复反其根而更生。"归根曰静，是谓复命"，说明根安静柔弱谦卑处下，故不复死也，安静是为了复还性命。"复命曰常，知常曰明"，意思是复命使不死，乃道之所常行也。能知道之所常行，则为明[1]。

"不知常，妄作凶"，是从反面强调，如果不懂得这个道理，不守静而轻举妄动，那么就会带来灾殃。问题出在后面这句话，如果知常了，那又会怎么样？这是从正面说。通常认识是，"知常容，容乃公，公乃王，王乃天，天乃道，道乃久，没身不殆。"按照这种断句法，"知常容"，用"容"来说明"知常"；"容乃公"，又用"公"来说明"容"；"公乃王"，又用"王"来说明"公"；"王乃天"，又用"天"来说明"王"；"天乃道"，又用"道"来说明"天"；最后，"道乃久"，说"道"才能长久。问题是，"道"是老子提出的作为万物之根本、本源的概念，道之长久，哪能设置什么前提或条件？传统的标点及其具体解释，古来众说纷纭，有违逻辑，也令人费解。

如果参照老子惯用叠词、用隐喻、用暗示的方式来表达思想与智慧的习惯，我们似乎可以将知常这句重新标点如下："知常容容，乃公公，乃王王，乃天天，乃道道，乃久，没身不殆。""知常容容"，这里的"容"是盛大的意思，《说文解字》卷八"宀部"："容：盛也。从宀、谷。"容容，是用叠词说明大又大（如《道德经》第 25 章所言"曰大大"）。"知常容容"的意思是如果知常了（即明白了万物复命、归根才能不死这个道理），能够有大而又大的容量，守静而不妄动，那么，老子一口气用了四个叠词来形象地说明积极的效果："乃公公"，就明白了公之为公的道理；"乃王王"，就明白了王之为王的道理；"乃天天"，就明白了天之为天的道理；"乃道道"，就明白

---

[1] 老子道德经河上公章句 [M]．王卡，点校．北京：中华书局，1993．

了道之为道的道理。总之，"乃久"，就可以久远了（如《道德经》第25章所言"曰逝逝，曰远远"）；"没身不殆"，就不会有什么危殆。不知常，妄作，结果是"凶"；知常，容容，结果是"不殆"。在这里，老子通过不断递进的公公、王王、天天、道道，具体阐释了"知常"这个抽象的观念，这与《道德经》所说"域中有四大"，即道大、天大、地大、王大，以及通过法地地、法天天、法道道来说明"法自然"，如出一辙，并且基本精神是一致的（图1-24）。

总之，在老子的话语体系中，天、地、万物、人、道，都是很朴实、很基本，也很根本的概念；老子哲学的最高范畴是"道"，"生"是"道"的核心和灵魂。老子强调"道生万物"，天地万物皆源于"道"，天、地、人都源于"道"，"道生万物"的思想比后世"天人合一"的思想更为基础，是中国古代哲学之精华；老子强调"人法自然"，人要法地地、法天天、法道道。老子强调"知常乃久"，守静而不妄动，乃公公，乃王王，乃天天，乃道道，就不会有危殆之忧。老子的语言朴实形象，思想具有非同寻常的深刻性与辩证性，并没有后世的玄学意味。所谓"寂兮寥兮，独立不改，周行而不殆"，描述也是很"客观"的东西，不是"主观"的玄思。

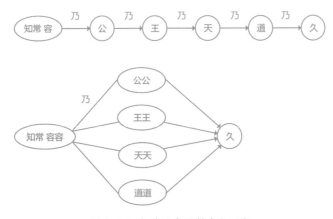

图1-24 知常乃久及其含义示意

物返其宅

道生万物，说明"道"是万物之母，是万物的本原，反过来看，就是"万物"源于道。老子说，道曰"反"或"复"，强调的就是"万物"返回或复归向本来的样子，道促使"万物"返回。如果说"生"是道生万物之生，那么"反"就是万物反道之反，似乎可以将"反"或者"万物反道"理解为道"生"万物这个规律的一个反向运用，倡导万物在道的指引、推动下回到本来、本原、本根。

"反者道之动"（《道德经》第 40 章），说明道的活动方式是启示万物返回自身、本始，这也是道的根本价值所在。道发挥这种作用的方式是启示式的，柔弱地对待万物，此即"弱者道之用"（《道德经》第 40 章）。老子紧接着说"天下万物生于有，有生于无"，其中"万物生于有"的"有"可以理解为"道"，"有生于无"的"无"是"道"的来处，是一个原始的"无"。显然，"有无相生"的"无"，不能等同于"有生于无"的"无"（图 1-25）。

究竟老子为什么要提出"反"的观念，其原因如今已不得而知，推测可能留有远古社会的遗痕：人类面对恶劣的生存环境，生产力水平低下而无能

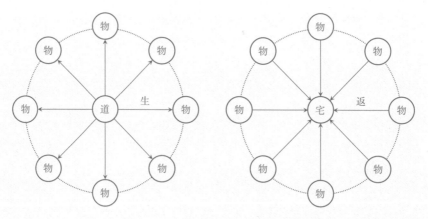

图 1-25　道生万物与物返其宅示意

为力。《礼记·郊特牲》记载了一首上古歌谣《伊耆氏蜡辞》，可以给我们以启发："土反其宅，水归其壑，昆虫毋作，草木归其泽！"这是一首古老的农事祭歌，描绘先民在旷野之中举行庄严肃穆的祝祷仪式。伊耆氏，相传为神农氏或帝尧，推测应该是掌管祭祀的官吏，说明原始农业已经开始出现，人们开始为农业进行祝祷的祭祀活动。"蜡"通"腊"，"蜡辞"即"腊辞"，在十二月进行蜡（腊）祭祝愿。祝辞很短，只有四句17个字，但是透露了先民面对恶劣的生存环境的消息。土地流失，洪水泛滥，昆虫成灾，草木荒芜，先民无能为力，只能用这种有韵律的语言，祈求、祝愿自然能服从自己的愿望，当然也可以认为是命令、诅咒，具有浓厚的巫术色彩。那是"天定胜人"的时代，在有限的人力面前，自然的力量无比强大，不可控制，人们所能做的只是无奈地向自然祈求。

《伊耆氏蜡辞》从土、水、昆虫、草木四个方面向自然提出祈祝，文辞虽短，却大有深意。第一，"土反其宅"，希望泥土返回它的原处。其中"反"，通"返"。"宅"是土之宅，是土的住地，土要返回它的住地，即返回原地，"宅"是土的来处。注意，这对于我们认识人居具有本源的意义。所谓宅，究其本义，乃是人的"来处"而不是"去处"。人"反其宅"，是向自然的回归。对人来说，如何"反其宅"？人要"反其宅"，自觉的规划就出场了。规划是人自觉地选择居所的行为，《释名·释宫室》云"宅，择也，择吉处而营之也"，人之宅是要选择的，离不开自觉的相地与营建。

第二，"水归其壑"，希望水流不要泛滥成灾；"草木归其泽"，希望野草丛木回到沼泽中不再危害庄稼。其中"归"都与"反"同义，先民希望水能复归于"壑"（即洼地），"壑"是水之"宅"；希望草木返回"泽"，"泽"是草木之"宅"。水、草木，连同前面的土，都是构成人居的本底条件，也是判断宜居之地的基本要素与表征，古人择居讲究水泉之味、土地之宜、草木之饶。[1]

第三，"昆虫毋作"，希望昆虫不要繁殖成灾。其中"作"，是指昆虫生发、兴起，正如"万物并作"的"作"一样，也是贬义的。老子说"妄

---

[1] 《汉书·晁错传》记载："臣闻古之徙远方以实广虚也，相其阴阳之和，尝其水泉之味，审其土地之宜，观其草木之饶……"

作，凶"，这里"作"与"凶""妄"等，都是贬义的。先民认识到过度的或不合自然的"作"都是异常活动，是异化，因此也是有害的。在中国古代思想中宫室建设属于土木之作，古人崇尚"卑宫室"，不能"大兴土木"，大兴土木是"妄作"。今人也认识到这一点，并且说得更形象，"不作不死"。

总之，道生万物，万物反道，对人而言就是要"反其宅"，向自然回归。"宅"是人的"来处"而不是"去处"。人类"反其宅"离不开人的自觉规划，规划的意识与行动是在"反其宅"的活动中发生的，"反其宅"是规划的本源，本书所谓规划着眼于存在论意义上中国人居的价值；选择合适的人居之所，讲究水泉之味、土地之宜、草木之饶；服务于反其宅的土木之作，不宜过度，崇尚"卑宫室"。

安其居乐其俗

宅只是人的栖身之所，人返其宅是一种群体行为，要构成一个社会，以群居的方式构成聚落。老子心目中理想的至治形态是"小国寡民"。《道德经》第80章："小国寡民，使有十百人器而勿用，使民重死而远徙。又舟车无所乘之，有甲兵无所陈之。使民复结绳而用之。甘其食，美其服，乐其俗，安其居，邻国相望，鸡犬之声相闻，民至老死不相往来。"[1]老子设想的"小国"规模不大，不需要先进高效的器具，人民惜命不愿迁徙，不用借助水陆交通工具，国与国之间如居家近邻，但是不相往来，过着宁静无为的生活。

老子长期生活于周王室的统治中心，熟知周王室的古史档案及礼制，也懂得其中所包含的深刻意蕴。"小国寡民"有远古社会遗风，也是周礼的一部分，《左传·僖公二十一年》记载"崇明祀，保小寡，周礼也"，其中"小寡"可能就是小国寡民的意思。值得注意的是，当时的社会现实却是"广土众民，君子欲之，所乐不存焉"[2]，这与老子所推崇的"小国寡民"形成鲜明

⊙1 高明. 老子帛书校注［M］. 北京：中华书局，1996：150-155.
⊙2 孟子［M］. 方勇，译注. 北京：中华书局，2010：267.

对比。老子《道德经》形成于战国时代，当时的社会背景是以铁器使用为标志的生产力水平得到极大提高，手工业及商业大发展，列国城市数量与规模都迅速扩张，出现"千丈之城，万家之邑相望"[1]的局面，但是这种"城市化"并没有带来社会的安定与和平，恰恰相反，列国战争空前激烈，攻城略地与背井离乡成为常态。周室衰微，礼崩乐坏，按照老子的哲学，"广土众民"是一种异常或异化，问题多多，根本出路是在道的指引下，返回到"小国寡民"的原本上。[2]

老子希望通过"小国寡民"来解决"广土众民"问题，是"反"，是"复"。老子还描绘了小国寡民的具体生活形态，"甘其食，美其服，乐其俗，安其居"[3]，从上下文看，其原意是回到简朴，返璞归真，其食、其服、其居、其俗皆朴陋，居民自得甘、美、乐、安之境。蒋锡昌云："甘其食，言食不必五味，苟饱即甘也。美其服，言服不必文彩，苟暖即美也。安其居，言居不必大厦，苟蔽风雨即安也。乐其俗，言俗不必奢华，苟能淳朴即乐也。"[4]

值得注意的是，老子将"安其居"作为他崇尚的理想社会的基本特征，对"居"提出了"安"的要求。反其宅，返本归根，根本目的是实现人民安居，这是老子心目中拯救病态文明的根本方案和出路，也是中国早期"理想社会"必要条件的反映，如《尚书·旅獒》："生民保厥居，惟乃世王。"《管子·正世》："民不安其居，则民望绝于上。"《大戴礼记·千乘》："太古无游民，食节事时，民各安其居，乐其宫室，服事信上，上下交信，地移民在。"《礼记·王制》："食节事时，民咸安其居，乐事劝功，尊君亲上，然后兴学。"

⊙ 1 战国策［M］. 缪文远，缪伟，罗永莲，译注. 北京：中华书局，2012：572.
⊙ 2 李泽厚、李零关于《孙子兵法》文本与思想的研究，以及何炳棣关于《老子》与《孙子兵法》关系的研究，给我们综合认识战国时期兵家、道家思想的形成及其著作渊源关系提供了十分坚实的基础与有益的启发。见：李泽厚. 孙、老、韩合说［J］. 哲学研究，1984（04）：41-52，31；李零. 吴孙子发微［M］. 北京：中华书局，2014；何炳棣. 何炳棣思想制度史论［M］. 北京：中华书局，2017.
⊙ 3 王弼本、河上本，皆作"安其居，乐其俗"，《庄子·胠箧》《文选·魏都赋》注引老子文作"乐其俗，安其居"，老子帛书也作"乐其俗，安其居"。
⊙ 4 蒋锡昌. 老子校诂［M］. 上海：上海书店，1996：464.

通常以为，老子设想的小国寡民，希望人们维持着本根朴真的生活状态，甘美安乐，这与秦汉以来大一统的现实状况与治国理念明显冲突，如《史记·货殖列传》记载：

> 老子曰："至治之极，邻国相望，鸡狗之声相闻，民各甘其食，美其服，安其俗，乐其业，至老死，不相往来。"必用此为务，挽近世涂民耳目，则几无行矣。

> 太史公曰：夫神农以前，吾不知已。至若诗书所述虞夏以来，耳目欲极声色之好，口欲穷刍豢之味，身安逸乐，而心夸矜挽能之荣使。俗之渐民久矣，虽户说以眇论，终不能化。

实际上，这只是表面现象。战国时，孟子基于老子小国寡民思想，向"壤地褊小"的滕国提出治国理政的方法，《孟子·滕文公上》记载："死徙无出乡，乡田同井。出入相友，守望相助，疾病相扶持，则百姓亲睦。方里而井，井九百亩，其中为公田。八家皆私百亩，同养公田。公事毕，然后敢治私事，所以别野人也。"孟子的这个想法，在汉初进一步成为乡村社会规划的理想图景，《汉书·食货志上》记载："出入相友，守望相助，疾病则救，民是以和睦，而教化齐同，力役生产可得而平也。"两千余年来，中国农村采用宗族聚居的村落形式，在某种程度上就是老子小国寡民的例证。陶渊明设想的世外桃源："土地平旷，屋舍俨然，有良田美池桑竹之属。阡陌交通，鸡犬相闻。其中往来种作，男女衣着，悉如外人。黄发垂髫，并怡然自乐。"很显然，桃花源的灵感也源自老子。

顺便指出，实际上老子也并不排斥大国，《道德经》不仅设想了小国寡民的至世，同时也有"大国"的理念和期望，提出了如何治理大国（"治大国若烹小鲜"，第60章），以及处理大国与小国关系的想法（"大国者下流""大国以下小国""小国以下大国"，第61章）[1]。事实上，小国寡民是中国古代农村社会与空间组织的思想基础，是大一统帝国的基层空间单元。

"规划"是对未来的展望，面对当下的问题，面向未来的目标，在本来的

⊙ 1 王中江. 根源、制度和秩序：从老子到黄老［M］. 北京：人民大学出版社，2018.

基础上进行趋势判断，作出行动的计划与安排。表面看来，规划思维似乎与老子所说的"反"（"复"）相反，但是实质上两者是一致的，都是以"乌托邦"的形式为当下提供一个出路。在此意义上说，物返其宅、安居乐俗就是将老子哲学思想上升到人居这个具体所形成的规画智慧。本书关于《道德经》的一些体会与阐释，正是将《道德经》作为早期人居史料来认识的结果。

第二章

为治：参赞天地，设官治民

如何在大地上安置好人民，这关乎治国之道。中国空间规划与人居营建的智慧，从根本上讲，是将人与地关联、著人于地（这是"土著"的本义），实现对人民的空间安置，并通过空间治理实现社会治理。城是"盛人"之"器"，讲究地、邑、民、居配置得当。因此，人居成为治国理政的抓手，从属于国家治理的需要。中国的城市体系从属于国家，这与西方的城邦或城市自成体系轩然有别。圣王治国，将天地人作为一个整体来处理，参赞天地，城邑及其规划建设笼罩在天－地－人关系网络之下。

第一节　治之纲纪

王官之学

自考古学上龙山文化时代以来，城邑兴起，其后形成了夏商周三代广域王国。随着政治形势的发展，官僚系统逐步建置，文字使用日益普遍，社会所积累的政治思维与经验知识也得以依某种原则予以组织而系统化。当时王官之学皆由世业之官所执掌，践行政教合一，后来官失其守而流于民间，成为家学，虽有所增损杂糅，但今从传世文献之遗存，仍然可以窥探王官之学的思想表现及其大体框架。

一是天、地、人关联。先民自从新石器时代豁然悟得了大自然的道理以来，就自觉运用大自然的法则来建立人类秩序，与天地同行。上古天文、历算知识重在"察日月之行，以揆岁星顺逆""在璇玑玉衡，以齐七政"，每每从"灾异"现象中反思"天""人"之相应。

二是设官分职，君、臣、官守。周人"文治"中有"设官分职"之理念，各得位事之体。《庄子·天下》云："以法为分，以名为表，以参为验，以稽为决，其数一二三四是也。百官以此相齿，以事为常，以衣食为主，蕃息畜藏，老弱孤寡为意，皆有以养，民之理也。"

三是重视人伦，家国天下。《尚书·舜典》记载，舜任命百官，契任司徒，"汝作司徒，敬敷五教，在宽。"尧的伟大，就在于重视人伦关系，好好去推行五伦之教，也就是父子、君臣、夫妇、长幼、朋友的人伦关系。这五大关系和谐时，国家和社会就安定，成家成国。

务为治

春秋战国时期私学兴起，各类知识开始在王官知识基础上发展起来。汉代刘向刘歆父子提出"诸子出于王官"说，认为儒家、道家、阴阳家、法家、名家、墨家、纵横家、杂家、农家、小说家，每家都出于"王官之一守"。

百家争鸣，虽然认识的角度不同，或所走的道路不同，但是都希望借助于话语建构来实现对社会现实的改造。西汉司马谈"论六家之要指"总结为"务为治"："《易大传》：'天下一致而百虑，同归而殊途。'夫阴阳、儒、墨、名、法、道德，此务为治者也，直所从言之异路，有省不省耳。"[1]不是为了学术而学术，而是以学术求天下之大治，这是诸子的共同传统，对中国社会治理影响深远。

从中国古代规划思想史看，西周时期在周礼的框架下，已经形成了具有礼乐文化属性与特征的规范性规划思想；虽然诸子百家中没有专门的规划家，但是根据新的社会形势与需要，诸子百家对传统的规划思想进行继承、重构，提出若干带有乌托邦精神的社会理想与创造性想象，指向期望中的大一统社会，这是面对现实社会的"大规划"，诸子之学十分重视"治之纲纪"的探讨。

《文子》论治之纲纪

班固《汉书·艺文志》著录《文子》九篇，1981 年在河北省定州市西汉中山怀王墓出土竹简有《文子》，说明西汉时《文子》已经流传。今人推测古本《文子》撰成于公元前 3 世纪上半叶，约在公元前 300 年到公元前 233 年。《文子》将仁、义、礼列为专篇，有《上仁》《上义》《上礼》篇分述其精义，论述政治伦理观。其中，《文子·上礼》篇提出治国理政的大纲和要领，即"治之纲纪"。

昔者之圣王，仰取象于天，俯取度于地，中取法于人。

调阴阳之气，和四时之节，察陵陆水泽肥墩高下之宜，以立事生财，除饥寒之患，辟疾疢之灾。

中受人事，以制礼乐，行仁义之道，以治人伦。

---

[1] （汉）司马迁. 史记 [M]. 北京：中华书局，1959：3288-3289.

列金木水火土之性，以立父子之亲而成家；听五音清浊六律相生之数，以立君臣之义而成国；察四时孟仲季之序，以立长幼之节而成官。列地而州之，分国而治之，立大学以教之。

此治之纲纪也。[1]

文子认为治之纲纪是效法圣王。首先，天地人相参，法天则地，天地法则支配着事物的总体发展。《荀子》亦云"人君理天地"，《中庸》云"可以赞天地之化育，则可以与天地参矣"。第二，天地生万物，要调阴阳之气，和四时之节，考察地宜，进而建立事业生产财富，趋利避害，《文子·自然》亦云"上执大明，下用其光，道生万物，理于阴阳，化为四时，分为五行，各得其所。"第三，人居天地间，要根据礼乐仁义，形成人伦秩序。第四，文子提出建立人伦与社会秩序的两个方面，一是成家、成国、成官，二是列地、分国、立学。显然，文子关于治之纲纪的思想继承了王官之学，或者说基于王官之学，并且结合当时的社会形势进行了新的发展。兹就与人居规划相关的方面作进一步的探讨。

关于成家、成国、成官。文子认为父子之亲是成家的基础，君臣之义是成国的基础，长幼之节是成官的基础。要根据五行之性建立父子相养相亲的家庭之制，根据五音六律之数理确立君臣之义而建立国家，要考察四时之序以确立长幼尊卑而建百官等级制度。这是战国秦汉时期逐渐成为共识的观念，《史记·太史公自序》曰："儒者博而寡要，劳而少功，是以其事难尽从。然其序君臣父子之礼，列夫妇长幼之别，不可易也。"

关于列地、分国、立学。"列地"就是裂地，"国"就是城，列地分国就是划分出不同规模的地域并设置相应的中心城市，形成空间治理的单元。立大学以教之就是设立学校教化民众。列地、分国、立学意在通过分地设州，分国施治，立学施教，实现对空间与社会的治理。"列"与"分"是处理大规模国土空间治理问题的重要途径。

---

[1] 文本前有"老子曰"，实为"文子曰"。见：李定生，等. 文子校释［M］. 上海：上海古籍出版社，2003；王三峡. 今本《文子》"老子曰"探疑［J］. 文献，2002（4）：15–27.

文子对治国学说进行了最为集中而且纲领性的表达，认为这是"治之纲纪"，《诗经·大雅·棫朴》："勉勉我王，纲纪四方"，郑玄笺："张之为纲，理之为纪。"《说文》："纲，维纮绳也。"《尚书·盘庚》："若网在纲，有条而不紊。"把网中的一丝一线分理清楚，枝节上把握权衡就是"纪"。

《淮南子》论治之纲纪

西汉初期，以"治道"为依归的中国古代规划思想基本成形，这集中体现在西汉刘安（公元前179—前122年）编纂的《淮南子》中。淮南王刘安是汉武帝的叔辈，他招募大量门客，编著了一本《淮南鸿烈》，又称《淮南子》，根本宗旨是为汉武帝提供一套更为全面、完善的"治道"理论。[1] 在内容上，《淮南子》模仿吕不韦及其门客的《吕氏春秋》，包罗万象，上天下地，政治人伦，高谈阔论，同时继承了诸子百家"务为治"的学术传统，认为"百家殊业，而皆务于治"（《淮南子·氾论训》），即核心问题在于治道，只不过各家寻求"治"的方法、途径有所不同而已。从文本看，《淮南子·泰族训》本乎《文子·上礼》，综合了黄老道家与儒家观点，增益事例，润色其辞，对"治之纲纪"进行了更为具体而完善的阐释。

昔者，五帝三王之莅政施教，必用参五。何谓参五？

仰取象于天，俯取度于地，中取法于人。乃立明堂之朝，行明堂之令，以调阴阳之气，以和四时之节，以辟疾病之菑。俯视地理，以制度量，察陵陆水泽肥墩高下之宜，立事生财，以除饥寒之患。中考乎人德，以制礼乐，行仁义之道，以治人伦，而除暴乱之祸。

乃澄列金木水火土之性，故立父子之亲而成家；别清浊五音六律相生之数，以立君臣之义而成国；察四时季孟之序，以立长幼之礼而成官，此之谓参。

⊙ 1 《淮南子》成书于建元二年（公元前139年）冬十月之前。武帝建元二年刘安41岁，进京朝见即位不久的武帝刘彻，献上新编的《内篇》，即后人定名的《淮南子》，受到武帝的尊重。

　　制君臣之义，父子之亲，夫妇之辨，长幼之序，朋友之际，此之谓五伦。

　　乃裂地而州之，分职而治之，筑城而居之，割宅而异之，分财而衣食之，立大学而教诲之，夙兴夜寐而劳力之。

　　此治之纲纪也。[1]

淮南子秉承人法自然的思想，融入阴阳五行之说，总结形成了天地人框架下中国古代以治道为依归的城邑及其规划学说。

　　第一，帝王莅政施教的大原则是法自然，趋利避害。仰取象于天，于是设立明堂朝廷，颁布明堂政令，以调阴阳之气，协和四时之节，辟除疾病之灾。俯取度于地，于是制定度量制度，考察山冈、平原、水域及土地肥沃、贫瘠、高低各种条件以适宜种植何种谷物，安排生产创造财富，以消除饥寒之祸患。中取法于人，于是考核人品，制定礼乐，推行仁义之道，理顺人与人之间的伦理关系，从而清除暴乱的祸根。

　　第二，无论临朝执政还是实行教化（政与教）都必须采用"参五"之法。《淮南子》将《文子》提出的成家、成国、成官三方面的考察及制定，总结为"参"；将《文子》中与成家、成国、成官相关的父子之亲、君臣之义、长幼之节，进一步拓展为君臣之义、父子之亲、夫妇之辨、长幼之序、朋友之际等"五伦"[2]。五伦根本上是人之所以为人的人性、人文，标志着人类文明时代与野蛮时代的区别。治国家者必须观察天道自然的运行规律，

⊙ 1　（宋）李昉，等. 太平御览［M］//（清）纪昀，等. 景印文渊阁四库全书（第八九八册）. 台北：台湾商务印书馆股份有限公司，1986：672.

⊙ 2　这里吸收了儒家的思想。儒家的人生哲学认为，人不能单独存在，一些行为都是人与人交互关系的行为，都是伦理行为。儒家《中庸》说："天下之达道五，所以行之者三，曰：君臣也，父子也，夫妇也，昆弟也，朋友之交也，五者天下之达道也。""达道"是人所共由的路，儒家认定人生总离不了君臣、父子、夫妇、昆弟、朋友这五个方面，是"大伦"。孟子称"人伦"，《孟子·滕文公上》："人之有道也，饱食、暖衣、逸居而无教，则近于禽兽。圣人有忧之，使契为司徒，教以人伦：父子有亲，君臣有义，夫妇有别，长幼有序，朋友有信。"人与人之间，有种种天然的或人为的交互关系，"五伦"就是社会的秩序，对国家治理是很重要的，也是决定城市规划的基本思想。

以明耕作渔猎之时序；又必须把握现实社会中的人伦秩序，以明君臣、父子、夫妇、兄弟、朋友等等级关系，使人们的行为合乎文明礼仪，并由此而推及天下，以成"大化"。总体看来，"参五"是对社会秩序的总结，是"治之道"。

第三，将"参五"之道上升到具体的人居空间，《淮南子》在《文子》列地、分国、立学的基础上，进一步发展为七个方面的内容，可谓"七术"。①裂地而州之。分割土地使民众分属各州，沿袭了《文子》所说的"列地而州之"。②分职而治之。通过设官分职来治民，在《文子》中称"分国而治之"。③筑城而居之。修筑城市供人居住。回应了《文子》中的"国"，主要用来作为人居之所（盛人之器）。④割宅而异之。划分宅地区分不同的地域和家族。⑤分财而衣食之。分配财物使民众有穿有吃，实际上是富民。⑥立大学而教诲之。设置学校教育子弟，沿袭了《文子》之"立大学以教之"，实际上是教民。⑦夙兴夜寐而劳力之。让人们早晚勤于民事就业。其中，前四个方面，由九州之大，至一宅之细，皆就地域区划治理而言。其中，"裂地而州之，分职而治之"与《周礼》所言"辨方正位，体国经野，设官分职"相一致；"筑城而居之，割宅而异之"与晁错（公元前200—前154年）疏文中"营邑立城、制里割宅"相一致（详见"地宜"章，第二节）。后三个方面，"分财而衣食之，立大学而教诲之，夙兴夜寐而劳力之"，属于社会方面，涵盖了生活、教育、生产，与《汉书·食货志》提出"城"作为"圣王域民"的工具相一致（详见下文，第二节）。

总体看来，《淮南子·泰族训》构建了一个包括天、地、人、万物的宇宙体系，观察体悟宇宙自然及其存在的法则，利用自然所提供的物质条件进行生产，以解决人们的衣食需要等生存问题，进而建立政治伦理体系与社会秩序，人居及其规划就处于这样一个宏阔的治道大框架的涵摄之下，这是数百年来诸子百家学说的总结、提炼和深化，是体系化、条理化的规划知识，标志着至迟西汉初年已经形成了具有鲜明的空间治理特色的人居规划设计方法与技术体系。胡适认为《淮南子》兼收各家之长，修正各家之短，可以算是周秦诸子以后第一家最精彩的哲学，其中所说的无为的真意，进化的道理，变法的精神，都极有价值。可惜淮南王被诛之后，这种极有价值的哲学遂成为叛徒哲学派，那个"天不变道亦不变"的董仲舒做了哲学的正宗。《淮南子》哲学不但是道家最好的代表，竟也是中国古代哲学的一个大结束。^{○1}就人居规划设计而言，《淮南子·泰族训》中"治之纲纪"之说与董仲舒的天人三策、三纲五常等相比，是毫不逊色的，与其说是一个时代的终结，毋宁当作新时代前行的基础，在中国人居规划设计史上具有重要的地位。

第二节　圣王域民

域民之法

圣人是善治者，圣王之治是一种理想状态，圣王治国经验中有"域民"之法。《汉书·食货志》记载：

> 圣王域民，筑城郭以居之，制庐井以均之，开市肆以通之，设庠序以教之。

> 士、农、工、商，四人有业，学以居位曰士，辟土殖谷曰农，作巧成器曰工，通财鬻货曰商。

> 圣王量能授事，四民陈力受职，故朝亡废官，邑亡敖民，地亡旷土。

"圣王域民"之"域"是区划、分治的意思，所谓"域民"就是处民、居民，《孟子·公孙丑》曰"域民不以封疆之界"。圣王域民实际上是着眼于富民、均民、安民的空间性行动，其具体方法，首先是筑城郭以居之，制庐井以均之，开市肆以通之，设庠序以教之。这四句是纲，提出城郭、庐井、市肆、庠序等四大空间要素，涉及人居、农田、市场、教育等四大功能；通过筑、制、开、设等空间性措施，以达到居、均、通、教等社会经济目的，实际上都属于"规划"手段，都与人居之规划有关，通过人居及其规划最终实现的是"圣王域民"这个更高的目的。总体看来，筑城郭、制庐井、开市肆、

设庠序都是空间性行为，圣王域民之法首先是"空间规划"。

　　将《汉书·食货志》提出的域民之法与前述《文子·上礼》《淮南子·泰族训》提出的治之纲纪进行比较，可以发现古代规划为治之法实际上是空间治理，或者说通过空间实现治理，主要包括两个基本的空间尺度：一是区域尺度，分地分治，设官分职；二是地方尺度，城邑建设，群而有分，富而教之。总体看来，古代规划通过治地实现治民的目的（表2-1）。

古代规划为治之法比较　　　　　　　　　　　　　　　　　　　　　　表2-1

《文子·上礼》	《淮南子·泰族训》	《汉书·食货志》	《周礼》	目的
列地而州之	乃裂地而州之	—	辨方正位	分地（地）
分国而治之	分职而治之	—		分治（官）
立大学以教之	立大学而教海之	设庠序以教之	—	教民
—	筑城而居之	筑城郭以居之	体国	居民（居住）
—	割宅而异之	—	—	异民（居住）
—	分财而衣食之	—	—	生民（养民/富民）
—	夙兴夜寐而劳力之	—	—	业民（就业/分业）
—	—	制庐井以均之	经野	均民
—	—	开市肆以通之	—	通民

　　圣王域民，就人而言要"量能授事，四民陈力受职"。士、农、工、商四民分业，实际上是四个阶层。"士"为第一阶层，经过学校教育，学得当时治理国家所需的各种知识，而身居官位者；"农"为第二阶层，垦地种粮者，即从事农业生产的农民；"工"为第三阶层，用技巧造作器物者，也就是从事手工业制造的人；"商"为第四阶层，做买卖流通财货者，职业从事商业贸易。圣王治国，要根据人们的才能和社会经济发展的需求来分配工作，四民凭借各自的能力接受一定的职务，其中士人"学以居位"，农人"辟土殖谷"，工人"作巧成器"，商人"通财鬻货"。四民各从其业，各司其职，朝廷没有不称职的官吏，城市没有无业的游民，境内没有荒废的土地，井井有条，社会就能长治久安。用今天的话说，圣王域民，同时也是人口与经济社会"发展规划"。

西汉高祖六年（公元前201年），刘邦下诏"令天下县邑城"，此举即意味着刘邦下决心要通过修建县邑的城郭，而重建大乱之后的社会秩序。治城郭是理民的重要工作，包括内为闾里，外为阡陌、沟渠。《汉书·韩延寿传》记载韩延寿为地方太守时，"广谋议，纳谏争……治城郭，修赋租。闾里阡陌有非常，吏辄闻知，奸人莫敢入界。"《后汉书·马援传》记马援将兵平定交趾征侧、征贰之乱后，"峤南悉平……援所过辄为郡县治城郭，穿渠灌溉，以利其民。"《史记》《汉书》及其他文献中，在涉及异民族生活方式之处，均以城郭的有无作为判定其文明程度的基准，说明城郭已经成为"大一统"政权下秩序与太平的象征。

著民于地

土地与人口是构成国家的基础与根本，荀子尝言，"无土则人不安居，无人则土不守。土之与人，国家之本作也。"西周实行分封制，"普天之下莫非王土，率土之滨莫非王臣"，土地与人民已经开始成为政治统治关注的对象，分封诸侯实质上就是赐予土地和人口，即《大盂鼎》所云"受民受疆土"。[1] 马克思《资本论》精辟地指出，"劳动力与土地，是财富两个原始的形成因素。"（图2-1、图2-2）

在人民和土地的关系中，土地具有基础性地位。管仲认为，"地者，万物之本源，诸生之根菀也"[2]，意思就是土地是万物滋生的本源，人类生存的根基。治国或域民，对象是人，工具则是地，人地关系是古代实现空间治理的一个关键。土旷人稀之时，并非有土就可成国，成国必待人聚。后世随着人口密度的增加，大致有土之地皆有人，人与土相依而兴生计。战国时期实行"国家授田制"，土地开始具有前所未有的重要地位。攻城略地，同时可以获取相应的人民。圣人治国，取法于天，取财于地，尊天而亲地。因此，《礼记·大学》曰："有德此有人，有人此有土，有土此有财，有财此有用。德者本也，财者末也，外本内末，争民施夺。是故财聚则民散，财散则民聚。"

⊙1 《历代碑帖法书选》编辑组. 大盂鼎铭文 ［M］. 北京：文物出版社，1994：23.
⊙2 （明）刘绩. 管子补注 ［M］. 姜涛，点校. 南京：凤凰出版社，2016：295.

图 2-1 四川大邑县出土东汉收获弋射画像砖

收获弋射画像砖高 39.6cm、宽 45.6cm，1972 年四川省大邑县安仁乡出土，四川省博物馆藏。画面由上下两部分组成。上图"弋射"，以莲花、莲叶、池塘作为背景，水下有大鱼数条，左侧树下隐蔽二人正张弓欲射。下图"收获"，共有五人在稻田里干活，最左侧一人担着禾担，像是送饭的样子。

图 2-2 四川郫县出土东汉盐井画像砖

（资料来源：刘志远，余德章，刘文杰. 四川汉代画像砖与汉代社会 [M]. 北京：文物出版社，1985：47）

《汉书·食货志》记载了至殷周时先王"制土处民、富而教之"的大致情况：

理民之道，地著为本。故必建步立亩，正其经界。六尺为步，步百为亩，亩百为夫，夫三为屋，屋三为井，井方一里，是为九夫。八家共之，各受私田百亩，公田十亩，是为八百八十亩，馀二十亩以为庐舍。

出入相友，守望相助，疾病则救，民是以和睦，而教化齐同，力役生产可得而平也。民受田，上田夫百亩，中田夫二百亩，下田夫三百亩。岁耕种者为不易上田；休一岁者为一易中田；休二岁者为再易下田，三岁更耕之，自爰其处。农民户人已受田，其家众男为馀夫，亦以口受田如比。士工商家受田，五口乃当农夫一人。此谓平土可以为法者也。若山林薮泽原陵淳卤之地，各以肥硗多少为差。有赋有税。税谓公田什一及工商衡虞之入也。赋共车马甲兵士徒之役，充实府库赐予之用。税给郊社宗庙百神之祀，天子奉养百官禄食庶事之费。民年二十受田，六十归田。七十以上，上所养也；十岁以下，上所长也；十一以上，上所强也。种谷必杂五种，以备灾害。田中不得有树，用妨五谷。力耕数耘，收获如寇盗之至。还庐树桑，菜茹有畦，瓜瓠果蓏殖于疆易。鸡豚狗彘毋失其时，女修蚕织，则五十可以衣帛，七十可以食肉。

在野曰庐，在邑曰里。五家为邻，五邻为里，四里为族，五族为党，五党为州，五州为乡。乡，万二千五百户也。邻长位下士，自此以上，稍登一级，至乡而为卿也。

于里有序而乡有庠。序以明教，庠则行礼而视化焉。春令民毕出在野，冬则毕入于邑。其诗曰："四之日举止，同我妇子，馌彼南亩。"又曰："十月蟋蟀，入我床下，嗟我妇子，聿为改岁，入此室处。"所以顺阴阳，备寇贼，习礼文也。春，将出民，里胥平旦坐于右塾，邻长坐于左塾，毕出然后归，夕亦如之。入者必持薪樵，轻重相分，班白不提挈。冬，民既入，妇人同巷，相从夜绩，女工一月得四十五日。必相从者，所以省费燎火，同巧拙而合习俗也。男女有不得其所者，因相与歌咏，各言其伤。是月，馀子亦在于序室。八岁入小学，学六甲五方书计之事，始知室家长幼之节。十五入大学，学先圣礼乐，而知朝廷君臣之礼。其有秀异者，移乡学于庠序；庠序之异者，移国学于少学。诸侯岁贡少学之异者于天子，学于大学，命曰造士。行同能偶，则别之以射，然后爵命焉。孟春之月，群居者将散，行人振木铎徇于路，以采诗，献之大师，比其音律，以闻于天子。故曰王者不窥牖户而知天下。

此先王制土处民、富而教之之大略也。[1]

"理民之道，地著为本"，这句话十分关键。圣王理民的关键是著民于地。为何使"民"著于"地"，又如何使"民"著于"地"？这关乎土地利用及社会空间组织，有着深刻的规划蕴涵，兹从两个方面加以阐述。

一方面，作井处民。井田是人民从事生产生活的家园，通过均田、安居、富民，可以建立起自给自足的农业社会。居民点镶嵌于井然有序的田地之上，体现出强烈的体系性，老百姓日出而作、日入而息，就像植物一样因应节律的变化附着于土地之上。《汉书·食货志》云"制庐井以均之"，古代井田制，八家共一井，那共一井的八家庐舍就称为"庐井"。《左传·襄公三十年》记载："子产使都鄙有章，上下有服；田有封洫，庐井有伍。"《汉书·王莽传》中记载："古者，设庐井八家，一夫一妇田百亩，什一而税。"地要均，《管子·乘马》中"地政"一节，揭示了土地利用对于空间治理的政治学含义："地者政之本也，是故地可以正政也，地不平均和调，则政不可正也；政不正，则事不可理也。"

另一方面，富而教之。教育是天子对万民的恩赐。《礼记》云："后王命冢宰，降德于众兆民。"德，即教也。后王，即天子。冢宰，即政府最高长官。众兆民，即所有的民。所有人，上至天子子弟下至民，都必须接受教育。前文已经指出，西周王朝建立了一套成熟的培养贵族、官员及其子弟的教育体制，称为"王官之学"，以家国合一的血缘政治体制为基础，尊尊、亲亲、长长、男女有别的宗法等级名分体制严格。王官之学具有政教合一的特征，教育从属并服务于政治。《礼记》云："家有塾，党有庠，术有序，国有学"，在家（家族）、党（血缘相近的五百户家庭）、术（即遂，一万二千五百户）、国（国都）等不同等级的宗法单位中，设置塾、庠、序、

---

[1] （汉）班固. 汉书（二）[M]. 北京：中华书局，2012：1027-1030.

学等不同层级的学校，可以说学校遍天下，人居与城邑生活融于礼乐社会的建构之中。

中国崇尚礼乐教化，富而教之，治教融为一体而未分。《论语·子路》记载孔子去卫国，冉有驾车，孔子见到卫国人口富庶，冉有请教人多了该做些什么，孔子说"富之"；冉有又问富了后该做什么，孔子说"教之"。"富之"，就是让人民富裕起来，有安定生活的物质基础，这就是"养民"的观念；"教之"，就是教导人民，保持仁义礼智的人性，和谐地生活。[1]《孟子·滕文公上》记载，滕文公问孟子如何治理国家（"为国"），孟子讲了两个道理，一是使民有恒产（"有恒产者有恒心"），这是养民；二是设教以明人伦（"设为庠序学校以教之"），这是教民。[2]

中国人居规划的理论与方法皆由此政治文化所形塑，从属于国家的治理体系，是国家实现长治久安的关键措施。徐苹芳指出："中国古代城市从一开始便紧密地与当时的政治相结合，奠定了中国古代城市是政治性城市的特质。因此，中国古代城市的建设和规划始终是以统治者的意志为主导的"。[3]中国古代"匠人营国"，城市具有政治性，这与欧洲城市作为"神的国度"（the city of god）有着显著的不同。

《荀子》论善群而有分

《淮南子·泰族训》《汉书·食货志》中关于社会人群进行空间治理的观

---

[1] 《论语·子路》记载：子适卫，冉有仆。子曰："庶矣哉！"冉有曰："既庶矣。又何加焉？"曰："富之。"曰："既富矣，又何加焉？"曰："教之。"

[2] 《孟子·滕文公上》：民事不可缓也。《诗》云："昼尔于茅，宵尔索绹；亟其乘屋，其始播百谷。"民之为道也，有恒产者有恒心，无恒产者无恒心。苟无恒心，放辟邪侈，无不为已。及陷乎罪，然后从而刑之，是罔民也。焉有仁人在位，罔民而可为也？是故贤君必恭俭礼下，取于民有制。阳虎曰："为富不仁矣，为仁不富矣。"……设为庠序学校以教之：庠者，养也；校者，教也；序者，射也。夏曰校，殷曰序，周曰庠，学则三代共之，皆所以明人伦也。人伦明于上，小民亲于下。有王者起，必来取法，是为王者师也。《诗》云"周虽旧邦，其命惟新"，文王之谓也。子力行之，亦以新子之国。

[3] 徐苹芳. 论历史文化名城北京的古代城市规划及其保护［J］. 文物，2001（1）：1，64-73.

念，吸取了儒家思想的精华。作为儒者，荀子（约公元前313—前238年）重视礼对于国家治理的重要性，《荀子·修身》曰："礼之于正国家也，如权衡之于轻重也，如绳墨之于曲直也。故人无礼不生，事无礼不成，国家无礼不宁。"荀子提出通过圣人的制礼作乐，将社会分为上下有序的等级，维持君臣、父子、兄弟、夫妇、老少关系。《荀子·大略》曰："君臣不得不尊，父子不得不亲，兄弟不得不顺，夫妇不得不欢，少者以长，老者以养。故天地生之，圣人成之。"荀子思想具有很强的逻辑与体系性。

第一，荀子认为善"群"而有"分"是人之所以有别于万物的最可贵之处。《荀子·王制》云："水火有气而无生，草木有生而无知，禽兽有知而无义。人有气、有生、有知，亦且有义，故最为天下贵也。力不若牛，走不若马，而牛马为用，何也？曰：人能群，彼不能群也。人何以能群？曰：分。分何以能行？曰：义。故义以分则和，和则一，一则多力，多力则强，强则胜物；故宫室可得而居也。故序四时，裁万物，兼利天下，无他故焉，得之分义也。故人生不能无群，群而无分则争，争则乱，乱则离，离则弱，弱则不能胜物；故宫室不可得而居也，不可少顷舍礼义之谓也。能以事亲谓之孝，能以事兄谓之弟，能以事上谓之顺，能以使下谓之君。君者，善群也。群道当，则万物皆得其宜，六畜皆得其长，群生皆得其命。故养长时，则六畜育；杀生时，则草木殖；政令时，则百姓一，贤良服。"

第二，荀子认为"分"的原则是"礼"，君王用礼义的标准与原则统率纷杂的各类事物，建立起君臣、父子、兄弟、夫妇（人伦），农农、士士、工工、商商（就业）的秩序来。《荀子·王制》曰：

> 以类行杂，以一行万。始则终，终则始，若环之无端也，舍是而天下以衰矣。天地者，生之始也；礼义者，治之始也；君子者，礼义之始也；为之，贯之，积重之，致好之者，君子之始也。故天地生君子，君子理天地。君子者，天地之参也，万物之总也，民之父母也。无君子，则天地不理，礼义无统，上无君师，下无父子、夫妇，是之谓至乱。君臣、父子、兄弟、夫妇，始则终，终则始，与天地同理，与万世同久，夫是之谓大本。故丧祭、朝聘、师旅一也；贵贱、杀生、与夺一也；君君、臣臣、父父、子子、兄兄、弟弟一也；农农、士士、工工、商商一也。

人有了等级的区分，各守自己的本分，社会就可以有秩序，这个分要靠礼来维系，一方面区别了不同的人，另一方面维系了和睦的人际关系。《荀子·礼论》曰："曷谓别？曰：贵贱有等，长幼有差，贫富轻重皆有称者也。"《荀子·富国》曰："人君者，所以管分之枢要也。"

人群在人伦上分为"君臣、父子、兄弟、夫妇"，在职业上则分为农、士、工、商，《荀子·王霸》云："传曰：农分田而耕，贾分货而贩，百工分事而劝，士大夫分职而听，建国诸侯之君分土而守，三公总方而议，则天子共己而已矣。出若入若，天下莫不平均，莫不治辨，是百王之所同也，而礼法之大分也。"相应地，《荀子·王制》将管理天下的职官分为作为天子的"天王"、作为诸侯的"辟公"、作为宰相的"冢宰"、主管水土的"司空"、主管军队的"司马"、主管民政的"司徒"、主管司法的"司寇"、主管音乐的"太师"、主管山林湖泊的"虞师"、主管州乡事务的"乡师"、主管手工业的"工师"、主管田地的"治田"、掌管市场贸易的"治市"等。

第三，荀子认为君子有参天地、总万物的能力，参与到天地生养万物的过程中，与天地互相配合。《荀子·天论》："天有其时，地有其财，人有其治，夫是之谓能参。舍其所以参，而愿其所参，则惑矣。"《荀子·王制》云："圣王之用也：上察于天，下错于地，塞备天地之间，加施万物之上。"天下大治的政治局面就是："故天之所覆，地之所载，莫不尽其美，致其用，上以饰贤良，下以养百姓而安乐之。夫是之谓大神。""分"是组织社会的根本法则，通过"分"建立社会等级，从事不同的社会分工，将社会协同为一个统一的整体，以应对自然。

善群而有分的思想，对于城市功能组织与空间布局有直接的关联，也可以说是中国的功能分区论。《管子·大匡》提出城市组织的要求："凡仕者近宫，不仕与耕者近门，工贾近市。"这是《管子》所提出的居住分区规划主张，文中之"宫"是指国都的宫廷区或城市的行政区。《管子·小匡》进一步阐述了按职业作为分区依据的功能布局思想："桓公曰：'定民之居，成民之事，奈何？'管子对曰：'士农工商四民者，国之石民也。不可使杂处，杂处则其言咙，其事乱。是故圣王之处士，必于闲燕。处农，必就田墅。处工，必就官府。处商，必就市井。'"管子学派主张按职业分区聚居，不使杂处，以便子袭父业，职业世袭化，这种居住分区规划，实系按职业组织聚居，各就从事的职业之便，划地分区而居，以达到"定民之居，成民之事"的要求。以此安定四民，可以巩固立国的基础，不仅有利于发展国家经济，也可有助于安定统治秩序。

功能分区是人类社会进行城邑空间布局的一个基本方法。考古发现，公元前 3500 年左右埃及开始成为统一的国家，在古埃及象形文字中，城市一词以圆形或椭圆形代表城墙，十字代表街道，城市以十字街划分为四个部分。公元前 2000 多年建成的著名古埃及城市卡洪（Kahun），平面为 380m×260m 的长方形，砖砌城墙围合，城内由厚厚的石墙分为东西两部分，城西为奴隶居住区，城东被一条大路分为南北两部分，路北为贵族区，路南是商人、手工业者、小官吏等中产阶层的住所。建于公元前 1370 年左右的首都阿马尔纳城，西临尼罗河，其余三面山陵围合，没有城墙，城市规划功能分区明确，分北、中、南三部分，中部为帝皇统治中心，南部为高级官吏府邸，北部为劳动人民住区。在希腊古典时期（公元前 5 世纪至公元前 4 世纪），希波丹姆（Hippodamos）总结了棋盘式路网城市骨架的规划结构形式（图 2-3），亚里士多德称希波丹姆是城市分区的发明者，在《政治学》中说：希波丹姆规定城邦以 1 万人为宜，将市民分为三个部分，第一部分手工匠者，第二部分农民，第三部分士兵；城市也分为三个部分，第一部分是文化，第二部分是公共用途，第三部分是私人住房财产。

《管子》论度地形而为国

管仲（约公元前 723—前 645 年），名夷吾，字仲，谥敬，春秋时期著名政治家，他定民之居，成民之事，辅佐齐桓公成为春秋五霸之首，后世尊称为"管子"。《管子·度地》篇记载齐桓公询问管仲如何"度地形而为国"，即怎样根据地形来布置与规划城市。管仲的对答详细而系统：

> 昔者桓公问管仲曰："寡人请问度地形而为国者，其何如而可？"

> 管仲对曰："夷吾之所闻，能为霸王者，盖天子圣人也，故圣人之处国者，必于不倾之地，而择地形之肥饶者，乡山，左右经水若泽，内为落渠之写，因大川而注焉。乃以其天材地利之所生，养其人以育六畜。

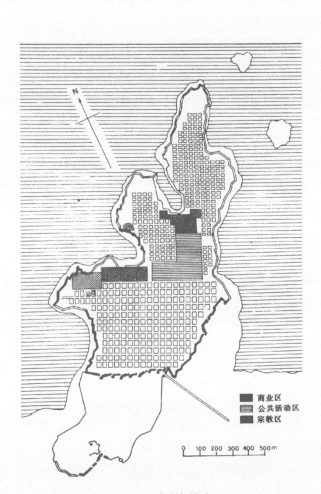

图 2-3　米利都模式

　　米利都模式的运用，加之测量技术的发展、简便的规划、大致平均
的地块，很快在短时间内推行到殖民城市和军事堡垒城市之中。
（资料来源：贝纳沃罗（Benevolo L.）. 世界城市史［M］. 薛钟灵，
等，译. 北京：科学出版社，2000：146）

天下之人，皆归其德而惠其义。乃别制断之。（不满）州者谓之术，不满术者谓之里。故百家为里，里十为术，术十为州，州十为都，都十为霸国。不如霸国者国也，以奉天子，天子有万诸侯也，其中有公侯伯子男焉。天子中而处，此谓因天之固，归地之利。内为之城，城外为之郭，郭外为之土阆。地高则沟之，下则堤之，命之曰金城，树以荆棘，上相穑著者，所以为固也。岁修增而毋已，时修增而毋已，福及孙子，此谓人命万世无穷之利，人君之葆守也。

　　臣服之以尽忠于君，君体有之以临天下，故能为天下之民先也。此宰之任，则臣之义也。故善为国者，必先除其五害。人乃终身无患害而孝慈焉。"

管仲总结圣人度地形而为国经验，涉及城邑选址、城邑等级体系，以及城市形制、结构等有关城乡空间规划的内容。

关于城邑选址。所谓圣人之处国，影响决策的关键因子是地形与给水排水，趋利避害。要"不倾之地"，"地形肥饶"，"乡山，左右经水若泽"，"内为落渠之写，因大川而注焉"，"以其天材地利之所生，养其人以育六畜"。这可以与《管子·乘马》提出的城市选址原则相互观照："凡立国都，非于大山之下，必于广川之上。高毋近旱而水用足，下毋近水而沟防省。因天材，就地利，故城郭不必中规矩，道路不必中准绳。"

关于城邑体系。统治者凭借德义而聚天下之人，建立"州－术－里"的行政区划，设立相应的城邑体系；建立"天子－诸侯（有公侯伯子男）"的社会秩序，天子择中设都，因天之固，归地之利。战国时期特别是中晚期，战争空前激烈，军事制度和作战方式发生了根本转折，城邑的军事价值开始凸显，相应地城邑规划建设创新成为战国时期规划的重要特征。

关于城市规模与分布密度。管子强调城市规模必须与周围田地以及城市居民数量保持恰当的比例关系，这样既可保证城市居民生活给养，也有利于巩固城防。《管子·八观》云："凡田野，万家之众，可食之地方五十里，可以为足矣。万家以下，则就山泽可矣。万家以上，则去山泽可矣。彼野悉辟而民无积者，国地小而食地浅也。田半垦而民有余食而粟米多者，国地大而食地博也。""夫国城大而田野浅狭者，其野不足以养其民。城域大而人民寡者，其民不足以守其城。宫营大而室屋寡者，其室不足以实其宫。室屋众而人徒寡者，其人不足以处其室。困仓寡而台榭繁者，其藏不足以共其费。"以上城市分布密度与规模等级的关系是就平均水平（"中地"）而言。如果土地的等级不同，城市密度也应当随之发生变化。《管子·乘马》云："上地方八十里，万室之国一，千室之都四。中地方百里，万室之国一，千室之都四。下地方百二十里，万室之国一，千室之都四。以上地方八十里与下地方百二十里，通于中地方百里。"显然，管子学派的城市规划思想强调了城市经济功能，将城市不仅视为政治中心，而且更是一个经济生产中心，所以城市的主体不应是少数统治者，而应是广大从事经济生产的市民。并且，《管子》的这种主张，还从宏观尺度上对城市规划提出了新的要求，使城市分布能取得合理的布局，以保证城市的发展，这种"养""守"结合的规划理论，实寓有农战政策的含义，充分体现了诸侯兼并战争时代的气息。

关于都城布局。都城采用"城－郭－土阛"结构，根据地形条件，高则掘沟，下则筑堤，以求金城之固。城邑结构考虑到攻城守城的器械以及攻城与守城之术的要求。

管子学派十分注重治水。《管子·度地》中将城市所面对的自然灾害归为五种，重点论述了在城市营建当中如何防治水害。主张变水害为水利，设立"水官"，加强管理。总体看来，从前述城市选址到堤防、沟渠排水系统建设，到管理、监督等方面，管子都有详细的论述，形成了古代完备的城市防洪学说。

第三节　辨方正位，体国经野

《周礼》原名《周官》，是我国第一部系统、完整叙述国家机构设置、职能分工的专书。全书分为六篇，即天官冢宰、地官司徒、春官宗伯、夏官司马、秋官司寇、冬官司空。其中，冬官司空存目无文，西汉时补以《考工记》。《周礼》现存的五篇叙文皆以下列数语冠其首，声明"建国"之纲领："惟王建国，辨方正位，体国经野，设官分职，以为民极。"可见，《周礼》

的主题是很明确的，是关于大国君主、王建立大国的事情。《周礼》主张大国国君之上有天子，明确天子之职，但是《周礼》并没有设计"天下"的政治经济制度，而是主张各个"邦国"的自立与自主。显然，《周礼》是邦国或国家之书，而不是天下之书，这与战国后期的时代特征相吻合。透过《周礼》记载的建国设官分职，可以窥见先秦规划技术与方法。

设官治民

《周礼》的官僚制度（周官）有两个主要的设计，一是如何将邦国、都家、乡与邑整编为一个政治系统，二是邦国中各家如何开展生产与贸易，即货殖。地官是邦国为治理全体之民所设的官僚机构，职责是"乃经土地而井牧其田野"，意思是将民安置在不同层级的政治单位中而由官僚管理。《周礼》设计了两套组织体系，一是井田体系，人为规划与创造出以农业为主的聚落，规划是"九夫为井，四井为邑，四邑为丘，四丘为甸，四甸为县，四县为都"（《周礼·地官司徒》），家–井–邑–丘–甸–县–都–邦国；另一套是自主形成的聚落，组织形式是"令五家为比，使之相保；五比为闾，使之相受；四闾为族，使之相葬；五族为党，使之相救；五党为州，使之相赒；五州为乡，使之相宾"（《周礼·地官司徒》），家–比–闾–族–党–州–乡–邦国，也纳入官僚制的支配，其长官有乡师、乡大夫、州长、党正、族师、闾胥、比长等。这两套行政组织，可以视为后世"郡县制"的基础。《周礼》中冬官司工程建设，反映了战国以来城市建设的高潮，可惜冬官之文阙而不存。

《周礼》构想"王–官–民"治理体系，在相当程度上反映了一种正在形成的城乡关系。对于广袤的王土，通过设置官臣，来实现对民众的治理。这种方法，《周礼》称为"设官分职，以为民极"。究竟如何设官分职？《周礼》提出"辨方正位，体国经野"，《周礼》构想以政治的力量划分区域、建立城市、构建聚落体系，实际上是一种"空间治理"。从"辨方正位"与"体国经野"的具体内涵，可以窥探先秦中国城市规划方法与技术特征。

辨方正位

"辨方"就是辨别地方（地形特征）及其物产，评价土地利用的可能。观察、分辨与分类是古代中国广泛使用的方法，是在原始采集活动与知识的基础上发展起来的，被广泛地运用于许多知识活动之中。其关键在于"辨"，辨是考察、区别，人类的知识来源于"辨"。"辨"是《周礼》所记土会之法、土宜之法、土均之法中一个非常核心的概念。《周礼·地官司徒·大司徒》记载："以土会之法辨五地之物生……""以土宜之法辨十有二土之名物，以相民宅，而知其利害，以阜人民，以蕃鸟兽，以毓草木，以任土事。辨十有二壤之物而知其种，以教稼穑树薮。""以土均之法辨五物九等，制天下之地征，以作民职，以令地贡，以敛财赋，以均齐天下之政。"土会之法、土宜之法、土均之法中，所辨者乃一个地区的自然条件，具体而言是土地及其附着物，先进行区域调查和资源分类，进而对物产资源进行评估与有区别的利用，最后在以上各项活动的基础上进行贡赋等级的评价与划分，这是一个对土地所附着的自然资源进行层层推进的辨识、分类的过程，是较为系统的"调查－评估－利用"的方法与技术体系。

所谓"辨方"之"方"，并不是方向或方位的概念，而是代表某一区域人生活的土地，是一个综合的空间概念。殷人称国曰方，如土方、马方、羊方、井方、孟方、苦方等，均国名。卜辞屡曰某方，如孟方、土方、苦方、羊方、马方等，均为"方"代表国之证。《周礼·夏官司马》也有职方氏、土方氏、怀方氏、合方氏、训方氏、形方氏等职官，是掌管各邦国的各方面情况的官员。因此，"辨方"并不只是辨别方向，而是对于不同区域的土地及其所附着的自然资源进行综合调查、评估与利用。自然丰富多彩，地域差异显著，中国古代规划活动一个十分明显的特点，就是对于具体性的重视与强调，并以此为基础发展出了一种极为独特的方法或思维形态——"宜地"。顾名思义，宜地就是因地而宜，因地制宜。空间规划是一项与"地"相关的活动领域，在措施与方法的制定中都应考虑地的对应或配合关系。宜地的方法有着深厚的哲学蕴含：客观的自然状况总是多样的和具体的，因此主观的应对方式或手段，也应当且必须与这种多样性和具体性相适应或相吻合，这正是"规划"作为一项科学活动的哲学基础。

　　"正位"，是在辨方的基础上合理确定城乡空间的秩序。在古代中国的思想文化中，规划的根本目的是建立一种社会秩序。社会秩序的关键在于"位"。《周易·系辞上传》首句："天尊地卑，乾坤定矣。卑高以陈，贵贱位矣"，认为天上地下的固有自然规律（天尊地卑）形成了一种既定的空间位置关系（乾坤定矣），遵循、效仿和利用天地所设定的空间位置的高低（卑高以陈），可以确定等级地位的贵贱（贵贱位矣）。由此可见，"位"的三层含义：①"位"是等级地位；②这个等级地位依托于一种空间位置的关系而界定，或者说位是空间秩序；③这种空间位置关系来源于天地固有的规律。"位"是政治概念与空间概念合一，其根源是自然的固有规律。因此，"位"并不是一个单纯的空间概念，而是依托于空间位置关系而产生的等级地位的界定。所谓"正位"，就是使某人或物在其应在之位。《公孙龙子·名实论》："位其所位焉，正也。"使人或物居于其应在的空间位置以获得其应得的等级地位及其相应的职责（主要是政治上的），这是《周礼》文本所显示的"正位"的更为确切的含义。它与方向、方位有关，但又不限于此，事实上是通过确立空间的方向位置，建立一种社会秩序。

　　综上，"辨方"是对一个地方及其方物的观察、分辨与分类，"正位"是使人或物居于其应在的空间位置以获得其应得的等级地位及其相应的职责（主要是政治上的），这是社会有序的保证。"辨方"是"正位"的基础，"辨方正位"意即"辨方以正位"[1]，这是中国古代规划的一项基本内容与特征。中国古代规划旨在致治，在技术方法上基于土地利用而寻求秩序，或者说追求宜地与有序。

体国经野

　　除了司徒所掌的奠定规划基础、建构空间框架的"地法"之外，《周礼》中还有一类与空间规划紧密相关的官员职掌，就是在县鄙、城邑乃至建筑群尺度上运用形体之法进行具体的人工建设，包括农田的划分、道路建设、水利建设、城邑建设、建筑建造，等等。《地官司徒·遂人》记载："遂人掌邦

⊙1　郭璐，武廷海. 辨方正位 体国经野——《周礼》所见中国早期城乡规划［J］. 清华大学学报（哲学社会科学版），2017，32（6）：36–54，194.

之野。以土地之图，经田野，造县鄙形体之法。"遂人所掌为"邦之野"，也就是从远郊百里以外到五百里王畿边界的"县鄙"的范围，掌握着通过"经田野"塑造县鄙之物质空间形态的"形体之法"。县鄙之外的其他地区也有塑造"形体"的需求，也必然有相应的形体之法，《周礼》中虽未明言，但以遂人的职掌为线索仍可挖掘出相关内容。

一是分地域。地法中的土圭之法已经自上而下地划分了王畿与邦国的边界，形成了空间规划的基本框架。遂人的职掌首先是在此基础上对土地进行进一步细分："五家为邻，五邻为里，四里为酂，五酂为鄙，五鄙为县，五县为遂，皆有地域，沟树之。使各掌其政令刑禁，以岁时稽其人民，而授之田野，简其兵器，教之稼穑。"（《地官·遂人》）

二是颁田里。在细分土地、建立聚落体系的基础上，遂人开始"治野"的工作，首先是"颁田里"。《地官·遂人》记载："凡治野：以下剂致甿，以田里安甿，以乐昏扰甿，以土宜教甿稼穑，以兴锄利甿，以时器劝甿，以疆予任甿，以土均平政。辨其野之土；上地、中地、下地，以颁田里：上地，夫一廛，田百亩，菜五十亩，余夫亦如之；中地，夫一廛，田百亩，菜百亩，余夫亦如之；下地，夫一廛，田百亩，菜二百亩，余夫亦如之。"这是在土地细分的基础上，赋予土地一定的功能，并将这些具有特定功能的土地分配给人民来使用，亦即进行土地利用与分配。

三是为沟洫、通阡陌。在进行了基本的土地划分和分配之后，遂人则开始相应的人居工程建设，其主体是农田水利和道路系统，也就是"为沟洫、通阡陌"。《地官·遂人》记载："凡治野：夫间有遂，遂上有径；十夫有沟，沟上有畛；百夫有洫，洫上有涂；千夫有浍，浍上有道；万夫有川，川上有路，以达于畿。"

四是营城邑。土地既已分配，沟洫、阡陌亦已完善，一片自然之区便成为可以保障基本生存和交流的、秩序井然的可居之地，下一步工作的重点自然就是城邑里宅的规划建设，这在《遂人》的文本中并没有涉及，但是在《周礼》的其他部分中可以看到相关内容，可以基本明确的是：闾里是最基本的居住单元，由一个个的闾里层层累积，构成了分布在"田土－沟洫－阡陌"系统中的有体有形、或大或小的居民点。

以闾里为基本空间单元，怎样规划建设出城邑来？《周礼》中夏官司马之属有量人，"掌建国之法，以分国为九州，营国城郭，营后宫，市、朝、道、巷、门、渠。造都邑亦如之。营军之垒舍，量其市、朝、州涂、军社之所里。"量人所掌管的范围是人的主要聚居点，兼及城邑与军事驻扎点，主要事项是"建国之法"，即基于测量，确定城市的空间布局，安排各类功能，包括：宫室、市场、朝堂、道路、城门、渠道等。经过测量、功能布局以及重要建筑物的营建三个步骤，营城立邑的主体工作就差不多完成了，剩下的应该就是在此框架之下开展的量大面广的民居建设，这在中国古代的传统中大多是由百姓自发开展的，《周礼》中并没有专门的论述。

总之，在分地域建立多层级的聚落体系、依家庭劳动力分配田地，形成土地利用的基本形态的基础上，为沟洫、通阡陌，形成田垄、水渠、道路纵横交错、田土井然有序的广阔大地上的"形体"；在这个"田土－沟洫－阡陌"的网络系统中，再以闾里为基本单元，建造城邑，营建宫庙，形成一个个相对独立的缀于这个网络之上的有体有形的居住单元。由此，一个各部分彼此联缀，又有严格内在等级秩序的空间体系便在大地上形成了。《周礼》将上述方法称为"形体之法"。

先秦时，人们有将制城邑、营都鄙作为一个生命体来对待的传统，如《国语·楚语上》有言："且夫制城邑若体性焉，有首领股肱，至于手拇毛脉，大能掉小，故变而不勤。地有高下，天有晦明，民有君臣，国有都鄙，古之制也。""体国经野"就是为在国野中塑造实体和联系，形成一个有机的生命体。"体国经野"就是经过形体之法塑造的人居环境物质形态：大小城邑是突出的空间实体，是为"体"，阡陌、沟洫，交错纵横、沟通联系人与物，是为"经"，以经贯体，空间体系成为一个有机整体。

无论"体国经野"还是"形体之法"，都是在包括城邑与乡村的广阔土地上，塑造有实体、有联系、有层级、有秩序的有机空间体系。这个空间体系的目的是组织人的生产生活空间，满足人居的基本需求：衣食住行，衣食——土地分配、水利建设，住——城邑规划建设，行——道路建设，其本质是一个人赖以生存的物质环境系统的建设，或谓人居环境建设。在《诗经》中可以看到许多类似的内容，例如《大雅·绵》，记载周人由豳地迁往岐山之下的周原营建新邑的过程，首先划分土地（"乃慰乃止，乃左乃右"），进而进行水利建设与农田整治（"乃疆乃理，乃宣乃亩"），最后逐一进行宫室、宗庙、城郭、社坛、道路等重要工程的建设。它们有内在的联系性，有实体、有联系，共同塑造了人居环境的物质空间体系。《周礼》的可贵之处在于，通过构建一个层次分明、环环相扣的空间体系，将这个生存系统整合了起来，从一户小农到整个天下，形成了一个严密紧实的人居体系，成为政治、经济、文化秩序的载体与保障，提供了一个中国古代人居的理想化模型（图 2-4 ）。

从《周礼》所体现的中国空间规划体系可以看出，空间规划是一种技术工具，通过从资源调查到工程建设的一系列技术手段，在自然的世界中创造出一个下至闾里，上至六服、九畿，层层相叠、环环相扣的空间网络，其细胞是人民安居的基本聚落单元，其整体是天下尺度的人居环境的空间秩序。与此同时，空间规划体系也是政治治理的工具，是国家制度设计，职官体系依附其而发挥效力，在保障空间规划运行的同时，通过对国土空间的有效组织和治理，实现了广阔地域内的政治统治和社会治理（图 2-5 ）。

《周礼》所见空间规划体系与技术方法影响深远，两千余年来虽然具体措施几经变化，但是君主借助分层、分区的空间网络体系以统领天下的精神始终未变，空间规划作为政治工具、制度设计的属性在后世帝制王朝中一直传承不坠。中国传统空间规划包括国土、道路与沟洫、城乡聚落等较为综合的空间内容，国土规划、交通规划、水利规划、城乡规划等相互协调，为建立和谐有序的人居空间提供技术保障；同时，统治者通过设置与空间治理体系相适应的职官体系，实现了对广大地域的政治统治，为中华文明的传承提供了重要的制度保障，这对于我们今天建立健全国家空间规划体系、提升社会治理能力，具有重要的历史借鉴意义。

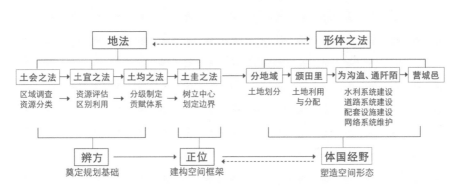

图 2-4 《周礼》中空间规划体系与技术方法的内在关系

（资料来源：郭璐，武廷海. 辨方正位 体国经野——《周礼》所见中国古代空间规划体系
与技术方法 [J]. 清华大学学报（哲学社会科学版），2017，32（6）：36-54，194）

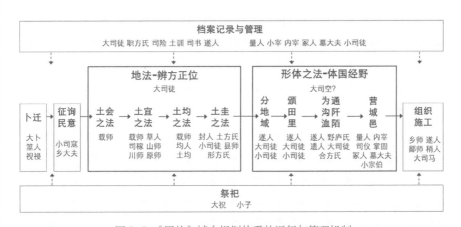

图 2-5 《周礼》城乡规划体系的运行与管理机制

（资料来源：郭璐，武廷海. 辨方正位 体国经野——《周礼》所见中国古代空间规划体系
与技术方法 [J]. 清华大学学报（哲学社会科学版），2017，32（6）：36-54，194）

第四节　量地制邑，度地居民

为了统筹土地及土地上的人民，古冬官"司空"之职，为六卿之一，掌水土营建之事。《汉书·百官公卿表》记载："禹作司空，平水土……夏、殷亡闻焉，周官则备矣。天官冢宰，地官司徒，春官宗伯，夏官司马，秋官司寇，冬官司空，是为六卿，各有徒属职分，用于百事。"成篇于战国中期的《礼记·王制》[1]详细地叙述了"司空"的执掌：

司空执度度地，居民山川沮泽，时四时。量地远近，兴事任力。

凡使民：任老者之事，食壮者之食。

凡居民材，必因天地寒暖燥湿，广谷大川异制。民生其间者异俗：刚柔轻重迟速异齐，五味异和，器械异制，衣服异宜。修其教，不易其俗；齐其政，不易其宜。中国戎夷，五方之民，皆有其性也，不可推移。东方曰夷，被发文身，有不火食者矣。南方曰蛮，雕题交趾，有不火食者矣。西方曰戎，被发衣皮，有不粒食者矣。北方曰狄，衣羽毛穴居，有不粒食者矣。中国、夷、蛮、戎、狄，皆有安居、和味、宜服、利用、备器，五方之民，言语不通，嗜欲不同。达其志，通其欲，东方曰寄，南方曰象，西方曰狄鞮，北方曰译。

凡居民，量地以制邑，度地以居民。地、邑、民、居，必参相得也。

无旷土，无游民，食节事时，民咸安其居，乐事劝功，尊君亲上，然后兴学。[2]

王制的文本结构明晰，首句总说司空职守，接着三个"凡"字领起三段，分别说明使民以宽、齐政异俗、地民相参三大原则，末句描述司空功成后的社会状态。以此文本为基础，可以对司空量地制邑、度地居民的技术方法进行剖析。

⊙ 1　王锷. 清代《王制》研究及其成篇年代考［J］. 古籍整理研究学刊，2006（1）：19-25.
⊙ 2　王梦鸥. 礼记今注今译［M］. 台北：台湾商务印书馆，1979：181-183.

审时度势

　　《礼记·王制》首句总说司空之职守，通常认为"司空执度度地，居民山川沮泽，时四时。量地远近，兴事任力。"实际上，更合适的说法应该是"司空势度，度地、居民、山川、沮泽，时四时。量地远近，兴事任力。"具体说来：

　　（1）"司空执度"中"执度"之"执"，推测当为"埶"。"执"（埶）字形与"埶"相近。"埶"为"势"的本字，《考工记》"审曲面埶，以饬五材，以辨民器，谓之百工"，就是这个"埶"（势）字，审曲面埶就是审视材料的外部与内在特征；《吴孙子》有"埶"篇，意思是根据具体态势的变化进行能动的灵活机变。今本老子《道德经》有"执大象，天下往"一句，长期以来一直被理解为执守大道，天下人都来归往，实际上"执"也应当为"埶"，所谓"势大象，天下往"，就是势大就能使天下归从的意思。⊙1 "势"很重要，《战国策·刘向书录》云："非威不立，非势不行。"《礼记·王制》所谓"司空埶度"，即"司空势度"，相当于"审时度势"之"度势"，这里的"度"是个动词，这样就文从字顺了。

　　（2）"司空执度度地"中的"度地"，应当与后面的"居民……"等连读，为"度地、居民……"，否则，如果是"司空执度度地"，那么前一个"度"就是名词，作为"度地"的工具，这个可以用来"度地"的"度"是什么样的工具？至今尚未发现，也不可能发现。⊙2 "度地"又称"土地"。《周礼·夏官司马》记载土方氏的执掌："土方氏：掌土圭之法，以致日景，以土地相宅而建邦国都鄙。以辨土宜土化之法而授任地者。王巡守，则树王舍。"其中，"土地相宅"之"土地"就是"度地"，土者，度也。又，《考工记》中"玉人之事"记载："土圭尺有五寸，以致日，以土地"，其中"土地"也是"度地"的意思。

⊙1 尹振环. 从"势大天下从"到"执柄以处势"［J］. 中州学刊，2006（1）：158-162.
⊙2 《韩非子·外储说左上》："郑人有欲买履者，先自度其足，而置之其坐，至之市，而忘操之，已得履，乃曰：'吾忘持度'。反归取之，及反，市罢，遂不得履。"文中，"自度其足"之"度"是动词，是郑人量其足；"吾忘持度"之"度"是名词，即郑人所量足的尺寸。

（3）"山川沮泽"中"沮泽"是有水草之处，属于难行之地。《孙子兵法·九地》："山林、险阻、沮泽，凡难行之道者，为圮地"；《孙子兵法·军争》："不知山林、险阻、沮泽之形者，不能行军"。"地、居民、山川、沮泽"中，地是指田地，可供耕作、居民，山川、沮泽是难行之地。地、居民、山川、沮泽作为司空"度"的对象，就是"司空势度"之"势"的补充说明。

（4）"时四时"是对"时宜"的考虑。在不同的季节，地、山川、沮泽的出产是不一样的。因此，"司空势度，度地、居民、山川、沮泽，时四时"，实际上就是审时度势的意思。

（5）"量地远近，兴事任力"，指根据土田与王畿距离的远近，确定适合的贡赋，这可能参照"禹贡"之法，《汉书·食货志》记载大禹制土田定贡赋的方法："禹平洪水，定九州，制土田，各因所生远近，赋入贡棐，茂迁有无，万国作义。"

总体看来，《王制》"司空"工作的重点是围绕"民安其居"对资源条件审时度势（即后文所谓"度地以居民"），要综合考虑耕地、山川、沮泽、居住等四时变化，并且根据不同的空间距离，进行合适的土地利用安排与贡赋要求。

"地 - 邑 - 民 - 居" 体系

根据《礼记·王制》，司空审时度势主要包括三方面的内容：

（1）"凡使民：任老者之事，食壮者之食"，强调使民以宽，要求凡是使民劳役，就像对待老者一样放宽其事务，而给养则仍然按照壮者的标准。

（2）"凡居民材，必因天地寒暖燥湿，广谷大川异制。民生其间者异俗……"。其中，"民材"，可能是"人才"的意思，《王制》前文有"凡官民材，必先论之"，意思是凡选人才，必先考试[1]，这里的"凡居民材"意思是

---

[1] 王梦鸥. 礼记今注今译 [M]. 台北：台湾商务印书馆，1979：169.

安置人才。这节强调因地制宜地安置人民，尊重地域差异，齐政异俗。

（3）"凡居民：量地以制邑，度地以居民。地邑民居，必参相得也"。这句话很要害，关系司空工作的核心与关键。"量地以制邑，度地以居民"是《礼记·王制》提出的非常重要的国土规划理念，其中"量地以制邑"之"邑"是实现"居民"的实体环境，是一种人居环境，"制邑"就是将"邑"作为一种人居环境来建设。

地是城邑与人口之载体，"制邑"要基于"量地"，"居民"要基于"度势"，"地－邑－民－居"作为一个体系，司空要努力寻求不同要素之间的均衡关系，避免土地资源浪费，避免人民居无定所。又，由于邑是居的一种特殊的（也是主要的）形式，因此地、邑、民、居的关系，实际上是地、民、居（邑）三者之间的关系，正所谓"参相得"也，这是关系一国生死存亡的基本问题，可以参考《孙子兵法·军形第四》提出的计地出兵之法："一曰度，二曰量，三曰数，四曰称，五曰胜；地生度，度生量，量生数，数生称，称生胜。"意思是说，出兵之法包含了五个环节：丈度、称量、人数、比较、胜利。由土地面积（用"度"具来丈量）决定粮食产量，由粮食产量决定出兵人数，由出兵人数决定敌我力量的对比，由敌我力量的对比决定胜负。"地－粮－兵"之间环环相扣，国土开发利用是决定战场上敌我力量对比，进而决定战争胜负的根本力量。《商君书》中"算地""徕民"两篇，都讲到如何根据提封制度，计算农用地和非农用地，计算民户与兵役。《荀子·天论》提出"称数"之说，即根据土地大小来划分区域，根据得利多少来蓄养人民，根据人力大小来授予工作事物；使老百姓都能胜任工作，从事工作都能有所收益，这些收益可以满足养活人民之需要；人民花费的支出与收入能够平衡，进而可以适时地贮藏余粮。"称数"就是合乎法度。"量地而立国，计利而畜民，度人力而授事。使民必胜事，事必出利，利足以生民，皆使衣食百用出入相掩，必时藏余，谓之称数。"

在量地以制邑、度地以居民的过程中，城邑发挥着安置人民（"居民"）与守卫疆土（"守地"）的双重作用。我国古代文献中常见的"邑"，一般把它当作城邑，作为军事据点来理解。《左传·成公十三年》："国之大事，在祀与戎"，祭祀和军事是古人所认为的"国之大事"，城邑是军事设施。对于一定的历史时期，政府统一划疆分野，规划邑里，这里固然有军事的考虑，但在此种形势下成立的邑，总是包括了一定数量的人口和地域的共同组织体，它是社会政治经济一体化的统一实体。邑有一定量的土田和人口，立邑、置邑都是政府的行政作为，是按照一定的标准将土地分授予一定的人口。[1]因此，立邑、置邑具有明显的规划的含义，通过城的战略布点，开展对相应地域的控制，通过系统思考与综合平衡，实现对超大规模空间的组织。

国土规划中城邑布点，强调城、民、地相互制约，努力寻求人地相称，"地–邑–民"之间形成一种巧妙的均衡。《管子·权修》建立了"地–城–兵–人–粟"之间的制约关系："地之守在城，城之守在兵，兵之守在人，人之守在粟。故地不辟，则城不固。有身不治，奚待于人？有人不治，奚待于家？有家不治，奚待于乡？有乡不治，奚待于国？有国不治，奚待于天下？天下者，国之本也；国者，乡之本也；乡者，家之本也；家者，人之本也；人者，身之本也；身者，治之本也。故上不好本事，则末产不禁；末产不禁，则民缓于时事而轻地利；轻地利，而求田野之辟，仓廪之实，不可得也。"

《尉缭子·兵谈》从战争角度提出以土地的肥瘠来确定城邑规模，城邑的大小、人口的多少、粮食的供应三者要互相适应："量土地肥硗而立邑，建城称地，以城称人，以人称粟。三相称，则内可以固守，外可以战胜。战胜于外，备主于内，胜备相用，犹合符节，无异故也。"《尉缭子·战威》揭示了"地–民–城–战"之间的关联，认为土地用来养活民众，城塞用来保卫土地，战争用来防守城塞，因此注重农业发展以免民众受饥荒，注重边疆守备以免领土被侵犯，注重战争以免城市被围困。这三件事是古代君王立国的根本问题："地所以养民也，城所以守地也，战所以守城也，故务耕者民不饥，务守者地不危，务战者城不围。三者，先王之本务也，本务者兵最急。"

制土分民之律

古代城邑的设置并非随心所欲的行为，人稠土狭或地广人稀，都不利于经济的发展，二者必须有一个合适的比例关系。《商君书·徕民》篇追述"先

---

[1] 张金光. 战国秦时期"邑"的社会政治经济实体性——官社国野体制新说 [J]. 史学月刊，2010（11）：29–39.

王制土分民之律"，对这个最佳的比例关系叙述得十分清楚："地方百里者，山陵处什一，薮泽处什一，溪谷流水处什一，都市蹊道处什一，恶田处什二，良田处什四，以此食作夫五万。其山陵薮泽溪谷可以给其材，都邑蹊道足以处其民，先王制土分民之律也。"也就是说，在这样的土地面积、地理环境中，可以生活五万人，即一万户。对用地结构提出定量安排，接近于现代意义上的人地平衡观，具有实际的可操作性和灵活性。《商君书》称之为"先王制土分民之律"，说明这是从三代历史经验总结出来的国家制度，虽然只是"方案"性质，但是富有规划意义，努力通过对土地利用、人口布局、城邑布点的统筹安排，追求地尽其用，人尽其力，安居乐业，社会和谐，文化天下，这对后世的人居空间规划建设影响极大。

《管子·权修》认为"地之守在城"，《管子·八观》认为："凡田野万家之众，可食之地方五十里，可以为足矣。"《管子》中的说法，与《商君书》中的说法，乍看起来似乎有矛盾，《商君书》认为，方百里之地可以食作夫五万，即可以养活一万户人家，而《管子》却认为方五十里之地能食一万户人家。仔细分析，二者的说法基本上是一致的，因为《商君书》所说的方百里之地中，良田只占40%，恶田占20%，两者合计占60%，而《管子》所说的方五十里之地，全是田野，并无山陵可除。由此看来，各家在制土分民、人地相称的比例方面，已经找出了规律。这个认识的出现是一个大的飞跃，是春秋战国时期制土分民、人地相称思想成熟的一个标志。

民安其居

《礼记·王制》的最后一句，描述司空功成后的社会理想状态或目标："无旷土，无游民，食节事时，民咸安其居，乐事劝功，尊君亲上，然后兴学。"其中"民咸安其居"是司空工作的核心追求。"无旷土，无游民，食节事时"是基本的要求，地人相称，人民适得其所，正所谓地（土）、人（民）、居相参也；只有当司空为社会奠定了安居的基础之后，才有可能"乐事劝功，尊君亲上"，进而开展"兴学"。人民安居才能兴学，兴学是司徒的职守，《王制》中司空之后即为司徒。兴学才能选士，司徒后就是司马选士，次第展开。上下体定，方有狱讼刑律，最后是司寇。总之，在"先富后教""不教而杀谓之虐"的教导下，司空安居、司徒兴学、司马选士、司寇明诛的递进次第。

《王制》关注制度生成及立制过程，与《周礼》关注制度运行及权力分配不同。[1]

从《王制》的总体安排看，司空保障人民"安居"对社会治理具有基础性作用。这种对于人民安居的重视，以及司空职官安排的重视，是富有深意的，对于我们理解古代《王制》设想乃至当前的空间规划制度安排都有启发（参见"人居"章第二节之"居民为先"）。

第五节 垦田创邑，阡陌郡县

战国秦汉以来，郡县制形成并施行。总体上，适宜开发的土地已经逐渐开发，人口随着土地开发在广域分布，郡县制下，编户齐民，形成了与行政体系相一致的城邑、交通与山水体系。相应地，"司空"的职责集中到工程建设方面。秦兼天下，建皇帝之号，立百官之职，置御史大夫，无司空之职。汉初沿置，成帝时改御史大夫为大司空。后多有更名，或称御史大夫，或称司空，至明始废。

公侯地方百里

《周礼》提出"惟王建国、设官分职"，这是就建立封国而言的，官是封侯，根本上是贵族，可以世袭；"辨方正位、体国经野"是对一个地区的定位，对国、野的经营。

众建诸侯是构建治理秩序的至关重要的环节。《周易》中多次提到"建侯"，如"屯"卦：

　　卦辞：元，亨，利，贞。勿用有攸往，利建侯。

⊙1 吕明烜 . "司空职"与《王制》义［J］. 中国文化，2018（2）：85-89.

象传：雷雨之动满盈，天造草昧，宜建侯而不宁。

初九爻辞：磐桓，利居贞，利建侯。

"建侯"就是指国王赐命某人为公、侯、伯、子、男等爵位。被"建"起来的诸侯，通常享有对一定数量的人民和一定规模的土地的治理权。

划定治理对象特别是田邑的过程，称之为"封"，通常有种树、垒土、挖沟等方式。《周礼·地官司徒》记载："凡建邦国，以土圭土其地而制其域……凡造都鄙，制其地域而封沟之"；"凡建邦国，立其社稷，正其畿疆之封"，并置"封人"之职，"掌设王之社壝，为畿，封而树之。凡封国，设其社稷之壝，封其四疆。造都邑之封域者亦如之……"。封建就是夏商周三代的分封制度，是严格的贵族制。

公侯地的基本规模一般为"方百里"。《易经》"震"卦："震惊百里"，《周易正义》震卦注指出："先儒皆云：雷之发声，闻乎百里。故古帝王制国，公侯地方百里，故以象焉。窃谓天之震雷，不应止闻百里，盖以古之启土，百里为极。"

封建制具有理想的治理构架的品质，一方面，以方百里的封国为规模，政教合一，体国经野，建设礼仪之邦；另一方面，秉承天下意识，协和万邦，休戚与共，紧密合作，形成层级分权的礼乐社会。北宋张载针对内忧外患问题，主张通过恢复井田制，正经界，分宅里。据吕大临《横渠先生行状》："先生慨然有意三代之治。论治人先务，未始不以经界为急，讲求法制，粲然备具。要之可以行于今，如有用我者，举而措之耳……方与学者议古之法，买田一方，画为数井。上不失公家之赋役。退以其私，正经界，分宅里，立敛法，广储蓄，兴学校，成礼俗，救菑恤患，厚本抑末。足以推先王之遗法，明当今之可行。有志未就而卒。"[1]张载认为，井田制从城市开始，立表画定四方之隅，向四周推行，而百里之地。《张载集·经学理窟·周礼》："今以天下之土棋画分布，人受一方，养民之本也……其术自城起，首立四隅；一方正矣，又增一表，又治一方，如是，百里之地不日可定，何必毁民庐舍坟墓，但见表足矣。方既正，表自无用，待军赋与治沟洫

⊙ 1 张载集［M］. 章锡琛，点校. 北京：中华书局，1978：384.

者之田各有处所不可易，旁加损井地是也。百里之国，为方十里者百，十里为成，成出革车一乘，是百乘也。然开方计之，百里之国，南北东西各三万步，一夫之田为方步者万。今聚南北一步之博而会东西三万步之长，则为方步者三万也，是三夫之田也；三三如九，则百里之地得九万夫也。革车一乘，甲士三人，步卒七十二人，以乘计之，凡用七万五千人，今有九万夫，故百里之国亦可言千乘也，以地计之，足容车千乘。然取之不如是之尽，其取之亦什一之法也，其间有山陵林麓不在数。"⊙1

为田开阡陌与聚邑为县

《史记·秦本纪》记载商鞅"为田开阡陌"。显然，这里的阡陌，与田地相关，确切地说，是田地间的道路。⊙2 田间阡陌与农耕之田是一体的，为田、开阡陌是秦人富强术一体之两面，这在《史记》中屡有记载：

并诸小乡聚，集为大县，县一令，四十一县。为田、开阡陌。东地渡洛。（《秦本纪》）

昭襄王生十九年而立。立四年，初为田、开阡陌。（《秦始皇本纪》）

初聚小邑为三十一县。令为田、开阡陌。（《六国年表》）

而令民父子兄弟同室内息者为禁。而集小（都）乡邑聚为县，置令、丞，凡三十一县。为田、开阡陌封疆，而赋税平。（《商君列传》）

"开阡陌"，又称"决裂阡陌"。《史记·蔡泽列传》称："夫商君为秦孝公明法令，禁奸本，尊爵必赏，有罪必罚，平权衡，正度量，调轻重，决裂阡陌，以静生民之业而一其俗，劝民耕农利土，一室无二事，力田稽积，习

⊙1 张载集［M］. 章锡琛，点校. 北京：中华书局，1978：249-250.
⊙2 司马贞《索隐》引《风俗通》："南北曰阡，东西曰陌。河东以东西为阡，南北为陌。"汉荀悦《汉纪·哀帝纪下》："又聚会祀西王母，设祭于街巷阡陌，博奕歌舞。"晋陶潜《桃花源记》："阡陌交通，鸡犬相闻。"清唐孙华《春日病中杂咏》之五："却羡田间多野老，往来阡陌杖藜轻。"

战陈之事，是以兵动而地广，兵休而国富，故秦无敌于天下，立威诸侯，成秦国之业。""决裂阡陌"与明法令、禁奸本、平权衡、正度量、调轻重等相提并论，是商君为秦孝公所作的重大措施。

"开阡陌"本是形成农田交通格网的手段，形成大规模规整的井田格网，可是班固与董仲舒竟将"开阡陌"与破坏井田制联系起来。《汉书·食货志》记载："及秦孝公用商君，坏井田，开阡陌，急耕战之赏。董仲舒说上曰：……用商鞅之法，改帝王之制，除井田，民得卖买，富者田连阡陌，贫者无立锥之地。"将"开阡陌"等同于"富者田连阡陌"，已经曲解历史了。

"为田"是开辟新的农业用地，"决裂阡陌"强调的是开阡陌在"为田"中作为基准的作用。这个基准，与大规模的土地开垦与聚落布局有关，目的在于提高人力组织与地力产出的效率。前文引《史记》"为田开阡陌"条，同时记载了商鞅采取平行的措施，所谓"并诸小乡聚，集为大县""聚小邑为三十一县""集小（都）乡邑聚为县"，都是说把小邑、乡聚的居民集中起来形成更大的县。

秦孝公十二年（公元前350年）商君将小邑乡聚集为大县，周边是阡陌纵横的大块农地景观。这种做法，堪与齐国管仲"垦田创邑"的说法相映照。《新序·杂事第四》记载："管仲言齐桓公曰：夫垦田创邑，辟土殖谷，尽地之力，则臣不若宁戚。"管仲所言"垦田创邑"，就相当于商君所做的"为田开阡陌"与"集小乡邑聚为县"，创邑与垦田并行。"创邑"是为了农业人口（所徙之民）提供居所；"辟土殖谷"就是进一步开垦荒地增加农业产出；创邑殖谷的目的在于"尽地之力"。

秦汉时期编户齐民，人民主要定居在城郭中的"里"中。由于受到耕作半径的限制，靠近城郭的田地十分难得。《史记·苏秦列传》记载苏秦的愿望："且使我有雒阳负郭田二顷，吾岂能佩六国相印乎！""负郭田"就是靠近城郭的田，二顷合200亩，可供两个劳动力耕种（每夫100亩），苏秦的志向说明田近城郭之重要。《史记·货殖列传》记载"及名国万家之城，带郭千亩亩钟之田，若千亩卮茜，千畦姜韭。"这里的"带郭"之田，也靠近城郭，一千亩即十顷，只是这一千亩田所附的是"名国万家之城"，不仅可以方便地获得劳动力，而且可以方便地售卖农产品，农田的产量也很高，"亩钟"就是一亩田可以产出一"钟"[1]，有这样的千亩千钟良田，相当于千户侯的富豪的标准了。

阡陌纵横交错，构成田间道路的主干；以此为骨架，进一步细分，形成棋盘状的路网格局。当然，田地间也有一些斜径，阡陌是纵横交错的大道。《三国志·魏书·管宁传》注引《魏略》曰："先字孝然……其行不践邪径，必循阡陌；及其捃拾，不取大穗；饥不苟食，寒不苟衣，结草以为裳。"

从城邑来看，从城门通往城外田中的道路称为阡陌，城郭内部分割的道路称为术。《史记·龟策列传》："故牧人民，为之城郭，内经闾术，外为阡陌。"闾是住区，术是城中道；阡陌是城外田间道。在《考工记·匠人为沟洫》中，分别称为城涂、野涂。阡陌，可能是田地间连着城郭之门的主干道。

县方百里

公元前 221 年天下既定，秦始皇废除封建，普遍推行郡县制，建立了覆盖全国的都城郡县城体系，作为帝国对地方实行政治控制的据点。承秦之后的汉王朝，在郡（国）县制的基础上，完成了中国古代城市由诸侯封邑向帝国郡县的转变。一"国"成为一县，一城设置一衙，全国以郡县治所为所在地的城市数以千计，郡 – 县 – 乡 – 里行政等级制度分明。从王国到帝国大一统局面形成的过程就是封邑转变为郡县城的过程。司马迁所感叹的"古今之变"，就是从封建之分治变为郡县之集中，包括世族世官变为匹夫崛起、重农变为重商、土著变为游食等。

秦汉以来，城市作为中央政府置于地方的政治、军事枢纽，如网上之纲，紧紧地控制着包括广大农村在内的全国的局势。"夫万户而置郡，千户而置邑，古制也。"[2]秦代的县、邑的设置有个基本的原则，就是方一百

---

[1] 钟，中国古代计量单位，标准不一。春秋时齐国以十釜为"钟"。
[2] 詹敦仁. 新建清溪县记［M］//（明）林有年.（嘉靖）安溪县志·卷七（天一阁藏明代方志选刊）. 上海：上海古籍书店，1963.

里之地，一万户人家。按每家 5 口人计算，一县约 5 万人。这是确定一个县规模的大致标准化。当然，由于种种原因，不能绝对化，有的县份的人口可能在万户以上，有的县份的人口可能在万户以下。万户以上的县份属于大县，设县令一人，万户以下的县份是小县，设县长一人。《汉书·百官公卿表》记载："县令、长，皆秦官，掌治其县。万户以上为令，秩千石至六百石。减万户为长，秩五百石至三百石。皆有丞、尉，秩四百石至二百石，是为长吏。百石以下有斗食、佐史之秩，是为少吏。大率十里一亭，亭有长。十亭一乡，乡有三老，有秩、啬夫、游徼。三老掌教化。啬夫职听讼，收赋税。游徼徼循禁贼盗。县大率方百里，其民稠则减，稀则旷，乡、亭亦如之，皆秦制也。列侯所食县曰国，皇太后、皇后、公主所食曰邑，有蛮夷曰道。凡县、道、国、邑千五百八十七，乡六千六百二十二，亭二万九千六百三十五。"

显然，"十里一亭，亭有长。十亭一乡"中的"里"是一种聚落单位，其规模为方一里，这可能是"里"作为基层聚落名称的来源。汉代 1 里合今 415.8m。作为聚落单位的"里"，规模号称"百家"，约 500 人。因此，"里"的人口密度不到 3000 人 /km^2[1]。汉代乡、亭的前身，似乎就是春秋时期的邑，聚落本身的位置没有大的变化，但是行政体系设置已经显著不同了。

《汉书·百官公卿表》记载一乡分为十亭，一亭分为十里，乡、亭数量比为 1：10；然而，根据《汉书》实际的统计数据，县、道、国、邑总数合计 1587 个，乡数合计 6622 个，亭数合计 29635 个，可以推知汉代县乡比为 1：4.17，乡亭比为 1：4.47，县亭比为 1：18.66。大致说来，一县设四到五个乡，一乡设四到五个亭，基本上是五方模式。

一般说来，乡亭沿着出城的大道分布。具体的分布规律，《汉旧仪》记载："设十里一亭，亭长亭侯；五里一邮，邮人居间，相去二里半。"[2]注意，"十里一亭"之"里"是长度单位。以此纵横展开为方 10 里的格网，中间有亭、邮线，则形成以县为核心，以阡陌为联系通道的县域人居体系。总体看

---

[1] 500÷（0.4158×0.4158）=2892

[2] （汉）卫宏. 汉旧仪 ［M］.（清）孙星衍，辑 // 汉官六种. 周天游，点校. 北京：中华书局，1990：81.

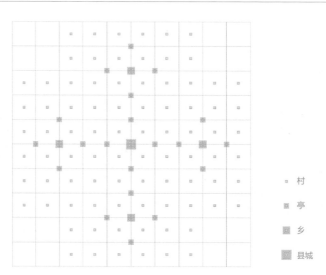

□ 村

◫ 亭

▣ 乡

▣ 县城

图 2-6　西汉县级行政区中县 - 乡 - 亭空间分布模式

图中每格方一里。据文献记载推测，西汉县域城镇分布的空间特征明显，一是县方百里、县城居中；二是城门四出、阡陌交通；三是十里一亭；四是一县四乡、一乡四亭。

来，亭乡并非完全均匀分布，主要集中在县城周边及四方大道，县域四境可能是山川分布，人口密度较低，正如《汉书·百官公卿表》言"县大率方百里，其民稠则减，稀则旷，乡、亭亦如之。皆秦制也。"（图 2-6）

从理论上讲，县方百里（100 里×100 里），方十里一亭，则一县可设置 100 亭。但是，根据实际上平均一县不到 20 亭，说明适宜耕作的人居之地只占 1/5 左右。根据《汉书·地理志下》记载，汉元始二年（公元 2 年）全国城邑、人口与田地规模："本秦京师为内史，分天下作三十六郡。汉兴，以其郡太大，稍复开置，又立诸侯王国。武帝开广三边。故自高祖增二十六，文、景各六，武帝二十八，昭帝一，讫于孝平，凡郡国一百三，县邑千三百一十四，道三十二，侯国二百四十一。地东西九千三百二里，南北万三千三百六十八里。提封田一万万四千五百一十三万六千四百五顷，其一万万二百五十二万八千八百八十九顷，邑居道路，山川林泽，群不可垦，其三千二百二十九万九百四十七顷，可垦不可垦，定垦田八百二十七万五百三十六顷。民户千二百二十三万三千六十二，口五千九百五十九万四千九百七十八。汉极盛矣。"提封田

145136405 顷，是指国土总面积。其中，不可垦田 102528889 顷，邑居道路、山川林泽都属于不可垦者；可垦田 32290947 顷，定垦田 8270536 顷。不可垦田占总面积的 70.64%，可垦田占总面积的 22.25%，定垦田占总面积的 5.70%。可垦田占比 22.25%，正好与亭管地 1/5 相当。定垦田占比 5.70%，可能是指都城、郡县城等大型聚落周围的附郭田或带郭之田。

《汉书·食货志》中"地方百里"，每边 10 里×10 里，因此地域的空间由 100 个"方十里"结构而成。这 100 个方十里的正方形，中心皆有邑，周围附属 6 万亩（合 600 旧顷）的耕地，耕地外围有 3 万亩（合 300 旧顷）的山泽，总计 9 万亩（合 900 旧顷），即所谓"提封九百顷"。总之，一县之地百里十分，一城之地方九里也是十分。

在中国历史早期，人往往居住在有城墙环护的聚落中，而其田在附近。这种方式在隋大业年间仍然如此，虽然是和平时期，没有掠夺的问题，但是也集中安置。通过"人悉城居，田随近给"，一方面互相帮助，另一方面，便于管理和治安。《隋书·炀帝纪》记载大业十一年（615 年）二月庚午的《令民悉城居诏》："设险守国，著自前经，重门御暴，事彰往策，所以宅土宁邦，禁邪固本。而近代战争，居人散逸，田畴无伍，郛郭不修，遂使游惰实繁，寇襄未息。今天下平一，海内晏如，宜令人悉城居，田随近给，使强弱相容，力役兼济，穿窬无所厝其奸宄，萑蒲不得聚其逋逃。有司具为事条，务令得所。"此外还有专门安置归化的少数民族，为他们置城造屋的诏令，也是为了安民居，得民心。《隋书·炀帝纪》记载大业四年（608 年）四月乙卯《为启民可汗置城造屋诏》："突厥意利珍豆启民可汗率领部落，保附关塞，遵奉朝化，思改戎俗，频入谒觐，屡有陈请。以毡墙毳幕，事穷荒陋，上栋下宇，愿同比屋。诚心恳切，朕之所重。宜于万寿戍置城造屋，其帷帐床褥已上，随事量给，务从优厚，称朕意焉。"

都城的核心地位

天下犹如一张大网笼罩大地，城市就是网罗天下的节点。城市既是区域控制的中心，也是交通控制的节点，区域交流之枢纽。农耕、草原、海洋、绿洲等不同的生态–地理环境哺育了不同类型的城市，如北京、大同、宣府

（张家口）等属于农耕与草原生态过渡地带的城市；那些珍珠般散落在沙漠中的绿洲，构成欧亚大陆一个个贸易和信息的中转站。汉代《史记·货殖列传》记载了城市与交通、地域经济的关系，北魏《水经注》记载了城邑体系与水系的关联，清代《读史方舆纪要》记载了城市与地缘政治的关系。

宏阔的地理规模与悠久的历史文化，赋予中国城市特别的政治功能，并且是一个体系性的存在，城邑之间存在功能结构、等级结构关系以及空间联系，基于治所体系的城邑体系构成中华文明的基本骨架，其中都城地区是国家与城市网络的心脏区。都城是中央集权的帝制国家政治文化的象征，在中国多民族统一国家形成与发展的历史进程中，首都作为全国政治中心和文化礼仪中心，一直发挥着文化认同、民族凝聚、国家象征的重要作用。秦咸阳 – 汉长安、隋大兴 – 唐长安、元大都 – 明清北京等，都成为每一个时代文明水平最为综合的体现，也是最高的表现形式。都城作为国家的政治中心，是集中物化的国家政权形式，一般而言都城的兴废与国家政权的建立、灭亡同步。都城规划包括两个基本的尺度：一是国家／区域尺度上都城选址与都城地区的经营，这是宏观的经济地理条件决定的；二是地方尺度上结合具体条件的规划设计，天地人城的整体创造。都城规划及其演进脉络是中国城市规划史的缩影，北京是中国多民族统一国家首都之肇始，是中国古代都城的"最后结晶"，被梁思成誉为"都市计划的无比杰作"（图 2-7）。

国土之规画与山水城体系

城市坐落于山水之中，是在自然山川基础上建立的人间秩序。通常，人居选址必于山水聚会之处，聚会愈多则局势愈阔，局势愈阔则结作愈尤，其上者为京畿省城，次者为郡府，又次者为州邑，最次为市井乡村。并且，一旦城市建立，周边的自然山水就成为以城市为核心的人居环境的组成部分，自然空间浮现出人文的秩序来。

中国古代舆图绘制为我们认识城市的体系性及其与周围山水的关系提供启发。汪前进发现唐代李吉甫《元和郡县图志》系统地录载了唐初府（州）的"八到"，县治至府（州）治的方向和里程，县下级行政或军事单位和自然地物至所在县治的方向和里程，认定李吉甫当时绘制地图的方法是"极坐

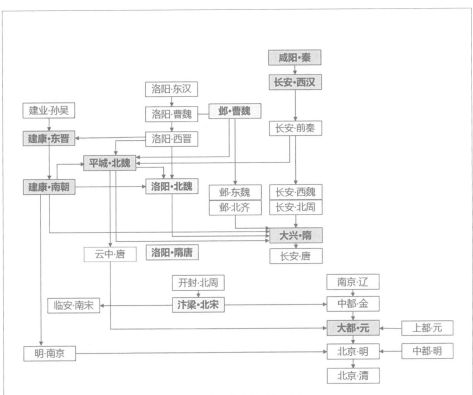

图 2-7　中国古代都城规画脉络

标投影法"，即以都城为极点，确定各府（州）治的位置；以府（州）治为
极点，确定各县治的位里；以县治为极点，确定县下一级行政或军事单位和
自然地物的位里[1]。这种方法上可追溯至东汉，下可沿流至明清，是中国测
绘史上普遍采用的方法。

　　传统舆图绘制的"极坐标投影法"是十分独到的研究发现，成一农以宋
代《禹迹图》为对象进行了验证，并推测古人绘制地图时应当会采取一些简
便的方法：①确定与最高行政级别治所都城存在直接位置关系数据的那些城
市；②以这些城市为基点，确定其他治所城市的位置，同时还要大致符合与
距离最近的治所城市的位置数据，并进行尽可能地调整；③确定府州县的位

⊙ 1　汪前进. 现存最完整的一份唐代地理全图数据集〔J〕. 自然科学史研究，1998（3）：
　　 273-288.

置之后，对府州县中的山川，根据其与治所的相对位置关系加以绘制；④通过"计里画方"来控制某一点与极点的大致距离（图 2-8）。[1]

北宋沈括在《梦溪笔谈》中关于《守令图》与《飞鸟图》绘制方法的记载，可以作为"极坐标投影法"的诠释："地理之书，古人有飞鸟图，不知何人

图 2-8　宋代《禹迹图》拓片

（资料来源：曹婉如．中国古代地图集（战国—元）[M]．北京：文物出版社，1999：图 55）

⊙ 1　成一农．中国地图学史的解构 [EB/OL]．（2014-09-16）．http://lishisuo.cssn.cn/zsyj/zsyj_lsdlyjs/201409/t20140916_1794050.shtml.

所为。所谓'飞鸟'者，谓虽有四至，里数皆是循路步之，道路迁直而不常，既列为图，则里步无缘相应，故按图别量径直四至，如空中飞鸟直达，更无山川回曲之差。予尝为《守令图》，虽以二寸折百里为分率，又立准望，牙（互）融傍验高下、方斜、迁直七法，以取鸟飞之数。图成，得方隅远近之实，始可施此法。分四至八到，为二十四至，以十二支、甲乙丙丁庚辛壬癸八干、乾坤艮巽四卦名之。使后世图虽亡，得予此书，按二十四至以布列郡县，立可成图，毫发无差矣。"沈括构想 24 个方向布列郡县位置，就像古代的方位制度中的"二十四山"，空间方位的刻度表达已经十分精细了。

中国古代官绘地图，直到清代，一般都标注着四至道里，画着山水，体现着山水城体系的思想，特别是图中的山水是按照中心的城市来"布置"的。清初地理学家刘献廷（1648—1695 年）提到："紫廷欲作四渎入海图，取中原之地。暨诸水道，北起登莱，南至苏松，西极潼关为一图。苦无从着手。余为之用朱墨本界画法，以笔纵横为方格，每方百里，以府州县按里之填之。府州定而水道出矣"[1]，仍然是先定府州，然后画出水道（图 2-9、图 2-10）。

图 2-9　赣州府境疆域图
（资料来源：清道光二十八年（1848 年）《赣州府志》）

---

[1] （清）刘献廷. 广阳杂记 [M]. 汪北平，夏志和，点校. 北京：中华书局，1957：158.

图 2-10　富顺县境图

（资料来源：清同治十一年（1782 年）《富顺县志》）

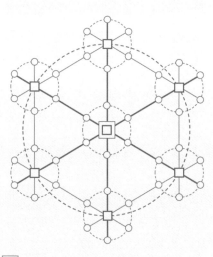

图 2-11　府县城市空间布局结构示意

　　古代舆图绘制时，一方面以城市体系为基准，以都城为原点，以县为基本行政单位，自上而下层层控制，体现了城市体系对国土空间的统率性；另一方面在不同空间层次上，图中要素的位置是根据其与中心城市（治所）的相对位置关系确定的，城市对周围山水具有统率性，总体上呈现山环水抱的特征。因此，古代舆图是以城市为中心的山川地理图，与城市体系的等级性相对应，实际上形成了府县空间层次的山水城体系。行政区划实质上是以不同等级的治所为圆心的"规画"过程，以相应统治能力为半径，画为不同等级的行政区（图 2-11）。

第三章

地宜：相土尝水，观法于地

相地的初始阶段，可谓"圣人"求"地宜"。《周易·系辞下传》总结："上古穴居而野处，后世圣人易之以宫室"，从"穴居"到"宫室"是中国人居史和人类文明史上的重要进步，这个阶段历时漫长，差不多涵盖了从传说中的三皇五帝至夏商周三代，相地观念出现并进行早期实践。从《周易·系辞下传》记载的伏羲氏"俯察于地"，到《诗经》称公刘"相其阴阳"，《尚书》云召公"攻位于洛汭"等，相地都是"圣人"所为，相的是自然地形的高下向背，开物成务，以求"地宜"。

第一节　山居时代的相地

　　先民的相地经验起源于山居时代，这在《山海经》中有所呈现。传世《山海经》包括《山经》和《海经》两大部分，《山经》分为《南山经》《西山经》《北山经》《东山经》《中山经》五个部分，《海经》分为《海外经》《海内经》《大荒经》。四库全书本《山海经》郭璞原序认为"世之览山海经者，皆以其闳诞迂夸多奇怪俶傥之言，莫不疑焉"，但是从《山海经》对动植物资源特别是可以食用的动植物资源记载较多看，这可能是渔猎与采集时代实践经验的积累，《山海经》中保存着山居时代先民原始的相地经验。

其上其下，其阴其阳

　　《山海经》在记述每一座山时，通常是首先确定山的方位，然后标注该山范围内的矿物矿藏、动植物资源、奇异的现象或事物，以及该山所属水系或河流流经及发源情况等。总体看来，是说朝什么方向走，会有什么植物，到什么河流，可以捕获什么鱼。可以认为，《山海经》时代先民已经建立起原始的地形方位概念，书中表述方位的"上"和"下"、"阳"和"阴"俯拾皆是。

　　在《山海经》中，"上"和"下"是最常见的一组方位概念。对现存18篇文本进行统计，共有"其上"209处，"其下"135处（直接称"上"或"下"者未计入），且多成对出现；"其上"或"其下"都是相对于某山而言，记载某山之上（高处）或某山之下（低处）的物产状况。"阳"和"阴"也是一组常见的方位概念，对现存《山海经》18篇文本进行统计，"其阳"共有85处，"其阴"共有80处（直接称"阴"或"阳"者未计入），基本上成对出现；"其阴"或"其阳"都是相对于某山而言，记载某山之阳或某山之阴的物产状况。典型的记载如：

　　　　又西二百里，曰翠山。其上多椶、柟，其下多竹箭，其阳多黄金、玉，其阴多旄牛、麢、麝。其鸟多鸐，其状如鹊，赤黑而两首四足，可以御火。（《山海经·西山经》）

　　　　又东南五十里，曰高前之山。其上有水焉，其甚寒而清，帝台之浆

也，饮之者不心痛。其上有金，其下有赭。(《山海经·中山经》)

又北百二十里，曰敦与之山。其上无草木，有金、玉。滚水出于其阳，而东流注于泰陆之水。泜水出于其阴，而东流注于彭水。槐水出焉，而东流注泜泽。(《山海经·北山经》)

以山定位

《山海经》时代，借用汉代陆贾《新语》之言，可谓"天下人民野居而穴处，未有室屋，则与禽兽同域。"人与禽兽所同之"域"，在《山海经》中，主要是"山"。所谓"上"与"下"、"阴"与"阳"都是就某座具体的山（"其"）而言的，是以山为参照物而确定的相对方位。尽管《山海经》中也记载某水出于某山之阴或某山之阳，但是还没有以水为参照物来说"其阳"与"其阴"的状况，后世所谓山南水北谓之阳、山北水南谓之阴的说法还没有出现。

《山海经》中只讲某山之阳或某山之阴、某山之上或某山之下的物产状况，说明这些知识可能形成于原始的山居时代，是先民从事渔猎、采集生产的经验记载与总结，地理知识的来源相当古老。在以渔猎、采集为主要生产方式的山居时代，先民认识到山川分布、动植物分布、矿物资源分布等空间特征，特别是观察到光照影响动植物生长与分布的规律，总结提炼出"上"与"下"（高下）、"阳"和"阴"（向背）的概念来，这是难能可贵的，为后世"相其阴阳，观其流泉"的人居选址提供了经验与基础。

《山海经》作为相地书

从基本内容看，《山海经》着眼于山地的高下向背，相其物产所出。在此意义上说，《山海经》可以视为一本相地书。《汉书·艺文志》收录"形法六家，百二十二卷"，依次为："《山海经》十三篇，《国朝》七卷，《宫宅地形》二十卷，《相人》二十四卷，《相宝剑刀》二十卷，《相六畜》三十八卷。"《汉书·艺文志》将《山海经》十三篇视为相地书，这个判断还是比较准确的。

但是，汉代刘歆《上山海经表》云："《山海经》者，出于唐、虞之际"[1]，这是值得进一步讨论的。《山海经》记载的相地知识表明，从生产方式看，先民尚处于渔猎、采集生产时代，相当于传说中的伏羲氏时期，那时先民的上下和阴阳概念只是地理的、相对的方位，还不具备后世那种依靠立表测影而掌握朝夕南北等绝对的、天文的方位，不能用后世农耕定居时代的方位概念来对待原始的渔猎采集社会的知识。

当然，传世《山海经》文本中也不乏东、南、西、北等方位表述，特别是篇目中整齐划一的东、南、西、北等方位名称，这说明《山海经》之成文经历了漫长的过程，并非一人一时之作。《山海经》中古老的地理知识、神话传说等基本素材与后世人为的整理痕迹，是不难辨别的。

第二节　公刘迁豳

农业革命后，先民开始定居生活，逐步认识到土地能够育化万物，对土地形态特征有详细观察和总结。大抵后稷时，人们已经学会对田地进行观察和选择。《诗经》较为系统地总结了先周至周初的相地而居的经验。《诗经·大雅·生民》云："诞后稷之穑，有相之道"，这里的"相"可能就是对土地的察看与判断。后稷之孙公刘继承了周人的相地经验，《诗经·大雅·公刘》详细记载了公刘自邰迁豳的过程，"相其阴阳，观其流泉"，寻找适宜居住、耕种之处。《诗经·大雅·绵》记述了古公亶父带领周人迁居岐地后相地筑室定居，这项工作被称为"胥宇"。其中，《公刘》篇对公刘相地的记述尤为详尽，从文本看，共分6节，以时间为序，依次描述了胥原、觏京、相土、度地、营宅、成聚等从相地到布局营建的技术环节（图3-1）。

⊙ 1 （清）严可均，辑. 全汉文（卷四十）[M]. 任雪芳，审订. 北京：商务印书馆，1999.

图3-1 《诗·大雅·公刘》的文本结构

(资料来源：郭璐，武廷海.《诗经·大雅·公刘》的规划解读 [J].
城市规划，2020，44（5）：74-82)

胥原与靓京

公刘部族的聚落"匪居匪康",于是决定迁居新址。经过充分的准备,公刘带领族人走上了迁居之路,"干戈戚扬,爰方启行"。他们前往的目的地,是宜居宜业的豳地。

公刘率众到达新居地,首先要进行聚落选址,根据诗篇记载,分为胥原、靓京两个技术环节。一是"胥原",即公刘对新聚落所在地"原"的自然条件进行整体性考察。"于胥斯原"为此节之总说,《尔雅》云:"胥者,相也";《诗经·大雅·绵》记述公刘后人古公亶父迁居岐山之事,初至岐下即"胥宇":"爰及姜女,聿来胥宇。周原膴膴,堇荼如饴","宇"意为疆土,就是后来周人所栖居的"周原","胥原""胥宇"应为一回事。公刘所"胥"之原"既庶既繁",庶,多也;繁,盛也;古公亶父所"胥"则是"膴膴"之周原,"膴膴,肥美貌";可见二者所选择的都是物产丰富、土壤肥沃的原野。

胥原活动包括巡视原野和登高而望。"既顺乃宣"描绘公刘巡行其原。"陟则在巘,复降在原",描绘公刘登临高处,俯瞰全局。《逸周书·度邑解》记载武王克殷之后"乃升汾之阜以望商邑",与公刘所处的情形和所进行的工作非常接近,都是登临高处对新征服的地区进行全局上的观察。公刘通过四处巡视,又登上小山俯瞰,确定此处物产丰富、地域宽广,决定在此规划建设新聚落。

二是"靓京",即公刘确定了新聚落的选址后,进行实地踏勘,确立聚落的中心"京"。"逝彼百泉"指公刘沿水系进行勘察;"瞻彼溥原"指公刘到达地势较低的地方,从低处仰望广阔的原野;"乃陟南冈",指公刘登上南部高山的山脊,俯瞰整个原野;"乃觏于京"指公刘发现了"京"这个原野中地形高起的地方。《说文》:觏,"遇见也"。"京"指地形高处,《广雅·释丘》:"四起曰京",《尔雅·释丘》:"绝高为之京"。"京"亦可指代高地上的建筑,宗庙等高台建筑常利用地形高处来修建。《诗经·鄘风·定之方中》记载卫文公在楚丘营建都邑的最初阶段,也有登高望"京"的环节:"升彼虚矣,以望楚矣。望楚与堂,景山与京。"在发现了"京"之后,公刘率领部众在京的周边驻扎下来,准备下一步的具体规划、建设工作。"于京斯依"，可能是指在"京"这一地形高地上修造供民众聚集、举行宗教、礼仪活动的核心公共建筑，"依"通于"殷"，形容壮盛之貌，有民众会聚之意，《诗经·大雅·皇矣》亦云："依其在京"，其含义是接近的。公刘的后裔古公亶父、周文王等在营造聚落或城邑时分别以"作庙翼翼"（《诗经·大雅·绵》）与"经始灵台"（《诗经·大雅·灵台》）为起点。可以看出，公刘利用"京"的地形，规划建设聚落的核心公共建筑，作为聚落规划建设的中心和起点。在确定聚落中心的位置后，公刘一族"执豕为牢""食之饮之"（吃饱喝足），"君之宗之"（明确公刘作为统治核心），"京"作为聚落空间中心的地位与公刘作为部族统治中心的地位是一致的，物质的中心和精神的中心同时得到了树立。

相土与度地

聚落选址既定，就可以进行聚落空间的谋篇布局了，这个阶段仍然离不开对地理环境的相度，具体可分为相土、度地两个方面。

新聚落所在地，纵横都非常开阔，即"既溥既长"，相土就是对其进行全面的考察。"既景乃冈"，一般认为是在山冈上观测日影，确定方向，这种理解可能有误。公刘即便开展测影定向，合适的工作地点也应该是"京"而非"冈"。这里的"景"，音同"竟"，"既景乃冈"的意思是公刘一直走到山冈的尽头，与"既溥既长"相呼应。相土主要包括"相其阴阳"与"观其流泉"两方面的内容。"观其流泉"的含义较为明确，可理解为观察地下水和地表径流的情况，"泉"为地下水，"流"为地表径流。对于"相其阴阳"的理解分歧较大。一般认为"阴阳"是"阴阳寒燠所宜""相背寒暖之宜"，即太阳照射条件不同带来的自然条件差异，是与天相关的概念。这种认识存在一定的问题，从《公刘》文本看，在"相其阴阳，观其流泉"之前，已经有沿水系考察、登高眺望地形等行为，聚落选址范围内基本的地形向背等应已经明确，因此才有了"南冈""京"等说法，从基本逻辑而言不必再重复观察向背，有必要重新认识"阴阳"的含义。

这里的阴阳可能是指地形的高下。《吕氏春秋·士容论·辩土》："故亩欲广以平，甽欲小以深；下得阴，上得阳，然后咸生"，《黄帝内经·素问·五常政大论》："阴阳之气，高下之理""高下之理地势使然也。崇高则阴气治之，污下则阳气治之，阳胜者先天，阴胜者后天，此地理之常，生化之道也"，山东武梁祠汉画像石大禹像榜题曰："夏禹长于地理、脉泉，知阴，随时设防，退为肉刑"，所谓"知阴"应当就是了解地形低处，也就是有水的地方。《国语·楚语》亦将"地有高下"与"天有晦明"相并举，直到五代时期的《阴阳宅图经》仍谓："凡地形高处为阳，下者为阴"。"相高下"在先秦、秦汉文献中颇为常见，是在具体的规划布局和土地利用之前，对土地进行考察的一个重要方面。"相其阴阳"应当就是"相高下"，是观察地形的高程及其变化。

"相其阴阳，观其流泉"的结果是"其军三单"。从人居角度看，"其军三单"的意思是公刘通过对水土的综合勘察和评价，以"京"为中心，布局了三块聚居地。其中，"军"就是指聚居地，古时军民一体，全体成年男子亦兵亦农，《公刘》也说"于时庐旅"，"旅"既可为军也可为民。从军用角度讲"军"有营盘的含义，从民用的角度讲"军"就是聚居地，是社会组织和聚落之单元。"单"以京为中心，分布于东西南北四方，形成"中心 – 四方"的空间布局模式。之所以是"三单"而非"四单"，推测是利用了"四方"中的"三方"，还有"一方"或许不便于开发为聚居地。

在确定聚落的基本布局之后，公刘又"度其隰原，彻田为粮"，即测量高处的旱田和低处的水田，垦治田土；又"度其夕阳"，即测量山西面的土地，确定了发展备用地，获得了广阔的生存空间。《尔雅·释山》："山西曰夕阳"，"度其夕阳"就是量度了山西边的土地。在测量土地、垦治农田之后再专门进行此项活动，且只"度"不"彻"，说明这片地域可能暂时并未得到开发利用，公刘将其作为发展备用地进行了测量。这也可回应前文"其军三单"（而非"其军四单"）的聚落布局模式，据此可以进一步推测，"京"的东、南、北都是较为平坦的土地，便于居住，西部有山，地形相较而言复杂一些，山以西仍有可供开发利用的土地。这个西部的山，离聚落核心区不远，坐落在"原"上，而且应该并不高大，可能与前文所述公刘初抵时登上的"巘"有联系。经过以上的"度"（测量）和"彻"（垦治），地域空间都得到了开发利用，还保留有发展备用地，公刘部族获得了广阔的生存空间，称得上"豳居允荒"。"荒"者，大也，宽广之义。

营宅与成聚

确定了聚落的布局，并测量和垦治了农田之后，公刘率众建设屋舍，集聚民众。人民安其居乐其俗，地域日渐充实。"于豳斯馆"是说公刘率众在豳地建设房屋。"涉渭为乱，取厉取锻"，记述周人横渡渭河，获取工具，整治基址。"止基乃理"，"止"与"兹"通，是说这些基址得到了整治。

公刘部族定居于此，悉心经营，繁衍生息，同时也吸引了诸多民众的归附。"爰众爰有""止旅乃密"就是说人口日滋，民众安居。《史记·周本纪》记载了公刘营建聚落、集聚民众的过程："公刘虽在戎狄之间，复修后稷之业，务耕种，行地宜，自漆、沮度渭，取材用，行者有资，居者有畜

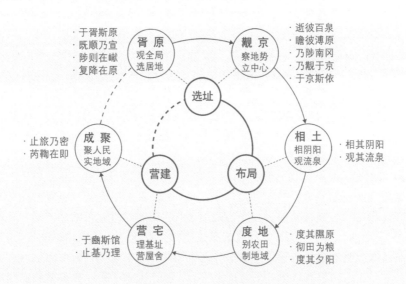

图 3-2 公刘规划豳地聚落的技术流程

（资料来源：郭璐，武廷海.《诗经·大雅·公刘》的规划解读 [J]. 城市规划，2020，44（5）：74-82）

120

积，民赖其庆。百姓怀之，多徙而保归焉。周道之兴自此始，故诗人歌乐思其德"。吸引移民、增加人口一向是中国古代城邑规划建设的重要目标，《逸周书·大聚解》称之为"不召而民自来，此谓归德"，《商君书》有专篇专论"徕民"，直到汉代晁错营建边邑的核心目标仍是"使先至者安乐而不思故乡，则贫民相慕而劝往矣"。伴随着人口的增加，最初规划的聚落空间也充实起来了。"夹其皇涧，溯其过涧"，皇涧是较大的水，过涧是穿过聚落的较小的水，或为皇涧支流。聚落依凭大水，又有小水穿过。郑《笺》："芮鞫之即"，"水之内曰芮，水之外曰鞫"，也就是说水两侧都有人聚居。

通观《诗经·大雅·公刘》全篇，可以发现一个完整的聚落规划技术流程。一是选址，通过对地域自然形势的全局性考察以确定新聚居地的基本选址（胥原），并选择地势较高的地方确立为聚落中心（觏京）。二是布局，通过勘察和评价土地居住和生产的适宜性确定聚居地的基本布局（相土），测量、垦治农田（度地）。三是营建，通过整治基址，建造屋舍（营宅），来聚集人民，充实地域（成聚）（图 3-2）。《诗经·大雅·公刘》表明，至迟先周公刘时期，较为系统的聚落规划建设知识已经形成了（表 3-1）。

《诗经·大雅·公刘》篇中有关规划的名物 　　　　　　　　　　　　　　表 3-1

技术环节		动词——规划行为	名词——规划对象
选址	胥原	胥、顺、陟、降	原、巘
	觏京	逝、瞻、陟、觏	百泉、溥原、南冈、京
布局	相土	相、观	阴阳、流泉
	度地	度、彻	隰原、田、夕阳
营建	营宅	馆、理	豳、基
	成聚	即	芮、鞫

资料来源：郭璐，武廷海.《诗经·大雅·公刘》的规划解读 [J]. 城市规划，2020，44（5）：74-82.

人居大风景

诗中描绘公刘迁居的原因是"匪居匪康",选择豳地是因为"豳居允荒","康"与"荒"都是要求聚居地域空间的广大,那是人居的载体,要"盛"更多的"民",成为"大聚"。而经过公刘相阴阳观流泉,人居建于地景之上,合于自然,人居本身也成为大风景。豳地聚落包括三种构成要素。

一是山水。南起南冈,北至大山,其间原野,是聚落赖以生存的自然环境。公刘舍旧居而迁至豳地(爰方启行),开始巡视原野(于胥斯原),先登小山俯瞰(陟则在巘),巘可能就坐落在原野西北至西南的位置上。又,巘意为"小山别大山",小山作为大山余脉,其北部还应与大山有所依恋,大山与小山共同环护此原。公刘下山到原上(复降在原)又沿水系勘察(逝彼百泉),说明原上有水流经;他走到水边较低的地方向上仰视原野(瞻彼溥原),然后登南冈(乃陟南冈),说明南冈可能在水系的另一侧,也就是南侧。后文提到此地有流经聚落的过涧,以及过涧汇入的大水皇涧,可以推测公刘沿过涧考察到达皇涧边,此处地势较低,再过皇涧即可达南冈。

二是中心,即"京",京是山下原上地势最为高耸的地方。公刘登南冈向北俯瞰,发现地势较高的"京"(乃觏于京),又在京的附近驻扎,并于其上建设核心公共建筑,作为聚落的中心和营建的起点(于京斯依)。

三是居地与农田。以京为中心,东、南、北均布置聚落,即三"单",这是主要的居住地和农田分布的范围。因西部有巘,故以其西为备用地(度其夕阳)。"夹其皇涧,溯其过涧,止旅乃密,芮鞫之即",说明聚落夹皇涧,并沿过涧向上游发展,沿水系两侧扩张,过涧、皇涧相应地也起到了划分聚落空间的作用(图3-3)。

古代地广人稀,人居之始皆不啻旷野之中择地而处之,自然而舒展;先民的人居充满了审美的意蕴,"悠然见南山"。宗白华在《中国诗画中所表现的空间意识》中引用清人布颜图之语,解释空间布置之法,认为创造的顺序为有大地而有山川,而有草木,而有鸟兽,而有人居,这是源于先民的创造气象,用来作为了解公刘相地择居的参照,真是再合适不过了。

图 3-3 公刘规划豳地聚落空间结构形态推测

（资料来源：改绘自"郭璐，武廷海.《诗经·大雅·公刘》的规划解读 [J]. 城市规划，2020，44（5）：74-82"）

清人布颜图在他的《画学心法问答》里一段话说得好："问布置之法，曰：所谓布置者，布置山川也。宇宙之间，唯山川为大。始于鸿濛，而备于大地。人莫究其所以然。但拘拘于石法树法之间，求长觅巧，其为技也不亦卑乎？制大物必用大器。故学之者当心期于大。必先有一段海阔天空之见，存于有迹之内，而求于无迹之先。无迹者鸿濛也，有迹者大地也。有斯大地而后有斯山川，有斯山川而后有斯草木，有斯草木而后有斯鸟兽生焉，黎庶居焉。斯固定理昭昭也。今之学者……必须意在笔先，铺成大地，创造山川。其远近高卑，曲折深浅，皆令各得其势而不背，则格制定矣。"又说："学经营位置而难于下笔，以素纸为大地，以炭朽为鸿钧，以主宰为造物。用心目经营之，谛视良久，则纸上生情，山川恍惚，即用炭朽钩取之，转视则不复得矣！……此《易》之所谓寂然不动感而后通者此也。"

这是我们先民的创造气象！对于现代的中国人，我们的山川大地不
仍是一片音乐的和谐吗？我们的胸襟不应当仍是古画家所说的"海阔从
鱼跃，天高任鸟飞"吗？我们不能以大地为素纸，以学艺为鸿钧，以良
知为主宰，创造我们的新生活新世界吗？[1]

源远流长

《诗经·大雅·公刘》记述了周人早期迁徙的历史，勾画出了公刘部族
规划营建新聚落的完整图景。基于豳地聚落空间结构形态推测，可以复原公
刘开展聚落选址、布局、营建的技术环节的行为与过程（图3-4）。

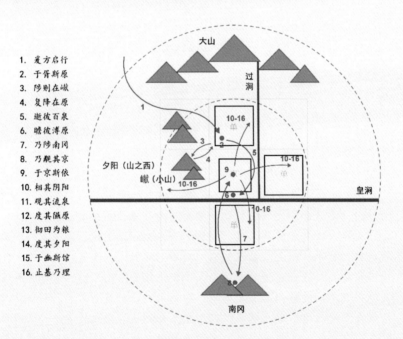

1. 爰方启行
2. 于胥斯原
3. 陟则在巘
4. 复降在原
5. 逝彼百泉
6. 瞻彼溥原
7. 乃陟南冈
8. 乃觏其京
9. 于京斯依
10. 相其阴阳
11. 观其流泉
12. 度其隰原
13. 彻田为粮
14. 度其夕阳
15. 于豳斯馆
16. 止基乃理

图3-4 公刘规划聚落的行为过程示意

（资料来源：改绘自"郭璐，武廷海.《诗经·大雅·公刘》的规划解读 [J]. 城市规划，
2020，44（5）：74-82"）

[1] 宗白华. 中国诗画中所表现的空间意识 [C] // 宗白华. 宗白华全集 2. 合肥：安徽教
育出版社，2012：444.

《公刘》所体现的聚落规划是完全基于地而展开的，首先充分认识大地，从大的地形地势到具体的高下变化、水系流布等方面进行"用地评价"，再基于土地适宜性来进行开发利用，最终目的是使人民安居长处，这是先民基于生存需求形成的非常朴实的人居相地知识及其初步体系。

《逸周书·大聚》记载周公引用文王之言，可知早期聚落选址的标准主要包括阴阳之利、土地之宜、水土之便三个方面。这是周人对先前相地经验的总结，符合这些条件就可以营建居邑，招徕敛聚远近之人，形成"大聚"。

维武王胜殷，抚国绥民，乃观于殷政，告周公旦曰："呜呼！殷政总总若风草，有所积，有所虚，和此如何？"周公曰："闻之文考，来远宾，廉近者，道别其阴阳之利，相土地之宜、水土之便，营邑制，命之曰大聚。"[1]

文王提到早期聚落选址主要包括三个方面的内容：①阴阳之利。辨别地势高低朝向，是否适合居住，即"观势"。②土地之宜。审察土地，是否适宜种植，即"相土"。③水土之便。水利、水质于人居十分要害，即"尝水"。

周人相地经验为后世人居活动所继承，影响深远。西汉文帝十二年（公元前168年），晁错针对边防空虚的形势，总结了秦朝强制移民的失败教训，上疏建议考虑边塞的特点，采用屯戍结合的定居移民。晁错主张城市除建立在要害之处、通川之道外，还要"相其阴阳之和，尝其水泉之味，审其土地之宜，观其草木之饶，然后营邑立城。"《汉书·晁错传》记载（图3-5）：

臣闻古之徙远方以实广虚也，相其阴阳之和，尝其水泉之味，审其土地之宜，观其草木之饶，然后营邑立城，制里割宅，通田作之道，正阡陌之界，先为筑室，家有一堂二内，门户之闭，置器物焉，民至有所居，作有所用，此民所以轻去故乡而劝之新邑也。为置医巫，以救疾病，以修祭祀，男女有昏，生死相恤，坟墓相从，种树畜长，室屋完

---

[1] 实际上是春秋初年指引东周王室行政的理论。《大聚》是春秋早期瞽史（即盲史官）宣讲的记录。文中假托周公，总结西周经验教训。黄怀信. 逸周书校补注译［M］. 西安：三秦出版社，2006.

安，此所以使民乐其处而有长居之心也。

晁错所说的选址工作，作为"营邑立城，制里割宅"等建设工作的基础，包括四个方面的内容：相阴阳之和、尝水泉之味、审土地之宜、观草木之饶。其中，前三个方面的内容与《逸周书·大聚》文王所言一致[1]，只是顺序有所变化，最后一项"草木之饶"，作为满足前三个内容的一个综合表征。通过相其阴阳、尝其水泉、审其土地、观其草木，努力为顺其自然、因地制宜地布局功能区奠定基础，这也为认识城邑规画提供了发生学的依据。在相地完成之后，接着进行城邑建设、土地细分、农地设施建设、住宅家居建设

图 3-5 汉代晁错所传古代徙远方实广虚之法（吕传廷 书）

---

[1] 从内容看，《逸周书·大聚》与《汉书·晁错传》中的相地选址主要观察阴阳、水泉、土地、草木诸事，探讨的都是自然的阴阳，内容一致，但是文字表述上略有差别，《逸周书·大聚》称"阴阳之利"，《汉书·晁错传》称"阴阳之和"，实际上《汉书·晁错传》称"阴阳之利"更合适，本章末尾有进一步的讨论。

等物质建设，即"营邑立城，制里割宅，通田作之道，正阡陌之界，先为筑室，家有一堂二内，门户之闭，置器物焉。"最后是社区建设，"为置医巫，以救疾病，以修祭祀，男女有昏，生死相恤，坟墓相从，种树畜长，室屋完安。"

第三节　西周营洛

周武王死后，成王年幼，武王之弟周公姬旦摄政。周、召二公辅佐成王营建成周。据《尚书》之《召诰》《洛诰》两章，可以窥知西周营建洛邑的大致情形。西周洛邑的营建有四个关键人物。一是武王，提出营建洛邑的构想，确定宏观区位；二是成王，武王之子，继承武王遗愿，是洛邑营建时期的执政者；三是召公，武王至成王时期的重要辅臣，时任太保，负责洛邑营建中的"相宅"；四是周公，武王之弟，同样是武王至成王时期的重要辅臣，负责洛邑营建中的占卜、祭祀、营城、迁民等步骤。[1]

宗周与成周

公元前11世纪，武王伐商，建立周朝，定都镐京。《诗经·文王有声》云："考卜维王、宅是镐京。"镐京位于丰水东二十五里，西周一代称之为"宗周"，意为大都或正都。周公经营洛邑，在镐京之东，称东都，又称"成周"。西周金文多宗周、成周并提。平王避戎寇东迁洛邑后，宗周已失，成周洛阳才成为正都，洛阳得宗周之称自此始[2]。

武王精于都城相地，文献对其如何选择镐京的记载并不多，对其相洛的记载则较为详细。《逸周书·度邑解》云，武王在伐纣回师过程中息戎偃师时，认为此地"无远天室"：

⊙ 1 闫海文，胡春丽."定保天室"——周初"东都洛"之再考察［J］. 兰州学刊，2008（5）：140-143.

⊙ 2 王占奎. 成周、成邑、王城杂谈——兼论宗周之得名［J］. 考古学研究，2003：572-580.

127

王曰："鸣呼，旦！我图夷兹殷，其惟依天室，其有宪命，求兹无远虑。天有求绎，相我不难。自洛汭延于伊汭，居阳（《史记》作易）无固，其有夏之居。我南望过于三途，我北望过于有岳，顾瞻过于河，宛瞻于伊洛，无远天室。其曰兹曰度邑。"[1]

《史记·周本纪》有类似记载："我南望三涂，北望岳鄙，顾詹有河，粤詹雒伊，毋远天室。"即南至三涂、北至岳鄙、西至天室，由三山界定的范围，其间有河水、洛水、伊水等流经。[2]

召公相宅与周公大相东土

为了落实武王在洛邑建东都之遗志，成王先后派召公和周公察勘地理并营建洛邑。《尚书·召诰》记载：

惟二月既望，越六日乙未，王朝步自周，则至于丰。

惟太保先周公相宅。越若来三月，惟丙午朏。越三日戊申，太保朝至于洛，卜宅。厥既得卜，则经营。越三日庚戌，太保乃以庶殷攻位于洛汭。越五日甲寅，位成。

若翌日乙卯，周公朝至于洛，则达观于新邑营。越三日丁巳，用牲于郊，牛二。越翌日戊午，乃社于新邑，牛一，羊一，豕一。

越七日甲子，周公乃朝用书命庶殷：侯、甸、男邦伯。厥既命殷庶，庶殷丕作。[3]

《尚书·召诰》讲营洛邑之前召公相宅。皮锡瑞云："'宅'疑亦当做

⊙ 1 黄怀信，等. 逸周书群校集注·卷五［M］. 上海：上海古籍出版社，1995.
⊙ 2 郭璐. 早期文献所见中国古代城邑规划体系——基于周初雒邑营建的考察［C］. 南京：第 9 届城市规划历史与理论高级学术研讨会暨中国城市规划学会城市规划历史与理论学术委员会年会，2017.
⊙ 3 赵朝阳. 出土文献与《尚书》校读［D］. 长春：吉林大学，2018.

'度'，今文《尚书》'宅'为'度'，《史记》、汉石经可证。汉人引三家《尚书》、三家《诗》'宅'皆为'度'。《逸周书》有《度邑篇》，言营洛之事。《诗经·灵台篇》云：'经之营之。'《毛传》：'经，度之也。'《笺》云：'度始灵台之基趾，营表其位。'是度与营义同。《大传》云：'营成周'，是其义当为度。此云'宅'，疑后人用古文《尚书》改之，如'洛'、'惟太'当作'雒'、'维大'之比。"[1]实际上，"相宅"之"宅"作为名词似乎更合适，相宅有卜宅、攻位等程序。召公相宅，位成后，周公即亲临观邑。周公行两套祭祀之礼，一是"用牲于郊"，一是"社于新邑"，显然前者是在城界之外，后者是在城界之内。然后，给百工指派工作，开工建设，周公率领殷商移民完成这些工作，即"庶殷丕作"。

《尚书·洛诰》进一步记载周公"大相东土"的情形，并绘制图纸，将结果一起献给成王，成王认可，谓之"定宅"。

> 周公拜手稽首曰："朕复子明辟。王如弗敢及天基命定命，予乃胤保，大相东土，其基作民明辟。予惟乙卯，朝至于洛师。我卜河朔黎水。我乃卜涧水东、瀍水西，惟洛食；我又卜瀍水东，亦惟洛食。伻来以图及献卜。"

> 王拜手稽首曰："公不敢不敬天之休，来相宅，其作周匹。休公既定宅，伻来，来视予卜，休，恒吉。我二人共贞。公其以予万亿年敬天之休。拜手稽首诲言。"[2]

所谓"大相东土"，"东土"是因为洛邑在镐京之东，即《尚书·召诰》所言"新邑营"；"大相"是说全面勘察雒邑的自然环境的情况，即《尚书·召诰》所言"达观"；所谓"伻来以图及献卜"是指通过地图等说明选址方案，以及向成王报告占卜所得的吉兆。可以想见，周公所献图上表达了新宅山水的关系。

⊙ 1 皮锡瑞. 今文尚书考证［M］. 北京：中华书局，2004：334–335.
⊙ 2 赵朝阳. 出土文献与《尚书》校读［D］. 长春：吉林大学，2018.

洛 汭

《尚书·召诰》记载召公相宅"以庶殷攻位于洛汭。越五日甲寅，位成"。何为"洛汭"？

《尚书·洛诰》记载周公占卜："我乃卜涧水东、瀍水西，惟洛食；我又卜瀍水东，亦惟洛食"，洛邑应占据了涧水东、瀍水西以及瀍水东的地块。又，从《逸周书·作雒解》"南系于雒水，北因于郏山"可知，洛邑还应靠近洛水。可以认为，洛邑选址于涧水、瀍水与洛水交汇地带。这个地带，古称"洛汭"。

《尚书·洛诰》又有"惟洛食"之说。裘锡圭认为："'惟洛食'可能就是洛水之神愿意飨周人的祭祀的意思……周人在洛水一带营邑，当然先要占卜一下，问问洛水是否愿意食他们的祭祀。"[1] 从相地的角度看，"惟洛食"似乎应该分读，"惟洛，食"，"惟洛"是指靠近洛水的地方，周公"卜涧水东、瀍水西"结果"惟洛"，于是"食"；周公"又卜瀍水东"，结果"亦惟洛"，于是"食"。这里的"食"即"与食"[2]，就是向洛水祭祀食享。周公大相东土强调的是涧水东与瀍水东西注入洛水的地方，即"洛汭"，属于吉地，可以定宅。

宅于成周

周初铜器《何尊》铭文记载成王宅于成周之事。"唯王初迁，宅于成周。复禀武王鄷福自天。在四月丙戌，王诰宗小子于京室，曰：昔在尔考公氏，克迷文王。肆文王受兹大命。唯武王既克大邑商，则廷告于天，曰：余其宅兹中国，自兹乂民……唯王五祀。"所谓成王"宅"于成周，这里的"宅"是指王宅（即成王的王宫），正与《尚书·召诰》言召公"相宅""卜宅"之"宅"相合。成周，是在洛邑内为成王所修建的王宫。《何尊》铭末"唯王五

⊙1 裘锡圭. 裘锡圭学术文集·语言文字与古文献卷［M］. 上海：复旦大学出版社，2012：391.

⊙2 如《逸周书·作雒解》"乃设丘兆于南郊，以祀上帝，配以后稷，日月星辰先王皆与食。"见：黄怀信，等. 逸周书群校集注·卷五［M］. 上海：上海古籍出版社，1995.

祀"是指周成王亲政五年，这也是王宅落成的时间。《今本竹书纪年》记载，"（成王五年）夏，五月，王至自奄，迁殷民于洛邑，遂营成周"，正与此相合。铭文还第一次出现了"中国"两字，表明成周在周广域国土中的中心性地位，此前周武王建东都洛邑的遗志得以实现。

第四节　舆地之宜

舆　地

先民在长期观察自然、选择居址的过程中，积累了直观而深刻的感性认识经验，《周易·系辞下传》概括了这种生存的智慧：

> 古者包牺氏之王天下也，仰则观象于天，俯则观法于地，观鸟兽之文与地之宜；近取诸身，远取诸物。于是始作八卦，以通神明之德，以类万物之情。

前文已经指出，包牺氏（伏羲氏）代表着采集渔猎时代，长期积累的生存经验对后世农业时代人居环境建设提供了基础。其中，"仰观"与"俯观"，"近取"与"远取"，都是以"伏羲氏"为中心，俯仰是垂直方向，有高下之别，俯仰天地；远近是水平方向，中央与四方。合而观之，形成"六合"，是三维立体空间。

"观鸟兽之文与地之宜"究竟什么意思？从字面看，这句话似乎与动植物有关。但是，从上下文看，"观鸟兽之文与地之宜"应该与"仰则观象于天，俯则观法于地"的结果有关，是对仰观与俯观的一个补充说明，因此将"鸟兽之文与地之宜"解释为动植物是不合适的。

值得注意的是，"与地之宜"之"与"字，繁体字为"與"，与"輿"的繁体"輿"字形、读音皆近，很容易混淆，推测"與"可能为"輿"之误。"輿"原指车的底座或车厢，可以泛指车，如《周易》通行本小畜卦有"輿

图 3-6　秦始皇陵出土铜马车

（资料来源：秦始皇兵马俑博物馆，陕西考古研究所. 秦始皇陵铜车马发掘报告［M］. 北京：文物出版社，1998：彩版一九）

说（脱）辐"之说，就是一个证据。古人称"天覆地载"，将天比喻成车盖，将地比喻成车厢。《周易·说卦传》："乾为天，为圜""坤为地……为大舆"，就是"舆"为大地的有力的内证。又，宋玉《大言赋》："方地为车，圆天为盖"；贾谊《新书·容经》："盖圆以象天……轸方以象地。"《淮南子·原道训》："以天为盖，则无不覆也；以地为舆，则无不载也"，所以"地"也称为"舆地"（图3-6）。

舆地一词，在春秋战国秦汉期间常见，"地图"被称为"舆图"或"舆地图"，如《史记·三王世家》有"臣昧死奏舆地图"，《淮南衡山列传》有"左吴等案舆地图"，《汉书》《后汉书》均有"舆地图"。梁顾野王有《舆地志》。因此，推测《周易·系辞下传》中"与地之宜"应当理解为"舆地之宜"。这样，重新标注标点如下：

　　古者包牺氏之王天下也，仰则观象于天，俯则观法于地，观鸟兽之文、舆地之宜，近取诸身，远取诸物，于是始作八卦，以通神明之德，以类万物之情。

"仰则观象于天，俯则观法于地，观鸟兽之文、舆地之宜"，意达辞雅。仰观天象，看到鸟兽之文，即"动物之象"，朱雀、玄武、青龙、白虎等四种动物所组成的"四象",河南濮阳西水坡 45 号墓出土的龙虎图就是最早的实物（参见"象天"章）。《淮南子·泰族训》："员中规，方中矩，动成兽，止成文，可以愉舞，而不可以陈军。"这里，"兽"表"动"之态，"文"表"静"之态，"鸟兽之文"就是天文上"四象"或"动物之象"；俯察地理，看到的是地形、地理。"鸟兽之文"与"舆地之宜"骈列，正是古人的文风。又，后文的"近取诸身"，指人；"远取诸物"，指物，含义甚广，其中包括动植物。如果将前文"鸟兽之文与地之宜"解释为动物、植物，显然就被这里的"物"包含了，因此这种说法似乎不可取。

对于天、地，伏羲采取的方法是"观"，具体分为观象（鸟兽之文，天象）、观法（舆地之宜，地宜）；对于人、物，伏羲采取的方法是"取"，具体分为近取、远取。显然，《周易·系辞下传》认为，卦象乃是"观"和"取"的结果，即从具体事物进行抽象；反之，"象"可以类万物之情，代表一切了。在此意义上说，中国古代的"象"是抽象与具体的统一，这对于我们认识中国古代人居的结构形态及其社会文化蕴涵，是很有启发的。

《汉书·艺文志》引《周易》曰："宓戏氏仰观象于天，俯观法于地，观鸟兽之文与地之宜。近取诸身，远取诸物，于是始作八卦，以通神明之德，以类万物之情。"《说文解字·序》云："古者庖羲氏之王天下也，仰则观象于天，俯则观法于地，视鸟兽之文与地之宜。近取诸身，远取诸物，于是始作《易经》八卦，以垂宪象。"说明自《周易·系辞下传》成文以来，至迟东汉时期已经误以为"与地之宜"了。但是，事实上"舆地"一词在西汉瓦当中很常见，如"千秋萬歲舆地毋極"瓦当，"舆"字特别像"與"字（图 3-7）。

图 3-7 西汉"千秋萬歲舆地毋極"瓦当
（资料来源：西安博物馆藏（编号：2gw6），
陶质，直径 16cm）

地宜与因地制宜

理顺了《周易·系辞下传》中"舆地之宜"的文本，可以进一步解读其中所蕴涵的相地观念。《周易·系辞下传》云："易与天地准，故能弥纶天地之道，仰以观乎天文，俯以察于地理，是故知幽明之故。"俯观或俯察大地的相地法，关注的是"地"本身的自然或物理性能，选择宜居之地。《诗经·生民》记载周人始祖后稷"有相之道"，就是后稷耕田种地，懂得辨明土质的法道；《逸周书·大聚》称"相土地之宜，水土之便"；《周礼·地官·草人》记载"草人：掌土化之法以物地，相其宜而为之种"，都是指观察土地的，确定土地最适宜的作物种类。从甲骨卜辞和《诗经》看，商周时代已经对地形及水文有了明确的划分，陆地分成山、阜、丘、原、陵、冈；河床地带分为兆、厂、渚、浒、淡；水域类型有川、泉、河、涧、沼、泽、江、氾、沱等，如此细致的划分反映出当时相地的精细程度。山与水互为表里，共同决定了地形平面的尺度与立体的高下险易。《管子》中的《地员》篇，以及《尔雅》的《释地》《释丘》《释山》《释水》等篇，都对高山、丘陵、原隰和川谷作了详细分类。

"地宜"（或"土宜"）是对早期相地实践经验的总结和提升，强调土地对人居的适宜性。《周礼·地官司徒》记载大司徒执掌："以土宜之法辨十有二土之名物，以相民宅而知其利害，以阜人民，以蕃鸟兽，以毓草木，以任土事"，已经将地宜与民宅等人居环境联系起来。

地有"宜"，人要"因"，"因"地之"宜"则用力少而成功多，事半功倍。对于宜居之地，不仅要注重其差异性或具体限制性（尊重客观的用地条件），而且根据这些差异性或具体限制性来制定相应的对策和方法，即因地制宜。东汉《吴越春秋·阖闾内传》记载阖闾之言："夫筑城郭，立仓库，因地制宜"。因地制宜源于朴素的相地经验，是早期相地思维的结晶，影响深远，是后世人居规划设计中一条最基本的准则。

从阴阳之利到阴阳之和

前文已经指出，公刘"相其阴阳"是相地形的高下向背，是以观察水土为中心的居址相度之法。这里的阴阳，还是初始的自然的含义，就像《山海经》所记载的其上其下、其阴其阳。许慎《说文解字》说："阴，暗也。水之南、山之北也。从阜。侌声""阳，高明也。从阜。昜声。"《尚书》《诗经》等先秦典籍中与自然的阴阳有关的方位概念很常见，如"至于岳阳""岷山之阳""南山之阳"等。

初民选择居址或建造屋宅时，辨其地之阴阳，乃必为之仪，通常喜欢向阳避风、近水利生的地方，这在后世阴阳宅经中仍然留有遗痕。《诸杂推五姓阴阳等宅经》（一）记载："山东山南为阳，山西山北为阴；水东水南为阴（水西水北为阳）。或府或成（城）、或县或宫观，有居东及南为阳，居西及北为阴。"《阴阳宅图经》记载："凡地形高处为阳，下者为阴；见日多者为阳，少者为阴；官府曹司在宫门东为阳，西为阴。"[1]这些都是宅地自然的阴阳属性，有所变化的是，随着聚落规模的扩大，府城宫观建筑等因其体形高大也比附为"山"了。

春秋战国以来，阴阳从自然的、具体的观念发展为抽象的、形而上的"阴阳"概念，阳与阴相反相成。并且，阴阳与"气"的概念相融合，阴阳二气是万物"生"的内在动力之源，如《道德经》42章云"万物负阴而抱阳，冲气以为和"；《庄子·田子方》云"至阴肃肃，至阳赫赫；肃肃出乎天，赫赫发乎地；两者交通成和而物生焉"；《周易·系辞上传》云"一阴一阳之谓道，继之者善也，成之者性也"。战国时代是阴阳思想大流行时期，"阴阳"与天文四时有关，讲究顺天顺时而行，崇法自然，"阴阳家"的影响特别大，刘向《汉书·艺文志》引《七略》认为"阴阳家者流，盖出羲和之官，敬顺昊天，历象日月星辰，敬授民时，此其所长也"；《史记》载西汉司马谈《六家要旨》认为阴阳家擅"序四时之大顺"。

相应地，相地开始追求阴阳之"和"。《周礼·大司徒》云："以土圭之法测土深，正日影，以求地中。日南则影短多暑，日北则影长多寒，日东则影夕多风，日西则影朝多阴。日至之影尺有五寸，谓之地中，天地之所合也，四时之所交也，风雨之所会也，阴阳之所和也。然则百物阜安，乃建王国焉。""和"本来是指乐器，衍生为音乐术语，指声音高下疾徐配置得当（即

---

[1] 中华礼藏·礼术卷·堪舆之属（第一册）[M]. 关长龙. 杭州：浙江大学出版社，2016.

和谐），古人认为"同声相应，同气相求"（《周易·文言传》），音乐可以聚散阴阳之气，从而干预自然和人事，使之和谐或不和谐，如《吕氏春秋·古乐》记载用乐器召引阴气来调和饱和的阳气："昔古朱襄氏之治天下也，多风而阳气畜积，万物散解，果实不成，故士达作为五弦瑟，以来阴气，以定群生。"《后汉书·律历志上》也强调阴阳之和："夫五音生于阴阳，分为十二律，转生六十，皆所以纪斗气，效物类也。天效以景，地效以响，即律也。阴阳和则景至，律气应则灰除。是故天子常以日冬夏至御前殿，合八能之士，陈八音，听乐均，度晷景，候钟律，权土灰，放阴阳。冬至阳气应，则乐均清，景长极，黄钟通，土灰轻而衡仰。夏至阴气应，则乐均浊，景短极，蕤宾通，土灰重而衡低。进退先后五日之中，八能各以候状闻，太史封上。效则和，否则占。"顺便指出，《汉书·晁错传》记载晁错说古之营邑立城前要"相其阴阳之和，尝其水泉之味，审其土地之宜，观其草

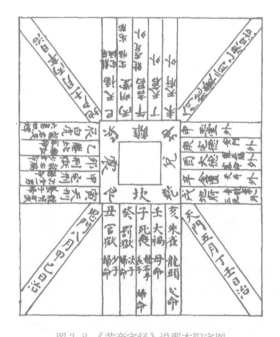

图3-8 《黄帝宅经》说郛本阳宅图

（资料来源：黄帝（旧题）. 宅经[M]//（清）纪昀，等. 影印文渊阁四库全书（第八〇八册）. 台北：台湾商务印书馆，1986：7）

木之饶"，实际上称"阴阳之利"更合适，甚至可能原本就是"阴阳之利"，如《太平御览》卷三百三十三兵部六十四"屯田"引《汉书》晁错之言就是"阴阳之利"。

　　一旦阴阳成为实体自身固有的属性，原本自然的"地"也要确定理法上的阴阳。《黄帝宅经》记载，在确定的自然的阴阳属性后，要依其地确定中心点，分布"二十四路"以明其阴阳之位序，再根据"阳以阴为德，阴以阳为德"，确定某地的吉凶。对于自然之阳地所在，属阴之巽离坤兑方所在为吉宅，是所谓"阳宅吉"；对于自然之阴地所在，属阴之乾坎艮震方所在为吉宅，是所谓"阴宅吉"。⊙1 从相其阴阳到阴阳之和的变化，实际上与形法相地及其流变有关，详见"形法"章（图 3-8）。

⊙1 中华礼藏·礼术卷·堪舆之属（第一册）［M］. 关长龙，点校. 杭州：浙江大学出版社，2016.

第四章

形法：举势立形，形数相合

经历了从聚落到国家到天下的数千年演进，战国秦汉时期广袤的中华大地上聚、邑、城市已经星罗棋布，"九夫为井"的田制为农耕文明奠定了经济基础，也成为规范社会秩序的上层建筑，人居相地富有浓厚的社会文化色彩。按照"井"字格局，普天之下被井画为"九州"，城邑（古代也称为"国"）建设也考虑九州格局。对于不同尺度的空间或地域，都可以用"井"字或"九宫"格局来分析地形的高下向背特征及其相应的吉凶含义，进而为城郭室舍的选址与布局提供基础，《汉书·艺文志》所记载的"形法"就是这种相地择居方法与技术的总结。

第一节 《汉书·艺文志》记载的形法相地

"形法"概念出自《汉书·艺文志》。西汉成帝时，光禄大夫刘向（约公元前77—前6年）受诏参与校理宫廷藏书，校完书后撰写一篇简明的内容提要，汇编成《别录》。刘向死后，其子刘歆（后改名刘秀，生年不详，卒于公元23年）又据《别录》删繁就简，编成《七略》。东汉时史学家班固（公元32—92年）根据刘歆《七略》增删改撰，著述《汉书·艺文志》，仍存六艺、诸子、诗赋、兵书、术数、方技六略，另析"辑略"形成总序置于志首，《汉书·艺文志》共收书596家，计13269卷。在"术数"这个大类中，又分天文、历谱、五行、蓍龟、杂占、形法六个"小类"。《汉书·艺文志》收录"形法六家，百二十二卷"，依次为："《山海经》十三篇，《国朝》七卷，《宫宅地形》二十卷，《相人》二十四卷，《相宝剑刀》二十卷，《相六畜》三十八卷。"可惜，这六部形法书籍如今除了《山海经》尚存传本外，其余悉已亡佚。《宫宅地形》与古代空间规划与人居营建关系密切，其具体内容亦无从知晓。

十分难得的是，《汉书·艺文志》有"小序"阐释"形法"知识的旨趣，也是今天我们重新认识"形法"的最基础、最重要的文本。

> 形法者，大举九州之势以立城郭室舍，形人及六畜骨法之度数、器物之形容，以求其声气。贵贱、吉凶，犹律有长短，而各徵其声，非有鬼神，数自然也。然形与气相首尾，亦有有其形而无其气，有其气而无其形，此精微之独异也。[1]

形法包括相地和相人相物两类

根据形法序文所述，《汉书·艺文志》所收录的六部形法书籍可以归为两类：一类是相地，包括《山海经》《国朝》《宫宅地形》三部书，相当于形

---

[1] （汉）班固. 汉书（二）[M].（唐）颜师古，注. 北京：中华书局，2012：1565.
原文标点断句为"形法者，大举九州之势以立城郭室舍形，人及六畜骨法之度数、器物之形容以求其声气贵贱吉凶。"这种断句中第二个"形"字是个名词。

法小序中所说的"举九州之势以立城郭室舍"；一类是相人相物，包括《相人》《相六畜》《相宝剑刀》三部书，相当于形法小序中所说的"形人及六畜骨法之度数、器物之形容，以求其声气。"在古人看来，世间万物，莫不有形。天有天象，地有地形，人有面相、手相、骨相、体相，六畜、刀剑亦各有其相。"形法"的要义就在于"相术"，即通过对世间万物有形之体的观察而求声气。

相地和相人相物这两类书籍都被《汉书·艺文志》归为"形法"，说明两者在相术原则上具有共通性，在相术方法上具有一致性。元代吴澄（1249—1333年）即认为"相地"与"相人"属于同一种"术"，它们的共同特征是"于其形而观其法"。

> 或问："相地、相人一术乎？"曰："一术也。"吾何以知之？从《艺文志》有《宫宅地形》书二十卷、《相人》书二十四卷，并属形法家，其叙略曰"大举九州之势，以立城郭室舍"，又曰"形人骨法之度数，以求其声气贵贱、吉凶"，然则二术实同出一源也。后之人不能兼该，遂各专其一，而析为二术尔。庐陵郭荣寿善风鉴，又喜谈地理，庶乎二术而一之者。夫二术俱谓之"形法"，何哉？盖地有形，人亦有形，是欲各于其形而观其法焉。虽然，有形之形，有不形之形，地与人皆然也。形之形可以目察，不形之形非目所能察矣。余闻诸异人云。⊙1

鉴于相地与相人相物术的共通性与一致性，可以通过分析相人相物术中"形人及六畜骨法之度数、器物之形容，以求其声气"的含义，来把握相地术中"举九州之势，以立城郭室舍"的基本精神。

"形人及六畜骨法之度数、器物之形容"，是就相人相物而言的。言人或六畜的"骨法之度数"和"器物之形容"，从而可以探知"声气"。"以求其声气"中的"声气"，是用来揭示人或物的内在特性的。"声气"的一个重要特性就在于"同声相应，同气相求"。《周易·文言传》曰："同声相应，同气相求。水流湿，火就燥，云从龙，风从虎，圣人作而万物睹。本乎天者亲上，本

⊙ 1 （元）吴澄. 赠郭荣寿序［M］// 李修生. 全元文·卷四八〇. 南京：江苏古籍出版社，
　　1999：197.

乎地者亲下，则各从其类也"，意即同类之声相呼应，同样之气相聚合。

古人认为"声气"是本质的，取决于"骨法"，通过"骨法"之"度数"来占断。"骨法"之"度数"与器物外在的"形容"或"容色"相对而称，例如《史记·淮阴侯传》记载相人之言："贵贱在于骨法，忧喜在于容色，成败在于决断，以此参之，万不失一"；又如宋玉《神女赋》描述神女"近之既妖，远之有望，骨法多奇，应君之相，视之盈目，孰者克尚"，"相"就是容貌、形容，也与"骨法"相对应。

"贵贱、吉凶，犹律有长短，而各徵其声，非有鬼神，数自然也"，表明"数"与"贵贱、吉凶"的关联。为了进一步说明通过对骨法之度数、器物之形容的比较与分析，就可以得知"声气"，小序还用"律有长短"来参照。五音各有长短，相互之间有度数之别。总体看来，"骨法之度数"就是占术中对骨相的一种大小或长短的描述，这种度数直接关系到声气的贵贱和吉凶占断结果。因此，形法是一种关乎"数"的"术"，这是从相人相物术而得出的基本判断，对于我们大略认识"举九州之势，以立城郭室舍"的相地术，具有重要的启发意义。

形与气相首尾

《汉书·艺文志》形法小序认为"形与气相首尾"，这里的"形"，显然是个名词，是指事物的外形与表象，如东汉末年刘熙作《释名》云："形，有形，象之异也"；南朝梁顾野王（519—581年）撰《玉篇》云："形，容也"。与"形"相对的"气"，是指事物的内部品质或本相。事物的"形"与"气"共同指向事物贵贱、吉凶、宜忌的判断，元代吴澄所谓"于其形而观其法"，也是说从事物的"形"和"气"来占贵贱、吉凶的方法。在正常情况下，事物的"形"与"气"应该是统一的，即小序所谓"形与气相首尾"。但是，由于"气"不可见，所相之物可能"有其形而无其气"，也可能"有其气而无其形"，对于这两种"非常态"，在实际处理上如果没有专门的知识那是很难识别的，因此就产生了对"形法"这门堪称"精微之独异"的学问的社会需求。

"形法"通过对事物的"度数""形容"等物质特性，推测现象背后隐藏的东西，而占其贵贱、吉凶，在古时看来，这是一套具有实用功效的专门技术，与人们的生产实践息息相关。所以，尽管《汉书·艺文志》中的"形法"书籍只有《山海经》等六部，《汉书·艺文志》仍然将其单独列为一类。

从《山海经》看形法相地类书籍的特征

《山海经》《国朝》《宫宅地形》都是与"相地"有关的形法书籍，究竟如何"于其形而观其法"？《山海经》今有传本存世，且相关文献记述甚多，从《山海经》入手，可以一窥相地类形法书籍的基本特征。

班固据刘歆《七略》著述《汉书·艺文志》，其中收有《山海经》十三篇。关于这部《山海经》，刘歆《上山海经表》云：

> 《山海经》者，出于唐、虞之际，昔洪水洋溢，漫衍中国，民人失据，崎岖于丘陵，巢于树木。鲧既无功，而帝尧使禹继之。禹乘四载，随山刊木，定高山大川。益与伯翳主驱禽兽，命山川，类草木，别水土。四岳佐之，以周四方，逮人迹之所希至，及舟舆之所罕到。内别五方之山，外分八方之海，纪其珍宝奇物，异方之所生，水土草木禽兽昆虫麟凤之所止，祯祥之所隐，及四海之外，绝域之国，殊类之人。禹别九州，任土作贡，而益等类物善恶，著《山海经》，皆圣贤之遗事，古文之著明者也。其事质明有信。[1]

可见，西汉刘歆认为《山海经》作于大禹治水之时，记载的是宇内四方的山川、道里、民族、物产、药物、祭祀、巫医等，以"任土作贡""类物善恶"。从空间尺度上看，《山海经》"内别五方之山，外分八方之海""及四海之外，绝域之国，殊类之人"；从所记内容看，"珍宝奇物，异方之所生，水土草木禽兽昆虫麟凤之所止，祯祥之所隐"，这些"方物"标志着吉凶，"皆圣贤之遗事，古文之著明者也""其事质明有信"[2]。由于《山海经》记述

⊙ 1 （清）严可均. 全汉文·卷四十 [M]. 任雪芳，审订. 北京：商务印书馆，1999.

⊙ 2 刘歆（秀）书说《山海经》"其事质明有信"，可能是就经过其父子校编后的版本而言的。司马迁《史记·大宛传》云："至禹本纪、山海经所有怪物，余不敢言也。"这表明司马迁曾读过《山海经》，对书中所记"怪物"尚不敢随意发表意见。

着"宇内"之"方物",标志着"祯祥之所隐",《汉书·艺文志》将其归入"形法"类也就顺理成章了。

东汉时期,著名的水利工程专家王景(约公元30—85年)因治水功业有成,永平十二年(公元69年)得到皇帝赏赐的《山海经》。《后汉书·循吏列传·王景传》记载:"永平十二年,议修汴渠,乃引见景,问以理水形便。景陈其利害,应对敏给,帝善之。又以尝修浚仪,功业有成,乃赐景《山海经》《河渠书》《禹贡图》,及钱帛衣物。夏,遂发卒数十万,遣景与王吴修渠筑堤,自荥阳东至千乘海口千余里。景乃商度地势,凿山阜,破砥绩,直截沟涧,防遏冲要,簸决壅积,十里立一水门,令更相洄注,无复溃漏之患。景虽简省役费,然犹以百亿计。明年夏,渠成。帝亲自巡行,诏滨河郡国置河堤员吏,如西京旧制。景由是知名。王吴及诸从事掾史皆增秩一等。景三迁为侍御史。"王景少年学易,广窥众书,又好天文术数之事,沉深多技艺,以能治水而知名,皇帝赐之以《山海经》及《河渠书》《禹贡图》,可见《山海经》应当与《河渠书》《禹贡图》类似,即在地理尺度上涉及全国或九州的范围,在内容上与人们实际的生产与生活利害攸关,王景在治水中通过"商度地势,凿山阜,破砥绩"等措施,可能与《山海经》不无关系。

今人根据传本《山海经》研究,唐晓峰认为《山海经》所载地理知识具有两重性,分别源自天神信仰和现实经验[1];苏晓威认为《山海经》呈现的是一定人群对山川自然形势的经验性地理知识[2]。可以说,《山海经》所载是古人生产生活经验的总结,属于"基本国情",文字描述比较平实、具体,对于立国建都来说,这是至关重要的地理根据。

通过对存本《山海经》初步分析不难发现,古人认为宇内不同地区的地形与方物,表征着城邑布点与布局的吉凶、嫩恶与利害,有些地区貌似适于人居而实际上并非如此(即"有其形而无其气"),因此需要通过"相"来把握。《山海经》所揭示的"相地术"或"形法",按照《周礼·地官司徒》的说法,主要是大司徒的职责:"以天下土地之图,周知九州之地域广轮之

⊙ 1 唐晓峰. 从混沌到秩序:中国上古地理思想史述论 [M]. 北京:中华书局,2010.

⊙ 2 苏晓威. 出土文献《地典》、《盖庐》的研究 [M] // 唐晓峰,田天. 九州(第五辑). 北京:商务印书馆,2014.

数，辨其山林、川泽、丘陵、坟衍、原隰之名物；而辨其邦国都鄙之数，制其畿疆而沟封之，设其社稷之壝而树之田主……以土宜之法，辨十有二土之名物，以相民宅，而知其利害，以阜人民，以蕃鸟兽，以毓草木，以任土事。"⊙1 大司徒要根据所掌管的天下土地舆图，掌握九州的地域与面积，辨别不同地区的物产，进而辨别邦国中都鄙的数量，划定疆域，挖沟置封；大司徒通过"辨名物"以"相民宅"，要"知其利害"，以"阜人民""任土事"，这些工作显然离不开《山海经》一类的"相地书"。不难看出，《山海经》与《河渠书》《禹贡图》的基本内容或精神是一致的。

相地类书籍涉及不同的地理尺度

《汉书·艺文志》收录的三部相地类形法书籍，除了上述《山海经》尚存传本外，《国朝》与《宫宅地形》都已亡佚，因此具体内容亦无从知晓。但可以肯定的是，这三部书所涉及的地理尺度并不相同。

《国朝》一书，从其书名来看，在先秦的文献中"国""朝"两字很常见，"国"字最早是指城，包括都城；"朝"则是古代君臣相见之所，一般不是宫殿就是宗庙。推测《国朝》一书的内容有两种可能性。一种可能是，与先秦文献中"国""朝"的含义相同，以邦国都邑之地的选址与布局为主，例如辛德勇就认为《考工记》所谓"匠人营国……左祖右社，面朝后市"，有国有朝，正与"国朝"之书名相应。⊙2 另外一种可能是，"国""朝"连言，"国朝"作为一个专门的名词，是汉人自己的称呼，相当于"大汉王朝"，因此《国朝》记载的也可能是国家尺度的地理知识，例如周寿昌推论《国朝》的内容类似《汉书·地理志》，"以国朝立名，疑是志地理。以序在《宫宅地形》书前也。"⊙3

今检视《汉书·地理志》，主要以郡县为纲，记述国家不同地区山川、城邑、人口、物产，这是一个宏大的地理知识叙述体系，一开篇就述及汉以

⊙ 1 （清）孙诒让. 周礼正义［M］. 王文锦，陈玉霞，点校. 北京：中华书局，1987.

⊙ 2 辛德勇. 由国朝到宫室再到里坊——论《两京新记》在中国古代城市文献编述史上的意义［M］//困学书城. 北京：生活·读书·新知三联书店，2009.

⊙ 3 周寿昌. 汉书注校补［M］. 上海：商务印书馆，1936.

前古代中国大陆上"九州"的地理沿革：

> 《禹贡》曰：禹敷土，随山刊木，奠高山大川。冀州，兖州，青州，徐州，扬州，荆州，豫州，梁州，雍州。

> 西周定官分职，改禹徐、梁二州合之于雍、青，分冀州之地以为幽、并。故《周官》有职方氏，掌天下之地，辨九州之国，东南曰扬州，正南曰荆州，河南曰豫州，正东曰青州，河东曰兖州，正西曰雍州，东北曰幽州，河内曰冀州，正北曰并州。而保章氏掌天文，以星土辨九州之地，所封封域皆有分星，以视吉凶。

文中记述了《禹贡》九州和《周官》九州两种地域空间分类方法，并提到"保章氏掌天文，以星土辨九州之地，所封封域皆有分星，以视吉凶"，实际上这已经揭示了认识《汉书·地理志》的方法，即在由天之象、地之九州构成的空间系统中考察事物的"吉凶"，对比前引《汉书·艺文志》小序所言"形法者，大举九州之势以立城郭室舍，形人及六畜骨法之度数、器物之形容，以求其声气"，不难发现两者的性质是类似的，正好印证了前述周寿昌的推论，即《国朝》的内容类似《汉书·地理志》。由于大汉帝国幅员广阔，非常人之目力所能穷尽，《国朝》可能与《山海经》借鉴天神信仰类似，认为天上星区与地上山川州郡相对应（如分野理论），通过天上的位置定位来帮助人们找到大地上相应的位置，或者通过天象的异常来预测地上某一区域的吉凶。

《宫宅地形》一书，从其书名看，"宫"是古代居所的泛称。《尔雅·释宫》云"宫谓之室，室谓之宫"；《释名·释宫室》云"宫，穹也。屋见于垣上，穹隆然也""室，实也，人物实满其中也"。汉初陆贾《新语》："黄帝乃伐木构材，筑作宫室，上栋下宇，以避风雨。""宅"即居宅，《释名·释宫室》云"宅，择也，择吉处而营之也"。《宫宅地形》无疑是记载"宫宅"与"地形"的，讲述的是较为具体的经验性实用技术与知识。

总体看来，《山海经》《国朝》《宫宅地形》这三部相地类形法书籍，都属于从地形地势及其物产表征来判断城郭室舍选址、形制、布局之吉凶，但是三者所涉及的地理尺度存在显著差别，可能是按从大到小的顺序排列，即

《山海经》针对宇内，《国朝》针对全国，《宫宅地形》针对宫宅。

尽管《山海经》《国朝》《宫宅地形》所涉及的地理尺度不同，《汉书·艺文志》仍然将它们同归一类，并总结出它们共同的特征，"举九州之势以立城郭室舍"，这说明"举九州之势"可以兼顾或概括不同地理尺度的空间结构与特征。下文就此进一步展开讨论。

第二节　举九州之势——形法的形数基础

对"举九州之势"基本含义的探讨，可以从"州""九州之势"和"举"三个方面展开。

"州"的自然与人文含义

在古代中国，"州"有两种基本含义。一是自然的"州"，即水中可居之地，具体的形态就是环水的陆地。《说文解字·川部》云："水中可居曰州，周绕其旁，从重川。昔尧遭洪水，民居水中高土，或曰九州岛。"二是人文的"州"，即对人居之地的人为区划（特别是行政区划），范围有大有小，大者关乎天下，小者指一地方，差别很大。明末清初顾炎武《日知录》卷二十二"九州"条认为：

> 州有二名。《舜典》"肇十有二州"，《禹贡》"九州"，大名也。《周礼·大司徒》："五党为州"，"州长"注："二千五百家为州。"《左传》僖十五年："晋作州兵。"宣十一年："楚子入陈，乡取一人焉以归，谓之夏州。"昭二十二年："晋籍谈、荀跞帅九州之戎。"哀四年："士蔑乃致九州之戎。"十七年："卫侯登城以望见戎州。"《国语》："谢西之九州何如？"注："谢西有九州。二千五百家为州。"并小名也。陈祥道《礼书》："二百一十国谓之州，五党亦谓之州。万二千五百家谓之遂，一夫之间亦谓之遂。王畿谓之县，五鄙亦谓之县。""江、淮、河、济，谓之

四渎。"而《易》："坎为水，为沟渎。"大小之极，不嫌同名。[1]

传说大禹治水，可能就是将自然的不宜人居的世界进行人工治理，成为"禹迹"，并进一步区划为"九州"。"九州"就是在自然地理基础上烙下的人文印痕，前述《汉书·地理志》所记载的《禹贡》九州和《周官》九州，都是关于国家和天下区划的"九州"概念，亦即顾炎武所言"大名"之"州"。同样，《汉书·艺文志》所记载的《山海经》和《国朝》两部形法书籍，都与这个"九州"相关。

吕思勉认为，"九州"本来是古代小聚落中度地居民之法，将可居之地画为井字形九个区，后来才推广到天下尺度的区划：

> 吾族古本泽居，故以水中可居之地，为人所聚处之称。古以三为多数，盖亦以三为单位。三三而九，故井田以方里之地，画为九区；明堂亦有九室。九州，初盖小聚落中度地居民之法，后乃移以区画其时所知之天下耳。[2]

且不论"九州"这种区画方式是否的确如吕思勉所言，从小尺度的聚落移用到大尺度的天下，值得注意的是，吕思勉建立了不同尺度的"九州"之间的联系，这对我们进一步探讨《汉书·艺文志》所言"九州之势"很有启发。

"九州之势"蕴含一种"井"字形或"九宫"格局

《汉书·艺文志》所言"九州之势"是指一种空间格局，具体地说就是对不同地理尺度的空间，都利用"井字"或"九宫"格局来分析其具体形势，进而为"城郭室舍"的选址与布局提供基础。关于"九州"作为一种空间格局，汉代刘向《说苑·辨物》曾云：

> 八荒之内有四海，四海之内有九州，天子处中州而制八方耳。两河

---

[1] （明）顾炎武. 日知录校释（下）[M]. 张京华，校释. 长沙：岳麓书社，2011：874.
[2] 吕思勉. 先秦史 [M]. 台北：台湾开明书店，1977：70.

间曰冀州，河南曰豫州，河西曰雍州，汉南曰荆州，江南曰扬州，济南间曰兖州，济东曰徐州，燕曰幽州，齐曰青州。山川污泽，陵陆丘阜，五土之宜，圣王就其势，因其便，不失其性。高者黍，中者稷，下者秔，蒲苇菅蒯之用不乏，麻麦黍梁亦不尽，山林禽兽川泽鱼鳖滋殖，王者京师四通而致之。

这里八荒、四海、九州等概念，很容易使人联想起《山海经》来。传本《山海经》篇目即包括山经、海外经、海内经、大荒经等类别（刘向所言很可能与他对《山海经》的校编有关）。唐代颜师古解释，"八荒，乃八方荒芜极远之地也"；宋代洪迈《容斋随笔》说"四海一也"，认为"四海"是连为一体的。从拓扑关系看，"八荒－四海－九州"形成一个由外而内的层层嵌套结构。如果按照"井"字形或"九宫"格局来划分，所谓"八荒之内有四海"，即四海居"中宫"，外面八宫为"八荒"；所谓"四海之内有九州"，即九州居"中宫"，外面八宫为"四海"。"天子处中州而制八方"，就是根据"山川污泽，陵陆丘阜，五土之宜"，圣王"就其势，因其便，不失其性"，从空间上看，呈现的是"中州－八方"格局，这正是"九州之势"！总体看来，刘向所言"八荒之内有四海，四海之内有九州，天子处中州而制八方"的格局，正如《史记·孟子荀卿列传》所载邹衍"大九州"的概念（图 4-1）：

所谓中国者，于天下乃八十一分居其一分耳。中国名曰赤县神州，赤县神州内自有九州，禹之序九州是也，不得为州数。中国外如赤县神州者九，乃所谓九州也。于是有裨海环之，人民禽兽莫能相通者，如一区中者，乃为一州。如此者九，乃有大瀛海环其外，天地之际焉。

《礼记·王制》具体说明了"中国"内部方三千里的"九州之势"（图 4-2）：

自恒山至于南河，千里而近。自南河至于江，千里而近。自江至于衡山，千里而遥。自东河至于东海，千里而遥。自东河至于西河，千里而近。自西河至于流沙，千里而遥。西不尽流沙，南不尽衡山，东不尽东海，北不尽恒山，凡四海之内，断长补短，方三千里，为田八十万亿一万亿亩。

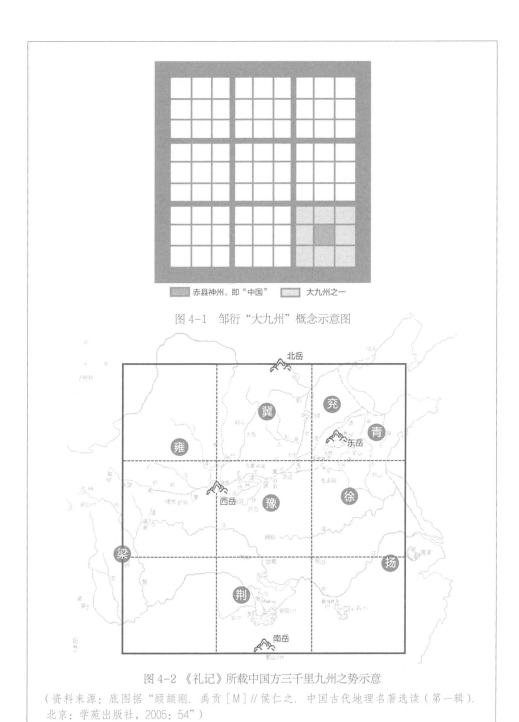

图 4-1 邹衍 "大九州" 概念示意图

图 4-2 《礼记》所载中国方三千里九州之势示意

（资料来源：底图据 "顾颉刚. 禹贡 [M] // 侯仁之. 中国古代地理名著选读（第一辑）.
北京：学苑出版社，2005：54"）

因此，先秦秦汉时期，在国家乃至天下尺度的空间区划上，存在着明显的"九州之势"，知晓了这种"九州之势"，才能做到"天子处中州而制八方""圣王就其势，因其便，不失其性"。

在城市和区域尺度上，进行量地制邑、度地居民时，人们也十分注重"九州之势"。《周礼·夏官司马》记载"量人"的职责：

> 量人掌建国之法，以分国为九州。营国城郭，营后宫，量市朝、道巷、门渠，造都邑，亦如之。营军之垒舍，量其市朝、州、涂。军社之所里，邦国之地与天下之涂数，皆书而藏之。

先秦时期，量人执掌建国之法，主量步之事，目的是分国（即"城"）为"九州"。《考工记·匠人》"营国"条云：

> 匠人营国。方九里，旁三门。国中九经九纬，经涂九轨。左祖右社，面朝后市，市朝一夫……九分其国，以为九分，九卿治之。

所谓"九分其国"，正合"量人掌建国之法，以分国为九州"之意，也与"方九里，旁三门"相呼应（图4-3）。

贺业钜从《考工记·匠人》"营国"条所说的"九分其国"以及"市朝一夫"，推论营国制度王城规划意匠实系井田规划概念所派生，而且运用井田方格网系统方法进行规划：

> "九分其国"，表明视"国"若田地，按"九夫为井"田制的规划概念，将"国"划分为九个面积相等的部分。井田阡陌转化为经纬涂，井田经界之沟封演进而为深沟高垒的城池。井田基本单位——"夫"，即一农夫所受之一百亩耕地，用来作城市规划用地的基本单位，"井"作为组合单位。"方一里九夫之田"，即一井之地为方一里。王城方九里，总面积为八十一平方里，即八十一"井"。井田各井之间均有纵横交错的阡陌，这八十一井土地之间也是如此。利用经纬主次道路，划分为"井"或"井"的倍数的方块地盘，充作营建用地。由此可见，王城规划也是仿效了井田的方格网系统规划方法，以"夫"为基本网格，"井"

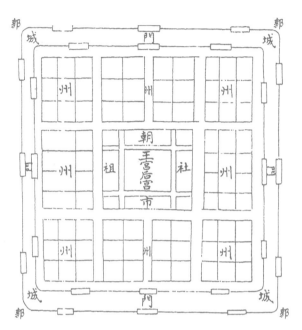

图 4-3 营国九州经纬图

（资料来源：（明）王应电. 周礼图说·卷上［M］//（清）纪昀，等. 影印文渊阁四库全书
（第九六册）. 台北：台湾商务印书馆，1986：292）

为基本组合网格，经纬涂作坐标，中经中纬作坐标系统的纵横轴线而安
排的。"九分其国"就是凭借这套井田方格网系统来划分各种分区的营
建用地，进行王城的分区规划。[1]

运用"九夫为井"田制的规划概念，按照"井字"格局进行王城总体布
局，形成宫城居中、左祖右社、面朝后市的严谨格局，以一井之地（方一
里）为组合单位，"方九里"的王城总面积八十一平方里，这与前述邹衍之
言"所谓中国者，于天下乃八十一分居其一分耳"，两者是何等的同构与一
致！因此，我们可以进一步推论，尽管《山海经》《国朝》与《宫宅地形》
这三部书所涉及的地理尺度并不相同，但是它们都"举九州之势"，亦即都
代表着一种"井字"或"九宫"格局。

⊙ 1 贺业钜. 中国古代城市规划史［M］. 北京：中国建筑工业出版社，1996：208-209.

"九州之势"的"势"，是中国古典哲学中的重要概念，张岱年对"势"作如下解释："势的基本含义是事物由于相互之间的位置而引起的变化趋向。这里包含两层意义，一是事物与事物之间的相对位置，二是由此等相对位置而引起的变化趋向。前一意义即今日所谓形势；后一意义即今日所谓趋势。"[1] 所谓"事物与事物之间的相对位置"，是指一种基于自然的"势"；所谓"由此等相对位置而引起的变化趋向"，则是利用这种自然之势可能带来的后果，包括吉凶、贵贱、富贫等。《汉书·艺文志》所谓"九州之势"，实际上就是指基于山川物宜的空间格局的一种"井字"或"九宫"格局。长期以来，人们在解释《汉书·艺文志》所载"形法"时，往往将"九州之势"理解为在进行城郭宫室选址与布局时要审度地形地势，将"势"理解为具体的地形地势，而忽略了"九州"这个特别的限定，即地形地势蕴含"井字"或"九宫"格局这一实质性内涵。正是由于这种忽略，或者说不能认识到"九州之势"作为一种空间格局的蕴含，结果造成了不应将《山海经》纳入形法家的认识偏差。[2]

"举"是对九州之势的标举与记录

"举九州之势"之"举"，是标举、登记、记录、标记的意思。"举"的这种含义，在《逸周书·程典》中有一个比较典型的运用。《逸周书·程典》记载的是文王迁"程"后关于为官所要遵循的法则和治理土地、对待民众的方针，提出"慎地思地，慎制思制，慎人思人"思想，其中关于土地管理问题的具体要求："慎地必为之图，以举其物。物其善恶，度其高下，利其陂沟。爱其农时，修其等列，务其土实。差其施赋，设得其宜，宜协其务，务应其趣。"所谓"慎地必为之图，以举其物"，就是为了管理需要，官员必须慎重对待"地"，绘制成"图"，标明地上之"物"，作为官府的档案。"慎地-为图-举物"应当是周代营城立邑的一个传统，《尚书·洛诰》记载营建洛邑，勘定地址后，周、召二公将地图和占卜结果献给成王，这种地图上也要标举

---

[1] 张岱年. 中国古典哲学概念范畴要论 [M] // 张岱年全集·第四卷. 石家庄：河北人民出版社，1996：59.

[2] 例如，明代焦竑就认为《山海经》十三篇"入形法非，改地理。"见：（明）焦竑. 钦定续通志 [M] // （清）纪昀，等. 影印文渊阁四库全书（第一六四册）. 台北：台湾商务印书馆，1986：9.

山川地形、土地状况等。前文所引《周礼·夏官司马》记载"量人"的职责，测量后要记录，"皆书而藏之"，这也是"举"。

《周礼·地官司徒》中有多条关于"举"的记述，都是标举、登记、记录、标记的意思。如《周礼·地官司徒·质人》云："质人，掌成市之货贿、人民、牛马、兵器、珍异。凡卖儥者质剂焉，大市以质，小市以剂。掌稽市之书契，同其度量，壹其淳制，巡而考之，犯禁者举而罚之。"《周礼·地官司徒·司关》云："司关：掌国货之节，以联门市。司货贿之出入者，掌其治禁与其征廛。凡货不出于关者，举其货罚其人。"《周礼·地官司徒·司门》云："司门：掌授管键，以启闭国门。凡○1出入不物者，正其货贿。凡财物犯禁者举之，以其财养死政之老与其孤。祭祀之牛牲系焉，监门养之。"此外，《左传》襄公二十七年记载："五月甲辰，晋赵武至于宋。丙午，郑良霄至。六月丁未朔，宋人享赵文子，叔向为介。司马置折俎，礼也，仲尼使举是，礼也，以为多文辞。"《管子·问》记载："时简稽帅马、牛之肥膌，其老而死者皆举之。"《商君书·去强》记载："举民众口数，生者著，死者削。"

上述文献中所"举"的内容包括民众数量、牲畜状况、货物以及有关责任人，"举"就是将其登记于册籍，以采取相应的措施。后世的一些文献中，如《吕氏春秋·自知》云："故天子立辅弼，设师保，所以举过也"，《论衡·累害》云："乡原之人，行全无阙，非之无举，刺之无刺也"，这些"举"都是标举、列举、记录的意思。

辛德勇认为"举"与"形"对举，推断"举"字的意思就是"举而出之"：

"举九州之势"与"形人及六畜骨法之度数、器物之形容"对举，可知此处之"举"字，意即举而出之，如同相人相畜相物一样，是透过外在形态，判断其潜存的吉凶祸福。盖所谓"九州之势"亦即山川土地之脉络形势，而这种脉络形势，"犹律有长短，而各微其声；非有鬼神，数自然也"，用现在的术语来讲，也就是一种自然的存在。所谓形法，

⊙1　原文为"几"，从上下文看疑似"凡"字。

就是古代揭示这种存在状况之表征意义的一种学术。[1]

这个见解是富有启发意义的。究竟如何"举而出之"？本书认为，对于宏观的地理尺度而言，就是如《山海经》所揭示的，将九州的山川、道里、民族、物产、药物、祭祀、巫医等，进行登记、记录和标举，以供"任土作贡""类物善恶"之需；对于微观的地理尺度而言，如下文所述，主要是从宅形与地形的高下向背探讨其方位关系与空间格局，来判断城郭宫宅之吉凶。

第三节 《宫宅地形》形法相地推测

"举九州之势"的目的在于"立城郭室舍"，"立城郭室舍"的根据在于"举九州之势"。把握了"举九州之势"的内涵，可以进一步探索《汉书·艺文志》所载"形法"的相地内涵。

地形的高下向背与九州之势

1975年，在湖北省云梦县城关西部的睡虎地墓地发掘了一座秦墓，出土了大量秦简，所载《日书·相宅篇》围绕住宅的主体建筑"宇"的居址来判断吉凶，尽管不是"相地术"，但是从中也可以看到，用地选择时重视用地的高下向背的传统，并且已经进一步发展为从四正四维来进行较为详细的分析。简文包括宅居地形、宅形、宅居建筑的方位和布局三个部分。其中，第一部分以"宇"为中心，考察"宇"的地形地势，作为占断吉凶的依据：

> 凡宇最邦之高，贵贫。宇最邦之下，富而瘙。

---

[1] 辛德勇. 由国朝到宫室再到里坊——论《两京新记》在中国古代城市文献编述史上的意义 [M] // 困学书城. 北京：生活·读书·新知三联书店，2009：178.

> 宇四旁高，中央下，富。宇四旁下，中央高，贫。
> 宇北方高，南方下，毋宠。
> 宇南方高，北方下，利贾市。
> 宇东方高，西方下，女子为正。[1]

简文首先以"宇"在"邦"中（即城中）所居处位置的高下来判断相应的贫富贵贱，进而总结"宇"与"四旁"的高下关系判断所对应的贫富，最后指出"宇"在"四正"方位（南、北、东、西）高下的吉凶原则。

简文第二部分以"宇"本身的形状为依据来占断吉凶，具体涉及"宇"的中部凹凸、左右长短、"四维"（西南、西北、东北、东南）形状等。

> 宇有要（腰），不穷必刑。宇中有谷，不吉。宇右长左短，吉。宇左长，女子为正。宇多于西南之西，富。宇多于西北之北，绝后。宇多于东北之北，安。宇多于东北，出逐。宇多于东南，富，女子为正。[1]

简文第三部分从与"宇"相关的建筑物（道、祠、垣、池、水、圈、困、井、内、图、屏、门等）的方位和布局，对住宅吉凶进行了详细的列举，因篇幅较长，兹不引述。

总体看来，整篇简文从"宇"的选址、形状，以及与"宇"相关建筑的方位与布局，提出了一套较为完整的吉凶判断体系。十分难得的是，简文围绕"宇"的方位对地形地势展开论述，已经涉及西南、东南、西北、东北"四隅"，以及东、南、西、北"四正"，从《日书·相宅篇》所记述的"宅法"中已经可以体会到一种较为系统的与方位制度有关的相地法。

《日书》所反映的是早期社会基层民众日常生活的实态，《日书》所见相地术与《宫宅地形》可能有所差别。但是，《日书》中的相地术明显传承了先周王室注重宫室地形高下向背的传统，并进一步发展为较为系统的四正四维方位制度，至迟在战国晚期已经流行于社会基层民众的日

---

[1] 睡虎地秦墓竹简整理小组. 睡虎地秦墓竹简［M］. 北京：文物出版社，1978：210.

常生活，可以推论当时的《宫宅地形》很可能也是从四正四维的八个方位探讨宫宅的地形高下向背特征及其相应的吉凶蕴含。

后世相地书中"形法"之遗风

《宫宅地形》所载是一种从形气看吉凶的相地术，当时书尚在官府。唐末两宋，民间相术大兴，"儒之家，家家以地理书自负；涂之人，人人以地理术自售"[1]。从宋金元时期主要的相地书（亦称"地理书"或"阴阳书"）仍然可以反观《汉书·艺文志》"形法"之遗风，兹选择渊源较古者《重校正地理新书》《大汉原陵秘葬经》加以说明。

《重校正地理新书》成书于北宋仁宗年间，王洙（997—1057 年）等撰，是当时的地理官书，今有金明昌间张谦的重校正图解本。《重校正地理新书》第二卷"宅居地形"，提到《汉书·艺文志》所记载的《宫宅地形》，并说当时已经不存于世，但是"官有《二宅书》，虽言地形，而多以屋宇高下、营造日时为占。"对于这个《二宅书》，《重校正地理新书》称之为"官书"，共30 卷。《重校正地理新书》第二卷即根据《二宅书》所载，记录"宅居地形"。关于宅居的形状，与前述《日书·相宅篇》第二部分类似，也按照东南西北之阔狭长短进行描述，并有具体的图示（图 4-4）。

> 南北长，东西狭，吉，富贵，宜子孙。
> 左长右短，居之少子孙。
> 东西长，南北狭，居之，初凶，后吉，不益子孙。
> 前阔后狭，居之贫乏。
> 右长左短，居之富贵。
> 前狭后阔，居之富贵。

⊙1 （元）吴澄. 地理真诠序［M］// 李修生. 全元文·卷四八二. 南京：江苏古籍出版社，
　　1999：273.

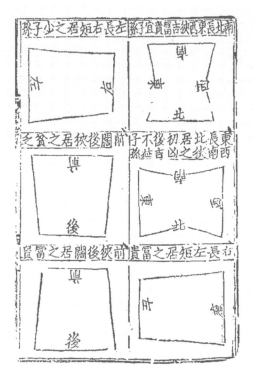

图 4-4 《重校正地理新书》对 6 种宅居形状的图示

（资料来源：（宋）王洙，等. 重校正地理新书［M］. 北京大学图书
馆藏金元刻本）

与《日书·相宅篇》第一部分类似，《重校正地理新书》也关注宅居地
形之高下，并进一步归纳为梁土、晋土、鲁土、楚土、卫土五种类型：

凡宅，东下西高，富贵雄豪。前高后下，绝无门户。后高前下，多
足牛马。

凡宅，地欲平坦，名曰梁土，居之，大吉。后高前下，名曰晋土，
居之，亦大吉，多牛马。西高东下，名曰鲁土，居之，亦富贵，当出贤
人。前高后下，名曰楚土，居之凶，且出盲聋。四面高中央下，名曰卫
土，居之，先富后贫。

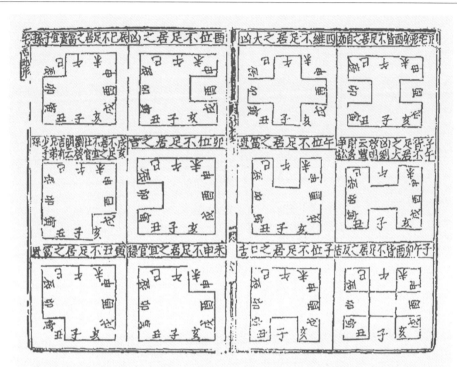

图 4-5 《重校正地理新书》对 12 种 "宅形" 的图示

（资料来源：（宋）王洙，等. 重校正地理新书 [M]. 北京大学图书馆藏金元刻本）

尤其值得注意的是，《重校正地理新书》将 "宅形" 具体分为 12 种情形，书中附有图示（图 4-5）。这些宅形的空间结构都是以十二地支分标四面八方，实际上就是将宅形分为 "九宫" 格局，推测这可能与《汉书·艺文志》所云 "形法" 之 "九州之势" 非常接近或类似。

> 凡宅形，卯酉皆不足，居之自如。子午皆不足，居之大凶，刘启明[1]云：丰财，多争讼。午位不足，居之富贵。子午卯酉皆不足，居之反吉。子位不足，居之口舌。酉位不足，居之凶。辰巳不足，居之富贵，宜子孙。卯为不足，居之吉。戌亥不足，居之不宜，刘启明云：吉，有兄弟，少子孙。未申不足，居之宜，官禄。寅丑不足，居之富贵。

---

[1] 刘启明是宋代占卜家，《宋史·艺文志》五行类著录刘启明的著作八种。

　　总体看来,《重校正地理新书》关于宅居地形的记述包括宅形与地形两个方面,其中地形部分明显是按照"九州之势"来进行知识归类的。

　　《大汉原陵秘葬经》是盛行于金元时期的相地书,所载制度可以追溯至唐五代,撰者张景文可能是师承刘启明的葬师[1]。明代《永乐大典》收录《大汉原陵秘葬经》,其中"四方定正法篇"云:

　　　　从太古龟定八卦,以尾北为坎卦,一宫为冀州;前右足坤卦,二宫,置荆州;左肋震卦,三宫,置青州;以前左足巽卦,四宫,置徐州;以腹当中,为五宫,置豫州;以后右足乾卦,为六宫,置雍州;以右肋兑卦,为七宫,置梁州;以后左足艮卦,为八宫,置兖州;以头离卦,为九宫,置扬州。头离者,明也;尾坎者,暗也,背暗向明,所以神寺、内殿、衙门并坟墓,门向南开,是此理也。[2]

　　文中具体记述了太古龟定八卦,形成"九州之势"的具体情形,九州格局与《禹贡》记载相同,八卦位置按照后天八卦排列。龟背、九宫和八卦的方位对应关系如图4-6所示,从中我们也可以窥见古老的"形法"及"九州之势"痕迹。

巽4徐 前左足	离9扬 头	坤2荆 前右足
震3青 左肋	中5豫 腹	兑7梁 右肋
艮8兖 后左足	坎1冀 尾	乾6雍 后右足

图4-6 《大汉原陵秘葬经》中的"九州之势"格局示意

---

[1] 徐苹芳. 唐宋墓葬中的"明器神煞"与"墓仪"制度——读《大汉原陵秘葬经》札记〔J〕. 考古,1963(2):87-103.

[2] 《永乐大典》卷八千一百九十九,十九庚,"陵"字,《大汉原陵秘葬经》. 见:(明)解缙,等. 永乐大典〔M〕. 北京:中华书局,1986:3817.

形法作为一种数术

对现象的观察是人类源自动物的生存本能，然而人类通过对天、地、人、物的仰观俯察、体知选择，并加以总结和推理，使得这种观察延及更为广阔的领域，得出与人生之吉凶悔吝相关的类属经验，这是中国古代理解世界及其存在意义的基本范式，也是"形法"作为一种"数术"的基本特征。

古代传说伏羲氏捕龟定八卦[1]，八卦与龟、龟卜有着极为密切的关系。《楚辞》有"卜居"篇，记载屈原往见太卜郑詹尹，詹尹乃"端策拂龟"，说明当时通过龟、策而占卜宅之吉凶。《史记·龟策列传》记载有八只名龟，其名称都与天象有关：

> 记曰："能得名龟者，财物归之，家必大富至千万。"一曰"北斗龟"，二曰"南辰龟"，三曰"五星龟"，四曰"八风龟"，五曰"二十八宿龟"，六曰"日月龟"，七曰"九州龟"，八曰"玉龟"，凡八名龟。龟图各有文在腹下，文云云者，此某之龟也。略记其大指，不写其图。

其中有一龟名"九州龟"，推测就是缘于此龟所负图案呈"九州之势"。观龟之形，其首、尾、左肋、右肋，以及四肢，亦按照四正四隅的位置分布，这八个方位正好与八卦的卦位相对应。东、南、西、北四正分别对应震宫、离宫、兑宫、坎宫，西北、东北、东南、西南四隅分别对应乾宫、艮宫、巽宫、坤宫。唐代八卦龟钮铜镜图案，形象地表现了龟的形态与八卦卦位的对应关系（图4-7）。考虑到龟的腹居中，总体上龟的形态也合"九州之势"，前述《大汉原陵秘葬经》所载也与此相符。

从卜居、神龟、八卦、九州之间的关联可以看出，"形法"作为一种"数术"，具有十分古老的渊源（图4-8）。古代的"数"可以表达规律，也可以表达思想、文化、习惯。古代中国人很早就相信，占据了"中心"就控制了"八方"[2]。"九州之势"的空间划分（即"九宫区划"），关键是建立了"中央"

---

[1] 《太平寰宇记》卷十载宛邱县记载："伏羲于蔡水得龟，因画八卦之坛"，可见伏羲作八卦与龟之关联。

[2] 葛兆光. 七世纪前中国的知识思想与信仰世界（中国思想史第一卷）[M]. 上海：复旦大学出版社，1998：129.

图4-7　唐代八卦龟钮铜镜

（资料来源：徐思民．古代器型纹
样精选［M］．南京：江苏美术出
版社，1989：186）

图4-8　战国时期呈九宫格局的石板图案

中山国墓M3年代属于战国晚期，图案中为内方，外围分布一字
形符号和六博棋局常见的T形、L形、V形符号，总体上呈现出
更为具象的九宫形制。四正为盘蛇，四隅为狗、龙等组合图案。
（资料来源：张守中，郑名桢，刘来成．河北省平山县战国时期
中山国墓葬发掘简报［J］．文物，1979（1）：1-31，97-105）

的概念[1]。"事在四方，要在中央。圣人执要，四方来效"（《韩非子·扬权》），"中"的作用是将"八面"统率起来，这种形而上的观念落到空间上，成为不同尺度的地域的空间布局模式，大到九州疆域，小至宫殿庐舍。综观先秦与唐宋以来的相地术，不难推测，《汉书·艺文志》记载的《宫宅地形》作为一种相地书，也是将宫宅地形按照井字形或九宫格划分，对于处于中宫位置的宫宅来说，周围八宫的地形高下或者建设状况，对应着吉凶的征兆。[2]清代《钦定协纪辨方书》卷三十三"定方隅法"有言："盖方位皆以目之所见为定……移步换形，惟变所适，要在相其形势，取其尊者为主，以临四方，庶义精而理得矣。"此语深得"形法"精髓。

第四节　陕西黄帝陵之形法

黄帝是中华人文初祖，《史记》称"黄帝崩，葬桥山"，陕西省黄陵县桥山上的黄帝衣冠冢（图4-9），自古以来就是中华民族的祖灵圣地。西汉时汉武帝在衣冠冢前祭祀黄帝，拉开了"陵祭"黄帝的序幕。唐代在陵侧置黄帝庙作为祭祀场所，陵前"庙祭"成为官方祭祀黄帝的新传统，绵延至今1200余年。黄帝陵经过历代的营建，从最初孤立的衣冠冢发展为由黄帝陵、轩辕庙和古城址等众多要素构成的大遗址；并且，黄帝陵坐落于独特的山水环境之中，这些要素与桥山、沮水交相辉映，形成自然环境与建成环境相结合的风景名胜地区。将黄帝陵作为一个整体，分析建成环境要素与自然山水要素的空间位置关系，可以发现其背后"举九州之势以立城郭室舍"的形法特征（图4-10）。

"山-水-陵-庙-城"的整体环境

桥山黄帝陵坐落于独特的自然基底之上，其山水形胜历来为人称道。清代顾祖禹《读史方舆纪要》称："沮水至县北，穿山而过，因以桥名。"清嘉

⊙ 1　唐晓峰. 人文地理随笔［M］. 北京：生活·读书·新知三联书店，2005：19.

⊙ 2　武廷海.《汉书·艺文志》中的"形法"及其在中国城乡规划设计史上的意义［J］. 城市设计，2016（1）：80-91.

庆《中部县志》"县境图注"称："桥山为城，沮水为池，天造地设……仙台踞顶，印台峙隅，古柏森森，瞭如指掌"；"山川"卷记载："桥山，县城北，沮水从山下过，故曰桥。今地形下，水由县城南绕而东。"民国《续修陕西省通志稿·中部县》记载："桥陵在城北二里桥山上。山形如桥，故名桥山，陵曰桥陵，沮水环之，黄帝葬衣冠之所。"总之，文献记载概括了桥山"山形如桥，沮水环绕，阴阳相抱"的格局。从山势上看，桥山为北孟塬的支脉，尾部与北孟塬相接，且与沮水东湾和西湾大致在一条直线上，头部分为两支伸向两侧。实测表明，桥山山脊与印台山山顶在一条直线上，方向为北偏西

图 4-9　陕西桥山黄帝陵的位置示意

约35°，桥山尾部距印台山顶约1890m；桥山制高点距桥山尾部约210m，今建有驭龙阁。此外，桥山主体的宽度与桥山两侧至沮水一线的距离大致相等，约630m，桥山两侧沮水之间的平均距离约1890m（图4-11）。

从汉武帝桥山"陵祭"至今，黄帝陵经过两千多年的营建和修缮，形成了包括"陵-庙-城"三部分的建成环境。其中，"陵"前祭祀空间始置于汉代。《史记·封禅书》记载，公元前110年汉武帝北巡归来，在黄帝的衣冠冢前祭祀："乃遂北巡朔方，勒兵十余万，还祭黄帝冢桥山，泽兵须如。上曰：'吾闻黄帝不死，今有冢，何也？'或对曰：'黄帝已仙上天，群臣葬其衣冠。'"《汉书·郊祀志第五上》称汉武帝"祠黄帝于桥山"，进一步表

图4-10　黄帝陵周边的建设现状

明当时建有供祭祀用的"祠"。今黄帝冢前存有汉武仙台和汉武帝下马石两处遗迹，与黄帝冢三点一线，均位于桥山山脊之上。清嘉庆《中部县志·形胜》认为汉武仙台即为昔日所建之"祠"："汉武仙台，竦峙桥陵左侧，高出林表，汉武巡朔方还祭黄帝，筑台祈仙。"实测表明，黄帝冢与桥山制高点和汉武仙台的水平距离相等，约为 105m；汉武仙台与下马石的水平距离约为 210m（图 4-12）。

"庙"的建设始于唐代。《册府元龟》记载，唐代宗大历五年（770 年），"鄜坊等州节度使臧希让上言，坊州有轩辕黄帝陵阙，请置庙，四方享祭，列于祀典，从之"。当时的黄帝庙建于桥山西侧，地势狭隘，不便于祭祀仪

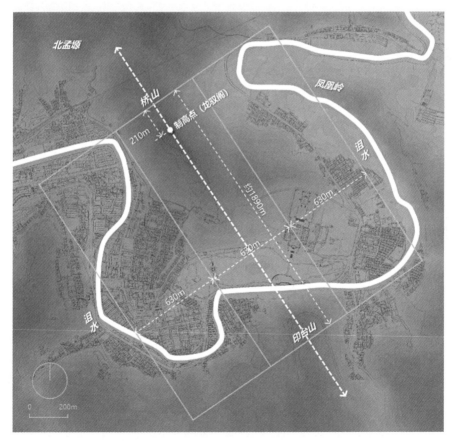

图 4-11　桥山的山水尺度

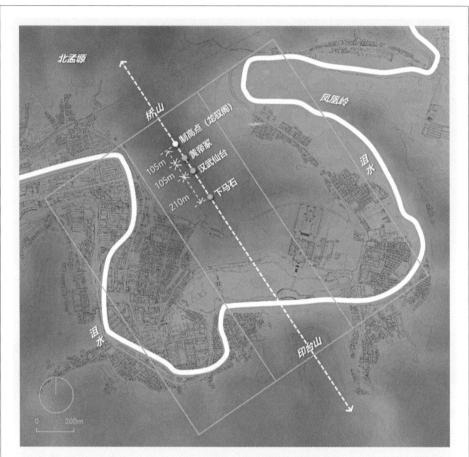

图 4-12 汉代的黄帝陵空间要素与位置关系

式的进行,且面临水患。宋代开宝二年(969年)将黄帝庙迁至桥山西麓今轩辕庙处[1]。宋代黄帝庙规模宏大,元人张敏《重修黄帝庙碑》称:"制度宏伟,凡屋三百九十七楹。"历经金代战乱,元代至正元年(1341年),元惠宗(顺帝)降旨重修轩辕庙西侧被大火焚毁的保生宫。到了元末,由于年久失修,黄帝庙圮坏殆尽而仅存礼殿。至正二十五年(1365年),黄帝庙再次得到了大规模重修,此后历经修缮,传承至今。在1990年代开始的黄帝陵整修工程中,原轩辕庙得到保存,并沿轴线向两侧进行空间拓展。实测发

⊙1 清嘉庆《中部县志·祀典》记载:"(黄帝)藏于桥山。左彻立庙祀之……在桥山之西。宋开宝中移建于此。"

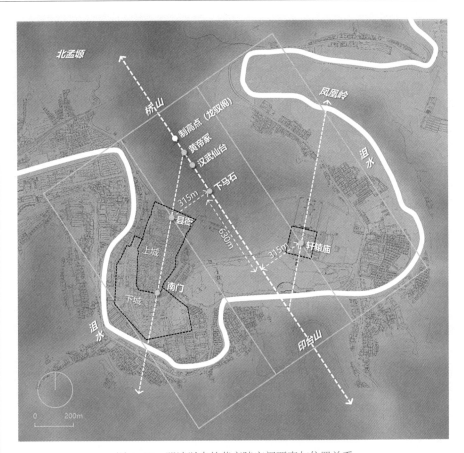

图 4-13　明清以来的黄帝陵空间要素与位置关系

现，宋代以来轩辕庙轴线与黄帝冢轴线的夹角约 45°，居于中心的碑亭距黄帝冢轴线约 315m，与下马石沿轴线方向的投影距离约 630m。

　　"城"随着政区的沿革调整而几经变迁，直至清初才稳定下来（图 4-13）。东晋时，朝廷开始在今黄陵县范围内设置中部县，治所在杏城。唐代时置坊州，州城在今隆防镇，元代废坊州置中部县，沿用坊州城，直至明初。明成化年间（1465—1487 年），县城迁至今老城的下城，并于隆庆六年（1572 年）修筑城墙。崇祯四年（1631 年）下城被农民起义军焚毁殆尽，故而修筑上城。又因上城地高多风，遂不得不重新迁至下城，并对遭到破坏的防御设施进行修缮。不久，城池再次被农民起义军攻破，从此空置多年。清顺治十二年（1655年）恢复了上下城的城址，延续下来形成现存老城格局；重修后的县城以县衙和上城南门之间的大街为轴线，向北延伸正对黄帝冢。今实测发现，城池轴线与黄帝庙轴线平行，也与黄帝冢轴线成约45°夹角；县衙与下马石距离为315m，且两点连线与黄帝冢轴线垂直。

至此，黄帝陵形成了自然山水与建成环境相结合的"山－水－陵－庙－城"一体的整体环境。建成环境要素和自然山水要素之间不仅存在轴线对位的关系，而且普遍存在以105m为公约数的距离关系。西汉1尺合今约23.1cm，汉代的1里合今约415.8m[1]，因此105m约为1/4里（半里之半），210m约为1/2里（半里），630m约为1.5里（一里有半），隐约浮现出以1/2里（210m）为模数的布局网格，既符合山川的尺度，又符合建成环境的尺度。这种现象是否巧合？

黄帝陵的九宫格局

黄帝陵自然环境与建成环境之间精确的对位关系与数量关系显然不是巧合，而是自觉地遵从"举九州之势以立城郭室舍"的形数控制的结果。这是一个以半里（210m）为小九宫单元，以一里半（630m）为大九宫单元，大、小九宫相嵌套的体系，与邹衍"大九州"模式和"营国九州"模式完全一致。一里半的尺度取自于自然山川，并衍生出了半里的模数，九宫的朝向则受制于山川的走势；黄帝陵的核心区处于坎宫，黄帝冢正处于坎宫之中心；下马台、轩辕庙中心和县衙都处于大九宫的节点位置；庙、城的轴线取自九宫交点的连线（图4-14）。以山水尺度构建的"九州之势"严格控制了建成环境要素的节点位置和主要朝向，使得黄帝陵的建成环境处于天造地设的山川秩序之中，实现了"天－地－城－人"的高度和谐与统一。

参照前文所引《礼记》有关"中国"内部"九州之势"的文本，可以进一步描述黄帝陵的"九州之势"："桥山东西两侧，相距一里有半；山东至于沮水，一里有半；山西至于沮水，一里有半。西不尽西山，东不尽凤

---

[1] 《汉书·食货志上》记载："理民之道，地着为本。故必建步立亩，正其经界。六尺为步，步百为亩，亩百为夫，夫三为屋，屋三为井，井方一里，是为九夫。"可知，汉代1里为300步，1800尺，又汉代一尺合今0.231m，故汉代一里合今415.8m。

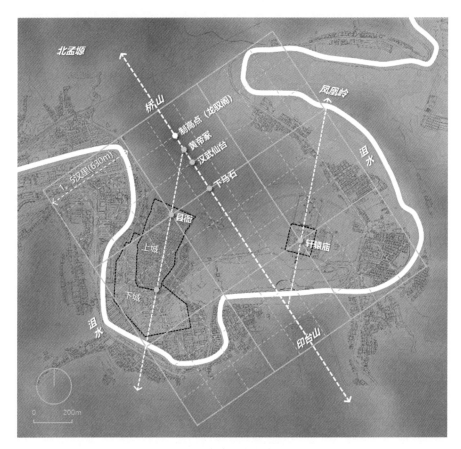

图 4-14　黄帝陵空间格局分析

岭，南不尽印台，北不尽桥山。凡山环水绕之区，断长补短，方四里有半，呈九州之势。桥山之阳，沮水之滨。帝陵安处，池台映照。下马石，汉仙台，黄帝陵，龙驭阁，中轴线，中准绳。自下马石至于汉武仙台，半里而近，一百五十步；自汉武仙台至于龙驭阁，半里而近，黄帝陵居于中间。自下马石至于印池中，一里有半；自印池中至于印台山，一里有半。"

从文化内涵上看，黄帝陵这种遵照九州之势来营建陵区的做法，与黄帝文化的内涵也很契合。《史记·五帝本纪》记载："而诸侯咸尊轩辕为天子，代神农氏，是为黄帝。"在世人心目中，黄帝是五帝时代的英雄，统一了黄河流域诸部落，属于中华人文初祖。因此，汉代以九州之势来规划营建黄帝陵区，也是很自然的。

值得注意的是，自汉至清，黄帝陵的相关营建工程跨越了近2000年，期间主持建设者也各不相同，但是事实上都一直遵循九宫格局且不断充实。这可能有两个方面的原因，一方面，从后世相地书看，汉代"形法"中的"九州之势"在后来的相地文化中得到了传承，例如前述北宋官方相地书《重校正地理新书》、金元流行相地书《大汉原陵秘葬经》都有"形法"中"九州之势"的遗存；另一方面，数千年来桥山和沮水的尺度和走势并没有发生改变，虽然沮河时有泛滥，但相对于桥山的尺度，沮河摆动的幅度是很小的，而九宫格局的尺度和方向都受制于山川的形态，因此尽管不同时期的尺长和里制可能有所变化，但是以山水为尺度的九宫格局一直为后来营建者所继承和完善。

规划遗产与黄帝陵规划

黄帝陵空间格局研究是"形法"应用于中国古代重要人居环境规划营建的一次实证，表明黄帝陵的规划建设基于桥山沮水独特的自然地理特征，巧妙运用形法中的"九州之势"，构建了自然与人工相契合的"山－水－陵－庙－城"整体环境，深厚的空间文化蕴涵与强烈的圣地感充分体现了圣人黄帝作为人文初祖和天下共主的崇高地位。

黄帝陵是体现中华规划文化的规划遗产，未来黄帝陵国家文化公园建设，需要充分尊重长期形成并一贯坚持的"山－水－陵－庙－城"整体格局，

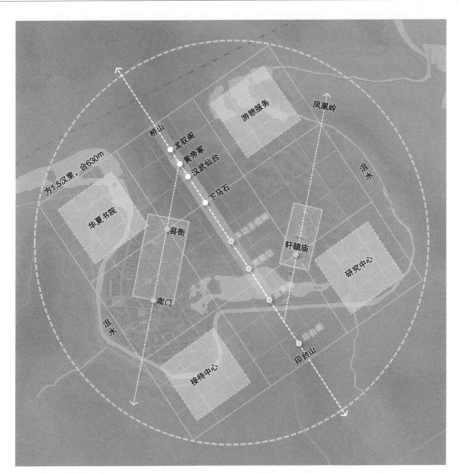

图4-15 黄帝陵规划设计中陵轴节点增加与"陵－庙－城"整体关系分析

（资料来源：吴唯佳，武廷海，黄鹤，等．天下·国典·家园：黄帝陵国家文化公园规划
设计研究［M］．北京：中国建筑工业出版社，2020）

不忘本来，自觉地在"九州之势"构图的控制下，科学合理地选择构筑物的
位置、朝向和尺度，不断提升黄帝陵的空间质量，增强黄帝陵的圣地感，体
现新时代黄帝陵文化遗产保护与人居环境建设的水平与高度（图4-15）。[1]

⊙ 1 感谢黄帝陵大师工作营清华大学团队吴唯佳、黄鹤、孙诗萌、郭璐和张璐等在2018
年5月对本章节研究提出的宝贵意见和建议！

第五节　汉长安与隋大兴城的形法

《尚书·大传》载："九里之城，三里之宫"，宫与城的周长比为 1 : 3，面积比为 1 : 9，城九分而宫居其一，正暗含了"九州之势"，符合"形法"。汉隋两朝皆以今西安为都，虽然分据龙首塬之阴之阳，但是都具有"形法"特征。

汉长安、隋大兴城与龙首塬

汉长安城与隋大兴城所在的西安地区，属于关中平原最开阔的地方，南依秦岭，北临渭水，总的地势是东南高，西北低。发源于秦岭山地的灞水、浐水、潏水皆自东南而趋向西北入渭，它们所限定的渭河南岸二级阶地东西宽约 17km，南北长约 40km。其间有龙首山，海拔高度约 420m，高出南北约 10 余米，宛若一条游龙。以龙首山为界，形成南北两个地形单元，地势此起彼伏，可用之地广阔。

汉高帝五年（公元前 202 年）五月，高祖刘邦听取娄敬和张良的意见，以长安为都。丞相萧何负责汉初长安城规划，以秦渭南离宫为基础，选择龙首山北坡地势最平坦的地区，建立起一代帝都汉长安城。北魏郦道元《水经注》卷十九"渭水下"记载，萧何充分利用了龙首山的"形胜"："高祖在关东，令萧何成未央宫，何斩龙首山而营之。山长六十余里，头临渭水，尾达樊川，头高二十丈，尾渐下，高五六丈，土色赤而坚，云昔有黑龙从南山出饮渭水，其行道因山成迹，山即基，阙不假筑，高出长安城。北有玄武阙，即北阙也。东有苍龙阙，阙内有闾阖、止车诸门。未央殿东有宣室、玉堂、麒麟、含章、白虎、凤凰、朱雀、鹓鸾、昭阳诸殿，天禄、石渠、麒麟三阁。未央宫北，即桂宫也。周十余里，内有明光殿、走狗台、柏梁台，旧乘复道，用相迳通。"

汉长安城历年既久，屡经丧乱，都邑残破，不宜人居，难以适应隋朝全国重新统一后的实际需要和气势。隋文帝决定放弃汉长安城，在龙首山南坡选址创建一个规模宏大的新都，作为"定鼎之基"，开创"无穷之业"。隋开皇二年（582 年）六月文帝诏令将都城迁至"川原秀丽，卉

图 4-16　汉长安、隋大兴城与龙首塬位置图

物滋阜"的龙首山南侧原野。十一月，京城命名为"大兴"，开皇三年
（583年）三月宫城基本建成，称大兴宫，正式迁都。这座按既定的规
划新建的都城，自兴工至迁都，前后只有十个月的时间。唐代仍以大
兴为都城，改名长安，改宫中主殿大兴殿为太极殿，其余仍沿用隋代
建置；后陆续兴建了大明宫、兴庆宫，并加高加厚城墙，建设坊市等
（图4-16）。

居坤灵之正位

　　汉高帝七年（公元前200年）长乐宫成；九年（公元前198年）未央宫
成。未央宫是长安城的主宫，皇帝之常居也，位于长乐宫西侧，两宫都处于
城市南面的高地上。《汉书·高帝纪下》记载："（七年）二月，至长安。萧
何治未央宫，立东阙、北阙、前殿、武库、大仓。上见其壮丽，甚怒，谓何
曰：'天下匈匈，劳苦数岁，成败未可知，是何治宫室过度也？'何曰：'天
下方未定，故可因以就宫室。且夫天子以四海为家，非令壮丽亡以重威，且

亡令后世有以加也.'上说。自栎阳徙都长安。"汉未央宫的规模，据《西京杂记》记载："宫周二十里九十五步五尺。"实测未央宫周长 8650m，合 20.8 里，与《西京杂记》的记载较为契合。可以认为，未央宫是方 5 里的正方形。

未央宫的壮丽，除了前殿的高大外，还表现在周边有东阙、北阙、武库、大仓等配套建筑。萧何建造未央宫，在国力屡弱的情况下，充分利用龙首山头临渭水、尾达樊川、长六十余里的形势，"斩龙首而营之"，即占据了头高二十丈的"龙首"，因高为基，达到"阙不假筑，高出长安城"的效果，因于自然，高于自然，事半功倍。《后汉书·文艺传·杜笃》曰："规龙首，抚未央。"

长安城的南面、西南部分地势较高，宫殿区可以依托山势，并且规模初具，建都工作可以初见成效。城墙从西北渭水边开始作起，可能与筑堤防水不无关系。汉长安城墙的修筑，从汉惠帝元年至五年（公元前194—前190年），前后花了五年的时间。长安城墙全用黄土版筑，土质优良，做工精细，异常坚固。经实测，东墙长约 5940m，北墙长约 5950m，南墙长约 6250m，西墙长约 4550m，周长约 25700m，面积约 34km²。由于南、北城墙是随着宫殿建筑的位置和龙首塬的自然地形而变化的，所以城墙成了不规则的方形。

汉长安城的规模，《长安志》引《汉旧仪》曰："长安城方六十三里，经纬各长十五里，一十二门，城中地九百七十三顷，八街九陌，九府三庙。"根据董鸿闻等对汉长安城遗址的精确测量，汉长安城墙总长为 25014.83m[1]，合 60.2 里（按西汉尺长 0.231m 计），符合"经纬各十五里"的记载。可以认为，长安城尽管形态不规则，但总体上为方 15 里的正方形。傅熹年指出："从勘察发掘所得平面图分析，如以安门内大道之中点为圆心，以其至东、西面墙最外突处为半径画圆，则南北面墙最外突处均与该圆之南北切线相直。这证明长安城之四面，如以最外突处为边缘（南面为安门一线，西面为未央宫西面一线，北面为洛城门东一线）画线连接，它接近于正方形。"[2]

⊙ 1 董鸿闻，等. 汉长安城遗址测绘研究获得的新信息 [J]. 考古与文物，2000（5）：39-49.

⊙ 2 傅熹年. 中国科学技术史·建筑卷 [M]. 北京：科学出版社，2008：117.

综合看来，汉长安城周长与未央宫周长之比为25015：8650＝2.89：1，约为3：1。如果将长安城平面布置15里×15里的方网格，在此网格上划分"九宫"，每宫方5里，那么位于都城西南方、"周回二十里"余的未央宫恰好占据了九宫之一（图4-17）。

未央宫居于长安城西南隅，八卦方位为"坤"。东汉班固《西都赋》云："其宫室也，体象乎天地，经纬乎阴阳。据坤灵之正位，放太紫之圆方。"其中所谓"据坤灵之正位"，正是长安城的方位制度符合九宫八卦的特征描绘，说明萧何规画长安城置未央宫，形法是基本的方法。当然，汉初长安城规画还有象天的考虑，即所谓"放太紫之圆方"，详见"象天"章。

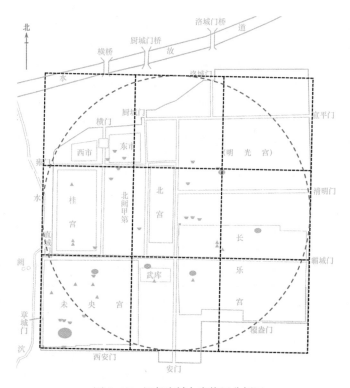

图4-17 汉长安城九宫格局分析图

（资料来源：底图源自"张建锋. 汉长安城地区城市水利设施和水利系统的考古学研究[M]. 北京：科学出版社，2016"）

隋文新意的空间结构

史籍中关于隋大兴－唐长安的记载较为详细，加之大规模的勘探发掘，已查清其规划布局概貌和特点。据宋代宋敏求《长安志》记载，隋大兴（唐长安）最外为大城，又称外郭。外郭内，中轴线的北端，北倚北城墙建立宫城；宫城之南，与宫城同宽，建有皇城，皇城又称子城，城中集中布置官署庙社。宫城与皇城的东西墙相连，可以视为一城，中间被宫前横街分隔为南北两部分。

唐长安城外郭的尺寸，史书上有不同的记载，《唐六典》《长安志》《吕大防长安城图记》都记载东西 18 里 115 步，南北 15 里 175 步，《旧唐书》记载东西 18 里 150 步，南北 15 里 175 步。《新唐书》记载东西 6665 步，南北 5575 步[1]。社科院考古所实测，外郭墙平面呈横长矩形，东西宽 9721m，南北深 8651.7m，面积为 84.1km^2。近年的勘探发掘查明，宫城东西 2820.3m，南北 1492.1m；皇城东西 2820.3m，南北 1843.6m。宫城与皇城合计，平面呈纵长矩形，东西 2820.3m，南北 1492.1＋1843.6＝3335.7m，面积为 9.4km^2。

宋敏求《长安志》卷七记载："自两汉以后至于晋齐梁陈，并有人家在宫阙之间，隋文帝以为不便于民，于是皇城之内，惟列府寺，不使杂居止，公私有便，风俗齐肃，实隋文新意也"。这个"隋文新意"，就是把一般居民和宫城、皇城隔开，加强了宫城皇城的卫护与安全，宫城与皇城事实上成为大城中的"特区"。这里要进一步指出的是，隋大兴城中的宫城与皇城的规模、形态，实际上遵循"举九州之势"的"形法"的规律。

根据实测数据，大兴都城东西长与南北宽之比为 9721：8651.7＝1.1236；皇城、宫城总深与皇城东西宽之比为 3335.7：2820.3＝1.1827，这两个比值十分接近，也就是说，宫城与皇城共同构成的纵长矩形，与大城外郭墙这个横长矩形是相似形。又，都城面积与宫城、皇城面积之比为

---

[1] 傅熹年先生指出，史书对隋大兴－唐长安城的尺寸记载不一，应该是分别用大、小尺计算引起的。详见：傅熹年. 中国古代建筑史（第二卷）[M]. 北京：中国建筑工业出版社，2001：316-317.

（9721×8651.7）：（3335.7×2820.3）＝8.940，接近 9，也就是说，宫城、皇城面积和约为都城面积的 1/9。

隋大兴城是宇文恺"规画"的结果，根据对宇文恺都城布局框架的规画复原（图 4-18，详见"规画"章），可以对隋大兴城平面图中所蕴涵的基本比例关系进行理论计算：第一，都城东西长与南北宽之比理论值为 $\sqrt{3}:\dfrac{3}{2}=$ 1.1547，实测值与理论值的误差为 2.69%；皇城、宫城总深与皇城东西宽之比也为 1.1547，实测值与理论值的误差为 2.44%。第二，都城面积与宫城、皇城面积之和的理论比值为 $\left(\sqrt{3}\times\dfrac{3}{2}\right):\left(\dfrac{\sqrt{3}}{3}\times\dfrac{1}{2}\right)=9$，实测值与理论值的误差为 0.67%。

总体看来，隋大兴城中居于中轴线北端的皇城与宫城，与西汉长安城中居于西南隅的未央宫一样，都是形法控制下的九宫之一。不同之处在于，未央宫居于九宫之坤位，大兴宫城皇城居于坎位。

很显然，隋大兴规画中的"形法"实际上是"隋文新意"的基础和源泉。在形法控制下，隋大兴城按照宫城、皇城、外郭城的顺序修筑，并以宫城、皇城的宽深为模数划分全城为若干区域。《类编长安志》卷二记载："先修宫城，以安帝居，次筑子城，以安百官，置台、省、寺、卫，不与民同居，又筑外郭京城一百一十坊两市，以处百姓。"傅熹年认为："以宫城、皇城之广长为模数，划分全城为若干区域……皇城是国家政权所在地，宫城是家天下的皇权的象征，二者共同象征一姓为君的国家政权。在都城规划中，以它的宽深为模数，实有象征'溥天之下莫非王土'和皇权控御一切、涵盖一切的意思。"[1]

⊙ 1 傅熹年. 中国古代建筑史（第二卷）[M]. 北京：中国建筑工业出版社，2001.

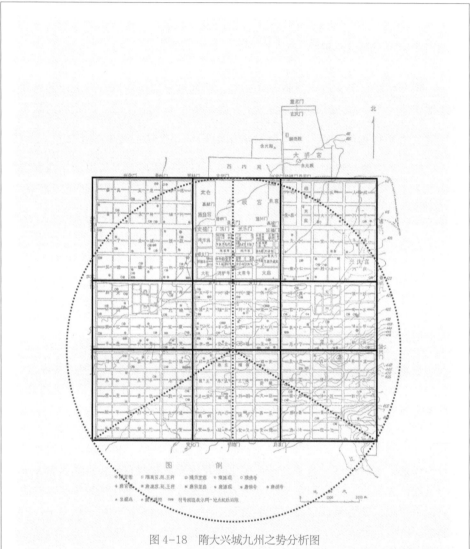

图 4-18　隋大兴城九州之势分析图

（资料来源：底图源自"宿白. 隋唐长安城和洛阳城［J］. 考古，1978（6）：401，409-
425"）

第六节　形法相地的发展与变迁

在《汉书·艺文志》时期的知识分类中，"数术"中的"形法"是构成人居规划设计知识的重要方面。随着后世科学技术的进步和社会观念的变化，"形法"概念本身也发生嬗变，从一个侧面折射出中国古代规划设计知识构成的变化。

早期知识体系中的形法知识

中国是一个具有发达的文献传统的国家，在长期的历史发展过程中形成了独特的图书分类。图书分类在一定程度上反映着知识群体对于知识本身的一种结构性把握，透过图书分类也可以把握知识分子心目中不同的知识类别。《汉书·艺文志》共著录西汉时的皇家图书 596 种 13269 卷，其中归属数术的书籍多达 190 种 2528 卷，以种数论，数术书籍接近于全志总数的1/3，其流行程度由此可见一斑。可以认为，数术是当时广为流行且具有实际功效的技术与方法。然而，在《汉书·艺文志》中形法类书籍只有区区 6 种，相地类形法书籍只有 3 种，《汉书·艺文志》总序部分专门指出其中缘由：

> 数术者，皆明堂羲和史卜之职也。史官之废久矣，其书既不能具，虽有其书而无其人。《易》曰："苟非其人，道不虚行。"春秋时鲁有梓慎，郑有裨灶，晋有卜偃，宋有子韦。六国时楚有甘公，魏有石申夫。汉有唐都，庶得粗觕。盖有因而成易，无因而成难，故因旧书以序数术为六种。

数术类著述的专业性很强，本属"明堂羲和史卜之职"，非普通读书人所能知晓，因此，西汉成帝时，特诏太史令尹咸校"数术"。

尽管在西汉时《宫宅地形》等形法类相地书数量很少，无论种数还是卷书都占不到总量的百分之一，但是这类书籍的出现在中国相地与规划史上具有划时代的意义，它标志着古人在先秦秦汉长期规划建设实践的基础上，对于特定地理环境地形之于人居的意义以及空间秩序的价值进行归纳与总结，并上升为一般理论与方法和空间图式；在具体的规划实践中，人们又较为自觉地对符合认识模式与规律的地方予以肯定和利用，对不符合的地方予以规避或改造，反映了在当时的技术与条件下，人们对地理环境条件进行观察、认识、利用和改造的智慧、能力与独特的思维方式，即当时的规划技术水平和思维方式。

形法类技术性的知识由于内容过于具体和专业，在规划营建实践中主要是靠职业传统来流传，因此能形成书籍并流传就显得非常难能可贵。

"形法"作为知识分类目录之流变

《汉书·艺文志》之后，随着中国古代王官之学与诸子之学传统的逐渐消逝，私学日盛，儒学正统地位确立，古代的知识体系发生很大变化，表现在目录学上的基本脉络是，由《汉书·艺文志》的六分法演变为《隋书·经籍志》的经史子集四分法，最终成为后世所遵循的定制。

在《隋书·经籍志》四分法定型之前，南朝梁普通年间（520—526 年）阮孝绪撰《七录》，《汉书·艺文志》之"形法"尚作为二级类目存在。阮孝绪的《七录》已经亡佚，唐代释道宣的《广弘明集》卷三收录了它的序，完整地保留了阮孝绪《七录》的一、二级类目，可知《七录》内篇第五为《术技录》，细分为"天文部、纬谶部、历算部、五行部、卜筮部、杂占部、刑法部、医经部、经方部、杂艺部"，显然相当于《汉书·艺文志》之数术与方技略。值得注意的是其中"刑法"部，收录书籍47种，61帙，307卷，潘晟论定《术技录》之"刑法"部就是《汉书·艺文志》数术略之"形法"类。[1] 可惜，《七录》收录于"形法"部的具体书籍名称，已经不得而知。

《隋书·经籍志》采用经、史、子、集四部分类法，数术文献被归入子部，包括天文、历数、五行三类，其中五行类著录有《地形志》《宅吉凶论》《相宅图》《五姓墓图》《五音相墓书》《五音图墓书》《相书》《相经要录》《相马经》等，小序认为此类著述"观形法以辨其贵贱"，仍然可见《汉书·艺

⊙ 1 潘晟. 汉唐地理数术知识的演变与古代地理学的发展［J］. 中国社会科学，2011（5）：175.

文志》之"形法"遗风，但是相地术已经受到魏晋南北朝时期五音相宅术发展的影响，逐渐与之融合，在当时的观念中两者遂被当作同一类型的知识体系。并且，《汉书·艺文志》所载《宫宅地形》已经不见于《隋书·经籍志》之"五行"类，也就是说，《宫宅地形》亡佚于魏晋南北朝时期。

作为二级类目，"形法"在《隋书·经籍志》后的书目中仍然可以见到，例如南宋陈振孙（约 1186—约 1262 年）撰《直斋书录解题》，原本 56 卷，分经、史、子、集四录，共分 53 类，其中子录有"形法类"。《直斋书录解题》收录的"形法"类相地书籍包括：《八五经》《狐首经》《续葬书》《地理小》《洞林照胆》《地理口诀》《杨公遗诀曜金歌》《三十六象图》《神龙鬼砂》《罗星妙论》《九星赋》《龙髓经》《疑龙经》《辨龙经》《龙髓别旨》《九星祖局图》《五星龙祖》。单从书名看，南宋时期"五行"或"五音"类"形法"书的收录减少了，说明流行的相地理路已经发生了变化。顺便指出，南宋陈振孙还认为，《汉志·艺文志》所记阴阳家和数术家的差别不大，区别在于前者重"理"（即理论），而后者重"术"（即技术）："自司马氏论九流，其后刘歆《七略》、班固《艺文志》，皆著阴阳家。而天文、历谱、五行、卜筮、形法之属，别为《数术略》。其论阴阳家者流，盖出于羲和之官，钦若昊天，历象日月星辰。拘者为之，则牵于禁忌，泥于小数。至其论数术，则又以为羲和卜史之流。而所谓《司星子韦》三篇，不列于天文，而著之阴阳家之首。然则阴阳之与数术，亦未有以大异也。不知当时何以别之。岂此论其理，彼具其术耶？"[1]

形法相地的死与生

形法相地的目的是趋吉避凶，技术方法是举势立形，其根本原理是《周易》中的"同声相应，同气相求""方以类聚，物以群分"。具体如何因应，这就给术家之妙留下了发挥的余地。战国秦汉以来，阴阳五行之说盛行，《史记》记司马谈论六家要旨："尝窃观阴阳之术，大祥而众忌讳，使人拘而多所畏；然其序四时之大顺，不可失也"。形法相地属于数术，内容庞杂，相关传世文献无多，然其要旨无外乎阴阳五行、生克制化（图 4-19）。

⊙ 1 （宋）陈振孙. 直斋书录解题 [M]. 徐小蛮，顾美华，点校. 上海：上海古籍出版社，1987：369.

秦汉以降，形法相地术日益受到阴阳五行的浸渍，"形法"相地逐渐被"阴阳五行化"，概括说来主要有两方面的流变。一方面，形法相地与阴阳相结合。因应移徙和聚居的时代需要，出现了复杂的理法以定阴阳确定方位吉凶（二十四山等）。本书"地宜"章论述"阴阳之和"时已经指出，《黄帝宅经》记载判断宅地阴阳属性后（"断阴阳法"），再选择方位。根据相地文献判断，阴阳相地法的出现反映了两大时代特征。一是"移徙"与相地，魏晋南北朝时期民族人口大迁移，确定阴阳要参酌主体"移来相数"的考虑。《黄帝宅经》记载："夫辩（辨）宅者皆取移来相数定之，不以街南（北）街东为阳位，街南街西为阴位。"这个"移来相数"说明移来的方位决定了主体层面的阴阳属性。二是"聚居"与相地，要在既有的聚落中选择一处适合居住的场所，周边的居宅和道路影响明显加大。街道辨阴阳，不同于山水。具体做法是：以街之中心为边界，于四沿之路布八卦之局，取乾坎艮震为阳，北宋《地理新书》卷二"宅居地形"目下载有一图，可以参考（图4-20）。

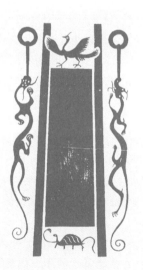

图4-19 《隶续》所载"汉代碑"

四象图案已经非常艺术化，左右龙虎具有明显的护卫特征。

（资料来源：（宋）洪适. 隶续［M］. 北京：中华书局，2003：321）

图4-20 《重校正地理新书》中的东西南北街与宅居阴阳方位

（资料来源：（宋）王洙，等. 重校正地理新书［M］. 北京大学图书馆藏金元刻本）

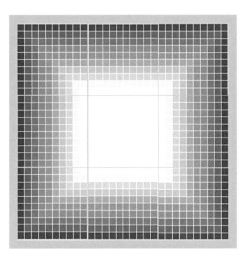

图 4-21 《诸杂推五姓阴阳等宅图经》中里坊与相地示意

图中每个小格方十步，方百步构成九宫之一。

　　离开道路的远近成为择居重要的指标，从十步到百步，间隔十步，十分详细。《诸杂推五姓阴阳等宅图经》载《卜安宅要决（诀）》："凡去陌十步为天空，一名天齐，居［之］大富贵八十年；一名坑地，不可久居，四十年见血光，凶。二十步为天庭，［一］名天牢，一名地头，居之，害少子、孙。三十步为天仓，一名地脉，居之大吉，二十年有三公。四十步为天井，一名地柱，一名地背，居之不大富贵，平。五十步为天府，一名地齐、地心，居之大吉。六十［步］为天狱，一名地少，一名地鼻，居之，家破灭门，大凶。七十步为天煞，一名地牢，一名地足，居之凶。八十步为天楼，居之大吉。九十步为地仓，一名地手，宜子孙，牛羊成群，富贵有公卿，出孝顺妇。一百步为地足（以下原缺文）。"[1]考虑到古代的里坊方一里，合300步，四侧道路围合，各向坊内一百步，整个里坊就可以按方百步为一个单元，分为九宫格式（图 4-21）。

　　另一方面，形法相地与五行相结合。随着姓氏被纳入五行，将地理方位与姓氏相结合以判断选址的好坏，演化形成"五音姓利"（或"五姓图宅"）

⊙ 1　关长龙. 敦煌本堪舆文书研究［M］. 北京：中华书局，2013：237.

之说。王充《论衡·诘术》："宅有五音，姓有五声，宅不宜其姓，姓与宅相贼，则疾病死亡，犯罪遇祸。"所谓"五音"，即宫、商、角、徵、羽。将诸多姓氏配属五音，然后将五音分别与阴阳五行中五行对应（宫属土，商属金，角属木，徵属火，羽属水），再以五行定五方，依五行生克制化断吉凶宜忌，《隋书·经籍志》五行类著录《五姓墓图》《五音相墓书》等。五音相地行之日久，渐至讹伪，穿凿既甚，拘忌亦多，因此唐贞观年间（627—649 年）遂诏令太常博士吕才（606—665 年）编订《阴阳书》[1]，贞观十五年（641 年）《阴阳书》编成，其中包括地理八篇，可惜吕才《阴阳书》已经散佚无存。北宋景祐三年（1036 年）王洙（997—1057 年）等奉诏校订《地理新书》，书成于嘉祐元年（1057 年），凡三十二篇，"辨之以四方，商之以五姓，宪之以九星，媲之以八卦，参之以八变，为地事凡二十篇……任之以八将，齐之以六对，董之以三鉴，傃之以六道，为葬事凡十篇"[2]。《地理新书》详细介绍了五姓（音）相宅之法，如"五音三十八将内从外从位""五音三十八将图""五音山势""五音地脉""五音男女位"等。《崇文总目》五行类收录北宋早期所存五音地理书：史序《乾坤宝典》四百一十七卷、《乾坤宝典·葬书》三十卷、释一行《五音地理经》十五卷、孙季邕《葬范》三卷；《宋史·艺文志》五行类收录宋代流行的五音地理书：史序《乾坤宝典》四百五十五卷、王洙《地理新书》三十卷、孙季邕《葬范》五卷、僧一行《地理经》十二卷、僧一行《地理经》十五卷、《五音地理诗》三卷、《五音地理经诀》十卷、《五音山冈诀》一卷、《李仙师五音地理诀》一卷、《五姓合诸家风水地理》一卷、《五音二十八将图》一卷、《五姓凤髓宝鉴论》一卷、《五姓玉诀旁通》一卷等（图 4-22）。

赵宋王朝以国音姓利规划都城及帝王陵寝。宋廷国姓赵，属角音，采用大利向。《地理新书》卷七"五音所宜"条载："角姓宜东山之西，为东来山之地，以北为前，南为后，西为左，东为右。明堂中水出破乾，为大利向"[3]。南宋绍兴八年（1138 年）以临安为都，临安城包括皇城和外城，整个城垣南北长、东西窄，俗称"腰鼓城"。整个城市襟江带湖，依山就势，其

⊙1 （宋）王溥. 唐会要［M］. 上海：上海古籍出版社，1991：760.
⊙2 （宋）王洙，等. 重校正地理新书［M］.（金）张谦，重校正 // 中华礼藏·礼术卷·堪舆之属（第一册）. 关长龙，点校. 杭州：浙江大学出版社，2016.
⊙3 （宋）王洙，等. 重校正地理新书［M］.（金）张谦，重校正 // 中华礼藏·礼术卷·堪舆之属（第一册）. 关长龙，点校. 杭州：浙江大学出版社，2016.

图4-22　角姓大利向图

（资料来源：（宋）王洙、等. 重校正地理新书［M］. 北京大学
图书馆藏金元刻木，卷第七）

南部和西南部为地势较高的丘陵，北部和东南部为平原水网，皇城建于地势较高的凤凰山东麓，形成坐南朝北、南宫北城的格局，西湖位于乾位，都城形胜正好符合角姓大利向的要求（图4-23）。宋陵全是坐丙向壬，负阳而抱阴，后低前高，南宋宗室赵彦卫《云麓漫钞》记曰："永安诸陵，皆东南地穹，西北地垂，东南有山，西北无山，角音所利如此。七陵皆在嵩少之北，洛水之南，虽有冈阜，不甚高，互为形势。自永安县西坡上观安、昌、熙三陵在平川，柏林如织，万安山来朝，遥揖嵩少三陵，柏林相接，地平如掌，计一百一十三顷，方二十里云。今绍兴攒宫朝向，正与永安诸陵相似，盖取其协于音利"。

形法相地阴阳化和五行化实际上是相互掺杂渗透的，如唐人多据"六甲八卦冢"的原理取"四吉穴"，并结合五姓所属有所偏向[1]。形法相地是从"形与气"的角度进行择地的"技术性"的知识，随着社会思潮的变迁与技术手段的革新，形法知识也会呈现巨大的变化，这是形法本身的知识内容的性质所决定的。自战国秦汉形成以来，形法相地经历魏晋南北朝、隋唐1000多年的阴阳五行化，日益繁琐、复杂、僵化并受到年月日时的拘禁，面临着生死考验。如何抛弃方位本身既有吉凶的信条，因地制宜地选择宜居环境？在此起彼伏的批判与责难中，五代宋初之时开始出现根据地气之美恶来选择葬地的观点，至迟两宋之际旧题郭璞撰《葬书》出现，明确将"生气"作为相地术的核心，一种新的相地范式"风水"学说已经悄然孕育，详见"风水"章。

---

[1] 何月馨. 唐代墓田取吉穴葬法的初步研究 [J]. 中原文物，2020（3）：68-73.

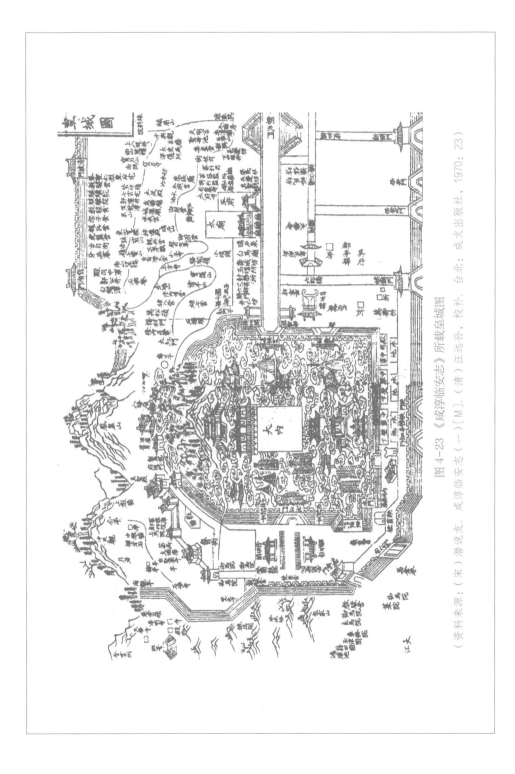

图 4-23 《咸淳临安志》所载皇城图

（资料来源：（宋）潜说友. 咸淳临安志（一）[M]. （清）汪远孙，校补. 台北：成文出版社，1970：23）

第五章

风水：藏风得水，形止气蓄

风水是中国相地研究不可回避的景观。长期以来关于风水众说纷纭。风水概念究竟源于何处？风水概念究竟何意？从文献看，"相地"语境中的风水概念源于旧题郭璞《葬书》。本章尝试探索旧题郭璞《葬书》（或《锦囊经》）所言风水概念的来源，其意并非探索如何通过风水术来相地，而是对相地史上风水作为一种相地范式的澄清，阐明风水在相地史上的地位。

第一节　旧题郭璞《葬书》提出风水概念

风水，作为一个与相地有关的专门术语，首见于旧题晋代郭璞（276—324年）撰《葬经》。《葬经·内篇》第一章开宗明义：

> 葬者，乘生气也。

> 气乘风则散，界水则止。古人聚之使不散，行之使有止，故谓之风水。风水之法，得水为上，藏风次之。

据此，风水的核心就是人们通过"藏风""得水"之法，对环境进行选择和处理，以获取那使万物旺盛生长的"气"。如何"藏风""得水"？《葬经·内篇》第三章论道：

> 夫气行乎地中，其行也因地之势，其聚也因势之止。葬者原其起，乘其止。

> 千尺为势，百尺为形。势来形止，是谓全气。全气之地，当葬其止。

也就是说，气行地中，人因地之势而知其行，因势之止而知其聚。善葬者必原其起以观势，乘其止以扦穴。形势既顺，则山水翕合，是为"全气之地"，也是上佳的葬地。"千尺为势，百尺为形"是原其远势之来、察其近形之止的一个基本方法。

《葬经》原名《葬书》，被后世奉为相地经典后才称《葬经》。《四库全书总目提要》对《葬书》的提要指出直到《宋志》才载有郭璞《葬书》，并推测自宋始出：

> 《葬书》一卷，旧本题晋郭璞撰。璞有《尔雅注》，已著录。葬地之说，莫知其所自来……考璞本传，载璞从河东郭公受《青囊中书》九卷，遂洞天文、五行、卜筮之术。璞门人赵载尝窃《青囊书》，为火所焚，不言其尝著《葬书》。《唐志》有《葬书地脉经》一卷、《葬书五阴》一卷，又不言为璞所作。惟《宋志》载有璞《葬书》一卷，是其书自宋

始出。其后方技之家竞相粉饰，遂有二十篇之多。蔡元定病其芜杂，为删去十二篇，存其八篇。吴澄又病蔡氏未尽蕴奥，择至纯者为内篇，精粗纯驳相半者为外篇，粗驳当去而姑存者为杂篇。新喻刘则章亲受之吴氏，为之注释。今此本所分内篇、外篇、杂篇，盖犹吴氏之旧本。至注之出于刘氏与否，则不可考矣。书中词意简直，犹术士通文义者所作。必以为出自璞手，则无可征信……然如"乘生气"一言，其义颇精。又所云"葬者原其起，乘其止""乘风则散，界水则止"诸条，亦多明白简当……后世言地学者皆以璞为鼻祖。故书虽依托，终不得而废欤。据《宋志》本名《葬书》，后来术家尊其说者改名《葬经》。毛晋汲古阁刻本亦承其讹，殊为失考。今仍题旧名，以从其朔云。[1]

四库馆臣所说的《宋志》是指元代脱脱等修撰的《宋史·艺文志》。宋代风水观念已广为流传，传郭璞撰《葬书》文本已经芜杂，今传本先后经过宋元人的删定和明清人注释。

对于晋郭璞撰《葬书》之说，早在元代就有异议。如赵汸《葬书问对》记载："问曰：《葬书》真郭氏之言乎？抑古有其传也？对曰：不可考。"清代《四库全书》之后，丁芮朴提了《葬书》非郭璞所撰的九条理由[2]。当代学者对旧题郭璞《葬书》非郭璞所撰多有论述，并在成书年代上达成一定共识。范春义认为，今传旧题郭璞《葬书》非郭璞所作，宋神宗元丰年间（1078—1085年），尚书左丞陆佃撰《埤雅》已经引用可见于今传《葬书》的内容，可见《葬书》此时已经产生；《锦囊葬经》或是《锦囊经》之类应该是《葬书》的别称[3]。余格格认为，传本《葬书》盖宋代南方人士托名而作，大致推断其成书上限不早于北宋《地理新书》成书之时，下限不晚于南宋绍兴年间[4]。总之，郭璞《葬书》，又称郭璞《锦囊经》，至迟宋神宗元丰年间（1078—1085年）已经成书；宋仁宗嘉祐元年（1057年）成书的《重校正地理新书》没有引述或提及郭璞《葬书》或《锦囊经》，说明当时《葬书》尚未问世或流传。基于已有研究成

⊙1 （清）纪昀. 四库全书总目提要（三）［G］. 石家庄：河北人民出版社，2000：2776–2778.

⊙2 （清）丁芮朴. 风水祛惑［M］// 丛书集成续编（四三）. 台北：新文丰出版公司，1988：685–686.

⊙3 范春义. 郭璞、杨筠松风水的文献学考察［J］. 周易文化研究，2010：240–252.

⊙4 余格格. 宋代风水文献研究［D］. 杭州：浙江大学，2017.

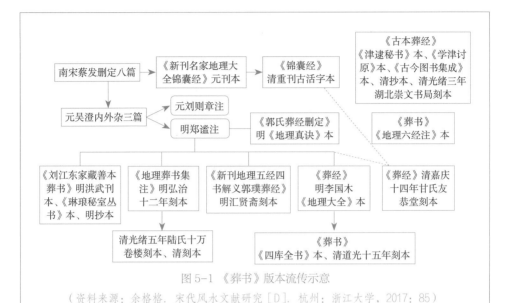

图 5-1 《葬书》版本流传示意

（资料来源：余格格. 宋代风水文献研究［D］. 杭州：浙江大学，2017：85）

果可以大致判断，北宋中期（1020 年至 1080 年左右）的最后 20 年（1060 年至 1080 年左右）可能是旧题郭璞《葬书》或《锦囊经》成书并开始流行的时间。

据余格格《宋代风水文献研究》考定，传世本郭璞《葬书》已非宋代初出之貌，而是经后人删定、注释而成。现存郭璞《葬书》传本较多，命名方式大致可分三类：《锦囊经》《古本葬经》《葬书》（或《葬经》）。今存南宋蔡发删定八篇本，元吴澄删定、明郑谧注释三篇本，以及毛氏《津逮秘书》本三大体系，各自的篇章次序虽有差别，但大体内容一致（图 5-1）。《葬书》作为宋代风水文献的重要典籍，在整合前代理论的基础之上提出了"风水"的概念，相地理路主张以山、水的形势判断"生气"之吉凶，注重气、势、形的相互配合，一反五音姓利法的繁琐附会及年月日时的拘禁之说，对宋代风水术的演进历程起到了开创性作用。

中国古代相地发展具有内在的规律，旧题郭璞《葬书》的出现以及"风水"概念的提出并非凭空出现，而是有着特定的思想文化背景与相地实践基础，风水学说的立论基础为探寻"风水"概念的来源提供了科学的认识路径。

下文以元刊本《新刊地理全书郭璞锦囊经》（韩国国家图书馆藏，丙寅重刊本《锦囊经》，1866 年）、四库全书本《葬书》（1781 年）的文本为基础，对旧题郭璞《葬书》或《锦囊经》（正文中简称郭璞《葬书》）所言"风水"概念的来源进行探讨。

第二节　旧题郭璞《葬书》中风水思想探源

旧题郭璞《葬书》引经及其类型

宋人要建立新的"风水"概念，自然离不开引经据典来支撑其说。在郭璞《葬书》中多次出现的"《经》曰"，就是引用经典作为风水立论的标志。无疑，被引征的经书是郭璞《葬书》成书之前就已经存在了的，如果能确认郭璞《葬书》所引用的经书，那就能进一步推进并加深对风水学说的认识。

梳理郭璞《葬书》文本所引经典的内容，以明显的"《经》曰"为标志，共有 15 条，在重刊本《锦囊经》和四库全书本《葬书》中都有出现，只是个别字词有所差异。又，"天光下临，地德上载"条在两书文本中都没有特别标明"《经》曰"，但实际上也是引用经书（后文将进一步说明）。因此，郭璞《葬书》文本所引经典的内容共计 16 条（个别字词差异者在词条后面加括号说明），具体罗列如下：

> ［1］气感而应，鬼福及人。
> ［2］气乘风则散，界水则止。
> ［3］土形气行，物因以生。（四库全书本：土形气形，物因以生。）
> ［4］外气横行，内气止生。（四库全书本：外气横形，内气止生。）
> ［5］形止气蓄，化生万物。
> ［6］地有四势，气从八方。
> ［7］浅深得乘，风水自成。
> ［8］地有吉气，随土所起。支有止气，随水而比。（四库全书本：地

有吉气，土随而起，支有止气，水随而比。）

　　［9］童断石过独，生新凶，消已福。（四库全书本：童断石过独生新凶而消已福。）

　　［10］势止形昂，前涧后冈，龙首之藏。

　　［11］山来水回，贵寿丰财。山凶水流，虏王减侯。

　　［12］不蓄之穴，腐骨之藏也。

　　［13］腾漏之穴，败椁之藏也。

　　［14］穴吉葬凶，与弃尸同。

　　［15］葬山之法，若呼谷中。（四库全书本：葬山之法，若呼吸中。）

　　［16］天光下临，地德上载。（两书皆未特别标明"《经》曰"）

　　综观上述引文，大致可以分为两类，一类具有易学或道学色彩，与"生气论"直接有关的，包括第［1］～［6］条及第［16］条，共7条；一类具有地理或山水特征，与"形势论"直接有关的，包括第［7］～［15］条，共9条。有鉴于此，推测《葬书》所征引的经书可能不止一本或者是个集成本，其中定然有关于易学或道学的，这是风水学说中"生气论"的理论来源。

《九天玄女青囊经》的内容

　　阅读风水相地有关文献发现，郭璞《葬书》所征引的具有易学或道学色彩、与"生气"说有关的7条文献，完整地保留在《九天玄女青囊经》（《青囊经》）中。国家图书馆藏明抄本《宅葬书十一种》，其中第一种就是明陆稳集注《九天玄女青囊经》（明隆庆二年，1568年），经书分为"化始""化机""化成"三部分（卷），现录之如下。[1]对郭璞《葬书》所征引的7条文献，特别以波浪线（＿＿＿）形式标出。

　　天尊地卑，阳奇阴偶。一六共宗，二七同道，三八为朋，四九为友，五十同途。辟阖奇偶，五兆生成，流行终始。八体宏布，子母分施。天地定位，山泽通气，雷风相薄，水火不相射。中五立极，制临四方。背

─────────

[1] 原书"化始"部分名为"堪舆篇卷第七"，"化成"部分名为"丛辰舆篇卷第八"，"化机"部分名为"天官篇卷第九"。兹按化始、化机、化成的自然顺序进行调整。

一面九，三七居旁，二八四六，纵横纪纲。阳以相阴，阴以含阳。阳生于阴，柔生始刚。阴德弘济，阳德顺昌。是故阳本阴，阴育阳，天依形，地附气，此之谓化始。

天有五星，地有五行。天分星宿，地列山川。气行于地，形丽于天。因形察气，以立人纪。紫微天极，太乙之御。君临四正，南面而治。天市东宫，少微西掖，太极南垣，旁照四极。四七为经，五德为纬。运斡坤舆，垂光乾纪。七政枢机，流通终始。地德上载，天光下临。阴用阳朝，阳用阴应。阴阳相见，福禄永贞。阴阳相乘，祸咎踵门。天之所临，地之所盛。形止气蓄，万物化生。气感而应，鬼福及人。是故天有象，地有形，上下相须而成一体，此之谓化机。

理寓于气，气圆于形。日月星宿，刚气上腾。山川草木，柔气下凝。资阳以昌，用阴以成。阳德有象，阴德有位。地有四势，气从八方。外气行形，内气止生。乘风则散，界水则止。土形气行，物因以生。是故顺五兆，用八卦，排六甲，布八门，推五运，定六气，明地纪，立人道，因变化，原终始，此谓之化成。

总体看来，《九天玄女青囊经》文字整齐凝练，每段（卷）内容都可以分为前后两部分，前一部分是四字诀，后一部分是三字经，整齐凝练，意蕴确切，三字经前都有"是故"二字，说明这是根据四字诀所得出的结论或总结。

"化始"部分说的是天地阴阳之理。开篇"天尊地卑、阳奇阴偶"，意为法天地之道，明阴阳之理。天地之数参五以变，阳奇阴偶显象于河图（"一六共宗，二七同道，三八为朋，四九为友，五十同途"），奇偶之数纵横开阖，五行万物生成流变（"辟阖奇偶，五兆生成，流行终始"）。圣人则因象求义，明八卦之理。注意，"天地定位，山泽通气，雷风相薄，水火不相射"语出《周易·说卦传》，北宋邵雍（1011—1077 年）据此提出先天之卦，认为是伏羲所定八卦方位。天地之数显象于洛书（"中五立极，制临四方。背一面九，三七居旁，二八四六，纵横纪纲"），呈八卦九宫格局。八方之位有八方之数，圣人以八卦隶之，九宫格局次序曰坎一坤二震三巽四中五乾六兑七艮八离九，先贤以此为周文王所定后天八卦方位。《九天玄女青囊经》认为，"阳本阴，阴育阳"，即天地之道，阳本于阴，阴育乎阳，因此，天非廓然之天，天之气要依地之形（"天依形"）；地非块然之地，地之形要附天之气（"地附气"）。其中"地附气"成为后来风水学说中"气行乎地中"的大前提。

"化机"部分论天地感应变化的枢机。圣人不自作易，其四象八卦，皆仰法于天。"气行于地，形丽于天"，说明生气充溢于地中，星宿辉丽于天上，天地间形气依附，圣人仰观俯察以立人纪。"地德上载，天光下临"言天地交互为一，地德为大地形势格局，《管子·问》云"理国之道，地德为首"。"形止气蓄，万物化生"言天之气与地之形合一，万物生于天地，万物非能自生，借天地之气以生。"气感而应，鬼福及人"言形止气蓄之后，所葬之骨亦与天地之形气合一，有感有应荫生人福。上卷讲"地附气"，该卷又讲"地有形"，为风水学说关注具体的地理形势提供了依据。

"化成"部分为天地万物生成之道。天地之成，在于一气一形。"山川草木，柔气下凝"，将山川草木纳入气的作用范围，视为气的作用之果。万物资阳以昌，用阴以成，缺一不可。"地有四势"，四势者，前后左右是也，河图重四势，四势之中各自有象；"气从八方"，八方者，四正四隅也，洛书重八方，八方之中各自有气。四势八方之形气，皆流行之气，谓之"外气"，如果任其流行，则不足以浚发灵机，必须招摄翕聚外气，令其止蓄而成为"内气"。所谓"内气"，非内所自有，而是外气止乎此。有此一止，则无所不止，则阳无所不资，阴无所不用；有此一生，则无所不生，生生不息尽在其中，真太极也。"土形气行，物因以生"以及前文"形止气蓄，万物化生"，说的都是这个意思。天地之间最大的流行无间的气，曰风与水，风与水无处不在。风，有气而无形，属阳；水，有形兼有气，属阴。同时，风与水都是行气之物，气之阳者从风而行，气之阴者从水而行。风不可乘，乘风则阳气散；水当宜界，界水则阴气止，即所谓的"乘风则散，界水则止"。注意，对于后世"风水"来说，此语非常关键，发明"风水"的机关和枢纽就在于此，只等待后世能精通学术与相地者，拈出"风水"这个新概念来。欲使形止使气蓄，具体做法离不开顺五兆、用八卦；排六甲、布八门；推五运、定六气，这些都是传统数术技术，起源甚早，流传甚广。能为此，则地纪可明，乾坤毓秀，山岳钟灵，人道自立，俊杰相继而出。虽然具体情况千变万化，但是内在道理是一致的。

《九天玄女青囊经》从内容看，说的是天地万物生存变化之理，本身并非"实用的""相地书"。从文献看，"玄女"跟相宅（相地）的关联在唐以前就存在了，如《黄帝宅经》曾经提到《玄女宅经》。唐末五代时期高道杜光庭（850—933年）《墉城集仙录》收有《九天玄女传》，已经在"玄女"之前冠以"九天"，称"九天玄女"。《宋史·艺文志》载有多本"九天玄女"之书，如"《九天玄女诀》一卷""《占风九天玄女经》一卷""《九天玄女坠金法》一卷""《九天玄女孤虚法》一卷"，但是不见《九天玄女青囊经》。《宋史·艺文志》记载"《青囊经》，卷亡"，尚不知与《九天玄女青囊经》有没有关系。

从明代开始《九天玄女青囊经》被当作地理书刊行，国家图书馆藏旧抄隆庆二年刻本《九天玄女青囊经》，号称汉初赤松子述、黄石公传，显然都是托名[1]；卷首有两序，其一北周陈抟序，称"周广顺壬子华南逸民陈抟希夷"，陈抟是易学大师，广顺壬子是后周太祖郭威广顺二年（952年）；其二南宋廖瑀序，称"熙宁己酉冬十月金精山人廖瑀"，廖瑀是风水大师，熙宁己酉是北宋神宗熙宁二年（1069年）。清代张受祺编《历代地理正义秘书》（清乾隆间刻本）收录《古赤松子青囊经》。

关于赤松子撰《青囊经》一事，这是元代已有的说法。据余格格《宋代风水文献研究》，元人陈梦根《徐仙翰藻》卷三记载："考赤松子之《青囊经》，是以知其枝叶之分于庾岭。"据此可以判断，赤松子之《青囊经》内容不仅限于上述"化始""化机""化成"三方面内容。明代《儒门崇理折中堪舆完孝录》卷五论及《天符正经引》曰："此书始于《容成》，见于《素书》，赤松子发之于《青囊经》，黄石公注之于《青囊传》。"

明末清初蒋大鸿（1620—1714年）编纂的《地理辨正》收录了《青囊经》，作为地理五经之首，内容与《九天玄女青囊经》基本一致，经文顺序按照化始、化机、化成排列。值得指出的是，在此传本中，"化成"部分四字诀"理寓于气，气囿于地"前有"无极而太极也"六字。对比国家图书馆藏明抄本《九天玄女青囊经》，并没有这句"无极而太极也"。"无极而太极"最早是宋

---

[1] 赤松子是中国神话传说中的人物，前承炎黄，后启尧舜。黄石公（约公元前292—前195年）是秦汉时道家，后被道教纳入神谱，皇甫谧《高士传》称"黄石公者，下邳人也，遭秦乱，自隐姓名，时人莫知者"。

代人的说法[1]，考虑到"无极而太极也"与后面的四字诀格式明显不一，推测可能是后人读经的旁注，"太极"讲的就是"理"的问题，"无极而太极"就是"无形而有理"[2]。

《九天玄女青囊经》在明清开始出现并受到重视，但是宋代未见明确记载，这是客观的事实。不过，这并不能否认宋代时《九天玄女青囊经》已经存在的可能性。

北宋理学视野中的《九天玄女青囊经》

如果将《九天玄女青囊经》纳入哲学思想（或易学思想）逻辑发展史进行考察，就可以发现其显著的时代特征。中国古代解释世界——包括关于万物的生成和存在——的学说，归根结底是以气论为基础的。中国哲学发展到汉代时，气论已经基本成熟，认为万物的生成要诀是"气"的凝聚，万物的死亡是"气"的消散，从而复归于"气"，阴阳二气不断地运动，社会生活必须根据气运来安排，汉代的气运说一方面承认气运动的必然性与规律性，另一方面又认为天人感应，人的行为能够使天发生感应，从而改变自然运动的一些法则。魏晋时代崇尚天道自然，在一定程度上否定天人感应学说。北宋仁宗庆历元年（1041 年）以后的四五十年，在哲学思想史里是一个生气蓬勃、光彩焕发的时代。[3]北宋哲学进步的一个显著标志就是在自然界和社会运动中发现了"理"，"理"是物与物之间的相互关系。如果把天地之间作为一个物，则天尊地卑，天上的日月星辰，地上的山川草木，都处于一种稳

⊙ 1 据南宋杨甲撰《六经图》卷一（四库全书本），北宋周敦颐（1017—1073 年）著《太极图说》首句为"无极而太极"；九江周敦颐家传本《太极图说》首句则为"自无极而生太极"，后来南宋朱熹要求改正。《宋史·周敦颐传》根据朱熹的建议改为"无极而太极"。见：李申. 易图考 [M]. 北京：中央编译出版社，2018：3-5. 又，据杨立华《宋明理学十五讲》，南宋初年有一个传本写作"自无极而为太极"，种种证据表明这个版本应该是不对的。陆九渊看到的传本也是"无极而太极"而不是"自无极而为太极"，这就意味着当时主要流传的版本是"无极而太极"，而非"自无极而为太极"。见：杨立华. 宋明理学十五讲 [M]. 北京：北京大学出版社，2015：47.

⊙ 2 （宋）黎清德. 朱子语类（第六册）[M]. 王星贤，点校. 北京：中华书局，1986：2365.

⊙ 3 张荫麟. 北宋四子之生活与思想 [G] // 陈润成，李欣荣. 张荫麟全集·下卷. 北京：清华大学出版社，2013：1918.

定的相互关系中。"理"是天然的秩序（"天理"也），是无形的，是真正严格意义上的形而上者，是一个富有哲学品格的概念。"气"也是有"理"的，"理"决定着"气"的升降、聚散，也决定着"气"所聚成的万物的存在和运动。如果说唐代以前哲学只讲"气"的聚散，北宋开始则强调元素间的相互关系，构成万物的元素有限，万物的性质决定于这些元素的结构关系，也就是说"理"决定一切。[1]"理"是人的行动应该遵循的外部条件，决定着人的行为，宋代哲学家开始比较自觉地思考"物"之"理"（即"物理"），显然也涵摄"地"之"理"（即"地理"）在内，"物理"是"地理"（相地理论）的根基。

如果从这个角度重新审视《九天玄女青囊经》，可以发现：《九天玄女青囊经》"化始"部分所言河洛数理，在中国思想史上是司空见惯的，其源于汉代五行生成数和九宫之说，西汉扬雄（公元前53—公元18年）、东汉《大戴礼记》都曾言及五行生成数及九宫数，东汉郑玄（127—200年）亦言之，而自宋代以来图书易学以之为河图、洛书，邵雍、程颢（1032—1085年）、程颐（1033—1107年）之后，朱熹（1130—1200年）又表彰之，于是乎后世颇为流行。[2]值得注意的是，在北宋仁宗庆历元年（1041年）以后璀璨的哲学时代里，邵雍易学思想别开生面，他首次根据前述《周易·说卦传》中的"天地定位，山泽通气，雷风相薄，水火不相射"之文，创造性地提出伏羲所定先天八卦方位，区别于文王所定后天八卦方位，强调数的客观性及其作用，以之"弥纶天地，出入造化，进退今古，表里时事"[3]，"以观夫天地之运化，阴阳之消长，远而古今世变，微而走飞草木之性情，深造曲畅，庶几所谓不惑"[4]。因此，思想家们便试图对天地万物关系进行新的系统性构架，探索其演化的基本规律。《九天玄女青囊经》体系化地提出"化始 – 化机 – 化成"，正是综合五行生成数、九宫之说（或河图和洛书），融汇先天八卦之新说与后天八卦之成见，以系统地揭示从天地原始而演化枢机乃至天下化成之道，所谓"化"强调的是天地万物之间相互感通、相互作用的变化关系，这是天地万物呈现的一种客观的必然的趋势，人要顺势而为地发挥主观能动性。循此线索，可以进一步厘清《九天玄女青囊经》受到邵雍先天易学

⊙1 李申. 易图考［M］. 北京：中央编译出版社，2018：96-98.
⊙2 章伟文. 易学历史哲学研究［M］. 北京：中国社会科学出版社，2012.
⊙3 （宋）邵雍. 康节说易全书［M］. 陈明，点校. 上海：学林出版社，2003：303.
⊙4 （元）脱脱，等. 宋史（第三六册）［G］. 北京：中华书局，1977：12727.

思想影响的痕迹。

例如，《周易·系辞上传》言太极、两仪、四象、八卦，"易有太极，是生两仪，两仪生四象，四象生八卦，八卦定吉凶，吉凶生大业"，邵雍对"物理"的研究亦以此为出发点，《皇极经世书·观物外篇》云"一气分而阴阳判，得阳之多者为天，得阴之多者为地。是故，阴阳半而形质具焉"，"阴阳生而分两仪，两仪交而生四象，四象交而生八卦，八卦交而生万物"。但是，邵雍对"四象"的说法与众不同，他认为天上的阴阳互相交合，生天之四象太阳、少阳、太阴、少阴（日、月、星、辰），地上的柔刚互相交合，生地之四象太刚、少刚、太柔、少柔（水、火、土、石）。《皇极经世书·观物外篇》云"太阳为日，太阴为月，少阳为星，少阴为辰，日、月、星、辰交而天之体尽之矣。太柔为水，太刚为火，少柔为土，少刚为石，水、火、土、石交而地之体尽之矣"，"阳中阳，日也；阳中阴，月也；阴中阳，星也；阴中阴，辰也；柔中柔，水也；柔中刚，火也；刚中柔，土也；刚中刚，石也"。这种以阴阳刚柔为四象，以日月星辰为天之四象，以水火土石为地之四象，可谓邵雍物理之学的独创，也是邵雍物理之学的理论基础，所有的研究者几乎都承认，这是邵雍观物的结果，而与他人无干。[1] 从这个角度看，《九天玄女青囊经》"化成"部分曰"日月星宿，刚气上腾。山川草木，柔气下凝。资阳以昌，用阴以成"，很可能是基于邵雍阴阳刚柔四象之说；《九天玄女青囊经》"化始"部分曰"阳生于阴，柔生始刚"，其中"阳生于阴"之阴阳就天而言，"柔生始刚"之刚柔则就地而言；"化始"结论曰"天依形，地附气"，则是直接沿用邵雍《渔樵问对》中的说法。

又如，无论天上的事物还是地上的事物，邵雍都将之归结为四个因素，不同的层级之间，四个因素之间也存在着交合、感应的关系，认为这是天地万物演化的枢机，天之体、地之体，天之变、地之化，天之感、地之应，尽在其中。邵雍《皇极经世书·观物外篇》云"天变时而地应物，时则阴变而阳应，物则阳变而阴应。故时可逆知，物必顺成"，"有变则必有应也。故变于内者应于外，变于外者应于内，变于下者应于上，变于上者应于下也。天变而日应之，故变者从天而应者法日也。是以日纪乎星，月会于辰，水生于土，火潜于石，飞者栖木，走者依草，心肺之相联，肝胆之相属，无他，变

⊙ 1　李申. 易图考［M］. 北京：中央编译出版社，2018：217-218.

应之道也"，"暑变物之性，寒变物之情，昼变物之形，夜变物之体，性情形体交而动植之感尽之矣。雨化物之走，风化物之飞，露化物之草，雷化物之木，走飞草木交而动植之应尽之矣"。朱熹称"康节（邵雍）其初想只是看得'太极生两仪，两仪生四象'。心只管在那上面转，久之理透，想得一举眼便成四片。其法，四之外又有四焉。"[○1]从这个角度看，《九天玄女青囊经》"化机"部分，仰观天象，所谓"君临四正""旁照四极""四七为经"等说法，尽管这些"四"字有其传统的渊源，但是其集中呈现，不正是"一举眼便成四片"吗？"化机"部分称"地德上载，天光下临。阴用阳朝，阳用阴应"，"天之所临，地之所盛"，"气感而应，鬼福及人"，强调的正是天地上下变化感应而成一体，"天有象"而"地有形"，正是天地万物演化之枢机。

《宋史·朱震传》记载"陈抟以先天图传种放，放传穆修，穆修传李之才，之才传邵雍。"先天图学是否确实传自陈抟，尚不得而知，但是有一点可以肯定，如果邵雍之前已有先天图并单线秘传，那么其社会影响显然并不大，先天图说的社会影响实际上是从邵雍开始的。据《邵雍评传》，邵雍在青壮年时期（1040—1048年）拜师李之才，精通易图，在中年时期（1049—1061年）开馆授业，著书立论，声名远扬。[○2]可以说，1040年代至1050年代是邵雍先天图学逐渐成形并开始流行的年代，这也是《九天玄女青囊经》可能成书的最早年代。本书大胆假设，在1060年左右至1080年左右，郭璞《葬书》或《锦囊经》征引《九天玄女青囊经》而成书并开始流行，这在时间上也是说得通的。下文对旧题郭璞《葬书》引用《九天玄女青囊经》的分析，将从相地知识演进的视角，为《九天玄女青囊经》的成书年代假说提供特别的论证。

第三节 旧题郭璞《葬书》中风水相地的方法与新意

《九天玄女青囊经》建基于1040年以后北宋易学、哲学思想的高峰之上，

○1 （宋）黎清德. 朱子语类（第七册）[M]. 王星贤，点校. 北京：中华书局，1986：2546.

○2 唐明邦. 邵雍评传 [M]. 南京：南京大学出版社，1998.

阐释的是天地万物生存变化之理，原本并非"实用的""相地书"，郭璞《葬书》之所以引用《九天玄女青囊经》，看中的是其思想的价值，"物理"是"地理"入用之准绳。郭璞《葬书》征引《九天玄女青囊经》，创造性地提出"风水"概念以及密切相关的"生气论"与"形势论"，这不是偶然的现象，实际上是将普遍原理（物之理）植根于深厚的相地土壤（地之理），将一般理论上升到具体的相地实践的必然结果。

"生气论"

郭璞《葬书》提出相地的"风水"说，其基本思想"葬乘生气"，或谓之"生气论"，包括何为"生气"？为何"乘生气"？如何"乘生气"？这是郭璞《葬书》提出风水学说的理论基础，也涉及风水相地的基本方法与具体技术，十分重要，因此多处引用《九天玄女青囊经》。

首先，何为"生气"？"生气"是指行乎地中的阴阳之气，郭璞《葬书》引《九天玄女青囊经》曰"外气横行，内气止生"，意在说明外气与内气、气的行与止的辩证关系；气之行聚，因地之形势，郭璞《葬书》引《九天玄女青囊经》曰"形止气蓄，化生万物"，意在揭示"生气"的一个显著特征，即生气聚蓄的地方可以化生万物，形止则气蓄，气蓄之所，即生气荟萃之地，葬于此亲安子福，这种地方属于择葬的"上地"。

其次，为何"乘生气"？郭璞《葬书》引《九天玄女青囊经》曰"气感而应，鬼福及人"，葬乘生气就可以感而应，带来福荫。又引《九天玄女青囊经》曰"乘风则散，界水则止"，进一步说明"内气"散与止的客观性。注意，这句话对于郭璞《葬书》"风水"概念的提出至为关键，郭璞《葬书》对引文的含义进行了创造性转换。在《九天玄女青囊经》中，所谓"乘风则散，界水则止"，是对"气"更确切地说是对"内气"而言的，风与水是天地之间最大的、流行无间、无处不在的气，气要蓄则风不可乘，水当宜界，这是泛言形气的大道理，既大且空；并且，"乘风则散，界水则止"只是"外气行形，内气止生"的一个补充性说明，风与水都是行气之物的例证，风与水并不是关注的重点，更谈不上专门的"风水"概念。郭璞《葬书》则从如何"乘生气"的角度对"乘风则散，界水则止"这句话进行引用和创造性转换。

　　究竟如何"乘生气"？这包括基本方法与具体技术两方面的内容，具体技术内容将在下文具体展开，暂先看带有理论性的基本方法。在郭璞《葬书》中，择葬之地是具体的、有形有势的地，这与《九天玄女青囊经》中相对于"天"而言的"地"，几乎囊括人间万事万物的"地"全然不同。因此，在郭璞《葬书》中，"气""乘风则散，界水则止"成为一个具体的问题，针对这个具体的问题，郭璞《葬书》提出"藏风"与"得水"之法，这里的"风"与"水"已经成为自然界中具体的风与水了。通过"藏风"与"得水"以达到"聚之使不散，行之使有止"的目的。"藏风"与"得水"之法，简言之，就是"风水之法"，"风水"概念随之带出，不着痕迹，又别开生面，妙谛莫尽！

"形势论"

　　"葬乘生气"的具体技术，或者说风水相地的具体技术，可以概括为葬因地势、平地观支、山葬所会、形与势顺、贵在吉穴等多个方面，体现出"形势论"的特点。

　　葬因地势，相当于"因势篇"。郭璞《葬书》以"气行乎地中"展开阐述，引入"形势论"："五气行于地中，发而生乎万物。其行也，因地之势；其聚也，因势之止。""五气"说有道学根基，《云笈七签》卷八十七《诸真要略部》记载武当山隐士南阳翟炜撰《太清神仙众经要略》曰："夫五气者，阴阳之中五常之气也。夫人生天地之间，其形骸五脏之气，一象天地五行四时之赋也。天以五行为五常，人以五行为五脏。"郭璞《葬书》将五气行于地中之"行"与地之"势"结合起来，并且认为地之"势"影响气之"聚"。显然，已经将《九天玄女青囊经》中"外气行形，内气止生"这个关于"气"行止的一般规律上升到具体的相地实践，这是风水学说基于《九天玄女青囊经》"形气论"的重要生发与创造。因此，从"因地之势"与"因势之止"来看，所谓"葬乘生气"，就是"葬者原其起，乘其止"，这里的"其"是指地之"势"。

　　进而言之，究竟什么是地之"势"？从大致形态看，地之"势"就是地之"脉"，对山而言就是山之"骨"。葬者因地之势，就要原地之脉，原山之骨，所谓"地势原脉，山势原骨"是也。当然，地脉和山骨都不规则，"委蛇东西，或为南北"。从空间尺度看，相对于局域的地之"形"，地之"势"是广域的，更为宏阔，所谓"千尺为势，百尺为形"，说明两者有着空间尺度或层次的差异。

有关"形势"的概念，最早可能源于先民对生存环境的体察。传说中大禹治水，决流江河，其前提就是望山川之形，定高下之势。《禹贡》曰："禹敷土，随山刊木。"郑玄注："必随州中之山而登之，除木为道，以望观所当治者，则规其形而度其功焉。"《史记·夏本纪》亦云："行山表木，……左准绳，右规矩。"在古代军事和政治意识中，事态的格局及其发展趋势、时机，事物的位置、力度、声威范畴皆可称为"势"，或者由"势"使然。《孙子兵法》认为，"战势不过奇正，奇正之变，不可胜穷也"，即两军对垒的"势"（势态格局）直接关系战争的胜负，"奇"与"正"的种种组合可以适应千变万化的形势，这是兵家论"形势"。《管子·形势》认为，"天之所助虽小必大；天之所违虽成必败"，即天所帮助的虽弱小必然壮大，天所遗弃的虽成功必然失败，这是政治家论"形势"。在审美艺术中，艺术家也追求"势"，体现出一种顺应并驾驭事物变化的规律，并根据自己的理解去改造客观世界的强烈愿望。例如，在中国绘画中有一条重要的构图法则"置陈布势"（亦称经营位置），国画家吕凤子在《中国画法研究》中有精辟的论述："置陈，是指画中形的位置和陈列，画中形以渗透作者情意的气力为质，力的奋发叫势，布势便是指布置发自形内的力量。"概言之，具体动态局势结合形成"势"，它具有力量，能够对其他事物形成影响；"势"是在运动中产生的影响力，因动成势；在事物发展过程中，贵在因势利导。形势论是古代中国人看世界的一种基本方式。

风水学说关于形势的论述，可称之为"形势论"，在相地史上具有开创性。[1] 从风水学说"形势论"看，葬地选址首先要看势，相对于静态的地之"形"，地之"势"是动态的。最好的葬地，就是"势来形止"的地方，广域的、动态的势驻而为局域的、静态的形，呈现"宛委自复，回环重复"的特征，这种地方是"全气之地"，"当葬其止"。具体说来，葬因地势又可以分

---

[1] 王其亨. 风水形势说和古代中国建筑外部空间设计探析［G］// 王其亨. 风水理论研究. 天津：天津大学出版社，1992：117-137；武廷海. 从形势论看宇文恺对隋大兴城的"规画"［J］. 城市规划，2009（12）：39-47.

为平地与山地两种不同的类型。

在平地如何因势？郭璞《葬书》提出平地观“支”。平原之区是主要的人居之地，看似一片平夷，也可以找出地之势或脉来，“支”就是势或脉浮现的地方。郭璞《葬书》曰：“地贵平夷，土贵有支。支之所起，气随而始；支之所终，气随以钟。”因此，平地因势的关键就是观支之所起。这种“观支之法”，看似平淡无奇，实际上“隐隐隆隆，微妙玄通，吉在其中”。郭璞《葬书》引《经》曰：“地有吉气，随土所起。支有止气，随水而比。”这是观支之法的关键，指示要看土与水的关系，观其大势，曰“其法以势，顺形而动，回复始终。法葬其中，永吉无凶。”究竟平地之势与形有什么特征？曰“夫支欲起于地中，垄欲峙于地上，支垄之前，平夷如掌。”因此，平地葬法为“支葬其巅，垄葬其麓。卜支如首，卜垄如足。”

在山地如何因势？山地势险，郭璞《葬书》提出“乘其所来，审其所废，择其所相，避其所害。”郭璞《葬书》引《经》曰“童断石过独，生新凶，消已福”，山地有五种不可葬之处，根据风水形势观念对不可葬之因进行解释：“气因土形，而石山不可葬也；气因形来，而断山不可葬也；气以势止，而过山不可葬也；气以龙会，而独山不可葬也；气以生和，而童山不可葬也。”在山区择葬，“以势为难，而形次之，方又次之。”要选择“上地之山”，就要察其形势，“若伏若连，其原自天。若水之波，若马之驰，其来若奔，其止若尸。若怀万宝而燕息，若具万膳而洁斋。若橐之鼓，若器之贮，若龙若鸾，或蹇或盘，禽伏兽蹲，若万乘之尊也。天光发新，朝海拱辰。四势端明，五害不亲。十一不具，是谓其次。”“是故四势之山生八方之龙，四势行气，八方施生，一得其宅，吉庆荣贵。”总之，郭璞《葬书》提出葬山之法，“葬其所会”。

郭璞《葬书》中的风水概念强调形与势的关系，追求形与势顺。一方面，分别看形与势，“形势不经，气脱如逐”。就势而言，“势如万马，自天而下，其葬王者。势如巨浪，重岭叠嶂，千乘之葬。势如降龙，水绕云从，爵禄三公。势如云从，双峰璧立，翰墨词锋。势如重屋，茂草乔木，开府建国。势如惊蛇，屈曲徐邪，灭国亡家。势如戈矛，兵死刑囚。势如流水，生人皆鬼”。就形而言，“形如仰刃，凶祸伏逃。形如卧剑，诛夷逼僭。形如横几，子灭孙死。形如覆舟，女病男囚。形如灰囊，灾舍焚仓。形如投筭，百事昏乱。形如乱衣，妬女淫妻。形如植冠，永昌且欢。形如覆釜，其巅可富。形如负扆，有垄中峙，法葬其止，王侯崛起。形如燕窠，法葬其凹，胙土分茅。形如侧垒，后冈远来，前应回曲，九棘三槐"。另一方面，看形与势的关系，郭璞《葬书》曰："夫势与形顺者吉，形与势逆者凶。势凶形吉，百福希一。势吉形凶，祸不旋日……参形杂势，客主同情，所不葬也。"引《经》曰："势止形昂，前涧后冈，龙首之藏。"

观形察势，最终是为了寻找到吉穴。郭璞《葬书》强调贵在吉穴，所谓吉穴，就是《九天玄女青囊经》所云"形止气蓄，万物化生。气感而应，鬼福及人"的地方。郭璞《葬书》从风水形势的角度申论穴的吉凶："夫外气所以聚内气，过水所以止来龙。千尺之势，宛委顿息，外无以聚内，气散于地中……夫噎气为风，能散生气，龙虎所以卫区穴。叠叠中阜，左空右缺，前旷后折，生气散于飘风……夫土欲细而坚，润而不泽，截肪切玉，备具五色。夫干如穴粟，湿如刲肉，水泉砂砾，皆为凶宅。"郭璞《葬书》提出"盖穴有三吉，葬有六凶。"第一吉，"天光下临，地德上载，藏神合朔，神迎鬼避"，其中"天光下临，地德上载"是沿用《九天玄女青囊经》的说法；第二吉，"阴阳冲和，五土四备，已穴而温"，是天然良穴；第三吉，"目力之巧，工力之具，趋全避阙，增高益下"，仰赖工巧，鬼斧神工。相地要有目力，"乘金相水，穴土印木。外藏八风，内秘五行。龙虎抱卫，主客相迎。微妙在智，触类而长。玄通阴阳，功夺造化。"选择吉穴的难度很大，郭璞《葬经》曰"毫厘之差，祸福千里"。

此外，郭璞《葬书》中的风水形势观讲究辩证法和认识论，且富有审美情趣，如"夫古人之葬，盖亦难矣。冈垄之辨，眩目惑心。祸福之差，侯房有间……夫重冈叠阜，群垄众支，当择其特，情如伏户。大则特小，小则特大。"郭璞《葬书》风水相地作为一种"术"，呈现出新的综合性特征，如"土圭测其方位，玉尺度其远迩"。当然，郭璞《葬书》风水概念并非单纯的全新的相地形态，是社会文化、技术水平、审美观念等因素综合作用下创新的复杂体，这是古代相地活动源远流长的原因，同时也给后来风水神秘化提供了基础与载体。

郭璞《葬书》风水概念的提出并非无本之木或无源之水，而是植根于深厚的社会文化土壤的厚积薄发。例如，郭璞《葬书》引《九天玄女青囊经》

曰"地有四势，气从八方"，四势和八方是传统的概念，有着古老的"形法"相地传统，是数千年来特别是汉唐千余年来相地经验的积累与总结，郭璞《葬书》沿而用之，作为历史基础，曰"寅申巳亥，四势也，衰旺系乎形应；震离坎兑乾坤艮巽，八方也，来止迹乎冈阜。"扎根于深厚的历史基础与文化传统，才有风水范式的新创造，其富有新意的形势论必须镶嵌在四势八方的古老传统中，曰"夫葬乾者，势欲起伏而长，形欲阔厚而方；葬坤者，势欲连衺而不倾，形欲广厚而长平；葬艮者，势欲委蛇而顺，形欲高峙而峻；葬震者，势欲蟠而和，形欲耸而峨；葬巽者，势欲峻而秀，形欲锐而雄；葬离者，势欲驰而穹，形欲起而崇；葬兑者，势欲大来而坡垂，形欲方广而平夷；葬坎者，势欲曲折而长，形欲秀直而昂。"同样，古有"四灵"说[1]，郭璞《葬书》沿用之，曰"夫葬以左为青龙，右为白虎，前为朱雀，后为玄武。玄武垂头，朱雀翔舞，青龙蜿蜒，白虎蹲踞。"继而赋予"四势"的新意，曰"形势反此，法当破死。故虎绕谓之衔尸，龙踞谓之嫉主，玄武不垂者拒尸，朱雀不舞者腾去。夫以水为朱雀者，忌夫湍激，谓之悲泣。以支为龙虎者，要若肘臂，谓之回抱。朱雀源于生气，派于己盛，朝于大旺，泽于将衰，流于囚谢，以返不绝。法每一折，潴而后洩，洋洋悠悠，顾我欲留。其来无源，其去无流。《经》曰：山来水回，贵寿丰财。山囚水流，虏王减侯。"如此这般，在风水概念的风吹水润下，相地这棵老树又吐出新芽来了。

风水作为一种相地新范式

相地是人居天地间的基本条件，相地知识随着人居实践而积累变化，在不同的生产力水平、社会文化观念、审美趣味倾向下，会形成不同的相地范式。在中国相地史上，旧题郭璞《葬书》提出的风水概念及其学说，可谓之风水范式。

风水作为相地的新范式，是因应形法相地范式的困境，敏锐把握社会哲学思想的进步（视天与地整体为物并探求物之理），结合具体的相地实践新

---

[1] 《三国志·魏书·管辂传》记载："辂随军西行，过毌丘头墓下，倚树哀吟，精神不乐。人问其故。辂曰：'林木虽茂，无形可久。碑谍虽美，无后可守。玄武藏头，苍龙无足，白虎衔尸，朱雀悲哭，四危已备，法当灭族。不过二载，其应至矣。'卒如其言。"

探索而提出的"风水"这个新概念，及其基本理论"生气论"与"形势论"，为唐代以来直到北宋初年相地思想长期沉闷、因袭和琐碎之后，相地理论的发展提供了一个新出路。

风水相地中"生气论"依然讨论"形与气"这个基本问题，但是重点已经发生了转换，不同于形法范式中关注用地的形状，而是关注地形与生气行止的关系，相地选择的是"形止气蓄"的地方，认为形止则气蓄（生气荟萃），气蓄则化生，葬此则亲安子福，这种地方属于择葬的"上地"。

风水相地中依然讨论"形与势"的关系，认为"以势为难，而形次之，方又次之"，通过势来立形，强调"形与势顺"，这里的"势"是广域的（千尺为势，百尺为形）、动态的（势止形昂）、富有生命的（似龙似虎似马），这不同于形法相地中"举九州之势"的"势"，那是静态的、局域的格局。郭璞《葬书》提出风水概念中的"形势论"，是对长期以来相地实践中关注形势的理论之总结。《重校正地理新书》卷三"冈原吉凶"分上、中、下三部分，列冈原之形态特征、类型，述其吉凶，其中"冈原吉凶中"关于山地形态吉凶的描述，已经出现明确的"形势"之说，如"凡相地，先察山之可否，然后求其形势。形势者，欲左右开张，首尾回转，如蚪龙之蟠，如寒犬之乳子者，如衣之领者，皆上吉。山中平阳之地，托托如纸，依依取势，水流涩处，是吉地。又曰：远而观之如柱天，近而视之如入泉者，吉，此乃高原之上低处也。其回龙深潭，地可一亩，公卿相。"山势尚"远"，如"凡山原欲来之远也，一起一伏，峰势峭峻。或如蛇之渡水也，或如啄木之飞也，南北相连也，东西蟠屈也，高低如揖让也，上下如逢迎也，或汹汹起浪如水波也，或便便如人腹也，或来而如覆舆之状也，或开而如龙蟠也，倾顿如峰腰也，崇高如马领也，西有道，东有水，东南与小污以捍火气，是谓全吉。"山势讲究格局，如"凡地理有尊卑、有朝从、有拜揖者矣，既得吉土，须尊卑有序、朝从合宜、阴贼垂伏、尊神崇峻者吉。"[1]这些关于冈原形势的零星论述，尽管还没有像郭璞《葬书》那样系统化，尚未上升到形、势及其顺逆关系的一般性理论，但是包括这些零星论述在内的与形势有关的相地经验，无疑都是后来郭璞《葬书》风水说中形势论的重要素材与源泉。

⊙1 （宋）王洙，等. 重校正地理新书［M］.（金）张谦，重校正 // 关长龙. 中华礼藏·礼术卷·堪舆之属（第一册）. 杭州：浙江大学出版社，2016：409-411.

　　风水相地注重形势，对相土尝水这种朴素的"地宜"之法而言，是一种螺旋式的上升。例如，《诗经》记载的公刘居豳相地、卫文公徙居楚丘，相土尝水，注重地宜，宋代廖瑀（廖金精）《金璧玄女》（又名《地理泄天机》）则改造为风水相地，仰观俯察，注重形势。

俯察正法歌

气有聚散须俯察，不用漫山踏。
先贤立法有凭依，具在公刘诗。
陟则在巇登山巅，后龙贵勇猛。
复降在原观落头，结穴要温柔。
乃陟南冈对面望，观看更端相。
观其泉流察水来，朝抱喜萦回。
逝彼百泉观去水，环抱斯为美。
瞻彼溥泉看明堂，关锁乃为良。
相其阴阳定向首，景冈美则侯。

厥后卫文迁楚邱，营度实相佇。
升虚望楚即陟巇，寻龙分背面。
降观于桑即降原，望穴向平田。
揆之以日正南北，景冈同一测。
回知此法古今同，千载所当从。

景纯葬书最精要，其次龙经妙。
推原议论本于斯，句句是吾师。
世人贵耳不信目，喜新厌陈俗。
托言玄女与赤松，无稽偏信从。
迩来异说纷纭出，各自夸秘术。
天机演派祖公刘，截断众川流。

　　风水相地注重"千尺为势，百尺为形"。南宋杨万里（1127—1206年）有著名小诗《桂源岭（铺）》："万山不许一溪奔，拦得溪声日夜喧。到得前头山脚尽，堂堂溪水出前村。"[1]该诗既有浓郁的生活气息，又富于理趣和空间感，从诗中所描写的"山－水－居"景观，可以体悟风水相地中"千尺为势，百尺为形"的意境。第一，拦溪的万山：层层叠叠，由远及近，气势非凡。请注意，这里的"万"字是形容山岭之多，而不是实指，万山蕴含千尺之势。第二，山间的溪水：奔流在群山万岭间，好像被阻挡了去路，日夜喧闹不停，充满生命活力，也极具有空间穿透力，再次唤起对万山空间感的体验。水随山行，自然山水成为"流动的"空间。第三，山脚尽处：等到溪水流到山脚尽处，随着平野逐渐开阔，终于变成堂堂盛大的流水，坦坦荡荡地流出前村。溪水出村，势来形止，形势相登，充满灵动感。背山面水的前村所在，百尺为形，正是风水上难得的"全气之地"。

《青乌先生葬经》源于对旧题郭璞《葬书》的修改

元刊本《新刊地理全书郭璞锦囊经》在注释中认为"璞引'《经》曰'，盖古葬经也"，恰好后世有《青乌先生葬经》（题汉青乌子撰，金兀钦仄注），书序中也说为郭璞《葬书》所引证："先生汉时人，精地理阴阳之术，而史失其名。晋郭氏《葬书》引'《经》曰'为证者，即此是也。先生之言简而严，约而当，诚后世阴阳之祖也。郭氏引经不全，在此书其文字面不全，岂经年代久远，脱落遗佚，与亦未可得而知也。"经比较发现，郭璞《葬书》中明确标明"《经》曰"的 16 条中，有 12 条可以在《青乌先生葬经》中找到相应的内容，说明二者之间确实可能存在传承关系（表 5-1）。

究竟是郭璞《葬书》引用了《青乌先生葬经》，还是《青乌先生葬经》修改了郭璞《葬书》？基于前述《九天玄女青囊经》作为风水易学源头的认识，推测很有可能是《青乌先生葬经》修改了郭璞《葬书》，为了表明是郭璞《葬书》引征的对象，《青乌先生葬经》对郭璞《葬书》中的"《经》曰"部分进行了专门变通。仔细琢磨《青乌先生葬经》中有关郭璞《葬书》引《经》的 12 条可以发现，除了"穴吉葬凶，与弃尸同"与郭璞《葬书》引文一致外，其余 11 条中有 10 条都修改了部分字词，另外 1 条作了简化。正如前文已经

---

[1] （宋）杨万里. 诚斋集［M］// 四川大学古籍整理研究所. 宋集珍本丛刊（第五十四册）. 北京：线装书局，2004：144.

郭璞《葬书》引《经》与《九天玄女青囊经》
《青乌先生葬经》比较　　　　　表 5-1

条目	郭璞《葬书》引《经》	《九天玄女青囊经》	《青乌先生葬经》
1	气感而应，鬼福及人	气感而应，鬼福及人	吉气感应，鬼神及人
2	气乘风则散，界水则止	乘风则散，界水则止	气乘风散，脉遇水止
3	土形气行，物因以生	土形气行，物因以生	—
4	外气横行，内气止生	外气行形，内气止生	内气萌生，外气成形
5	形止气蓄，化生万物	形止气蓄，万物化生	—
6	地有四势，气从八方	地有四势，气从八方	三冈全气，八方会势
7	浅深得乘，风水自成	—	内外相乘，风水自成
8	地有吉气，随土所起。支有止气，随水而比	—	地有佳气，随土所生。山有吉气，因方而止
9	童断石过独，生新凶，消已福	—	童断与石，过独逼侧。能生新凶，能消已福
10	势止形昂，前涧后冈，龙首之藏	—	势止形昂，前涧后冈
11	山来水回，贵寿丰财。山囚水流，房王减侯	—	山来水回，逼贵丰财。山止水流，房王囚侯
12	不蓄之穴，腐骨之藏也	—	不畜之穴，是谓腐骨
13	腾漏之穴，败椁之藏也	—	腾漏之穴，翻棺败椁
14	穴吉葬凶，与弃尸同	—	穴吉葬凶，与弃尸同
15	葬山之法，若呼谷中	—	—
16	天光下临，地德上载	地德上载，天光下临	—

指出的，《青乌先生葬经》修改的 12 条中，有 4 条（第 1、2、4、6 条）实际上源自《九天玄女青囊经》，可能《青乌先生葬经》的作者并不知道这 4 条所引经文的易学含义，也一并进行了修改，事实上第 2 条"气乘风则散，界水则止"，改为"气乘风散，脉遇水止"，第 4 条"外气横行，内气止生"改为"内气萌生，外气成形"，第 6 条"地有四势，气从八方"改为"三冈全气，八方会势"，都直接损害了原文深邃的易学含义。并且，本书新发现

的郭璞《葬书》引用的"天光下临，地德上载"条，由于没有标明《经》曰，恰好《青乌先生葬经》也没有涉及，或者说并未提供相应的"经文"。因此，可以认为《青乌先生葬经》源于对郭璞《葬书》的修改，而不是郭璞《葬书》引用了《青乌先生葬经》。《四库全书总目提要》卷一百十一子部二十一，题大金丞相兀钦仄注《青乌先生葬经》是很有见地的："此本文义浅近，经与注如出一手，殆又后人所依托矣。郭璞《葬书》引'《经》曰'者若干条，皆见于此本，然字句颇有异同。盖作伪者猎取璞书以自证，而又稍易其文以泯剽袭之迹耳。未可据为符验也。"余嘉锡《四库提要辨证》论证《青乌先生葬经》为后人所伪作，也提供了有力论证。[1]

《青乌先生葬经》篇幅并不长，有限的文本实际上也透露了其成书的信息。例如，《青乌先生葬经》中关于山水吉凶的论述："山顿水曲，子孙千亿。山走水直，从人寄食。水过东西，财宝无穷。三横四直，官职弥崇。九曲委蛇，准拟沙堤。重重交锁，极品官资。"其中，"三横四直"的说法可能首次出现于南宋，是当时苏州城中主干水道真实格局的写照。旧题唐末陆广微撰、宋人重辑补定稿的《吴地记》记载："至大宋淳熙十三年……其城南北长十二里，东西九里，城中有大河，三横四直"，南宋孝宗淳熙十三年为1186年。[2]刻于南宋绍定二年（1229年）的《平江图》，形象描绘了苏州城主干河流"三横四直"的格局（图5-2）。南宋时期郭璞《葬书》已经广为传播，平江（今苏州）是风水重镇。《苏州府志》记载，南宋绍兴年间（1131—1161年）擅长阴阳之术的胡舜申自绩溪徙居吴，他以为东南角城门蛇门不当塞，于淳熙二年（1175年）85岁时作《吴门忠告》，文中提到："吴城以乾亥山为主，阳山是也。山在城西北，屹然独高，为众山祖，杰立三十里之外。其余冈阜累累，如群马南驰，皆其支垄。城居垄前，平夷如掌。所谓势来形止，全气之地也。"文中关于吴城选址的叙述完全合乎郭璞《葬书》"乘其所来，择其所相"之说，所谓"势来形止，全气之地"正是郭璞《葬书》的说法；"城居垄前，平夷如掌"合乎"支垄之前，平夷如掌"；"山在城西北，屹然独高，为众山祖，杰立三十里之外。其余冈阜累累，如群马南驰，

---

[1] 余嘉锡. 四库提要辨证［M］. 北京：中华书局，1980.（感谢余格格博士告知此条文献证据）

[2] 四库全书本《吴地记》中并没有提到"至大宋淳熙十三年"。如果是唐代图经，那么"其城南北长十二里，东西九里，城中有大河，三横四直"的记载是否说明唐末苏州城已经呈现"三横四直"的格局，这有待文献学家与城建史家进一步研究。

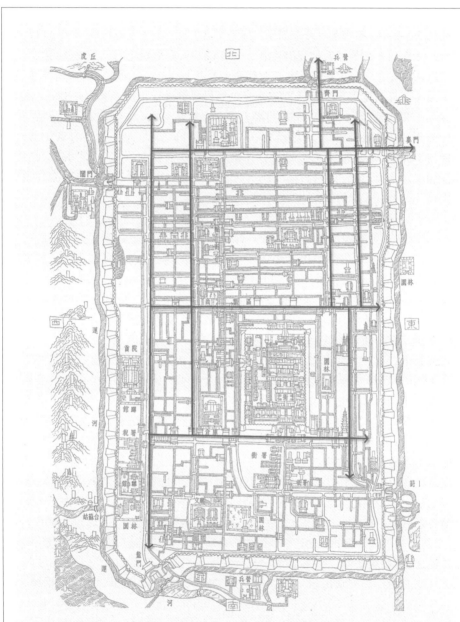

图 5-2 南宋《平江图》所见 "三横四直"

（资料来源：底图来自"吴良镛. 中国人居史［M］. 北京：中国建筑工业出版社，2014：
291"）

皆其支垄"，合乎"势如万马，自天而下"与"势如巨浪，重岭叠嶂"。今有题胡舜申撰《地理新法》传世，"其法祖于青囊而宗于郭璞"，多引用《葬书》观点。考虑到南宋胡舜申、平江府城风水以及"三横四直"水道格局的广泛影响，不能不产生对《青乌先生葬经》中"三横四直"的说法及其可能成书背景的联想。

《九天玄女青囊经》可能是兼摄易学与地学的集成本

对于旧题郭璞《葬书》所引与相地实践有关的经书，由于历史文献传承问题及个人涉猎有限，目前尚不能确认。但是，也有一些蛛丝马迹。例如，郭璞《葬书》讲"山之不可葬者五"，引《经》曰"童断石过独，生新凶，消已福"（第9条）。《永乐大典》卷一四二一九明确记载所引经书名为《九天玄女青囊经》："《九天玄女青囊经》云：'童断石过独逼侧为七凶。童无衣，断无气，石则土不滋，过则势不住，独无雌雄，逼无明堂，侧则斜欹不正。'郭璞引证，特言五者，亦节文也。"这里所谓的《九天玄女青囊经》中，关于"七凶"的说法似歌谣，很古朴，可能年代较早，要早于旧题郭璞《葬经》。当然，在《青乌先生葬经》也有类似的说法："童断与石，过独逼侧，能生新凶，能消已福。旧注：不生草木曰童，崩陷坑堑曰断，童山无衣，断山无气，石则土不滋，过则势不住，独山则无雌雄，逼山则无明堂，侧山则斜欹而不正，犯此七者，能生新凶，能消已受之福。郭氏引经证而特言五者，亦是节文之义也。逼侧在五不葬之中。"相比之下，《青乌先生葬经》的说法显得更为工整，显然其年代要晚于所谓的《九天玄女青囊经》，也晚于郭璞《葬经》。

又，《永乐大典》记载的《九天玄女青囊经》，书名与推测成书于1040年代至1050年代的《九天玄女青囊经》完全相同，说明郭璞《葬书》所引《九天玄女青囊经》可能既有易学（或道学）内容，又兼摄地理（或山水形势）内容，很有可能是兼摄易学与地学的集成本。

顺便指出，清代《古今图书集成·博物汇编·艺术典》第651～654卷收录有《九天元女青囊海角经》（又称《青囊海角经》），托名"晋郭璞修"，内容驳杂，文笔也不统一，内容正文之下又有注文，明显非一人所作。书中引用南宋"牧堂"之言，提及元代《西厢》，并收录标有明代地名的地图，说明此书乃糅合了不同时代很多风水文献而成，疑其书及注俱为明代之后托名郭璞而辑录成篇。这本《九天元女青囊海角经》的内容较明抄本《宅葬书十一种》体量更为庞大，内容也不一样，与本书所推测的成于北宋的《九天玄女青囊经》尽管名称很相似，但显然不是同一本书。

综上所述，隋唐时形与气合的形法相地盛行，形峦之法已经出现（《隋书·庾季才传》记载庾季才撰《地形志》八十七卷，并行于世；敦煌抄本相地书中有记录大地山冈形势者）[1]。北宋以来随着理学兴盛，理与气合的风水之法应运而生，将一般的哲学理气论上升为具体的相地理论。旧题郭璞《葬书》正因为较为概括而全面地汲取时代哲学的优秀成分与思想精华，具有更高的哲学品质和理论说服力，满足了社会实践的需求，因此才成为相地经典并被尊为《葬经》。清乾隆八年（1743 年）海盐县吴元音《葬经笺注自序》称："博览诸家徧历山川，以地证书，以书印地……以朱子格物致知之功，以格地理书，如是者四十余年，亦若恍有豁然贯通之处见。夫所谓峦头者，与理气无殊；而理气者，与峦头不背。明乎阴阳顺逆分合饶减之法，登山不格罗经，而罗经自合也；明乎乙丙辛壬丁庚癸甲之局，析理不言体段，而体段自具也。他如撼龙九星而廖氏主之，玉髓峦头而太华宗之，青囊理气而玉尺详之，刘氏四科而今人从之，诸家虽有精粗本末之殊，而未尝无深浅源流之合其枝分派别，盖皆具体于郭氏《葬经》一书而流传于后，分其肢体各立门户而互相抵牾者也。"

今传《九天玄女青囊经》（包含化始、化机、化成三部分）受北宋邵雍哲学思想的影响明显，这是风水学说形成的哲学文化大背景。南宋蔡牧堂（蔡发）删定传郭璞撰《葬书》并著《发微论》[2]，蔡牧堂《发微论·刚柔篇》从《易》"立天之道阴与阳，立地之道柔与刚"立论，以北宋邵雍"天之大阴阳尽之矣，地之大刚柔尽之矣"，解释"地理之要"，认为"故地理之要莫尚于刚柔。刚柔者言乎其体质也。天地之初固若漾沙之势，未有山川之可言也。既而风气相摩，水土相荡，则刚者屹而独存，柔者汩而渐去，于是乎山川形

⊙ 1 关长龙《敦煌本堪舆文书研究》中有《司马头陀地脉决》。见：关长龙. 敦煌本堪舆文书研究［M］. 北京：中华书局，2013.

⊙ 2 四库全书提要指出，"题曰蔡牧堂撰，考元定父发，自号牧堂老人，则其书当出自发手，或后人误属之元定，亦未可知。"

焉。凡山皆祖昆仑，分枝分脉愈繁愈细，此一本而万殊也。凡水皆宗大海，异派同流愈合愈广，此万殊而一本也。山体刚而用柔，故高耸而凝定。水体柔而用刚，故卑下而流行。此又刚中有柔，柔中有刚也"；又以北宋邵雍"太柔为水，太刚为火，少柔为土，少刚为石，水火土石交而地之体尽之矣"，将"地之体"比喻为"人之体"加以解释，认为"水则人身之血，故为太柔。火则人身之气，故为太刚。土则人身之肉，故为少柔。石则人身之骨，故为少刚。合水火土石而为地，犹合血气骨肉而为人，近取诸身，远取诸物，无二理也。"

宋代以来相地文献汗牛充栋，文献之间的联系千丝万缕，要完全揭开郭璞《葬书》或《锦囊经》的真相，还需假以时日付出更多的努力。本书大胆假设：北宋邵雍易学思想及受其影响的《九天玄女青囊经》是旧题郭璞《葬书》引经的一个来源；元人陈梦根《徐仙翰藻》记载赤松子之《青囊经》，以及明代《永乐大典》所引《九天玄女青囊经》，可能是包含今传《九天玄女青囊经》在内的一个集成本。这对我们进一步认识风水学说在中国相地史与思想史上的地位与价值具有参考意义。

第四节　风水相地与城市营建

风水概念源于郭璞《葬书》，最初是关于葬地选址的技术与方法。在相地中，通常称死人所葬之地为阴地，生人所居之地为阳基，两者选址技术与方法上有相通之处，毕竟山川之形无外乎方圆曲直，山川之势无外乎远近高低。有所不同的是，阳基的规模、形势与体量较大，来龙必欲其长，穴必欲其阔，水必欲其大合局、大弯曲，砂必欲其大交结、远朝拱。因此，阳基选址必于山水大聚会处，聚会愈多则局势愈阔，局势愈阔则结作愈尤，其上者为京畿省城，次者为郡府，又次者为州邑，最次为市井乡村，相应地人居基址皆以聚之大小以别优劣。

南宋朱熹论冀都风水

南宋风水相地已经流行，朱熹（1130—1200 年）言："近世以来，卜筮之法虽废，而择地之说犹存，士庶稍有事力之家，欲葬其先者，无不广招术士，博访名山，参互比较，择其善之尤者，然后用之"[1]，乃至"今也巫医卜相之类，肩相摩、毂相击也"[2]。朱熹曾论及"冀都"好风水，《朱子语类》卷二《理气下》"天地下"记载：

> 冀都是正天地中间，好个风水。山脉从云中发来，云中正高脊处。自脊以西之水，则西流入于龙门西河；自脊以东之水，则东流入于海。前面一条黄河环绕，右畔是华山耸立，为虎。自华来至中，为嵩山，是为前案。遂过去为泰山，耸于左，是为龙。淮南诸山是第二重案。江南诸山及五岭，又为第三、四重案。

朱熹认为，冀都风水很好，是以"形势"立论的：来龙发自云中，云中是太行之高脊处；其前黄河环绕，以嵩山为案，左前泰山龙蟠，右前华山虎踞；再前淮南诸山为第二重案，江南诸山为第三重案，五岭为第四重案，形势十分浩大，风水当然大好。朱熹论冀都风水的说法，南宋赵与时（1174—1231 年）撰《宾退录》卷二亦有记载：

> 朱文公尝与客谈世俗风水之说，因曰："冀州好一风水。云中诸山，来龙也；岱岳，青龙也；华山，白虎也；嵩山，案也；淮南诸山，案外山也。"

说明南宋时风水学说已经渗透到儒家学说中，广为流传，影响很大了。

值得指出的是，朱熹所说的"冀都"并非当时的金中都（今北京），以朱熹的身份歌颂北方金国的都城显然是不合适的。今人常引用朱熹论冀都风水的话来说北京形势，实际上曲解了朱熹。根据朱熹所说的冀都形势，可

---

[1] （宋）朱熹. 山陵议状［M］//（宋）朱熹. 朱子全书（第二十册）. 朱杰人，严佐之，等，主编. 上海：上海古籍出版社；合肥：安徽教育出版社，2002：729-730.

[2] （宋）李觏. 盯江集［G］//（清）纪昀，等. 影印文渊阁四库全书（第一〇九五册）. 台北：台湾商务印书馆，1986：119.

知冀都在嵩山－云中（上党）一线，太行山上。这里属于九州之冀州，《尚书·禹贡》记载禹别九州，冀州居首，范围包括太行山以及东麓成陆部分：

> 禹别九州，随山浚川，任土作贡。

> 禹敷土，随山刊木，奠高山大川。

> 冀州：既载壶口，治梁及岐。既修太原，至于岳阳；覃怀砥绩，至于衡漳。厥土惟白壤，厥赋惟上上错，厥田惟中中。恒、卫既从，大陆既作。岛夷皮服，夹右碣石入于河。

《礼记·王制》记载海内九州格局，九州已经整齐化，北岳恒山、南岳衡山、长江、黄河等山川形便，断长补短，方三千里，其中冀州居其一，方千里。

> 自恒山至于南河，千里而近。自南河至于江，千里而近。自江至于衡山，千里而遥。自东河至于东海，千里而遥。自东河至于西河，千里而近。自西河至于流沙，千里而遥。西不尽流沙，南不尽衡山，东不尽东海，北不尽恒山，凡四海之内，断长补短，方三千里，为田八十万亿一万亿亩。

《禹贡》记载大禹随山浚川，任土作贡，九州攸同，这里的九州注重地宜；《礼记》记载四海之内因大山大川区划和标志，呈九州之势，这属于形法。在朱熹眼中，冀州还是冀州，其规模如《朱子语类》同卷称"太行山一千里，河北诸州皆旋其趾"，又引伊川之言"太行千里一块石"，依然是千里的尺度，但是以冀都为核心，大山大水呈现出形势来，岳山成为朝案或祖座，黄河成为襟水，好一派天地风水（图5-3）。

朱熹指明冀都的地理位置"正天地中间"，这是古来的传统。《尚书·禹贡》云"冀州既载"，郑玄《注》曰："两河间曰冀州。不书其界，时帝都之，使若广大然。"《淮南子·地形训》曰："正中冀州曰中土。"《吕氏春秋·有始览》曰："两河之间为冀州，晋也。"高诱《注》："东至清河，西至西河。"

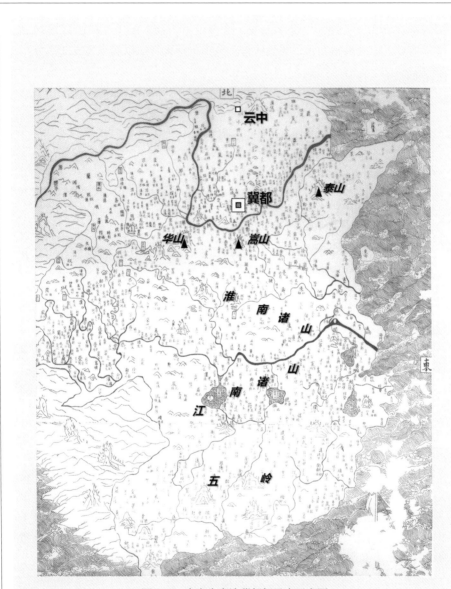

图 5-3　南宋朱熹论冀都好风水示意图

（资料来源：底图为北宋《九域守令图》局部，来自"曹婉如. 中国古代地图集（战国－元）［G］. 北京：文物出版社，1999：图65"）

实际上，朱熹眼中的冀州，是中国的象征。《尚书·五子之歌》其三曰："惟彼陶唐，有此冀方。"《日知录》卷二"惟彼陶唐有此冀方"条云：

> 尧、舜、虞皆都河北，故曰冀方……古之天子常居冀州，后人因之，遂以冀州为中国之号。《楚辞·九歌》："览冀州兮有余。"《淮南子》："女娲氏杀黑龙以济冀州。"《路史》云："中国总谓之冀州。"《谷梁传》曰："郑，同姓之国也，在乎冀州。"《正义》曰："冀州者，天下之中州，唐、虞、夏、殷皆都焉。以郑近王畿，故举冀州以为说。"

总之，朱熹赞叹冀都正天地中间，好个风水，实际上是基于中国大山大川的地理基础与九州之势的文化蕴涵，结合北宋以来流行的风水形势论，就圣王所都寻绎其"地"之"理"，从而成为"理学"的一种寄托与体现。

元大都生王脉络

都会山水盘纡，人烟凑集，衣冠文物，运祚绵长，国都相地必以地脉为先务，特别重视山川形势与脉络。元朝后期熊梦祥《析津志》（又称《析津志典》《析津府志》），记述元大都有关官署、水道、坊巷、庙宇、古迹、风俗等，其中记载了刘秉忠在至元四年（1267 年）元大都规划布局中运用地理形势，讲究生王脉络：

> 其内外城制与宫室、公府，并系圣裁，与刘秉忠率按地理经纬，以王气为主。故能匡辅帝业，恢图丕基，乃不易之成规，衍无疆之运祚。自后阅历既久，而有更张改制，则乖庚矣。盖地理，山有形势，水有源泉。山则为根本，水则为血脉。自古建邦立国，先取地理之形势，生王脉络，以成大业，关系非轻，此不易之论。

元大都位于太行山、燕山前，是西山逦来的缓丘与平原的结合部。对于元大都的地理形势，元代陶宗仪《南村辍耕录》和《元史·地理志》都描述为"右拥太行，左挹沧海，枕居庸，奠朔方"的外局大势。刘秉忠曾登琼华岛，远望西山，见气象阔达，其势浩大，作词《秦楼月》曰："琼花岛，卢沟残月西山晓；西山晓，龙蟠虎踞，水围山绕。"◎1 元大都以琼华岛为核心，有"龙蟠虎踞，水围山绕"之形胜，西山来水至海子而东去，经通惠河水直至大海。元大都的地理形势与都城格局，亦见于刘秉忠《江城子·游琼华岛》，词曰："琼华昔日贺新成。与苍生，乐升平。西望长山，东顾限沧溟。"该词写于蒙元中统三年（1262 年）之后，眼见长山沧溟之开阔气象，而兴起朝代更迭、时移势易之叹。刘秉忠登上琼华岛，回想起当时重修落成之盛况，左顾右盼，好一个龙盘虎踞、山围水绕的地区，地域开阔，气势浩渺；百姓欢乐，天下太平；黄昏时分，琼华岛雨后初晴，清新明朗，树影映照水面。

刘秉忠在元大都规划布局时，无疑要对西面和北面的山体进行测望，特别是对山体的方位、形态及其文化蕴含进行仔细推敲，从而努力将大都置于天造地设的山川秩序之中，实现"天－地－城－人"大和谐。元人李洧孙《大都赋》对元大都仰观俯察的结果有生动的描绘，兹摘录其中与山体测望有关的内容如下：

> 维昆仑之结根，并河流而东驰。历上谷而龙蟠，向离明而正基。厥土既重，厥水惟甘，俯察地理，则燕乃地之胜也。顾瞻乾维，则崇冈飞舞，崟岑芇郁。近掎军都，远标恒岳。表以仰峰莲顶之奇，擢以玉泉三洞之秀。

根据《大都赋》的描述，元大都的祖山自昆仑而来，以至古北岳恒山，如龙蟠，如龙舞，这是来龙，恒山起而祖宗明也。来龙至大都的西北方向，即"乾维"，融结为"仰峰莲顶之奇""玉泉三洞之秀"，都城"向离明而正基"，说明元大都脉自旁来而正面结局，乘脉寻穴，刘秉忠在都城四方之中特别设置了"中心台"（详见"规画"章）。

关于"仰峰莲顶"。仰峰即仰山，在今妙峰山地区。仰山形如莲花，金大定二十年（1180 年），勅建仰山栖隐寺，是京西胜地，金章宗诗曰："金色界中兜率景，碧莲花里梵王宫。"元代赵孟頫《仰山栖隐寺满禅师道行碑》描绘："峨峨仰山，如青莲华……天子时巡，乐此胜境。"明万历年间蒋一葵

◎1　徐氏铸学斋抄本《析津志》，"河闸桥梁·卢沟桥"条下记载。

撰《长安客话》记载，仰峰顶如莲花心，周围有五座山峰，"仰山峰峦拱秀，中顶如莲花心，旁有五峰，曰独秀、翠微、紫盖、妙高、紫微"。明天顺三年（1459 年）刘定之撰《重修仰山栖隐寺碑记》具体记载了仰山栖隐寺所在五峰名称及其分布："北曰级级峰，言高峻也，有佛舍利塔在其绝顶。西曰锦绣峰，言艳丽也，锦绣峰之外有水自西折而南，又折而东。水外正南为笔架峰，自寺望之，屹然三尖，与寺门对，出乎层青迭碧之表。寺东曰独秀峰，西曰莲花峰。是谓五峰。"

仰山栖隐禅寺以五峰为屏，因此有"仰峰莲顶"之称，民国时仍称妙峰山为"莲花金顶"。根据今妙峰山一带山峰分布特征与永定河走势，可以推定仰山栖隐寺周围五峰的位置。其中，仰峰在莲花心的位置在东经 116°03'08"、北纬 40°03'33"；莲花峰即今妙峰山顶峰的位置在东经 116°00'51"、北纬 40°04'22"（图 5-4）。总之，《大都赋》所谓"仰峰莲顶之奇"是指从大都远表仰峰和莲花顶一线，莲花峰距离大都约 35km，合 75 元里。

关于"玉泉三洞"。玉泉即玉泉山，在今颐和园西，山以泉名，如平地浮起。金章宗曾在此修建行宫，山顶有芙蓉殿。元世祖在山顶建昭化寺。玉泉山多石洞，有泉水流出。《明一统志》记载，"玉泉山……有三石洞，一在山西南，其下水深莫测，一在山之阳，南又有石崖，崖上刻玉泉二字"。山顶的位置今有塔（东经 116°14'33"，北纬 39°59'33"），距离元大都约 14km，合 30 元里。

在大都之西北方向，自仰峰而至玉泉山，总体上正符合"风水"学说所谓"丘垄之骨，冈阜之支"的形态，有"气之所随"的征兆，可谓"风水宝地"（图 5-5）。具体而言，仰峰高耸，为丘垄，为山骨；玉泉为冈阜，草木繁茂，乃毛脊之地。

刘秉忠在相度中心台位置时，无疑要向西北测望，"表以仰峰莲顶之奇"是远"表"仰峰，"擢以玉泉三洞之秀"是近观玉泉。总体上，仰峰、玉泉与中心台呈三点一线之势（图 5-6）。换言之，中心台就位于仰峰、玉泉山连线的延长线上，方向为北偏西 65.34°。

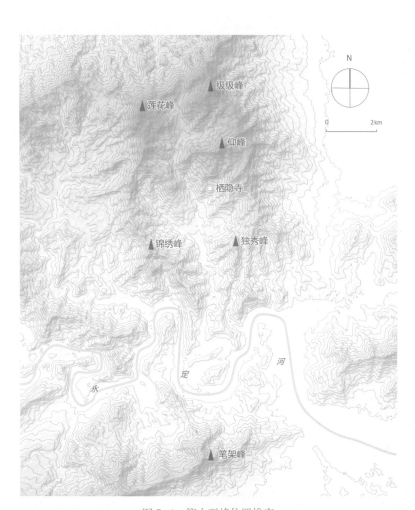

图 5-4 仰山五峰位置推定

（资料来源：武廷海，王学荣，叶亚乐. 元大都城市中轴线研究——兼论中心台与独树将军的位置 [J]. 城市规划，2018，42（10）：63-76，85）

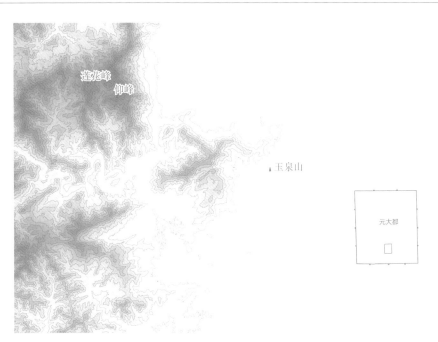

图 5-5　大都西北郊地形示意

（资料来源：武廷海，王学荣，叶亚乐. 元大都城市中轴线研究——兼论中心台与独树将军的位置［J］. 城市规划，2018，42（10）：63-76，85）

图 5-6　从中心台向西北测望效果模拟

（资料来源：武廷海，王学荣，叶亚乐. 元大都城市中轴线研究——兼论中心台与独树将军的位置［J］. 城市规划，2018，42（10）：63-76，85）

元代李洧孙《大都赋》还描述元大都规划建设的整个过程：

> 狭旧制之陋侧，相新基而改造，面平原之莽苍，背群山之缭绕。据龙首，定龟兆，度经纬，植臬表。诏山虞使抡材，命司徒往掌要，戒陶人播其埴，程匠师致其巧。[1]

可见，规划和建设工作具有明确的"程序性"，具体包括：①"相新基"，于旧城东北隅选择新城址，背群山而面平原，山环水绕；②"据龙首"，仰观俯察，根据山水龙脉，确定大内与关键功能区的位置；③"定龟兆"，占卜吉凶[2]；④"度经纬"，进行测量；⑤"植臬表"，对具体用地进行测量定向；⑥用百工，掌管山林者负责建材，掌管人口土地者负责调度，陶器烧制者及各类匠师尽献其巧。其中，相新基与据龙首都直接关系都城之形势，山川形势成为都城规划布局中的基本要素。

刘秉忠负责元大都城选址并进行整体规划，其弟子赵秉温协同"相宅"。《赵秉温行状》记载了刘秉忠及其弟子"相宅"（即相地与总体布局）的过程："命公与太保刘公（即刘秉忠）同相宅。公因图上山川形势、城郭经纬，与夫祖社朝市之位、经营制作之方。帝（即忽必烈）命有司稽图赴功。"[3]引文中所说的"图"是刘秉忠等相宅成果的集中体现，其内容除了城郭经纬、祖社朝市等重要功能区的位置外，还包括山川形势。

明清北京城的风水

明代永乐年间，迁都北京，这里曾经是燕王朱棣龙兴之地，也可以更好地集中全国力量对付蒙元残余势力。对于北京城的风水形势，明代丘濬（又作邱濬）看到朱熹所言冀都正是天地中间好风水，认为古今建都之地皆莫有

⊙1 （清）于敏中，等. 日下旧闻考（一）[M]. 北京：北京古籍出版社，2000：89.
⊙2 《左传·昭公五年》："龟兆告吉，曰：'克可知也。'"《尉缭子·武议》："合龟兆，视吉凶，观星辰风云之变。"元柳贯《赠王玄翰》诗："征言骇今见，信若龟兆占。"南朝陈徐陵《为贞阳侯与陈司空书》："所谓前事之不忘，后事之龟兆也。"
⊙3 （元）苏天爵. 故昭文馆大学士中奉大夫知太史院侍仪事赵文昭公行状 [M] // 滋溪文稿·卷22. 陈高华，孟繁清，点校. 北京：中华书局，1997：366.

过于冀州，并论及从冀州析出的幽州形势，《大学衍义补》卷八十五《都邑之建上》，"书禹贡曰冀州"条云：

> 虞夏之时，天下分为九州，冀州在中国之北，其地最广，而河东河北皆在其域中四分之一。舜分冀为幽、并、营，幽与并、营皆冀境也。就朱子所谓风水之说观之，风水之说起于郭璞，谓无风以散之、有水以界之也。冀州之中三面距河处，是为平阳蒲坂，乃尧舜建都之地，其所分东北之境是为幽州。太行自西来，演迤而北绵亘魏晋燕赵之境，东而极于医无闾，重冈叠阜鸾凤峙而蛟龙走，所以拥护而围绕之者，不知其几千万重也，形势全，风气密，堪舆家所谓藏风聚气者，兹地实有之。其东一带则汪洋大海，稍北乃古碣石沦入海处，稍南则九河既道所归宿之地，浴日月而浸乾坤，所以界之者，又如此其直截而广大也。况居直北之地，上应天垣之紫微，其对面之案以地势度之，则泰岱万山之宗正当其前也。

丘濬认为北京北有燕山重重拥护与围绕，南以泰山为案（注意冀都以嵩山为案），形势全，风气密，完成了从冀州到幽州、从冀都到北京（幽都）的转变。

明代章潢论北京的风水形势，在继承从冀州到幽州，以泰山为案的基础上，进一步以山东诸山为前案，淮南诸山为第二重案，江南诸山为第三重案，其间有黄河、长江诸水绕之，合天下一堂局，堪称"大聚大成之上者"（图5-7）。章潢撰《图书编》卷三十五《两都形胜总论》云：

> 北京之龙发脉昆仑，河在其南，与北龙并从西南走东北，山脊经云中至冀州，拔起西山正脉，脱卸平地四十余里，由阜成门入而结都城。西山左张稍北行而东环，历居庸关直至山海关，为罗城以障蔽东方。卢沟一水自西南来，密云一水自东北来，皆数百里汇流合于丁字沽，此两大水之分合处也。京城据此两水之中，卫辉一水呼为御河，自南奔趋朝入数百里，至直沽汇卢沟、密云二水为内堂之水。山东诸山横过为前案，黄河绕之；淮南诸山为第二重案，大江绕之；江南诸山则为第三重案矣。盖黄河为分龙发祖之水，与大江及山东淮南江南之山水皆来自万里而各效用于前，合天下一堂局，此所谓大聚大成之上者也。

图5-7 明代《地理人子须知》中的《中国三大干龙总览之图》与《燕山图》

（资料来源：（明）徐善继，（明）徐善述. 地理人子须知（上）[M]. 呼和浩特：内蒙古
人民出版社，2010：4，24）

明都南京的山川形势

南京挟长江之险，有群山之固。万里长江东流，自天门山到今狮子山（卢
龙山）一带，近乎南北流向，中原人士称这段长江以东的地区为"江东""江
左"，秦末楚霸王项羽从吴地起兵，率八千"江东子弟"，即经此渡江而逐鹿
中原。长江行至狮子山，又急转而东，势如建瓴，直冲幕府山足；相应地，江
南诸山近江耸峙，逆江侧行而上，过狮子山，又折而向南，逶迤相属，护于
城外，以收江水。江山相雄，浩大的山水形势成为城市天然屏障。朱偰描绘南
京山形大势分为南、北两支："其山脉系统，来自天目山，逶迤东北，入句容
境，耸为茅山，北折为青龙山，东为汤山、射鸟山，耸峙乎近江者为宝华山、
栖霞山、乌龙山、直渎山、幕府山、狮子山，耸临后湖者为钟山，入城为覆舟
山、鸡笼山、鼓楼岗，迤西为小仓山、清凉山而尽于冶山，此北支也。南支则
起自江宁、当涂交界处之娘娘山，磅礴而北，从为吉山、祖堂山，再北为牛首
山、大山、马鞍山，而至雨花台，入城为凤台山，与冶山隔淮相望。"

山形水势给古代南京城垣形成内外两重环护格局：外层为大江及逆江诸
山，内层则北有连岗拱卫，南有群山朝揖，中间又有秦淮河自东徂西蜿蜒流过（图 5-8、图 5-9）。自然垣局固密，堪称天然城郭，古人认为宜为"帝王之宅"。南宋周应合撰《景定建康志》卷十七《山川志序》称：

> 石头在其西，三山在其西南，两山可望而扼大江之水横其前；秦淮自东而来，出两山之端而注于江，此盖建邺之门户也。覆舟山之南，聚宝山之北，中为宽平宏衍之区，包藏王气，以容众大，以宅壮丽，此建邺之堂奥也。自临沂山以至三山围绕于其左，自直渎山以至石头，溯江而上，屏蔽于其右，此建邺之城郭也。玄武湖注其北，秦淮水绕其南，青溪萦其东，大江环其西，此又建邺天然之池也。形势若此，帝王之宅宜哉。

明初以南京为都城（图 5-10），明人顾起元《客座赘语》中"金陵垣局"条称：

> 钟山自青龙山至坟头一段复起，侧行而向西南，而长江自西南流向东北，所谓山逆水，水逆山，真天地自然交会之应也。左边随龙之水，自方山旋绕向东历北，又折而向西入江。其入江之口，左则自衡山发支，由云台山、观山、献花岩、牛首山、大小石子堽至雨花台，穿城壕至凤台山，北临淮水；而右侧则自钟山、龙广山、鸡龙山其谢公墩、冶城南，止于淮。而其外又自马鞍山起四望山、石头城，直绕南过冶城而护于外。此两带山，在外则逆江而山，以收江水，为钟山夹；从内则逆钟山内局之水，直奔而南以收淮水。[1]

1919 年，孙中山在《建国方略·实业计划》中称："南京为中国古都，在北京之前，而其位置乃在一美善之地区，其地有高山，有深水，有平原，此三种天工，钟毓一处，在世界中之大都市诚难觅如此佳境也。"

综上所述，自 1060 年至 1080 年期间旧题郭璞《葬书》提出风水学说以来，"形势论"成为都城选址的重要理论，近千年来中国都城选址明显主于形势，原其所起，即其所止，以定位向。所谓来龙或龙脉，实际上是作为都城布局远景和底景的山峦；都城前面对景性的山岭，近而小者曰案山，远

---

[1] （明）顾起元. 客座赘语［M］. 张惠荣，点校. 南京：凤凰出版社，2005：254.

图 5-8　南京地区山水形势分析

（资料来源：武廷海. 六朝建康规画［M］. 北京：清华大学出版社，2011：26）

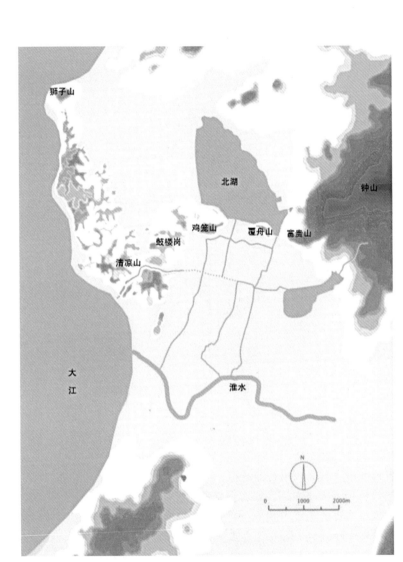

图 5-9　南京城市核心区山水结构

（资料来源：武廷海. 六朝建康规画［M］. 北京：清华大学出版社，2011：28）

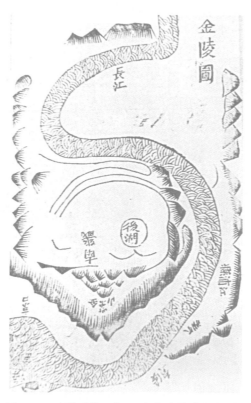

图 5-10　明代《地理人子须知》中的《金陵图》

(资料来源:（明）徐善继,（明）徐善述. 地理人子须知（上）[M]. 呼和浩特：内蒙古
人民出版社，2010：26)

而大者称朝山，其间河川弯曲绕抱，返顾有情。府县城市选址亦如此，不同
的是形势格局有大小之别，如廖金精所云："干龙住处分远近，千里为大郡；
二三百里可为郡，遇此可建府；百里只可为县治，下此为镇市。"结穴营城，
城市规模有大小之别，如《地理人子须知》"论阳基龙穴砂水大概"云："阳
穴大者为省城，必周数百里；次者为郡县，亦二三十里；又次者亦十数里，
再小者为乡村市井，亦不下数里。故其铺展愈阔，则力量愈大。"[1]

⊙1 （明）徐善继,（明）徐善述. 地理人子须知（下）[M]. 呼和浩特：内蒙古人民出版
社，2010：488.

第五节 风水相地的流变

风水相地与儒学理学共振

风水相地之生气论与形势论，本乎易理，风水相地之流行实与儒学理学发展有共振。《周易·系辞下传》云："仰则观象于天，俯则观法于地……近取诸身，远取诸物。"北宋邵雍《皇极经世·观物外篇·衍义·卷五》解释说："占天文者，观星而已。察地理者，观山水而已。观星而天体见矣，观山水而地体见矣。"邵雍的易学思想可以运用到地理上，只是当时风水说还没有成形。到了南宋时期，风水说已经流行，儒家亦论风水，阐释地之理，并且与人事不远。

南宋以来，相地之学关系格物致知和仁人孝子之心，得到儒家的提倡。朱熹《山陵议状》称当召术士择吉，士以奉衣冠之藏。[1] 蔡牧堂家训云："为人子者，不可不知医药、地理。"蔡牧堂、吴澄（1249—1333年）诸儒皆精究相地之理，订正郭璞《葬书》。郑樵（1104—1162年）《通志》载相冢、青囊等书，马端临（1254—1323年）《文献通考》载入五狐首等书。明朝以孝治天下，嘉靖年间徐善继、徐善述兄弟著《地理人子须知》认为"择地一事，人子慎终切务也"；《万历续道藏》封字号收录了《儒门崇理折中堪舆完孝录》，认为择地体现"仁人孝子之心"，阳基为民，民安而国安；宅兆为亲，亲安而子孙安。乾隆二十年（1755年）袁守定（1705—1782年）《地理啖蔗录》自序称，世之营地者其道有二，一是仁人孝子为安亲骸，二是富家巨室与觊世福。

姚鼐（1732—1815年）研究相地术，在《惜抱轩尺牍》中有大量关于相地的记载。姚鼐提出清代卜葬有"峦头"与"理气"两派，但是近人之书特别繁琐，皆不必看，因此作《四格说》以阐释择地之法[2]。姚鼐强调相地不仅需要多识，更需要实地考察，才能作出相对准确的判断，他为陈用光题《鹿源地图》云："得地乃是至难之事，不可不细心审定。如此图形势，夫

⊙1 （宋）朱熹. 山陵议状［M］//（宋）朱熹. 朱子全书（第二十册）. 朱杰人，严佐之，等，主编. 上海：上海古籍出版社；合肥：安徽教育出版社，2002：729-730.

⊙2 （清）姚鼐. 惜抱轩尺牍［M］. 卢坡，点校. 合肥：安徽大学出版社，2014：114.

岂不佳？所恐纸上地上，有不尽合。又其间，有非图画所能著者。据图看本山，似是木星，其落穴处，能坦开窝钳则是，斗峻则非矣。其明堂作排衙，龙虎其杪，要有细脚交牙，使水流之行，则是；无脚，则水牵直出，则非矣。其内堂系当面合襟……若此数条本不合法则，是昔日本是看错，则弃之，不足惜矣。"[1]他将"图形势"与阴阳五行结合起来，观形察势，权衡"鹿原地图"之优劣利弊，讲析相地之法则。

画学与风水相地

宋代是中国文化登峰造极的时代，在中国绘画史上山水画后来居上，唐末五代以降臻于成熟，山水画的长足发展与相地术分不开，两者相互影响、相得益彰。五代后梁画家荆浩（850—915年）论山水画："夫山水，乃画家十三科之首也"[2]；"山水之象，气势相生。故尖曰峰，平曰顶，圆曰峦，相连曰岭，有穴曰岫，峻壁曰崖，崖间崖下曰岩。路通山中曰谷，不通曰峪，峪中有水曰溪，山夹水曰涧。其上峰峦虽异，其下冈岭相连。掩映林泉，依稀远近。"[3]山水画学对山水形态的认识和总结，为风水形势说提供了审美基础（图5–11）。

山水画法有口授相传的秘诀，传唐代王维《山水论》曰："凡画山水，意在笔先。丈山尺树，寸马分人。远人无目，远树无枝。远山无石，隐隐如眉。远水无波，高与云齐。此是诀也。"其中，"丈山尺树，寸马分人"可与郭璞《葬书》中"千尺为势，百尺为形"相提并论，共同组成一个"分–寸（10分）–尺（10寸）–丈（10尺）–百尺（10丈）–千尺"的完整尺度系列；又，"观者先看气象，后辨清浊。定宾主之朝揖，列群峰之威仪。多则乱，少则慢，不多不少，要分远近"[4]，强调远近，注重群峰格局。

郭熙（1023—约1085年）是北宋时期活跃在山水画坛中心的代表性人

⊙1 （清）姚莹. 惜抱轩尺牍［M］. 卢坡，点校. 合肥：安徽大学出版社，2014：116.
⊙2 （五代）荆浩. 山水节要［M］//俞剑华. 中国古代画论类编（修订本）·上册. 北京：人民美术出版社，2007：614.
⊙3 （五代）荆浩. 笔法记［M］//俞剑华. 中国古代画论类编（修订本）·上册. 北京：人民美术出版社，2007：607.
⊙4 （唐）王维. 王右丞集笺注［M］.（清）赵殿成，笺注//（清）纪昀，等. 影印文渊阁四库全书（第一○七一册）. 台北：台湾商务印书馆，1986：343.

图 5-11　五代后梁荆浩《匡庐图》

（资料来源：台北故宫博物院藏，绢本水墨，185.8cm×106.8cm）

物。熙宁元年（1068年）郭熙被召入画院，先后10年时间，任至翰林待诏直长，宋神宗深爱其画，有"神宗好熙笔"之说，宫中重要屏幛"非郭熙画不足以称"。郭熙认为"画亦有相法"，其画论合乎地理，《林泉高致》记载："真山水之川谷远望之以取其势，近看之以取其质……山水先理会大山，名为主峰。主峰已定，方作以次，近者、远者、小者、大者，以其一境主之于此，故曰主峰，如君臣上下也……大山堂堂为众山之主，所以分布以次冈阜林壑为远近大小之宗主也。其象若大君赫然当阳而百辟奔走朝会，无偃蹇背却之势也……山，大物也，其形欲耸拔，欲偃蹇，欲轩豁，欲箕踞，欲磅礴，欲浑厚，欲雄豪，欲精神，欲严重，欲顾盼，欲朝揖，欲上有盖，欲下有乘，欲前有据，欲后有倚，欲下瞰而若临观，欲下游而若指麾，此山之大体也……世之笃论，谓山水有可行者，有可望者，有可游者，有可居者。画凡至此，皆入妙品。但可行可望不如可居可游之为得，何者？观今山川，地占数百里，可游可居之处十无三四，而必取可居可游之品。"郭熙精于山水绘事实际上与他谙于相地有关，"少从道家之学，吐故纳新，本游方外，家世无画学"[1]，其早年的方士之业包括地理相宅在内[2]。

风水"相地术"是关于选择和营造都城、宫殿、陵墓等的中国方术，主要关注地址范围内的山体、水域形态。至北宋时，随着风水学兴起，画坛推引"相地"为"相画"，实际上就是用风水学说左右山水画的构图。元代画家黄公望（1269—1354年或1358年）撰《写山水诀》云："李成画坡脚须要数层，取其湿厚。米元章论李光丞有后代，儿孙昌盛，果出为官者最多。画亦有风水存焉。"清初画家王原祁（1642—1715年）认为一幅山水画最重要的是有"气势"，他基于传统绘画与风水学说在气与形势上的相通，直接借用了风水术语"龙脉"，用来表达隐藏在有形山水背后的潜在气势，天地中孕育的开合起伏的潜在的动感，或者说是一种创造精神，一种生命的勃动，谓之"体"；而外在的峰回路转、起伏飞腾、结聚澹荡的形式，则是其"用"。王原祁《雨窗漫笔》指出："龙脉为画中气势，源头有斜有正，有浑有碎，有断有续，有隐有现，谓之体也。开合从高至下，宾主历然，有时结聚，有时澹荡，峰回路转，云合水分，俱从此出。起伏由近及远，向背分明，有时

---

[1] （宋）郭思. 林泉高致集［M］//（清）纪昀，等. 影印文渊阁四库全书（第八一二册）. 台北：台湾商务印书馆，1986：573.

[2] 史箴. 山水画论与风水过从管窥——兼析山水画缘起［G］// 王其亨. 风水理论研究. 天津：天津大学出版社，1992：198-213.

图 5-12　清代王原祁《早春图》

（资料来源：辽宁省博物馆藏）

高耸，有时平修，欹侧照应，山头、山腹、山足铢两悉称者，谓之用也。若知有龙脉，而不辨开合起伏，必至拘索失势；知有开合起伏，而不本龙脉，是谓顾子失母……通幅有开合，分股中亦有开合；通幅中有起伏，分股中亦有起伏。尤妙在过接映带间，制其有余，补其不足，使龙之斜正浑碎、隐现断续，活泼泼地于其中，方为真画。如能从此参透，则小块积成大块，焉有不致妙境者乎?"王原祁"龙脉为体，开合为用"的理论涉及画面全局的构图，将"气"视为山川形胜的统要，在贯通的"势"的统领之下，画面气脉贯串，形神兼备，其画作《早春图》堪称代表（图5-12）。

堪舆术及其兴衰

随着风水相地的兴起，南宋时期的相地法分派众多，如形势、方位、姓音等。姓音主要是北方地区运用，尤其以中州、辽金地区运用较多。[1]郭璞《葬书》所言风水术实际上综合了形势与方位，强调形势与方位的结合。客观上，中国地域广袤，南北地理分异明显，具体运用什么相地法，也自然会有所分别。宋代廖瑀（廖金精）《金壁玄女》（又名《地理泄天机》）总结：

地理三科派

世传地理有三科，分派至为多。
形势难分方位次，此语当从事。
姓音已见吕才非，国典尚遵依。

景纯著书兼取二，至当无容议。
专言形势亦为偏，方位出后天。
相其阴阳揆以日，立法最详悉。
形势若吉方位凶，初下必贫穷。
形势若凶方位吉，决定破家计。
方位形势若符同，指日见兴隆。

⊙1 潘晟. 宋代地理术数区域分布的初步考察 [J]. 中国历史地理论丛, 2017, 32（1）: 118–135.

天机元祖公刘法，二者俱要纳。

惟有姓音不可凭，谬妄最分明。
声同音异尤无理，钓宫与终徵。
阳属宫音阳属商，覆姓更难辞。
亦有变姓与赐姓，过房何所定。
三十八将最为先，纵合亦徒然。
国师陵寝皆遵用，颁书兴众共。
生今反古敢相违，不说恐人迷。

北方取信犹来久，平生可无咎。
南方山水有高低，若用最相宜。
且言无隐遵教程，可与知者道。

《宋史·艺文志》存相地书目51种，大致可分为五姓、形势和理气三派。明代中期以来，随着商品经济日益繁盛，社会的世俗化，相地术的书籍大量刊印，汗牛充栋。相地之术盛行，多种相地学说并存，日渐芜杂，不乏涉及奇怪幽玄者。明嘉靖年间徐善述《地理人子须知》指出："夫术家妙契阴阳，明通观察，虽代不乏人，然各私相授受，其流之弊，遂致矛盾冰炭，言天星者黜峦头，言形势者辟方位，穿凿附会之说，与诋毁聚讼之谈，纷然莫可究诘。"清乾隆丙午年（1786年）赵九峰著《地理五诀》称"立法种种，各持一家，是分门愈多而道理愈晦，地理失传。"自清末民初以来，随着西方现代科学的理性思考方式取得绝对的话语优势，具有神秘色彩的传统相地术每每受到诟病而日益衰微，并被斥责为迷信。

明代以来相地多称为"堪舆"（或"揕舆"）。明代《大学衍义补》中有"堪舆家"之说，清代《古今图书集成·艺术典》设"堪舆部"收录相地书籍。然而，堪舆本义并非相地。《北京大学藏西汉竹书（伍）》中的《揕舆》，是一篇战国时期的堪舆术文献[1]；马王堆汉墓帛书《阴阳五行》甲篇是几种方

---

[1] 北京大学出土文献研究所. 北京大学藏西汉竹书（伍）[G]. 上海：上海古籍出版社，2014：133-143.

术书的合编，"堪舆"也只是其中的一种[1]。"揸舆"传世典籍作"堪舆""堪
馀"，《隋书·经籍志三》"五行"类中有《二仪历头堪馀》一卷、《堪馀历》
二卷、《注历堪馀》一卷、《地节堪馀》二卷等书名，"堪馀"即"堪舆"。
"堪"是指北斗的雄神，为阳；"舆"是指北斗的雌神，为阴。堪舆术是以北
斗雌雄之神的运行来选择、占卜，故术以"雄雌"为名而避之曰"堪舆"。
古代堪舆术本是在斗建之术的基础上发展起来的一种占卜术，主要是靠北斗
雌神太阴（太岁）和斗杓（岁、小岁）旋转所指向的星宿位置来占卜[2]。战
国时期堪舆术士认为自己的法术是帝颛顼创制并流传下来的，因此堪舆之术
也被称为"帝颛顼之法"[3]。古代堪舆术占卜所依据的内容是天文，与地基本

图 5-13　清东陵图

（资料来源：清内府样式雷绘本，来源于网络 https://auction.artron.net/paimai-art
5042103943/）

---

[1] 裘锡圭. 长沙马王堆汉墓简帛集成（第五册）[G]. 北京：中华书局，2014：93-98.

[2] 王宁. 北大简《揸舆》"大罗图"的左行、右行问题 [EB/OL]. [2017-03-12]. http://
www.bsm.org.cn/show_article.php?id=2754.

[3] 王宁. 北大汉简《揸舆》与伶州鸠所言武王伐纣天象 [EB/OL]. [2018-04-16]. http://
www.gwz.fudan.edu.cn/Web/Show/4235.

无关，故说堪舆术有"天道"则可，说有"地道"则非是[1]。《汉书·艺文志》记载《堪舆金匮》二卷，长期以来被认为是相地之书，其实不然。

　　顺便指出，早期堪舆择吉时，可能要利用栻盘来观察，栻盘本身有天盘与地盘[2]，即同时考虑天地之道，因此后人才有以堪舆附会天地者，如东汉《说文解字》称"堪，天道；舆，地道"，认为"堪舆"乃天地之道。显然，这已经不是堪舆术之本意了。明代以来用堪舆术来指代相地，可能是择地的理路上较多的掺杂了与天有关的内容，并运用罗盘等复杂工具所致（图5-13、图5-14）。

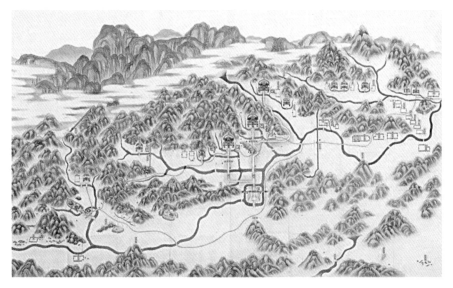

图 5-14　清西陵图

（资料来源：清内府样式雷绘本，来源于网络 https://auction.artron.net/paimai-art
5042103943/ ）

⊙ 1　王宁. 北大简《堪舆》十二辰、二十八宿排列浅议 [EB/OL]. [2018-04-16]. http://
　　blog.sina.com.cn/s/blog_57c4f8f10102xbsh.html.
⊙ 2　余健. 堪舆考源 [M]. 北京：中国建筑工业出版社，2005.

相地的范式

地宜、形法与风水可谓中国相地史上的三个"范式"，相地内涵丰富，探其赜虽万变而莫能穷尽，然而握其机似乎一语可破。三种不同的相地范式都有着共同的指向，即自然之"地"经过人为的"相"成为人居之"地"。

从认识论看，相地有三个要素：一是相地者（相者），这是认识的主体，早期称为圣人，后来是术家，称呼有地理先生、风水师、阴阳师，等等，不一而足。二是相地者所相的对象"地"，这是认识的客体，客观存在的先天之本体，有高下向背、水泉草木等特征。三是相中的地，是适宜人居之地，俗称"风水宝地"，这是认识的结果，是相后所得。一块"地"被相地者所相中而成为"风水宝地"，这块客观的地已经附着了相者主观的认识和判断，从而成为一种主观与客观的统一、先天与后天的统一、体与用的统一，地因人杰而灵。相地的关键是"相"，"相"是考虑到后天之妙用的主观行为，需要有专门的知识和经验而进行判断（即"术"）；因为"相"，自然的或客观的"地"成为附着了主观判断的"空间产品"；就像被伯乐相中的"千里马"，还是此前的马，但是已经不同于此前的马。

"地 – 相者 – 相中的地"，这是关于相地的三分法。相地是双向的，地得相者，相者得地，然后才有相中的地，"风水宝地"之形成是双方的；就像马不得良工无缘以千里马之名，良工不得马亦无从见其能。[1] 南宋胡舜申《地理新法》卷上"形势论第十二"称："所谓形势者，阴阳造化融结而成，人依山川之自然，以心目之巧、法术之妙，辨方正位而建立之。则此亦天不人不因，人不天不成之说也。"相者和地只有结成或处于认识关系时，才能从对方发现自己，因对方而实现自己，从而成其为认识的主体和被认识的客体，此前或此外，它们既然漠不相关，也就没有什么主客之别。

相者心中有"风水宝地"的理想图式，客观的"地"千差万别，需要经过相者主观的"裁成"。南宋蔡牧堂《发微论·裁成篇》云："裁成者，言乎其人事也。夫人不天不因，天不人不成，自有宇宙即有山川，数不加多，用

---

[1] 《吕氏春秋·知士》云："今有千里之马于此，非得良工，犹若弗取。良工之与马也，相得则然后成；譬之若与鼓。"

不加少，必天生自然而后定。则天地之造化亦有限矣。是故，山川之融结在天，而山川之裁成在人。或过焉，吾则裁其过，使适于中。或不及焉，吾则益其不及，使适于中。裁长补短，损高益下，莫不有当然之理。其始也，不过目力之巧，工力之具。其终也，夺神功改天命，而人与天无间矣。故善者，尽其当然，而不害，其为自然。不善者，泥乎自然，而卒不知其所当然。所以道不虚行，存乎其人也。"[1]也就是说，地如果有先天的不足，通过后天的自觉行动，或培或辟，损高益卑，也有使其适中的可能，尽其当然，这就为相者的主观创造留下了空间，这是一种"工巧"，富有魅力，甚至带有神秘的色彩。"江山如此多娇，引无数英雄竞折腰"，相地之工巧源自"巧工"，详见"巧工"章。

---

[1]（宋）蔡元定. 发微论［M］//（清）纪昀，等. 影印文渊阁四库全书（第八〇八册）. 台北：台湾商务印书馆，1986：195.

第六章

巧工：天地材工，作巧成器

人居营建离不开匠人，匠人自古以巧见长，百工尚巧。长期以来，《考工记》中"匠人营国"被认为是规范中国古代城市营建的基础性乃至决定性的理论。然而，《考工记》究竟是什么性质的文献？"匠人营国"形成于何时？其真实蕴含的涵义是什么？传统的解释存在危机。本章试图对这些难题进行重新认识与解释，揭示人居规画的"匠人传统"（注意：不是通常认为的作为规划传统的"考工记"或"匠人模式"）。

第一节 《考工记》及其研究

《考工记》与《周礼》

《考工记》，又称《周礼·考工记》。今人所见《考工记》是作为《周礼》的组成部分而存在的。《周礼》的主体内容是职官体系，全书由天官冢宰、地官司徒、春官宗伯、夏官司马、秋官司寇、冬官司空等六篇组成，"是为六卿，各有徒属职分，用于百事"[1]。《周官·天官冢宰》叙述六官总体构架，记载大宰之职是"掌建邦之六典，以佐王治邦国"，六典分别对应天、地、春、夏、秋、冬六官：

> 一曰治典，以经邦国，以治官府，以纪万民。
> 二曰教典，以安邦国，以教官府，以扰万民。
> 三曰礼典，以和邦国，以统百官，以谐万民。
> 四曰政典，以平邦国，以正百官，以均万民。
> 五曰刑典，以诘邦国，以刑百官，以纠万民。
> 六曰事典，以富邦国，以任百官，以生万民。

其中，"事典"与冬官有关，冬官就是"事官"，职责是"富邦国""任百官""生万民"。《周官·天官冢宰》记载小宰之职是"以官府之六属举邦治"，具体包括："一曰天官，其属六十，掌邦治，大事则从其长，小事则专达；二曰地官，其属六十，掌邦教，大事则从其长，小事则专达；三曰春官，其属六十，掌邦礼，大事则从其长，小事则专达；四曰夏官，其属六十，掌邦政，大事则从其长，小事则专达；五曰秋官，其属六十，掌邦刑，大事则从其长，小事则专达；六曰冬官，其属六十，掌邦事，大事则从其长，小事则专达。"说明冬官的职能是掌邦事，有六十个属官。

遗憾的是，西汉时《周官》就缺失了"冬官司空"的内容。有鉴于此，西汉时河间献王刘德便取《考工记》补入。刘歆校书编排时改《周官》为《周礼》，故《考工记》又称《周礼·考工记》或《周礼·冬官考工记》。在两汉

---

[1] （汉）班固. 汉书［M］. 北京：中华书局，1962：722.

以至隋唐时期，《考工记》都是随《周礼》而流传[1]。《周礼》第六篇题曰"冬官考工记"而不是"冬官司空"，就是因为汉儒想用这样的标识来指明《考工记》并非《周礼》的原文，而是补配成的。

关于西汉河间献王刘德（公元前171—前130年）取《考工记》补《周官·冬官司马》之阙，《汉书·景十三王传》记载："河间献王德以孝景前二年立，修学好古，实事求是。从民得善书，必为好写与之，留其真，加金帛赐以招之。繇是四方道术之人，不远千里，或有先祖旧书，多奉以奏献王者，故得书多与汉朝等。是时，淮南王安亦好书，所招致率多浮辩。献王所得书皆古文先秦旧书，《周官》《尚书》《礼》《礼记》《孟子》《老子》之属，皆经传说记，七十子之徒所论。其学举六艺，立《毛氏诗》《左氏春秋》博士。修礼乐，被服儒术，造次必于儒者。山东诸儒多从而游。"唐陆德明在《经典释文·序录》记载："河间献王开献书之路，时有李氏上《周官》五篇，失'事官'一篇，乃购千金，不得，取《考工记》以补之。"成书时代晚于《经典释文》的《隋书·经籍志》里也有一条内容相近的记载："汉时有李氏得《周官》，《周官》盖周公所制官政之法，上于河间献王，独阙冬官一篇。献王购以千金不得，遂取《考工记》以补其处，合成六篇奏之。至王莽时，刘歆始置博士，以行于世。河南缑氏及杜子春受业于歆，因以教授。是后马融作《周官传》，以授郑玄，玄作《周官注》。"

长期以来，关于《考工记》的研究主要是将《考工记》视为《周礼》的组成部分，由通释《周礼》或者综考礼制而兼及《考工记》，如东汉郑玄注《周礼》、唐初贾公彦疏《周礼》、清代孙诒让《周礼正义》，以及清代《周礼疑义举要》中都有讨论《冬官考工记》的部分。自宋代开始出现对《考工记》全书进行单独注释，如南宋末年林希逸的《考工记解》。清代江永《周礼疑义举要》对《冬官考工记》进行别开生面的考证，在其直接影响下，乾隆十一年（1746年）戴震完成《考工记图》，这是一部用绘图示意、纂注解说的形式写成的专著，标志着清代《考工记》研究已摆脱《周礼》之附庸而发展成一门独立学问。乾隆五十六年（1791年）焦循（1763—1820年）撰《群经宫室图》，征引《周礼》等书专论明堂制度，其中对《考工记》多有涉及。

---

[1] 张言梦. 汉至清代《考工记》研究和注释史述论稿 [D]. 南京：南京师范大学，2005：5-13.

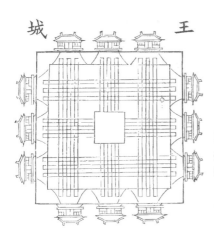

图6-1 北宋聂崇义《三礼图集注》中的"王城"
（资料来源：（宋）聂崇义. 三礼图集注［M］//
（清）纪昀，等. 影印文渊阁四库全书（第
一二九册）. 台北：台湾商务印书馆股份有限
公司，1986：58）

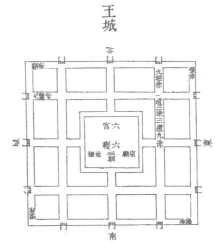

图6-2 （清）戴震《考工记图》中的"王城"
（资料来源：（清）戴震. 考工记图［M］//丛
书集成续编（八九）. 台北：新文丰出版公
司，1988：109）

贺业钜（1914—1996年）出生于著名学术世家，经学与史学造诣深，尤精于
《三礼》，又从事建筑设计和规划研究工作，理论和实践经验丰富，著述《考
工记营国制度研究》与《中国古代城市规划史》◎1，系统论述匠人营国制度在
中国古代城市规划发展史上的地位与影响（图6-1～图6-4）。

◎1 贺业钜. 考工记营国制度研究［M］. 北京：中国建筑工业出版社，1985；贺业钜.
中国古代城市规划史［M］. 北京：中国建筑工业出版社，1996.

图6-3 （清）焦循《群经宫室图》中的"城图"

（资料来源：（清）焦循. 群经宫室图［M］. 天津图书馆藏清光绪十一年（1885年）梁溪朱氏刻本）

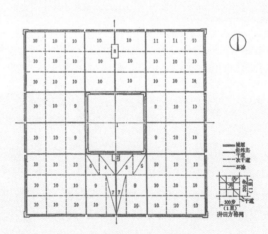

图6-4 贺业钜"王城基本规划结构示意图"

1—宫城；2—外朝；3—宗庙；4—社稷；5—府库；6—厩；7—官署；8—市；9—国宅；10—闾里；11—仓廪

（资料来源：贺业钜. 考工记营国制度研究［M］. 北京：中国建筑工业出版社，1985：51）

《考工记》所载匠人营国制度的地位及其争论

《考工记》中"匠人营国"一节，历来为古代经学家及注疏家所重视。贺业钜认为："'匠人'一节载有营国制度，系统地记述了周人城邑建设体制、规划制度及具体营建制度"，"远在公元前11世纪西周开国之初，中国即已初步形成世界最早的一套从城市规划概念、理论、体制、制度直至规划方法的华夏城市规划体系（营国制度传统），用来指导当时的都邑建设。随着社会演进，这个体系也不断得到革新和发展，其传统一直延续至明清。三千年来，中国古代城市基本上都是遵循这个体系传统而规划的。"⊙1

郭湖生关于中国古代城市史的谈话指出："事实上中国古代城市规划并不完全符合《考工记》。《考工记》成为《周礼》的一部分而受到尊崇是汉武帝以后的事，现存春秋战国遗留的城址虽多，但与《考工记》相合的没有一处。汉长安……没有完整的计划，谈不上《考工记》的影响。西汉王莽当政时，虽然样样模仿《周礼》，但只有十几年就灭亡了。东汉洛阳并不是《考工记》制度。自曹魏邺城而后，几个都城都是邺城体系，而非《考工记》制度。邺城体系一直影响到隋大兴城，也就是唐长安。只不过大兴城的旁三门、左祖右社倒是合于《考工记》的，不妨说是折中的。到了五代、北宋的东京，采取的是当时常用的子城 – 罗城制度，《考工记》根本没有。南宋的临安，同样也谈不上《考工记》营国之制。最为切近《考工记》的，要算是元大都。元代显然是在儒学正统思想影响下采取了《考工记》布局，其后明清北京，是在元大都基础上改建的。于是主张《考工记》原则为主流的人常用北京为例，用反溯的办法证明《考工记》千古一系。"因此，郭湖生认为："迷信《考工记》为中国古代都城奠立了模式，就使中国古都的研究陷入误区，停滞不前。《考工记》对中国都城的影响，确是有一些，但绝非历代遵从，千古一贯，其作用是有限的。""中国古代都城的规划经验是逐代积累，许多措施形制因时因地变异，绝不是由一个先验的模式所规定。古人是很讲求实际的。都城的规制的根本要求，主要就是以君权至高无上的政权统治的需要为原则。许多功能和形制的发展变化，用《考工记》是解释不了的，强

⊙ 1 贺业钜. 中国古代城市规划史［M］. 北京：中国建筑工业出版社，1996：第5页及前言页.

253

之为解，终究是削足适履，不得要领。"[1]

《考工记》成书年代的争论

长期以来，对《考工记》成书年代这个基本问题也一直众说纷纭。概括说来，关于《考工记》成书年代的认识，可以分为先秦和秦汉两大类。唐代贾公彦、宋代王应麟、宋代林希逸等认为《考工记》是先秦之书，唐代孔颖达、沈长云、刘广定、李锋、徐龙国与徐建委等认为《考工记》成书于秦汉或西汉[2]。

在先秦成书诸说中，刘洪涛认为《考工记》是周代遗文[3]，多数研究者认为《考工记》成书于春秋战国时期。清代江永认为《考工记》是东周后齐人所作[4]。郭沫若、贺业钜认为《考工记》成书于春秋末期的齐国[5]。李志超认为成书于春秋时期[6]，史念海认为《考工记》成书时代最早也只能是在春秋战国之际，也许就在战国的前期，《考工记·匠人营国》的撰著者取法魏国的安邑城[7]。梁启超、杨宽认为成书于战国时期[8]，闻人军认为成书于战国

---

[1] 郭湖生. 关于中国古代城市史的谈话 [J]. 建筑师, 1996 (70): 62-68.

[2] （汉）郑玄. 礼记正义 [M]. （唐）孔颖达, 疏 // 李学勤. 十三经著疏（六）. 北京: 北京大学出版社, 1999: 741; 沈长云. 谈古官司空之职——兼说《考工记》的内容及其作成年代 [J]. 中华文史论丛, 1983 (3): 217-218; 刘广定. 从钟鼎到鉴燧——六齐与《考工记》有关的问题试探 [C] // 1991年中国艺术文物讨论会论文集. 台北: 台北故宫博物院, 1991: 307-320; 李锋.《考工记》成书西汉时期管窥 [J]. 郑州大学学报（哲学社会科学版）, 1999 (2): 107-112; 徐龙国, 徐建委. 汉长安城布局的形成与《考工记·匠人营国》的写定 [J]. 文物, 2017 (10): 56-62, 85.

[3] 刘洪涛.《考工记》不是齐国官书 [J]. 自然科学史研究, 1984 (4): 359-365.

[4] （清）江永. 周礼疑义举要 [M]. 上海: 商务印书馆, 1935: 61.

[5] 郭沫若.《考工记》的年代与国别 [C] // 郭沫若文集·第16卷. 北京: 人民文学出版社, 1962: 381-385; 贺业钜. 考工记营国制度研究 [M]. 北京: 中国建筑工业出版社, 1985: 176-180.

[6] 李志超.《考工记》与儒学——兼论李约瑟之得失 [J]. 管子学刊, 1996 (4): 67-70.

[7] 史念海.《周礼·考工记·匠人营国》的撰著渊源 [J]. 传统文化与现代化, 1998 (3): 46-56.

[8] 梁启超, 等. 古书真伪及其年代 [M]. 北京: 中华书局, 1936: 126; 杨宽. 战国史 [M]. 上海: 上海人民出版社, 1955: 103-104.

初期[1]，戴吾三认为《考工记》是齐国政府制定的一套指导、监督和评价官府手工业生产工作的技术制度[2]。

上述关于《考工记》成书年代的不同见解，都是基于《考工记》中的一些文献材料或考古史料，言之有理，持之有故。如何综合认识这些研究成果，揭示《考工记》成书年代的本来面貌，进而重新认识考工记匠人营国制度的内涵及其意义？

值得注意的是，"匠人营国"只是"匠人"工作的一部分，匠人仅属于"百工"，《考工记》是关于"百工"技术与工艺的文献。考证探索"考工"一词的来历，可以探究《考工记》成书年代的秘密，进而对考工记匠人营国制度乃至匠人传统的蕴含进行合理阐释，探讨其对中国古代都城规划建设的影响。[3]

第二节　作为工的"匠人"和作为官的"考工"

"匠人"的工作

根据《考工记》的记载，"匠人"的工作包括匠人建国、营国、为沟洫三部分。其中，"匠人营国"一节，共263字，记载了"国中–四郊–野"的地域结构及其建设特征。

> 匠人营国，方九里，旁三门。国中九经九纬，经涂九轨。左祖右社，面朝后市，市朝一夫。夏后氏世室，堂修二七，广四修一。五室，三四步，四三尺。九阶。四旁两夹，窗，白盛。门堂三之二，室三之一。殷

⊙ 1　闻人军.《考工记》成书年代新考［J］. 文史，1984（23）：31–39.

⊙ 2　戴吾三. 考工记图说［M］. 济南：山东画报出版社，2003：3；戴吾三，武廷海."匠人营国"的基本精神与形成背景初探［J］. 城市规划，2005（2）：52–58.

⊙ 3　武廷海.《考工记》成书年代研究——兼论考工记匠人知识体系［J］. 装饰，2019（10）：68–72.

人重屋，堂修七寻，堂崇三尺，四阿，重屋。周人明堂，度九尺之筵，东西九筵，南北七筵，堂崇一筵。五室，凡室二筵。室中度以几，堂上度以筵，宫中度以寻，野度以步，涂度以轨。庙门容大扃七个，闱门容小扃三个，路门不容乘车之五个，应门二彻三个。内有九室，九嫔居之；外有九室，九卿朝焉。九分其国以为九分，九卿治之。王宫门阿之制五雉，宫隅之制七雉，城隅之制九雉。经涂九轨，环涂七轨，野涂五轨。门阿之制，以为都城之制。宫隅之制，以为诸侯之城制。环涂以为诸侯经涂，野涂以为都经涂。

这里的"国"或"国中"指王城、国都，在其外围分别是四郊与野（《周礼·秋官司寇》记载："乡士，掌国中；遂士，掌四郊；县士，掌野"，据此可以将匠人营国涉及的空间分为三个地域：国中，四郊，野）。相应地，匠人营国所谓经涂、环涂、野涂，可能分别针对国中、四郊、野的道路，其中环涂可能不是都城内贴着城墙内壁的顺城路，而是城外"四郊"中"环"（環或县）的道路，经过"国中"与"野"之间的聚落。

在"匠人营国"之前，有一节很短的"匠人建国"，只有43字，极为凝练地记载了原始的立表测影以正向之法。

匠人建国，水地以县。置槷以县，视以景。为规，识日出之景，与日入之景。昼参诸日中之景，夜考之极星，以正朝夕。

在"匠人营国"之后，有一节较长的"匠人为沟洫"。

匠人为沟洫。耜广五寸，二耜为耦。一耦之伐，广尺深尺谓之畎。田首倍之，广二尺、深二尺谓之遂。九夫为井，井间广四尺、深四尺谓之沟。方十里为成，成间广八尺、深八尺谓之洫。方百里为同，同间广二寻、深二仞谓之浍。专达于川，各载其名。凡天下之地势，两山之间必有川焉，大川之上必有涂焉。凡沟逆地防，谓之不行；水属不理孙，谓之不行。梢沟三十里而广倍。凡行奠水，磬折以参伍。欲为渊，则句于矩。凡沟必因水势，防必因地势。善沟者水漱之，善防者水淫之。凡为防，广与崇方，其杀三分去一。大防外杀。凡沟防，必一日先深之以为式，里为式然后可以传众力。凡任，索约大汲其版，谓之无任。葺屋三分，瓦屋四分。囷窖仓城，逆墙六分。堂涂十有二分。窦，其崇三尺。墙厚三尺，崇三之。

总体看来，在《考工记》中"匠人"条目下，有"匠人建国""匠人营国"与"匠人为沟洫"三节文字，近700字，占全书内容的近1/10。通常，人们关注匠人营国，而忽略了匠人建国与匠人为沟洫。从文本看，匠人建国属于天文学的内容，匠人为沟洫则属于水土之工，为何二者要纳入匠人的工作范畴？或者说，匠人之建国、营国、为沟洫三者有什么内在的关联？

"匠人"属于"百工"

根据《考工记》记载，匠人与轮人、舆人、弓人、庐人、车人、梓人，同属于"攻木之工"。

《考工记》共记述了攻木、攻金、攻皮、设色、刮摩、搏埴等6大类30个工种（今传本实存25个工种），《考工记》称之为"百工"。

> 国有六职，百工与居一焉。或坐而论道；或作而行之；或审曲面势，以饬五材，以辨民器；或通四方之珍异以资之；或饬力以长地财；或治丝麻以成之。坐而论道，谓之王公；作而行之，谓之士大夫；审曲面势，以饬五材，以辨民器，谓之百工；通四方之珍异以资之，谓之商旅；饬力以长地财，谓之农夫；治丝麻以成之，谓之妇功。

《考工记》所见"百工"，属于国家"六职"之一，与王公、士大夫、商旅、农夫、妇功相提并论。

值得注意的是，《考工记》是关于"工"而不是关于"官"的文献，而《考工记》所在的《周礼》原名《周官》，是关于"官"的书。为何要将关于"工"的《考工记》纳入关于"官"的《周官》中，两者之间的矛盾如何解决？河间献王刘德献《周官》之书，以《考工记》补《周官·冬官司马》之阙，《考工记》究竟是一本什么样的书？或者说，"考工"究竟是什么含义？

文献中作为官职的"考工"或"考工室"

据《史记·魏其武安侯列传》记载，汉武帝即位之初，丞相田蚡骄横，想扩建房子，向汉武帝要"考工"的地来扩建私宅：

> 上初即位，富于春秋，蚡以肺腑为京师相，非痛折节以礼诎之，天下不肃。当是时，丞相入奏事，坐语移日，所言皆听。荐人或起家至二千石，权移主上。上乃曰："君除吏已尽未？吾亦欲除吏。"尝请考工地益宅，上怒曰："君何不遂取武库？"是后乃退。

此事在《汉书》《前汉纪》也有记载，如《汉书·窦田灌韩传》："尝请考工地益宅。"《前汉纪·孝武皇帝纪二》："尝请考工地，欲以益宅。"司马迁记载汉武帝初即位时的事情，是当代人记当代事，应该是可信的。

这条文献有两点值得注意：一是"考工地"与"武库"相提并论，推测"考工"是与器械制作有关。汉武帝怒气冲天地反问田蚡，怎么不要武库的地，他由考工而联想到武库，可能由于考工与兵器制作有关，制成后上交执金吾入武库，武库对于宫城与都城的安全是至关重要的。二是"上初即位"，田蚡为相时，说明已经有了"考工"的官职。武帝时期，田蚡为相的年代是公元前135至前130年，大致相当于元光年间（公元前134—前129年），这个时候"考工"一词已经流行。

《汉书·百官公卿表上》"少府"条也记载了作为官职的"考工"与"考工室"。

> 秦官。掌山海池泽之税，以给共养，有六丞。属官有尚书、符节、太医、太官、汤官、导官、乐府、若卢、考工室、左弋、居室、甘泉居室、左右司空、东织、西织、东园匠十二[1]官令丞，又胞人、都水、均官三长丞，又上林中十池监，又中书谒者、黄门、钩盾、尚方、御府、永巷、内者、宦者七[2]官令丞。诸仆射、署长、中黄门皆属焉。武帝太

---

[1] 原文如此，实为"十六"。
[2] 原文如此，实为"八"。

初元年更名，考工室为考工，左弋为伏飞，居室为保宫，甘泉居室为昆台，永巷为掖廷。伏飞掌弋射，有九丞两尉，太官七丞，昆台五丞，乐府三丞，掖廷八丞，宦者七丞，钩盾五丞两尉。

这条文献说明，汉武帝太初元年（公元前 104 年）后，确实有"考工"之官名。值得进一步思考的是：太初元年之前是否有"考工室"之官名？尽管文献记载匮乏，但是考古学上有关战国秦汉器物文字的发现为我们提供了难得的线索与消息。

考古学所见秦汉"工室"与汉代"考工"

黄盛璋通过考证秦兵器制度及其发展变迁认为，秦代兵器制造设有专门机构"工"，称为"工室"[1]。刘瑞结合新发现的秦代封泥和玺印材料认为：① "工室"是秦特有的制造机构。秦设置"工室"制度较早，时代上跨越了秦国与秦朝两个阶段，五件秦兵器从昭襄王二十六年（公元前 281 年）到秦二世元年（公元前 209 年）。② "工室"在很长时间里是直属于中央的生产机构，早期一般郡县不设工室，几件"工室"铭文兵器都有"武库"铭文，表明它们在生产后首先交给武库，并且作为生产者的"工室"不会是地方机构而只能归于中央管辖。③到了秦始皇时期，由于统一战争日益扩大的需要，以生产武器为重要职能的"工室"的设置突破了原来的限制，空前众多起来，郡县也出现工室，例如"属邦工室""汪府工室""弩邦工室臣"。④汉代直接继承了秦"工室"制度，汉封泥中的"右工室臣""左工室臣"表明在汉代有工室的设置，而且也分左右，是秦代"工室"制度的直接继承；但是推测文帝前元（公元前 179—前 164 年）以后"工室"已经消失或作用变得很小[2]。陈治国与张卫星认为，"工室"在性质上只是制造器物的作坊，而不是政府的行政管理机构；至迟在惠文王时期，"工室"在秦国就已经出现了[3]。

[1] 黄盛璋. 秦兵器制度及其发展、变迁新考（提要）[G]//《秦文化论丛》第三辑. 西安：西北大学出版社，1994：426.

[2] 刘瑞. 秦工室考略 [J]. 考古与文物丛刊. 2001（4）：136-196.

[3] 陈治国、张卫星. 秦工室考述 [J]. 咸阳师范学院学报，2007（1）：12-15.

上述秦代兵器、封泥和玺印等器物铭文与刻字等证据表明，秦代少府下属是"工室"而非"考工室"！因此，前述《汉书·百官公卿表上》记载秦代"少府"属官应该为"工室"而不是"考工室"；汉代武帝太初元年更名"工室"为"考工"而不是更名"考工室"为"考工"。

"考工"一词的流行

西汉继承了秦"工室"制度，考古学证据表明到了文帝前元以后，"工室"一词已经少见。综合考虑前述田蚡为相时（公元前135—前130年）请考工地益宅，可以认为，文帝前元年间（公元前179—前164年）至武帝元光年间（公元前134—前129年）"考工"一词已经开始流行！这个时期属于西汉前期，正好是文景之治与武帝前期。《汉书·景帝纪》记载："汉兴，扫除繁苛，与民休息。至于孝文，加之以恭俭，孝景遵业，五六十载之间，至于移风易俗，黎民醇厚，周云成康，汉言文景，美矣！"可以说，"考工"一词开始流行的年代，是汉代立教、治天下的时代。前文已经提及西汉河间献王刘德取《考工记》补《周官·冬官司马》之阙，考虑到河间献王的生卒年份（公元前171—前130年），以及汉武帝在位年份（公元前141—前87年），推测河间献王献书年代可能在公元前141年至前130年之间，这时《考工记》已经成书，正流行"考工"一词。

反观此前"工室"一词流行的时代，从战国末（公元前246年秦王政即位）到汉初（公元前180年高后吕雉称制），统一与斗争是时代的主旋律，那是立朝、得天下的时代。如果说在"工室"时代，造武器是时代的任务，要凭借武力而得天下，目的是立朝，那么，在"考工"时代，美生活成为时代的任务，要凭器物治天下，目的是立教。这个判断为我们进一步认识《考工记》成书的时代背景和基本精神定下了基调。

第三节 《考工记》是关于"考工"的"记"

《考工记》究竟是一种什么性质的书？或者说，为何名为《考工记》？长期以来，"考工记"被当作对"工"进行"考核"的标准，或者说对"工"的"考证"，其实不然！前述"考工"时代的判断表明，《考工记》是关于"考工"的"记"。

"考工"即"巧工"

何谓"考工"？东汉《释名·释言语》中，巧、考、好相互关联：

> 巧，考也，考合异类共成一体也。
> 好，巧也，如巧者之造物，无不皆善人好之也。

"巧"，是造物者的特征与长处，造物者能将诸多不同的东西，恰到好处地整合为一体。"巧"的意思就是"考"；反之，亦然。

匠人属于工，工的职业特征就是"作巧成器"。《汉书·食货志》按照职业划分四民："士农工商，四民有业。学以居位曰士，辟土殖谷曰农，作巧成器曰工，通财鬻货曰商。"

器是工生产的产品，巧则是对生产的要求。《考工记》称工为"巧者"，对知者所创之物进行"述之守之"：

> 知者创物，巧者述之守之，世谓之工。百工之事，皆圣人之作也。烁金以为刃，凝土以为器，作车以行陆，作舟以行水，此皆圣人之所作也。天有时，地有气，材有美，工有巧。合此四者，然后可以为良，材美工巧。然而不良，则不时、不得地气也。橘逾淮而北为枳，鸲鹆不逾济，貉逾汶则死，此地气然也。郑之刀，宋之斤，鲁之削，吴粤之剑，迁乎其地而弗能为良，地气然也。燕之角，荆之干，妢胡之笴，吴粤之金锡，此材之美者也。天有时以生，有时以杀；草木有时以生，有时以死；石有时以泐；水有时以凝，有时以泽：此天时也。

工者造物，要考虑"天有时，地有气，材有美，工有巧"，努力做到天时、地气、材美、工巧者四者相合，所谓"考工"就是"巧工"，《考工记》

强调的是"工"之"巧"，这也是《考工记》一书的基本追求，反映了新时代对"考工"的新要求。

"巧匠"或匠人之巧

俗话说"千工易得，一匠难求"，匠人不同于一般的工，自古以"巧"见长。春秋战国之际墨子将百工之巧上升到"法度"来认知。《墨子·法仪》篇云：

> 天下从事者不可以无法仪，无法仪而其事能成者无有也。虽至士之为将相者皆有法，虽至百工从事者亦皆有法。百工为方以矩，为圆以规，直衡以水，直以绳，正以县。无巧工、不巧工皆以此五者为法。巧者能中之，不巧者虽不能中放依以从事，犹逾已。故百工从事，皆有法所度。

战国时吕不韦撰《吕氏春秋·分职》云：

> 使众能，与众贤，功名大立于世，不予佐之者，而予其主，其主使之也。譬之若为宫室，必任巧匠，奚故？曰："匠不巧则宫室不善。"夫国，重物也，其不善也岂特宫室哉！巧匠为宫室，为圆必以规，为方必以矩，为平直必以准绳，功已就，不知规矩绳墨而赏匠巧匠也。巧匠之宫室已成，不知巧匠，而皆曰："善，此某君某王之宫室也。"

这里提出了"巧匠""为宫室"的概念，认为"国"（城）是重物，"宫室"则是重中之重，是营国的核心任务，"为宫室"离不开匠人之巧，"巧匠"是宫室之善必要的甚至决定性的条件。《考工记》"匠人营国"中，对于宫室部分，包括夏代世室、殷代重屋、周代明堂，就具体的尺度、比例、结构关系进行了具体而详细的描述，从材料上看与《吕氏春秋·分职》中"巧匠为宫室"是一致的。并且，《吕氏春秋·分职》特别记载了巧匠之巧，凭借规、矩、绳墨等工具而"为圆""为方""为平直"，这正是《考工记》中判断"考工"的标准。

"国工"的标准

《考工记》以"考工"为书名，强调"工有巧"，这比"匠巧"具有更为一般的意义。对于"考工"的标准，《考工记·轮人为轮》云：

> 凡揉牙，外不廉而内不挫、旁不肿，谓之用火之善。是故规之以视其圜也，矩之以视其匡也，县之以视其辐之直也，水之以视其平沈之均也，量其薮以黍，以视其同也，权之以视其轻重之侔也。故可规、可矩、可水、可县、可量、可权也，谓之国工。

这里提出了轮人（也属于攻木之工）的最高标准"国工"。如果产品达到可规、可矩、可水、可县、可量、可权的"六可"标准，那么这样的匠人就堪称"国工"，虽然名义上仍为工匠，实际上已经是"哲匠"，是"国家级"大师。国工应该是汉代匠人的最高标准，《汉书·律历志上》曰：

> 规者，所以规圜器械，令得其类也。矩者，矩方器械，令不失其形也。规矩相须，阴阳位序，圜方乃成。准者，所以揆平取正也。绳者，上下端直，经纬四通也。准绳连体，衡权合德，百工繇焉。以定法式，辅弼执玉，以冀天子。

具有此等技艺的百工，"以定法式，辅弼执玉，以冀天子"，已经成为治国的辅助工具，国工的"技"或"术"实际上已经上升到了"道"的范畴。

从国工的标准看，"匠人建国"的工作显然是很契合的。匠人建国时要水地、置槷、视景、为规、识景、考星、正向，必然要参照可规、可矩、可水、可县、可量的标准，即参照国工的要求。同样，匠人为沟洫，也需要综合运用表、规、矩等工具。"为沟洫"本来属于土功，但是在《考工记》中也被归为"匠人"的工作，清代方苞引用张自超的观点，认为这主要是由于为沟洫要用到"水平之法"："张自超曰，沟洫土功也，而属之匠人，盖濬畎浍距川，自高趋下，由近及远，必用水平之法，然后委输支凑，通利而无滞壅，且筑堤防必用竹木以椉石菑，通水门必设版干以便启闭，皆匠人事也。"总之，从"考工"的技术要求看，匠人建国、营国、为沟洫具有内在的统一性。

考工记匠人知识体系

从《考工记》的上下文以及"考工"的标准来看"匠人"工作，匠人建国、营国、为沟洫构成一个完整的知识体系。

汉"考工"不同于秦"工室"的一个重要差别就在于，"工室"限于内府，而"考工"则面向整个国家。《考工记》言"国有六职"，这里的"国"显然也是指国家。相应地，《考工记》所载匠人工作，实际上覆盖了整个国土空间、城邑体系与城乡地区，而不是仅仅局限于王城或王畿。从城市规划的角度看，匠人建国、营国、为沟洫等系列工作，处理的就是"城邑－沟洫－农田"这个综合的空间系统，沟洫与农田是城邑得以存在的地理与经济基础，城邑规划与国土规划是统一的，用《周礼》的话说，就是"辨方正位，体国经野"。《周礼》现存的五篇叙文皆以下列数语冠其首："惟王建国，辨方正位，体国经野，设官分职，以为民极。"其中，"设官分职，以为民极"表明"王"通过"官"来"治天下之民"，其前提是"辨方正位，体国经野"，以"治地"为言，具有明显的规划或区划性质，用今天的话来说是一种"空间规划"，这是职官体系、行政体系的前提和基础（详见"为治"章）。总体看来，《周礼》表达了一种整体的经土治民的思想。

《考工记》记载百工的技艺。从现存 25 个工种来看，匠人建国、营国、为沟洫三篇所记载的匠人工作，具有明显的空间性，这与其他工种所具有的较为纯粹的工师特征显然有别。前文已经指出，冬官司空执掌邦国之事，由于《周官》中相关内容的缺失，冬官司空究竟执掌邦国的什么事，尚不得而知。不过，根据《尚书·周书·周官》记载司空"掌邦土，居四民，时地利"，可以推知冬官司空可能主要职掌安土居民，充分发挥地之利。西汉时取《考工记》入《周官》以补冬官司空之阙，以"工"书填入"官"书，可能主要由于"匠人"部分与"司空"性质类似。从文本看，匠人部分占《考工记》总篇幅的近 1/10，也可见匠人在《考工记》中的特别之处。

第四节　匠人营国制度再认识

考工记匠人营国作为空间叙事

《考工记》成书于西汉前期，书中的基本材料可能源自先秦乃至秦与汉初，这些文献材料对于研究西汉成书以前的科技发展与城市规划建设都具有重要的史料价值。问题是如果仅仅基于《考工记》中部分的文献材料或考古史料，来确定《考工记》的成书年代，就难免以偏概全，从而出现种种不同的结论，前文所引一些言之成理、持之有故的见解就是证明。

自从《考工记》被纳入《周官》，《周官》又改为《周礼》，"匠人"就作为《周礼》的组成部分而存在，成为都城空间正当性的来源，必然会对后世都城规划建设产生影响。后世关于城市空间结构常以营国图式作为参照。如《朱子语类》卷九十，礼七"祭"，记录了南宋朱熹与其弟子关于古代、唐代空间布局制度的问答。

　　问："家庙在东，莫是亲亲之意否？"
　　曰："此是人子不死其亲之意。"
　　问："大成殿又却在学之西，莫是尊右之义否？"
　　曰："未知初意如何。本朝因仍旧制，反更率略，较之唐制，尤没理会。唐制犹有近古处，犹有条理可观。

　　且如古者王畿之内，仿佛如井田规画。中间一圈便是宫殿，前圈中左宗庙右社稷，其他百官府以次列居，是为前朝。后中圈为市。不似如今市中，家家自各卖买；乃是官中为设一去处，令凡民之卖买者就其处。若今场务然，无游民杂处其间。更东西六圈，以处六乡六遂之民。耕作则出就田中之庐，农功毕则入此室处。

　　唐制颇放此，最有条理。城中几坊，每坊各有墙围，如子城然。一坊共一门出入，六街。凡城门坊角，有武侯铺，卫士分守。日暮门闭。五更二点，鼓自内发，诸街鼓，城振坊市门皆启。若有奸盗，自无所容。盖坊内皆常居之民，外面人来皆可知。"

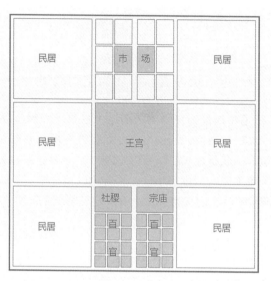

图6-5　宋代朱熹心目中古代匠人营国图式示意

朱熹心目中古代匠人营国的图式，以井田规画（以井字格划分），中间一圈是宫殿，前圈中左宗庙右社稷，其他百官府以次列居为前朝，后中圈为市（图6-5）。

考工记匠人知识体系，由于经历了从城市规划建设史料到制度规范的转变，在不同时代出于不同的目的，对于匠人文本的空间叙事也必然会出现不同的解读。匠人营国图式是个有吸引力的话题，长期以来，对匠人营国文本所呈现的空间结构形态的理解见仁见智，莫衷一是，就是这个原因，如宋代聂崇义《三礼图集注》中的"王城"，清代戴震《考工记图》中的"王城"，清代焦循《群经宫室图》中的"城图"，贺业钜《考工记营国制度研究》中的"王城基本规划结构示意图"，等等。同样，考工记匠人知识体系对中国古代城市特别是都城规划建设的具体影响，仍然是一个充满争议的话题。

下文将考工记匠人作为一种空间叙事，就匠人营国文本及其图式作进一步探讨。

军营的启发

匠人营国之"国",是指带城墙的居邑,属于人居之地,称之为"营",可能源于古老的军民合一传统。《诗经·大雅·公刘》记载先周首领公刘带领族人迁居豳地,"公"为尊称,名为"刘",繁体字为"劉",其意实与武器有关,公刘堪称"军事家";诗中描写公刘"何以舟之,维玉及瑶,鞸琫容刀",配备的是"军刀";先周族民迁居队伍"弓矢斯张,干戈戚扬,爰方启行",十足的"军队"的形象;公刘所相豳地的聚落形态"其军三单",基本单元称之为"军"(关于公刘相地的具体情形,参见"地宜"章)。《周礼·夏官司马》记载"量人"的职责:"量人掌建国之法,以分国为九州。营国城郭,营后宫,量市朝、道巷、门渠,造都邑,亦如之。营军之垒舍,量其市朝、州、涂。军社之所里,邦国之地与天下之涂数,皆书而藏之。"量人执掌建国之法,主量步之事,其所营事务,兼涉城郭、后宫与军之垒舍。

军营布阵,当有规矩。南宋秦九韶为《数书九章》作序称:"营应规矩,其将莫当。"宋代曾公亮《武经总要前集》卷六"方营法":

> 法曰:诸军逢平原广泽,无险可恃,即作方营。兵既有二万人,已分为七军。中军四千人,左、右四军各二千六百人。虞侯两军各二千八百人。左、右军及左、右虞侯军别三营,六军都当十八人,中军作一大营。如其不在贼境,田土宽平,每营中间使容一营。如地狭则不得使容一营地。中军在中央,六军总管在四畔,象六出之花军。出入右虞侯引其前营,在中央右厢向南,左军虞侯押后,在中央后左厢近北结角。两军虞侯相当,状同日月。若左虞侯在前即右虞侯在后。诸军并却转其左右两厢,营在四面。各令依本营卓幕相统摄,急缓须相救援。若欲得放马其外,营幕即狭长布列,务取营里面宽广,不使街巷狭窄,营外仍置拓队。

所附方营图,形象地展示了方营的空间结构形态特征:中军大营居中(计4000人),左右有虞侯二军围护各三营(计5600人),外围左右四军各三营(10400人),共计7军19营20000人。这种空间格局对复原匠人营国图式亦有启发意义(图6-6)。

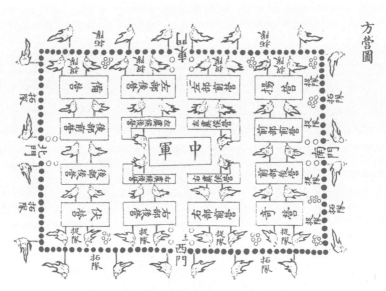

图 6-6 古代军队 "方营图"

（资料来源：（宋）曾公亮. 武经总要前集［M］//（清）纪昀，等. 影印文渊阁四库全书第
七二六册. 台北：台湾商务印书馆股份有限公司，1986：306）

匠人营国空间结构形态的定量推算

匠人营国文本作为一种空间叙事，包括城制、明堂制、门制、等级制
等。值得注意的是，匠人营国文本中通篇皆 "数"，数字和计量单位使用精
细。实际上这是一种十分难得的定量描述，因此可以形数结合地精准刻画匠
人营国的空间图式。兹围绕匠人营国的城制部分，即 "匠人营国，方九里，
旁三门。国中九经九纬，经涂九轨。左祖右社，面朝后市，市朝一夫"，探
究匠人营国的空间图式。

第一，"方九里" 说明王城为方形，按照里 300 步计，边长 2700 步。

第二，"国中九经九纬" 说明王城路网纵横各九条干道，将边长 2700 步
十等分，每份 270 步。

第三，"经涂九轨，环涂七轨"说明王城路网是以纵横交错之经纬涂为主干，出城尚有环涂、野涂与王畿道路相衔接，将王城道路网纳入庞大的王畿区域道路系统。城中干道经涂宽"九轨"。

第四，"旁三门"说明每面城墙分为四段，综合考虑路网密度、王宫规模，可以推定城门的位置分别位于第 2、5、8 个等分点处。

第五，"左祖右社，面朝后市，市朝一夫"，说明"王宫"居"王城"之中央，左、右、面、后这些位置都相对于王宫而言，王宫规模方三里。"朝"指宫前方之外朝，"市"指宫后面的市集[1]。朝与市均占一夫之地，即一百亩。推测匠人营国王城空间结构形态如图 6-7 所示。

从城、门、涂、祖、社、朝、市等空间关系定量推测所得的匠人营国图中规中矩（图 6-8）。

匠人营国图式之中矩表现在：①城方九里，被九经九纬十等分，每份 270 步。②旁三门将九里分为四段，长度比为 2 : 3 : 3 : 2，即分别为 540、810、810、540 步。③相对的城门之间的连线，将王城分为 16 份，其中四角为 4 个小方，每个小方规模为方 540 步；4 个小方之间，每边有 4 个矩形，规模为长 1620 步、宽 540 步；4 个矩形内侧长边围合形成 1 个中央大方（方 1620 步）。

匠人营国图式之中规，表现在上述中矩之图形可以确定内外 2 个圆。外圆经过临近"城隅"（即 4 个城角）的 8 个城门，半径为 5.248 里；内圆内切于中央大方，半径为 2.700 里。外圆与内圆半径比为 1.944，近似为 2（误差为 2.9%），说明四面城墙每边两侧城门与圆心连线和两城门之间的城墙构成一个近似的正三角形。换言之，四面城墙每边两侧城门与圆心连线的夹角约为 60°，城角相邻两个相邻城门与圆心的连线夹角约为 30°。

下文将进一步表明，中规中矩的匠人营国图式，实际上只是方圆相割的规画图式的一个特例，详见"规画"章第五节。

---

[1] 清代焦循《群经宫室图》认为有三朝三市，纵横布置，三朝后为六宫六寝。

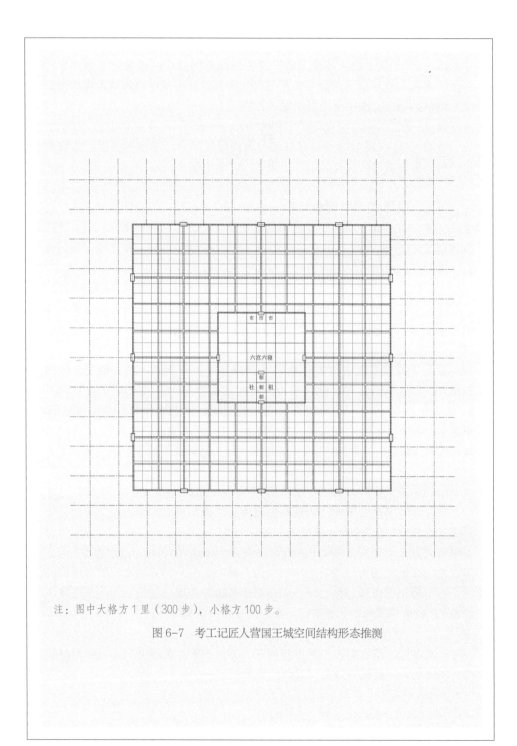

注：图中大格方1里（300步），小格方100步。

图 6-7　考工记匠人营国王城空间结构形态推测

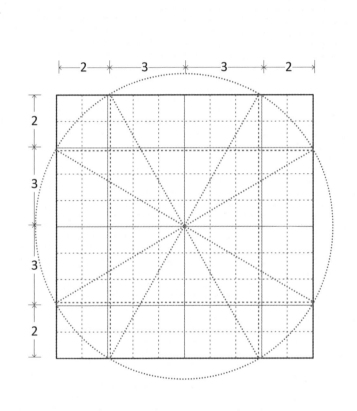

图 6-8　匠人营国图中规中矩

考工记匠人的整体考察

在《考工记》中"匠人"条目下，有"匠人建国""匠人营国"与"匠人为沟洫"三节文字，通常认为这说明城邑规划营建技术包括方位测量、王城及宫城营建、水工等多个方面的技术。但是，如果将《考工记》所载匠人之建国、营国、为沟洫作为一个整体进行考察，就可以发现，考工记匠人所述并非单纯的技术工作。

"匠人建国"记载立表测影，表明古人通过对太阳出没运行以及极星位置的观察，建立了大地上方位的观念，这为匠人营国奠定了基础。"匠人为沟洫"叙述田间沟洫规范，包括山川河流大势和人造沟渠的要求，人造沟渠水利工程的技术规范要求，版筑造堤、墙的工艺规范，堂下道、宫中沟、墙的尺度规范等，沟洫与农田是城邑得以存在的地理与经济基础，"城邑－沟洫－农田"实际上是一个综合的空间系统。总体看来，沟洫、阡陌以及镶嵌其上的城邑，共同展现的是大地上的景观，处于"天之下"；匠人建国立表测影，实际上是在天地运行与关联过程中，通过以水平地、置槷测影，确定大地上的方位与人间的秩序，这是仰以观天，通过天而认识地。所谓匠人营国，就是人居天地间，仰观俯察，惨淡经营。

《逸周书·武顺》云："天道尚右，日月西移。地道尚左，水道东流。人道尚中，耳目役心。"此语对于认识考工记匠人工作的整体性富有启发：如果说匠人建国关乎天道，匠人为沟洫关乎地道，那么，匠人营国"左祖右社"，正合人道尚中。考工记匠人三节是按天道、人道、地道的运行安排的？

总之，匠人营国制度是与天地关联的技术性很强的工作，昭示了城邑营建要顺天合地的理念。《考工记》提出"天有时，地有气，材有美，工有巧，合此四者然后可以为良。"匠人活动从天地材工的角度考察，实际上是"天－地－人－城"综合考虑，协调处理好城邑与天地、国与野、城邑体系与交通体系、城市体系与水土治理，乃至城市营建与国家治理等关系，这是关于科学技术的活动，也是关于空间政治的艺术。考工记匠人传统，与《文子·上礼篇》《淮南子·泰族训》的基本精神是一致的（详见"为治"章），都反映了战国晚期到汉代初期天下由乱而治的时代趋势。

考工记匠人传统一方面反映了工之巧，另一方面匠人知识体系面向整个国土空间、城邑体系与城乡地区，天地人城综合整体思考，具有治地的空间特征，这可能是匠人所在的《考工记》被用来填补《周官·冬官司马》之阙的重要原因，随着《周官》改为《周礼》，匠人知识体系也从规划建设史料而成为制度规范的组成部分。

第七章

规画：山川定位，法地作城

规画，顾名思义，就是以"规""画""圆"。中国古代城市的基本形态是"方"，规画的目的是"画""圆"以"正""方"，是结合山川环境进行人居总体与重要功能区布局，将营建技术上升为法度的反映。"规画"的技术与方法可概括为仰观俯察、相土尝水、辨方正位、计里画方、置陈布势、因势利导六个方面，可谓"规画六法"。画圆正方与规画六法这两个过程相辅相成、相得益彰，共同构成规画术的完整内涵。

第一节　隋大兴城研究发现"规画"

公元 581 年，隋朝建立，次年隋文帝决定在龙首塬创建新都大兴城，两年后迁入新都。大兴城是一座"新城"，能在短时间内按照周密计划兴建而成，整个工程的规划、设计、人力、物力的组织和管理必然相当精细和严谨，同时也说明规画技术与方法已经成熟（图 7-1）。

图 7-1　隋大兴城图

（资料来源：史念海. 西安历史地图集［G］. 西安：西安地图出版社，1996）

隋开皇二年（582 年）六月文帝诏令在汉长安故城东南方创建新都。《隋书·高祖纪》记载："此城从汉，凋残日久，屡为战场，旧经丧乱。今之宫室，事近权宜，又非谋筮从龟，瞻星揆日，不足建皇王之邑，合大众所聚……今区宇宁一，阴阳顺序，安安以迁，勿怀胥怨。龙首山川原秀丽，卉物滋阜，卜食相土，宜建都邑，定鼎之基永固，无穷之业在斯。公私府宅，规模远近，营构资费，随事条奏。"营建大兴城，高颎以宰相资望总领其事，具体的规划设计工作则由宇文恺落实。《隋书·宇文恺传》称："及迁都，上以恺有巧思，诏领营新都副监。高颎虽总大纲，凡所规画，皆出于恺。"这句话非常要害。何为"规画"？宇文恺究竟用什么方法进行"规画"？需要对中国古代城市"规画复原"研究，即从规划师（planner）的角度，探索城市建成环境或形态（plan）背后由"地"到"城"的规划过程（planning）。

立足遵善寺环顾，确定规画圆心

隋大兴城选址于"龙首山"，放眼龙首山南坡这块地区，的确是构建新都的好地方：地势开阔起伏，愈向东南，地势愈高，但是原面更广；从东南两面引水入城，可以方便地解决城市用水问题；依靠山塬将都城与渭河远远隔开，又可避免洪水没都的危险。从今天的地形图上看，这个地块大致处于海拔 400 ~ 450m 之间，引水、排水都十分方便，符合《管子》总结的立都原则："凡立国都，非于大山之下，必于广川之上。高毋近旱而水用足，低毋近水而沟防省"。

龙首山以南建筑稀疏，最显眼的当数遵善寺。遵善寺始建于晋泰始二年（266 年），地处龙首塬南、鸿固塬北的一个高坡上（今海拔在 420m 上下[1]）。宇文恺来到遵善寺，朝南看去，约十里处是鸿固塬西端的一个高点（现海拔约 470m）；鸿固塬呈西南 – 东北走向斜列，在寺院东南方也差不多十里处，地势较高（现海拔约 465m），并明显形成一湾；在寺院西南方约十

⊙1　据史念海（1999）描述：这条高坡虽已逐渐削平，其故迹仍仿佛可以推求。长安中路之北，接着为草场坡。草场坡今已铲低，铲低的高程为 416 ~ 417m，其两侧的高崖犹高 422m，当是原来的旧貌。

里处，地势则相对低洼（现海拔约 410m）。总体看来，寺院的东南、南和西南面距离约十里处，几个关键点勾勒出一道弧线，就像一个展开的扇面。转身朝北看去，地势缓缓下降，距离寺院约十里处，刚好也有一丘微微隆起（现海拔约 400m）。

遵善寺处于诸点的环抱之中，且距离差不多都是十隋里。这恐怕并非偶然，可能与晋武帝时期遵善寺选址之讲究有关。对于遵善寺选址的思想，于史难征，不过考虑到其时佛教传入中国已有 200 余年，寺观向着世俗化方向发展，郊野的寺观选址尤其注重外围环境，考察大地景观的形势，选择川塬之中建寺，这是很有可能的。果真如此，建寺 300 多年后，宇文恺为新都相地，再次立足于此而环顾，看到周围山丘等距离环绕，那也是必然的了（图 7-2）。

从龙首山南观，确定宫城、皇城位置

宇文恺来到龙首山南麓，放眼南观，前方十里处为遵善寺，又十里处为鸿固塬的一个高地，"直终南山子午谷"（《唐六典·卷七·尚书工部》），如果置宫城于此，则北倚龙首山，南俯城邑，近以鸿固塬为案，远表终南山，气势十分浩大。从宫城到遵善寺一线，可以形成壮观的中轴线，向两侧展开，可以定下一代名都的基本脉络。

从龙首山南麓到鸿固塬北麓范围内，因河流切割，从北往南，横亘六道呈西南 - 东北走向的坡冈，即后来所谓的"长安六坡"（海拔高度约在 400～450m 之间，今依然隐约可见）。宇文恺视之，象《易经》中乾卦之六爻"☰"，如果按其高下，因地制宜地布置宫殿、百官衙署、道观、寺庙、园林等重点建筑，则可为城市建设增添光辉。

接下来的工作就是，如何在这样一个开阔的地带中立城郭之形，并进行大致的布局。

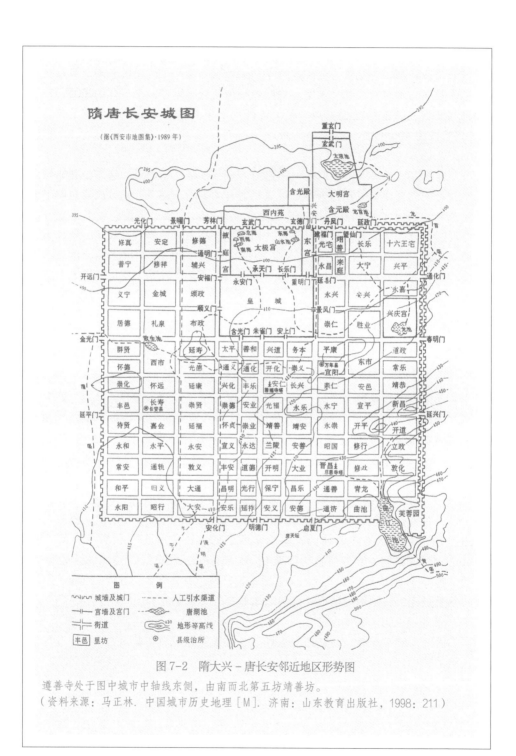

图 7-2　隋大兴－唐长安邻近地区形势图

遵善寺处于图中城市中轴线东侧，由南而北第五坊靖善坊。

（资料来源：马正林. 中国城市历史地理［M］. 济南：山东教育出版社，1998：211）

"规画"理想城

基于前述现场勘察，可以对宇文恺具体的"规画"程序作一推测（图7-3）：

第1步：以遵善寺所在的点 O 为圆心，以5768m（约合隋尺十里）为半径画圆，现场踏勘时所看到的4个关键点 A、B、C、D 即落于圆周之上。

第2步：以东南角点 A 和西南角点 B 为端点，确定都城南郭位置 AB。经过北端点 D 作圆 O 的切线，确定北郭走向 EF。过 A 点确定东郭 AE，过 B 点确定西郭 BF。都城轮廓矩形 $ABFE$ 因此拟定。

第3步：过 D、O、C 三点确定都城中轴线 DOG，紧傍圆心 O 北侧形成设计上的东西大道 IOJ。

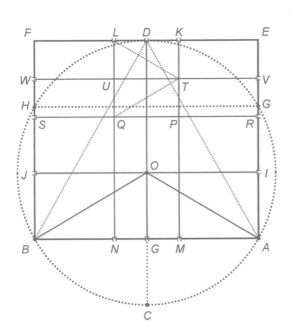

图7-3 宇文恺"规画"拟定的隋大兴平面布局框架推测

（资料来源：武廷海. 从形势论看宇文恺对隋大兴城的"规画"[J].
城市规划，2009（12）：39-47）

第 4 步：圆 O 与东郭 AE 交于点 G，与西郭交于点 H。以 GE（或 HF）的长度为宽，以中轴线 DOG 为对称轴，确定都城中轴线东侧大街 KM 和西侧大街 LN。

第 5 步：按照都城 $ABFE$ 的长宽比例，以 LK 为宽，在都城北郭南侧作相似矩形 $LQPK$，确定宫城与皇城范围，环绕矩形 $LQPK$ 的范围为廓城。PQ 所在的 RS 为皇城南缘的东西大道位置。

第 6 步：作矩形 $LQPK$ 的横向中轴 TU，定为宫城与皇城的界线。TU 所在的 WV 为皇城北缘（或宫城南缘）的东西大道位置。

第 7 步：根据三条主要的南北大街、三条主要的东西大道的位置，确定相应的城门位置，形成"旁三门"的基本格局。

以上可谓宇文恺根据都城山水形势而"规画"隋大兴城的大致程序，及其所拟定的都城平面布局的基本框架。

不难发现，正是由于 O 点与 A、B、D 三点之间特殊的位置关系，决定了后来隋大兴 – 唐长安最基本的城市格局。王树声在《隋唐长安城规划手法探析》一文中指出，隋大兴 – 唐长安内含两个等边三角形，其中一个等边三角形重心的位置就在遵善寺附近；宫城与皇城所在的矩形区域也内含一个等边三角形。[1]这是很有见地的。按照上述对宇文恺"规画"隋大兴平面布局框架的推测，圆心 O 到 A、B、D 点距离均等，$\angle AOB$ 为 120°，$\triangle ABD$ 为等边三角形，OG 长度为 OD 长度的 1/2，O 点正好处于等边三角形 ABD 的重心位置（图 7–4）。

将上述宇文恺"规画"的平面布局图（图 7–3）与现代平面复原图（图 7–5）相比对，可以直观地看出城郭、主要街道以及城门等都吻合得非常好，可以说这是根据山川形势和建设基础而拟定的一个"理想城"（总体格局呈"九州之势"，详见"形法"章）。在此框架基础上，通过"模数制"的手法，保证近期建设和长远发展的统一，以及局部建设与总体布局的统一。在都城实际营建过程中，则必须根据具体的建筑功能、相互关系及地形情况作局部的

⊙ 1 王树声. 隋唐长安城规划手法探析 [J]. 城市规划，2009，33（6）：55–58，72.

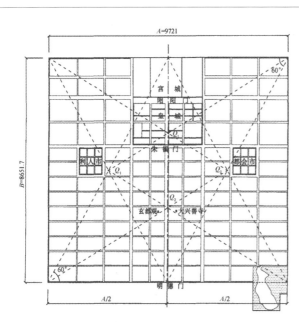

图 7-4 长安城外郭关系分析

（资料来源：王树声. 隋唐长安
城规划手法探析［J］. 城市规
划，2009，33（6）：55-58，72）

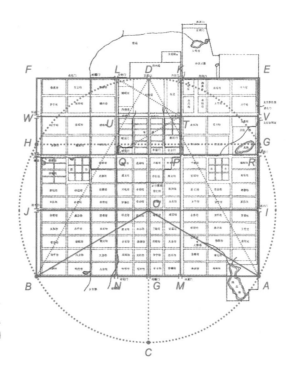

图 7-5 宇文恺"规画图"与
实际"竣工图"比较

（资料来源：武廷海. 从形势
论看宇文恺对隋大兴城的"规
画"［J］. 城市规划，2009
（12）：39-47）

调整，因此理想城与复原图存在微小的误差（均小于3%）也是必然的，不能全然归结为测量上的误差。

在城市布局阶段，宇文恺特别关注审势阶段的几个关键点（即前述O、A、B三点）和特殊地形（即前述六坡），根据城市功能需要，进行重点处理，并通过具体的"形"来"点染"环境，强化空间大势和整体效果。傅熹年指出："在规划大兴城时，除把宫城、皇城建在高地上外，在中轴线朱雀街中段的高度处，又特别建大兴善寺和玄都观两所最大的寺观，夹街对峙，以壮街景。因为外郭的东南角高，西南角低，又采取高处凿池、低处建塔的处理方法，使之平衡。这些处理说明当时宇文恺在利用地形上颇费心机，也反映出这时的规划水平在总结前代经验基础上，又有所提高。"[1] 其中，大兴善寺和玄都观就是原来的遵善寺（O点）一带，东南角高点是曲江池（A点），西南角低点是后来的木塔寺（B点），兹稍加说明如下。

城市设计结合自然

在中国古代城市规划建设史上，隋大兴 – 唐长安以统一协调、宏大开朗而著称，宇文恺"规画"隋大兴，在"举势立形"的基础上还"聚形展势"，城市设计结合自然，主要体现在下列三个方面：

一是贵位置寺观以镇之。在审势阶段宇文恺将"长安六坡"视为乾卦之六爻，在审形阶段又因地制宜，在高坡营建殿宇楼阁等重点建筑物。其中，遵善寺所在的坡地属于"九五贵位"，常人不宜居之，故置大兴善寺与玄都观以镇之。《唐会要》卷五〇称："初，宇文恺置都，以朱雀街南北尽郭，有六条高坡，象乾卦。故于九二置宫阙，以当帝之居；九三立百司，以应君子之数；九五贵位，不欲常人居之，故置元都观、兴善寺以镇之。"关于大兴善寺的建设，文献有所记载。据宋敏求《长安志》卷七曰："大兴善寺尽一坊之地。初曰遵善寺，隋文承周武之后，大崇释氏以收人望。移都先置此寺，以其本封名焉。""寺殿崇广，为京城之最，号曰大兴佛殿，制度与太庙同。"隋开皇十七年（597年），费长房著《历代三宝纪》卷十二称："城曰

---

[1] 傅熹年. 中国古代建筑史（第二卷）[M]. 北京：中国建筑工业出版社，2001.

大兴城，殿曰大兴殿，门曰大兴门，县曰大兴县，园曰大兴园，寺曰大兴善寺。"现寺内所藏清康熙二年（1663年）"重修隋唐敕建大兴善禅寺来源记"碑亦称，该寺与城、殿、宫、门"并赐大兴"。移都先置此寺，并以大兴之名封之，称为"国寺"，寺殿崇广为京城之最，制度等同太庙，显然大兴善寺属于隋代新都营建之"首批重点工程"。

大兴善寺原在长安故城中，开山祖师灵藏大师是隋文帝杨坚的"布衣知友"，唐朝道宣撰《续高僧传》卷二十二"隋京师大兴善寺释灵藏传"曰："释灵藏……为太祖隋公所重……移都南阜，任选形胜而置国寺。藏以朝宰唯重佛法攸凭，乃择京都中会路均近远，于遵善坊天衢之左而置寺焉，今之大兴善是也。"隋文移都，大兴善寺受到特别礼遇，在选址上可以"任选形胜"，可以想见在大兴善寺进行选址时，新都除了宫城建设外，依然是建筑无多，灵藏大师"择京都中会路均近远"，即选择到各地距离相等的地方建寺，这个地方正是遵善寺之所在（图中圆心 O 点），这句话十分要害，证明这里确实是隋大兴规画的构图中心，对此宇文恺为新都相地时已经注意到，实际上是源于300多年前遵善寺选址时的经营。于是，灵藏决定在遵善寺基础上进行扩建，"尽一坊之地"（约合今 $26hm^2$）。

大兴善寺的西侧是玄都观。玄都观本名通道观，北周大象三年（581年）设置于长安故城中，隋开皇二年移至新都崇业坊。《唐会要》避唐玄宗讳改称"元都观"。据《长安志》记载："隋开皇二年，自长安故城徙通道观于此，改名玄都观，东与大兴善寺相比。"玄都观与大兴善寺隔街相对，耸立在大兴城的第五条高坡上，气势宏伟，也强化了中轴线的壮丽。

宇文恺却巧妙地取象《易经》乾卦，因岗势布置宫殿、官衙、王府、寺院和道观等重要建筑，尽地势之利，且各得其所，错落有致，凸现都城特色，堪称"巧思"。

二是高处凿池以厌胜之。大兴城的地形东南高而西北低，宇文恺在遵善寺所看到的东南方高地北麓，有一块突然凹陷的低洼地带，海拔只有440m左右，此地在秦代是一片天然池沼，称为恺洲，建有离宫"宜春苑"，汉代因秦故址，为宜春下苑，名曰"曲江"。宋人程大昌《雍录·唐曲江》云："基地最高，隋营京城，宇文恺以其地在京城东南隅，地高不便，故阙此地，不为居人坊巷，而凿之为池以厌胜之。"也就是说，宇文恺以大兴城东南高西北低，皇宫设于北侧中部，在地势上无法压过东南，于是凿之为池，以"厌胜"的方法进行破解。

客观上，宇文恺利用此处曲水循原的自然特征，进行别具匠心的设计，稍加改造，自觉地辟建为一座景色艳丽、风光独特的城市园林。隋文帝不喜欢以"曲"为名，加之水面广阔而芙蓉花盛开，遂将曲江池改名为"芙蓉池"。它与都城大兴城紧密相连，水流入城，是城东南各坊用水来源之一。

三是低处建木浮图以崇之。仁寿二年（602年）八月，隋文帝诏令在大兴城西南隅为独孤献皇后立"禅定寺"，寺宇建制庞大，殿堂高耸，房宇重深，等同于宫阙。宇文恺建议在此地建塔，木塔七层，至大业七年（611年）才完成。元代骆天骧纂修《类编长安志》卷五称："在永阳坊，隋初置，宇文氏别馆于此坊。仁寿三年，文帝为献后立为禅定寺。宇文恺以京城之西有昆明池，地势微下，乃奏于此寺建木浮图。崇三百二十尺，周回一百二十步。"

仁寿四年（604年）七月，文帝去世，次年炀帝诏令为文帝追福，于禅定寺西侧建大禅定寺，制度与禅定寺同，寺内亦建造有巨型木塔。清徐松著《唐两京城坊考》卷四称："隋大业三年（607年），炀帝为文帝所立，初名大禅定寺，寺内制度与庄严寺正同，亦有木浮图，高下与西（应是东）浮图不异。"宇文恺在大兴城西南低洼处，屹立木塔，既弥补了地形上的缺陷，又与周边的建筑竞丽争辉，为俯瞰城市提供了新的视角。从后来唐代诗人笔下的描写，可以感受其雄壮的气势："半空跻宝塔，晴望尽京华。竹绕渭川遍，山连上苑斜。四门开帝宅，阡陌俯人家。"[1] "高阁逼诸天，登临近日边……槛外低秦岭，窗中小渭川。"[2]

长期以来，隋大兴–唐长安城研究是中国规划史、建筑史、科技史研究的热门话题。规画研究则结合地理形势特征，从城市空间的"果"（文献记载与考古揭示的平面图，相当于"竣工图"）探究其空间的"因"（相当于"规划图"），进而揭示从"地"到"城"的相地和规划布局过程，实现了从结

⊙1 孟浩然. 登总持寺浮图［G］// 全唐诗（第五册）. 北京：中华书局，1980：1662.
⊙2 岑参. 登总持阁［G］// 全唐诗（第六册）. 北京：中华书局，1980：2085.

构或形态研究到过程研究的转变，开辟了城市空间形态研究的新路径。规画研究将规划者相地布局的行为纳入思考，形成了规划者、规划过程、规划成果三者的统一（可谓三"规"合一），在研究视野上有所拓展，实现了从建设史或营建史向规划史的转变。规画研究运用现代科学技术与方法，复原历史城市规划设计过程，特别是揭示了城市结构形态中的形数关联，过程可重复，结论也具有较强的说服力，在研究方法上有所创新。在隋大兴城研究基础上，可以进一步追溯规画技术方法及其表现形式。

第二节　六朝建康研究总结规画六法

隋唐以前属于魏晋南北朝时期，比较典型的都城有六朝建康（今南京）与北魏平城（今大同）、洛阳。南京是中国著名古都，自公元 3 世纪以来，先后有东吴、东晋和南朝的宋、齐、梁、陈，以及南唐、明、太平天国、中华民国 10 个朝代和政权在此建都立国，是国务院批准的第一批历史文化名城之一。在魏晋南北朝时期，孙吴、东晋和南朝宋、齐、梁、陈六个王朝先后在今南京定都，凡 321 年，史称"六朝"（图 7-6）。东吴都城名建业，晋平吴后改建业曰建邺，建兴元年（313 年）为避晋愍帝司马邺之讳改建邺为建康，南朝宋、齐、梁、陈因之，后世统称六朝都城为建康。六朝时期南方经济日益发达，文化繁盛，建康城是当时南方地区政治、经济、文化的中枢，同时也是南北方文化交流和融合的结晶，在中国古代都城发展史上具有十分重要的地位。

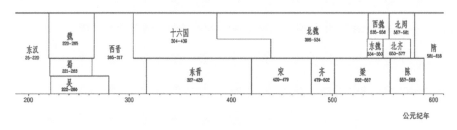

图 7-6　六朝年代简图

（资料来源：武廷海. 六朝建康规画［M］. 北京：清华大学出版社，2011）

大地为证

长期以来，学术界对于中国古代城市研究，基本范式是将城市视为历史文化研究的对象，采用1925年王国维《古史新证》提倡的"二重证据法"，即运用"地下之新材料"（如殷墟甲骨、西域简牍、敦煌文书等）与"纸上之材料"（古文献记载）互相释证。古都是历史文化研究的重要内容之一，六朝建康都城研究也离不开这两方面的基本材料。

关于纸上之材料，涉及正史、地方文献和文学作品等记载六朝建康城的相关史料，总体看来，这些材料因著述时间的先后，对六朝都城研究的价值亦有所不同，其中最为珍贵的是六朝人的著作，如正史中晋代陈寿撰《三国志》、梁代沈约撰《宋书》、萧子显撰《南齐书》，文学作品有刘宋刘义庆编《世说新语》、梁代萧统编选《昭明文选》等。其次为隋唐人著作，当时去六朝不远，不少地方尚有迹可循，如唐房玄龄撰《晋书》、姚思廉撰《梁书》与《陈书》、李延寿撰《南史》、魏征与令狐德等撰《隋书》以及许嵩撰《建康实录》等。第三是宋元著作，由于距六朝年代已经久远，因此多据前人著述加以考证、编类和总结，如宋人司马光编著《资治通鉴》、郑樵撰《通志》、王象之撰《舆地纪胜》、乐史撰《太平寰宇记》、张敦颐著《六朝事迹编类》、周应合撰《景定建康志》，以及元人张铉纂《至正金陵新志》等。第四是明清民国著作，明代定都南京后进行大规模建设，六朝遗迹多已无存，基本上是利用纸上之材料加以研究，如明代陈沂著《金陵古今图考》、清代莫祥芝与甘绍盘合纂《同治上江两县志》、顾云撰《盋山志》、甘熙撰《白下琐言》、民国叶楚伧与柳诒徵主编《首都志》、陈诒绂撰《石城山志》、朱偰撰《金陵古迹图考》等。

关于地下之新材料，近年来南京市博物馆在配合城市建设的考古发掘中，发现了六朝建康城的遗址，出土了属于建康城市基础设施及重要建筑的遗迹和遗物。在建康城的范围内勘探和发掘了30多个点，发掘面积达2万 m^2，发现了六朝时期的一些重要建筑遗迹，如六朝台城之四至及城内道路，为南京六朝建康城的考证研究注入了新的活力。

近代以来，在"二重证据法"指导下，对六朝建康城的位置、城市形态、平面布局以及重要建筑等已经取得较为丰富的研究成果，勾画了六朝建康城的总体结构与城市形制的许多重要方面。其中较为突出的是，研究者根据各自的考证与探索，对建康城的形态作出了多种可能的判断，从专业领域看，大致分为历史文化、城市考古、古建规划三类近 30 种方案，充分体现了六朝建康研究的丰富性，同时也说明了这个问题的复杂性（详见《六朝建康规画》附录部分）[1]。

总体看来，目前对都城范围、宫城位置等许多基本问题尚未取得共识，对六朝建康城基本面貌的认识存在相当的模糊性和不确定性，六朝建康城是中国都城史研究中的一个难点。造成这种困难的原因很多，例如，历史文献对六朝建康城的记述一般多偏重于对都城和宫城位置、形制等进行轮廓性叙述，或者对某些重要建筑进行文学性描述，而对城市平面布局、道路设施和主要建筑群布局等往往缺乏专门叙述；又如，千百年来由于自然变迁和人工建设影响，六朝建康城池和宫室建筑遭到很大程度的毁坏，所存遗迹寥寥无几，加之六朝建设深埋在现代繁华的南京城之下，难以进行大面积考古勘探和发掘工作，因此难以通过考古所获新材料来揭示六朝建康城的整体面貌。因此，利用"二重证据法"研究六朝建康城仍然受到一定的局限，留有一定的遗憾。与魏晋洛阳城、汉唐长安城、明清北京城相比，关于六朝建康城市空间的研究显得较为薄弱。

值得注意的是，作为历史文化研究的对象，城市具有不同于一般历史事件或文化器物的特殊性，即它是在特定的地理环境基础上，实实在在地规划建设起来的，具有鲜明的"空间性"；城市发展与活生生的社会生活相联系，随着时代的变迁而变动不居。因此，仅仅依靠传统的"二重证据法"，尚不能有效解决古代城市的空间结构与形态问题。为了适应都城鲜明的空间性、象征性和变动性特点，有必要在纸上之材料、地下新材料这二重证据的基础上，加上大地这个基础性材料和关键证据，三证合一。一方面，大地为都城规画提供了基础和凭借，所谓"有一居而数更所者矣，有一所而数更名者矣，新名立而旧者没，后迹迁而前者伪"。这些都与"大地"有关，规画讲究因"地"而制宜。另一方面，通过大地这个载体或平台，可以对"纸上之材料"与"地下之新材料"进行系统的整理、组织和科学的整合，重建城市空间演进的基本逻辑，同时也补充和深化对古代文献和考古材料的认识和理解。

---

[1] 武廷海. 六朝建康规画 [M]. 北京：清华大学出版社，2011：251–285.

图 7-7　陆师学堂新测金陵省城全图

原图长 121.2cm，宽 103.6cm。比例尺为 1∶10000，五彩印制，街
道格局与山水形势清晰直观，尤为难得。

（资料来源：日本京都大学图书馆）

　　六朝建康规画研究明确提出将"大地"作为第三重证据，与历史文献记
载、田野考古资料相结合，在千百年后重新体验东晋王导等的相地营建过
程，揭示古人如何基于城市的山川形胜与自然肌理，将城市与自然山水进行
整体考虑和谋篇布局，窥探六朝建康规画的奥秘。由于近代以来南京城市建
设对自然山川改变较大，研究运用清光绪三十四年（1908 年）南洋陆师学
堂测绘的《陆师学堂新测金陵省城全图》，经过数字化处理，复原山水结构，
作为建康城市布局与建筑群选址的基础（图 7-7）。

东吴将军府和太初宫位置

东吴大帝黄龙元年（229年），孙权自武昌迁都建业，南京有史以来首次成为都城，直至后主天纪四年（280年）西晋平吴。期间，除去甘露元年（265年）九月至次年十二月后主孙皓徙都武昌，建业作为东吴都城共计50年。此前，从建安十六年（211年）移镇秣陵，次年改秣陵为建业，至建安十九年（214年）离开建业移住公安，这四年时间，建业主要作为将军府而存在，并不属于都城建设范畴，但是客观上将军府对此后东吴都城规画具有最初的奠基意义，实为六朝都城发展的先声。因此，孙吴建业大致可以分为两个时期：将军府时期（211—214年），帝都时期（229—280年）。

东吴的奠基与开创是根据功能需要，依托自然条件而进行的草创。将军府时期的工作包括：①筑石头城，因山为城，因江为池，"周七里一百丈"，控扼江险。六朝以来，皆守石头以为固，以王公大臣领戍军为镇。②夹淮立栅，秣陵有小江（淮水）百余里，可以安大船理水军，这是孙权决议移镇秣陵的重要因素。孙吴移治秣陵后，沿着入大江附近的淮水两岸，用木、石等修筑栅栏"十余里"（称栅塘），以御江潮和敌人。石头城外的江岸（大江）及河岸（小江）是探讨孙氏初基的源头。③作将军府。将军府寺的主要功能是满足军事统治需要，要总理小江和石头城的军事训练、防卫、后勤等事务，因此将军府选址时，选择了与石头城、栅塘以及淮水之南长干里一带居民区联系便捷的位置，处于石头城与秦淮河水形成的扇面的中心。严格地说，将军府建设尚不能归为都城建设范畴，其建设内容也很简单，但是它为后来六朝都城建设特别是宫城建设和生长确定了一个"基点"。

黄龙元年（229年）四月孙权在武昌南郊称帝，九月将都城从武昌迁回建业，与魏蜀鼎峙，这次是长远打算的，真正可以"建基立业"了，六朝建康都城建设史也从此正式开启。然而，孙权迁都建业时，尚无全盘规划，连宫殿也未新建，只是临时居住在建安年间修筑的将军府中，以旧府为宫，称太初宫（又称建业宫）。并且，这一住就是18年，直到赤乌十年（247年）才不得不改作。孙吴在将军府寺基础上扩建改作的太初宫，其规模并不大，史书记载"周三百丈"，即"周二里"，改建太初宫工程量不算大，前后只用了一年的时间。吴太元二年（252年）四月孙权病逝后，其子孙开始建太庙、修宫室，逐渐符合帝制体制，都城建设进入新的发展时期，其中最重要的建

图 7-8　东吴将军府太初宫时期城市交通结构与功能布局推测

（资料来源：武廷海. 六朝建康规画［M］. 北京：清华大学出版社，2011）

设就是宝鼎二年（267 年）孙吴后主孙皓起昭明宫（图 7-8）。

　　在昭明宫建成 13 年后，东吴为晋所灭，庆幸的是，并未毁废建业宫室，
都城完好如初。晋人以胜利的心态，制作辞赋，左思的《吴都赋》描绘了
建业盛时面貌，昭明宫前苑路七里，直达淮水："高闱有阅，洞门方轨。朱
阙双立，驰道如砥。树以青槐，亘以绿水。玄荫耽耽，清流亹亹。列寺七
里，俠栋阳路。屯营栉比，廨署棋布。横塘查下，邑屋隆夸。长干延属，飞
甍舛互。"东吴苑城框定了东晋南朝台城的规模，昭明宫前通往南津大桥
（朱雀桥）的苑路为后来从台城大司马门通往朱雀航的中轴线奠定了基础
（见图 7-10 之左图）。

建康城的中轴线与规模

西晋愍帝建兴五年（317年），琅琊王司马睿（276—323年）称晋王，改元建武，并备百官，立宗庙社稷于建康，江东实际上已经建立起以建康为中心的新政权。建武二年（318年）春，晋王即皇帝位于建康（即晋元帝），史称东晋。东晋共计104年，是六朝建都的王朝中时间最长的一个朝代，百余年间局势稳定，人口增加，经济日趋繁荣，中兴于江左。如果说东吴为六朝都城肇始奠基，东晋则按中原文化传统进行改建更作，规制逐渐成形。东晋初期国力疲惫，百度草创，礼仪法度只能应时权变，但不乏深谋远虑，特别是在名相王导（276—339年）主持下，以孙吴建业为基础，吸取魏晋洛阳规划经验，因地制宜地构筑新城，奠定都城宏阔的框架。

一是宗庙社稷定中轴。《晋书·元帝纪》记载，建武元年（317年）三月，司马睿"备百官，立宗庙、社稷于建康"，建立新政权，以承正朔。当时政局未稳，经济凋敝，百废待兴，建设稀少，宗庙和社稷是屈指可数的"形象工程"，其意义非常重大，位置选择也特别有讲究。《建康实录》卷五《中宗元皇帝》引《图经》："晋初置宗庙，在古都城宣阳城外，郭璞卜迁之。左宗庙、右社稷，去今县东二里。玄风观即太社西，偏对太社，右街东即太庙地。"宗庙（太庙）、社稷的地点为通阴阳卜筮之术的郭璞（276—324年）所定，分别居于东吴昭明宫前苑路的东、西两侧，以苑路为中轴线，符合《考工记》"左祖右社"之制。考虑到当时元帝还暂居东吴太初宫，偏于这条轴线之西，说明郭璞卜定宗庙位置时，"已对建康有一个建都规划，将来准备把宫城东移到正对宣阳门的位置"[1]。尽管都城宫室因陋就简，但是已经拟定新都的中轴线，真可谓深谋远虑，这一点也为两年后定牛首山双峰为天阙、立南郊等事所印证。

二是枢轴融于自然。晋元帝为了展示皇权之尊严，打算在建康都城正南的宣阳门外立双阙。太兴二年（319年）某日，王导随驾出宣阳门，乃指正对宣阳门的牛首山，对元帝曰："此乃天阙也。"帝然其言，遂不再建阙。《建康实录》卷七《显宗成皇帝》记载："时中兴草创……议欲立石阙于宫门，未定，后导随驾出宣阳门，乃遥指牛头峰为天阙，中宗从之。案，《地记》：至今此山名天阙山，自朱雀门南出，沿御道四十里到此山。"牛首山在今中

⊙ 1　傅熹年. 中国古代建筑史（第二卷）［M］. 北京：中国建筑工业出版社，2001.

华门外二十多里，山有双峰东西相对，因形似牛头而得名。王导指牛首双峰为天阙，其本意大概是为了节约，国家初创，财力薄弱，都城建设困窘，不宜大兴土木，劳民伤财。同时，这实际上也体现了王导对建康都城布局的宏阔视野：其一，确认了从东吴苑门至朱雀桥的城市新轴线，发扬了东吴太初宫南对淮水河湾，以南津大桥为朱雀的传统；其二，远承秦都咸阳"表南山之巅以为阙"的经验，将城市新轴线南延直抵牛首山，融入自然，都城远朝牛首天阙，和天庭相通达，人间的帝都与自然的门阙声息相通，建构起更为广阔的"大建康城"，强化了正统的色彩和至尊的气势（图7-9）。在国力屡弱之时，王导巧妙地利用自然山水条件以增强都城气势，形成包举宇内的宏阔构架，建康城及其所代表的皇权意志从有限的人文建筑延伸至无限的自然时空，这不能不说是规画艺术的高明！

与在中轴线南端指山为阙相映成趣的是，在中轴线北端北湖筑堤壅水。北湖玄武湖本是一天然湖泊，西北可经金川河而达长江，东吴时开青溪、潮沟与之相通，引水而南，沟通秦淮，既利军事防御，又可满足水上交通及城市给水排水之需。但是，江潮涌涨，湖水威胁建康宫苑，因此东晋太兴三年（320年）筑堤治水。《建康实录》卷五记载："是岁，创北湖，筑长堤，以壅北山之水，东自覆舟山西，西至宣武城，六里余。"实际上，东晋都城中轴线也向北延伸至北湖。总体看来，牛首山、北湖定下了南北轴线的两端。这条轴线在此后的建康城建设中日见浮现，并不断充实，对城市结构形态发挥着控制全局的枢轴作用，气势磅礴、壮美非凡。

三是仿制洛阳作新都。成帝咸和五年（330年）九月，名相王导主持开展新都重建工作。此项工程历时两年有余，直到咸和七年（332年）十一月才完工。根据《建康实录》卷七及其引文中关于建康都城与宫城形制的记述，可以推定：①建康城"周二十里一十九步"，参照西晋洛阳城南北纵长的形制[⊙1]，

⊙ 1　众所周知，建康周围景观与形势酷似洛阳，早在晋室东渡之初，过江人士即有感于此，著名的"新亭对泣"中有所谓"风景不殊，举目有江河之异"之语，盖指洛阳四面山围，伊、洛、瀍、涧在中，当时建康亦四山围合，秦淮其中，形似京洛；只是建康在长江流域，洛阳在黄河流域，所以有江河之异。这种地理条件的相似性为东晋建康借鉴洛阳形制提供了自然基础，差别就在规模大小了。东晋建康仿照汉晋洛阳之制，其中最基本的就是借鉴城市结构形态关系。《续汉书·郡国志》注引《晋元康地道记》记载洛阳城规模"城南北九里七十步，东西六里十步"，即长宽比为九比六，称"九六城"。

图 7-9 "牛首山 – 北湖"的自然轴线与东晋建康的空间关系示意图

（资料来源：武廷海. 六朝建康规画 [M]. 北京：清华大学出版社，2011）

图 7-10　基于东吴建业城的东晋建康规画结构形态示意图

左图为东吴建业城，右图为东晋初期建康城。

（资料来源：武廷海. 六朝建康规画［M］. 北京：清华大学出版社，2011）

都城长宽比为 3∶2，则规画中的建康都城南北长 6 里，东西宽 4 里，合计周 20 里。②建康城共设有"六门"，其中包括已有的宣阳门及增开的陵阳、开阳、清明、建春、西明五门，从此"六门"遂成为建康都城的代称。到了南朝时期，又增至十二门。③都城正南门宣阳门南距朱雀航 5 里，宫城正南门大司马门南距朱雀航 7 里，则宣阳门与大司马门相距 2 里，亦即宫城南墙与都城南墙相距 2 里。④继承西晋洛阳"单一宫城"形制，营新宫署曰建康宫，亦名显阳宫，后世称之为"台城"。宫城"周八里"，若呈方形，边长 2 里，则形成宫城居于都城之中的格局。宫城（台城）是都城规画的核心，也是整个城市规划结构的重心。值得注意的是，与魏晋洛阳城相比，东晋建康调整了宫城在都城中的位置，以宫城为中心，进一步加强了"王者居中"的空间效果。东晋建康宫城利用东吴苑城旧址，宫城大司马门位置即东吴苑城南门（也是昭明宫南门），大司马门与宣阳门之间就是东吴苑路所在。建康宫城与都城的结构形态既定，就可以进行最重要的宫室布置了，其中首要考虑的，当是太极殿的选址（图 7-10）。

参望确定太极殿位置

王导如何确定太极殿的基址？这可以从太极殿与周边地物的空间位置关系中找到线索。首先值得注意的是都城正西门西明门，西明门位于台城前东西横道与都城西墙的交会处，建康宫城与都城的结构形态确定后，西明门的位置也就确定了。这个西明门位于西州古道的东侧，属于山前地带，早在东吴时期其附近就已有所建设。王导规画东晋建康城时，想必也要到此地亲自踏勘。在后代的文献中，屡有称"西明门"为"白门"者，如《读史方舆纪要》卷二十《南直二》认为"正西曰西明门"，注曰："一名白门……齐东昏侯末，闻萧衍克江郢，云：须来至白门，当一决。既而衍使陈伯之屯西明门……《金陵记》：建康西门曰白门，以方色名也。"《资治通鉴》卷144《齐纪十·和帝中兴元年》湖三省注云："白门，建康城西门也；西方色白，故以为称。"称西明门为"白门"，显然与方色有关，一般西方称"白"。据西汉刘安撰《淮南子·坠形训》载："西南方曰编驹之山，曰白门。注：西南，月建在申，金气之始也。金气白，故曰白门。"因此，可以认为，建康城正西门西明门因处于太极殿西南"申"位而被称为"白门"。这个"申"位，是以都城中轴线（即孙吴建业苑路所在）为基准，南偏西60°左右。

从西明门向西南望去，便是著名的冶山。东吴时期曾在此设有冶官治所，铸造兵器和生活用品及金属货币，因此而称冶山。东晋大兴元年（318年），丞相王导在冶山建私人别墅，取名"西园"。当时西园"果木成林，又有鸟兽麋鹿"，风景十分优美，王导常于此召集文人雅集。然而，据《六朝事迹编类》记载，当时冶山仍有冶坊开工，其时王导曾患重病，疾久不愈，方士戴洋进言："君本命在申，而申地有冶，金火相铄（古代以地支配五行，申属金），不利。"后来王导以丹阳太守（尹）的身份，命令冶令奕逊将作坊迁往台城东南的汝南湾东南，西临淮水，称"东冶"。既然冶山、西明门都处于太极殿的"申位"，那么，太极殿（O）–西明门（M）–冶城（M'）无疑大致处于同一直线上（图7-11）。

又，从西明门向东北望去，便是著名的钟山。钟山，又称蒋山，位于建康东北，东西蜿蜒达3km，南北宽为3km，共有三个山峰：主峰偏北，故称北高峰，海拔高达448.9m；东南第二峰小茅山，海拔350m；第三峰偏西，今称天堡山，海拔250m。《建康实录》卷三引西晋张勃《吴录》记诸葛亮之

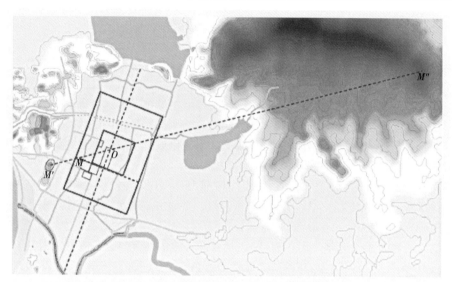

图7-11　东晋建康太极殿与冶山、钟山的位置关系

（资料来源：武廷海. 六朝建康规画［M］. 北京：清华大学出版社，2011）

言："钟山龙蟠，石头虎踞，此乃帝王之宅也"；《景定·建康志》卷十七《山
川志一·山阜》"钟山"条引《丹阳记》云："京师南北并联山岭，而蒋山岩
峣巍异，其形象龙，实作扬都之镇。"引庾阐《扬都赋》云："元皇帝渡江之
年，望气者云，蒋山上有紫气，时时晨见。"今人夏树芳认为，小茅山即龙
首。[1] 所谓龙蟠、镇山、紫气等，都说明钟山之于建康城是非常重要的，因
此王导规画建康时，不能不另眼相看。

　　巧合的是，从西明门（M）到太极殿前（O）联线的延长线 MOM" 刚好正对
钟山次高峰小茅山（M"）；换言之，西明门（M）和太极殿前广场（O）都位于
冶山（M'）与钟山东南小茅山（M"）的连线上。不难推论，王导在相度太极殿
基址（O）时，可能受到冶山与钟山次高峰小茅山之间连线的启发。如果说东
晋建康城的中轴线（天阙山 – 宣阳门 – 后湖）基本确定，那么太极殿的位置
就是中轴线与冶山 – 小茅山连线的交会点，两条直线相交而决定一个点。

⊙1　夏树芳. 金陵风貌［M］. 上海：上海科学技术出版社，1981.

王导建康城规画复原

确定了西明门与太极殿这两个特殊的点（圆心），就可以对王导规画建康城的具体步骤进行复原了（图7-12）。

第1步：过西明门 M 和宣阳门 I，作东晋都城所在的矩形 $ABCD$，长6里，宽4里。以东吴"苑路"所在位置 IK 为南北中轴，I 点为宣阳门位置，K 点为后来南朝玄武门的位置。

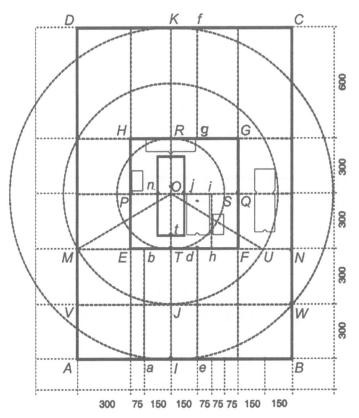

图7-12　王导"规画"拟定的东晋建康城平面布局框架推测

图中单位为步。

（资料来源：武廷海. 六朝建康规画［M］. 北京：清华大学出版社，2011）

第2步：在矩形 ABCD 中心作台城所在的正方形 EFGH，方2里。中轴线 IK 与台城南墙所在位置 EF 交于点 T，T 点为大司马门位置。EF 向东西延长，与都城 ABCD 的西墙 AD 交于点 M，与东墙 BC 交于点 N，点 M 为西明门位置，点 N 为建春门（建阳门）位置，MN 为宫前横街。

第3步：过西明门的位置点 M 作 MO，使 M 点处于 O 之申位（即，∠TOM=60°）。O 点即太极殿前位置。因 MT 长 525 步[1]，求得 O 点南距大司马门所在的 T 点距离 OT 长为 303 步。考虑到 M 点与 O 点之间的相对位置"申位"为一个约数，OT 长度约为 300 步整，恰合 1 里。因此，也可以认为，具体规画时置 O 点于 T 点北 1 里处。经过 O 点作太极殿前东西横道 PQ，P 为西掖门位置，Q 为东掖门位置。

第4步：以 O 点为圆心，300 步（1 里）为半径，作圆 TRS。此圆与中轴线 IOK 交于点 T 和点 R；与 PQ 交于点 S，S 点为后来梁第二重城墙云龙门的位置，SQ 长 75 步。

第5步：以 O 点为圆心，600 步（2 里）为半径作圆。此圆与中轴线 IOK 交于点 J；与 AD 的交点同 M 点位置相差无几，故以 M 点代之（点 M 与点 O 实际距离为 604.6 步，与 600 步相差 4.6 步）；与横街 EFN 交于点 U，向北正对东宫南门位置。

第6步：以 O 点为圆心，900 步（3 里）为半径作圆。此圆与中轴线 IOK 交于点 I 和点 K；与 BC 交于点 W，点 W 为清明门（南朝东阳门）的位置。过 W 点作 AB 的平行线，与都城西墙 AD 交于点 V，即阊阖门的位置。

第7步：在 IT 左侧，距离 IT 150 步处，作平行线 ab（东吴太初宫前大道一线），与都城南墙 AB 交于点 a，与宫城南墙 EF 交于点 b，a 点为都城陵阳门（广阳门）位置，b 点为东吴太初宫北宫门玄武门；在 IT 右侧，距离 IT 150 步处，作平行线 ed，与都城南墙 AB 交于点 e，与宫城南墙 EF 交于点 d，e 点为都城开阳门位置，d 点为宫城闾阖门（南掖门）位置。

---

[1] 东吴苑路与苑城西墙一线平行，两者相距 225 步，亦即 ET 长 225 步。加上 ME 长 1 里（即 300 步），求得 MT 的长度为 525 步。

根据东晋建康城平面布局框架，结合文献记载，可以进一步确定建康城、建康宫主要城门与道路位置关系（图7-13）。南朝在东晋建康的基础上，又增辟城门、立都墙、修驰道，台城增至三重墙、重修宫室、兴筑苑囿，强化中轴的礼制功能，广修寺院等，都城格局不断完善，内容不断充实，面貌日益壮丽（图7-14）。

如果将上述王导"规画"的平面布局图与现代考古发掘成果相比对，发现城郭、主要街道以及城门等都吻合得很好，推测王导借鉴洛阳模式，根据建康山川形势和都城建设基础而拟定的"理想城"是基本可信的，这为东晋及此后南朝历代都城建设立下了框架和基础，较妥善地解决了近期建设和长远发展的统一，以及局部建设与总体布局的统一问题（图7-15）。六朝建康规画复原特别是东晋王导规画建康城的复原为总结中国古代规画的基本理论与方法提供了关键例证。

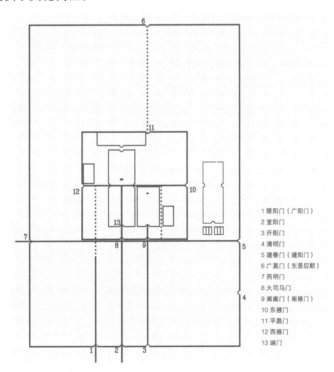

1 陵阳门（广阳门）
2 宣阳门
3 开阳门
4 清明门
5 建春门（建阳门）
6 广莫门（东晋后期）
7 西明门
8 大司马门
9 阊阖门（南掖门）
10 东掖门
11 平昌门
12 西掖门
13 端门

图7-13 东晋建康都城格局

（资料来源：武廷海. 六朝建康规画［M］. 北京：清华大学出版社，2011）

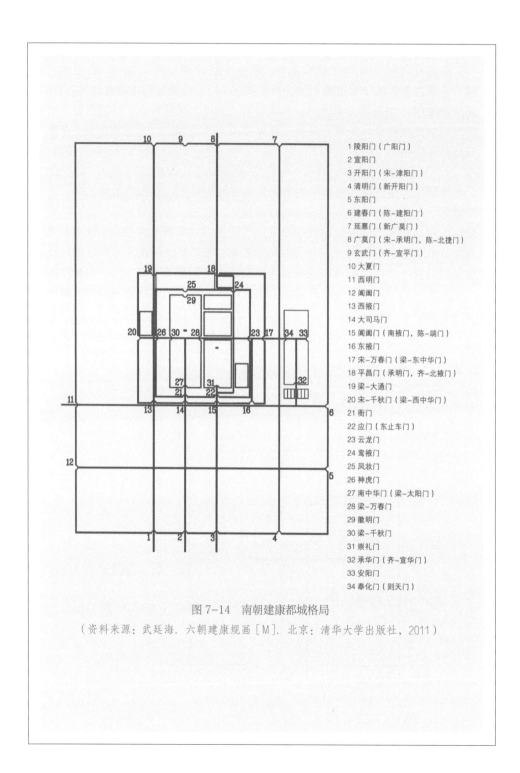

1 陵阳门（广阳门）
2 宣阳门
3 开阳门（宋–津阳门）
4 清明门（新开阳门）
5 东阳门
6 建春门（陈–建阳门）
7 延熹门（新广莫门）
8 广莫门（宋–承明门，陈–北捷门）
9 玄武门（齐–宣平门）
10 大夏门
11 西明门
12 阊阖门
13 西掖门
14 大司马门
15 阊阖门（南掖门，陈–端门）
16 东掖门
17 宋–万春门（梁–东中华门）
18 平昌门（承明门，齐–北掖门）
19 梁–大通门
20 宋–千秋门（梁–西中华门）
21 衙门
22 应门（东止车门）
23 云龙门
24 鸳掖门
25 凤妆门
26 神虎门
27 南中华门（梁–太阳门）
28 梁–万春门
29 徽明门
30 梁–千秋门
31 崇礼门
32 承华门（齐–宣华门）
33 安阳门
34 奉化门（则天门）

图 7-14　南朝建康都城格局

（资料来源：武廷海. 六朝建康规画［M］. 北京：清华大学出版社，2011）

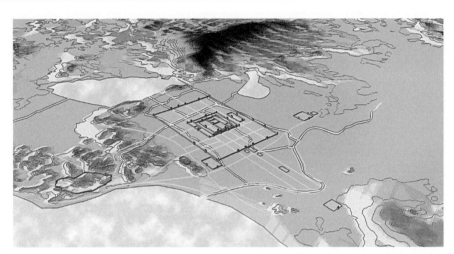

图 7-15　南朝建康都城形势示意图

（资料来源：武廷海. 六朝建康规画［M］. 北京：清华大学出版社，2011）

规画六法

　　中国古代规画具有悠久的历史、丰富的内容，形成了独特风格的体系。这一体系的全貌需要不断地发掘与整理。从隋大兴到六朝建康，通过对中国古代都城规画的初步探索，认识到规画是有规律可循的，体会尤深者有二。都城是具有鲜明的空间性、象征性和变动性的人居环境，都城规画是根据自然地理条件，运用规、矩、准、绳等基本工具，将都城防御、生存、礼制等功能需要具体落实到空间上来，规画研究就是从古代规划师的角度复原城邑规划的过程及其成果，这是可重复的科学方法，此其一；其二，规画是因地制宜、因势利导的结果，是一个不断生成的整体，需要将都邑空间结构与形态发生发展的过程，放置到历史的社会经济背景和自然的地理环境中进行综合考察。有鉴于此，概括古代为解决实际问题而采用的一般性规画方法，主要有如下六个方面：

　　（1）仰观俯察。"仰观俯察"语出《周易·系辞下传》"仰则观象于天，俯则察法于地"，这是中国先民生存智慧的概括。魏晋时仰观俯察已经成为认识自然的思维及审美模式，如曹植《洛神赋》云："俯则未察，仰以殊观：睹一丽人，于岩之畔……远而望之，皎若太阳升朝霞；迫而察之，灼若芙蕖出绿波"；东晋王羲之《兰亭》诗云："仰视碧天际，俯瞰渌水滨。寥阒无涯观，寓目理自陈。"仰观俯察是"规画"的基础，通过选择合适地点进行"测望"，整体把握自然地理形势和空间格局，努力做到了然于胸，了如指掌，以满足防洪、用水、御敌等基本需求。

（2）相土尝水。如果说仰观俯察是远观，相土尝水则是近察。远观看势，把握较大尺度的地理特征，初步确定都城选址，近察则看形，身临其境地考察地形地表、河川流向以及日照风向等自然地理条件，进行"用地评价"。西汉文帝（公元前179—前168年）晁错追述先民相土尝水的传统曰："相其阴阳之和，尝其水泉之味，审其土地之宜，观其草木之饶"；东汉赵晔《吴越春秋·阖闾内传·阖闾元年》记载："子胥乃使相土尝水，象天法地。造筑大城……筑小城……"通过相土尝水，可以为顺其自然、因地制宜地布局城市功能区奠定基础，这也为认识城邑规画提供了发生学的依据。

（3）辨方正位。辨方正位语出《周礼》，意思是对国土资源进行综合调查、评估、分类（辨方也），进行合理的土地利用安排与贡赋要求（定位也）。⊙1 规画中借用辨方正位一词，用来表达确定关键选址的位置及其布局的朝向，反映在城市结构形态上最具有代表性的就是作为城市布局基准的中轴线。自然环境与地理形势丰富多彩，变化多端，且有一定的内在规律（即"地理"），规画中如能有意识地对城市特殊的自然环境与山水形态加以选择，发扬其特点，常常能够增强轴线的空间与艺术效果。

（4）计里画方。"计里画方"原本是中国古代按比例尺绘制地图的一种方法，即在地图上按一定的比例关系制成方格坐标网，以控制图上各地物要素方位和距离，保证图形的准确性。规画中的计里画方是指对已经选择作为工程建设的地区，运用方形网格并以"里"为基本长度模数（或者以"方里"为基本面积模数）进行划分和控制。以"方里"为基本面积模数，将山水的形势特征转换为城市空间的构图要素，可以实现规画与地理的结合。在此基

⊙1 郭璐，武廷海. 辨方正位 体国经野——《周礼》所见中国古代空间规划体系与技术方法［J］. 清华大学学报（哲学社会科学版），2017，32（6）：36–54，194.

础上，根据用地功能需要和微地形特点，以"丈""步"和"夫"①等"分模数"对建筑群、重点建筑的形进行控制，协调城市各主要部分的比例关系，可以实现规画与营建的结合，保持城市轮廓的完美性。

（5）置陈布势。"置陈布势"是中国绘画中一条重要的构图法则，出自东晋顾恺之的《论画》，提倡对自然山水了然于胸后，进行主观的取舍和加工，通过画面各部分位置的谋划安排，达到得势的目的。规画也讲究"置陈布势"，城市中不同功能建设尽管形体不一，但都必须精心考虑其在空间中的适当位置，强调抓住用地的形势特点，因地制宜，扬长避短，并努力因形而造势，进行空间构图与总体设计，形成一个完善的整体。置陈布势强调布局的战略性色彩，就都城而言，主要包括两方面的内容，一方面是作为都城核心的宫城或宫殿建筑群的选址与布局，通常要划定都城范围，确定宫殿建筑群乃至宫城的核心位置，突出重点；另一方面是从军事防御角度对宫城选址与都城布局的考虑，"筑城以卫君，造郭以守民"。

（6）因势利导。城市空间结构布局初步形成后，在不同时期，由于城市发展的外部环境与条件，以及内部功能和需求的不断发展与变化，规画也必须因势利导，不断追求空间的新秩序。此中所"因"之"势"，就是"时势"。唐代刘禹锡《金陵怀古》诗云"兴废由人事，山川空地形"，毛泽东《沁园春·雪》词曰"江山如此多娇，引无数英雄竞折腰"。规画研究要考虑不同时期的社会文化背景与政治文化思想，对城市空间结构形态演进的影响，实现形态研究向过程研究的转变。在此意义上说，城市空间形式是地理基础及规画过程决定的。

总之，六朝建康规画研究利用现代空间技术，复原当时生活环境、空间结构与形态，进而结合时势，对历史遗痕和考古发现等众多要素与线索进行整合与再结构。通过对历史文献和考古资料的空间性解读，空间线索不断浮现和交织，不断突破一些研究难点，并终于形成突变，对六朝建康都城空间结构形态也获致一个较为完整的认识。在六朝建康规画研究基础上将中国

---

① 与"里"相关的有长度单位"丈""步"和面积单位"夫""井"。1里为150丈，1丈为2步。古代田地分配以一夫受田的面积"夫"为基本计算单位，一"夫"为方一百步，合一百亩，实即面积模数；又规定九"夫"为井，"井"方一里。《周礼·考工记》规定王城规模："匠人营国，方九里……市朝一夫。"

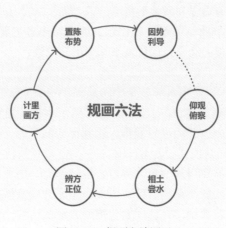

图 7-16　规画六法图示

古代规画方法归纳总结为六个方面，某种程度上受到了西晋裴秀"制图六体"的启发，制图是从地到图的过程，规画是从地到城的过程，两者有相通之处，并且规画的成果先表现为图，例如西周营雒邑周公曾向成王献图（图 7-16）。

第三节　秦始皇陵规画复原

2013 年与中国社会科学院考古所王学荣研究员合作，开展了国家自然科学基金面上项目"基于'规画'理论的秦都咸阳规划设计方法与技术研究"。在中国古代都城规划史上，秦都咸阳具有继往开来的重要地位，秦都咸阳规划设计技术具有特别重要的学术价值。但是长期以来，学术界对秦都咸阳规划设计的基本理论、方法和技术尚缺乏系统的、令人信服的解释。研究计划运用规画方法，探索秦都咸阳规划设计难题，具体工作从"若都邑"的秦始皇陵入手。

秦始皇陵"若都邑"

秦始皇陵位于关中平原的中部，秦岭余脉骊山的北麓。骊山北麓区域可以海拔400m等高线为界，分为上、下两个区域。海拔400m等高线以下至海拔350m等高线（即渭河南岸）间为东西狭长阶地，秦代丽邑分布其间，鸿门坂与渭河扼其东出要道。海拔400m等高线以上，自北向南地形逐渐高起，积高修陵，陵园主体被措置于海拔450m与海拔500m等高线之间地带。海拔400m等高线南、北的陵域、城域对应关系，与秦东陵、芷阳城关系相若。

从文物资源分布状况看，秦始皇陵概念可以分为陵区、陵园和陵墓三个空间层级（图7-17）。其中，秦始皇陵区是指与秦始皇陵相关资源的总和，

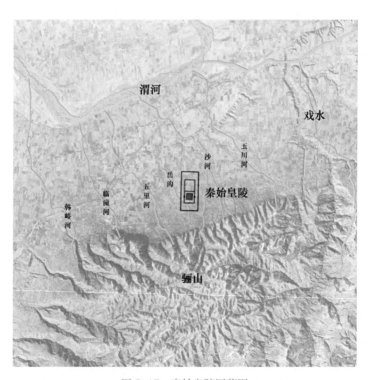

图7-17 秦始皇陵区范围

（资料来源：武廷海，王学荣. 秦始皇陵规画初探［J］. 城市与区域规划研究，2015，7（2）：132-187）

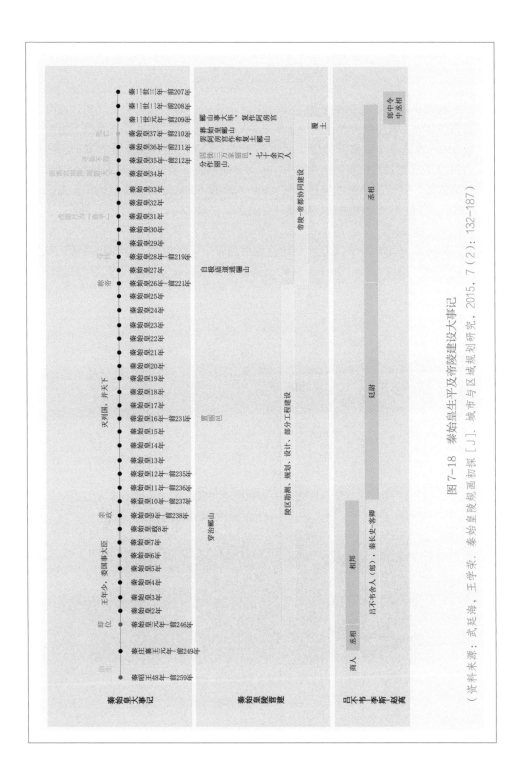

图 7-18　秦始皇生平及帝陵建设大事记

（资料来源：武廷海，王学荣. 秦始皇陵规画初探 [J]. 城市与区域规划研究，2015，7（2）：132-187）

空间分布范围东起玉川河，西至临潼河，南至丽山北麓，北抵渭河，面积近 60km²，已知遗址密集分布区域近 20km²；秦始皇陵园是指以封土为中心、内外相套的两重南北向长方形城垣地区，面积 2.13km²，这是秦始皇陵区的主要组成部分；秦始皇陵墓是指封土及地宫部分，面积 0.25km²，是秦始皇陵的核心所在。

秦始皇陵是秦始皇的归葬之所，自即秦王位开始，秦始皇经历了亲政、称帝、寻仙、死亡等人生过程，因此秦始皇元年、九年、二十六年、三十一年、三十七年成为秦始皇一生中的五个标志性年代，并且与秦国政局发展兴衰（包括秦始皇陵营建）息息相关。形成秦始皇及其帝陵建设大事记，如图 7-18 所示。

秦始皇元年（公元前 246 年），嬴政 13 岁，即秦王位。《史记·秦始皇本纪》称："王年少，初即位，委国事大臣。"也就是说，在即位之初，包括秦始皇陵规划建设在内的一些国家大事，都委任给吕不韦等国家重臣。秦始皇陵工程规模大、工期长，技术复杂，质量要求高，并且承修者及协同工种众多，需要事先统一规划并组织实施，及时掌控以协调工程进展。与秦始皇陵规划设计及营建相关人员，主要有陵墓主人秦始皇及主其事者吕不韦与李斯等，其中吕不韦主持完成秦始皇陵选址与布局等规划设计工作并开展初步建设，李斯按照章程继续完成具体的秦始皇陵的营建工作。《吕氏春秋》卷十"孟冬纪"之"安死"记载，先秦时期对陵墓主体"丘垄"的营建有"若都邑"的传统："世之为丘垄也，其高大若山，其树之若林，其设阙庭、为宫室、造宾阼也，若都邑。"也就是说，世人建造坟墓，高大如山，坟墓上种树，茂密如林，墓地规划布设有阙和庭院，建造有宫室和宗庙，像都邑一样。尽管这里只是就"为丘垄"这一局部工程建设而言，推想秦始皇陵的选址与建设可能还是借鉴了十分浩阔的都邑规画思想与方法，按照贵贱等级来处理陵墓的选址、布局及环境营造。

关于秦始皇陵的研究，多集中在陵园及陵墓层面，关注两重城垣范围内的历史文化遗存。秦始皇陵的规画复原研究，冀图从更广阔的空间视野，探索秦始皇陵的形制特征及其形成过程。由于有了六朝建康研究所总结的"规画六法"，秦始皇陵规画复原研究有按图索骥、轻车熟路之感。

仰观俯察，选址骊山之阿

规画事务始自选址，通过仰观俯察，秦始皇陵选址于郦山之阿。《汉书·楚元王传》记载秦始皇帝葬于"骊山之阿"。颜师古注："阿，谓山曲也"；王逸《楚辞注》认为："阿，曲隅也"，也就是说，秦始皇陵位于骊山围成的一个山曲中。今根据卫星影像图鸟瞰，秦始皇陵位于骊山北麓，正好处于骊山北缘的一湾弧线环抱之中，骊山北坡东西径直跨度约13km，陵园择取了黄土台塬隆起且居中的位置。

《史记·秦始皇本纪》记载"作宫阿房"，称"阿房"，也可能是指处于"南山之阿"的新宫。尽管"骊山之阿"与"南山之阿"存在地理尺度上的差别，但是"骊山之阿"的秦始皇地宫或陵园，与"南山之阿"的阿房宫或前殿，相映成趣，都是通过仰观俯察，都选址于山环与水抱之处，有异曲同工之妙（图7-19、图7-20）。

相土尝水，筑五岭穿三泉

陵墓的基址一般选择于高敞之地，但是秦始皇陵的选址明显不同。从地貌看，秦始皇陵的工程主体部分处于骊山北麓，来自骊山的常年溪水和季节性洪水北出骊山对秦始皇陵的侵袭危害甚大，特别是封土正对望峰，望峰两侧沟谷在山前汇集而形成几道冲沟，所谓"霸王沟"可能是发端于望峰东侧者之一，洪水可能直接威胁封土与内城的安全。为此，在秦始皇陵规划设计中，专门在山前修建阻水工程，以致北流山水被障，改向东西流。《水经注·渭水》记载："水出丽山东北，本导源北流，后秦始皇葬于山北，水过而曲行，东注北转。始皇造陵取土，其地汙深，水积成池，谓之鱼池。池在秦皇陵东北五里，周围四里，池水西北流，迳始皇冢北。"考古工作者勘察发现，在秦始皇陵区东南存在五岭防洪堤遗址，其规模西起大水沟，从陈家窑村东南向东北延伸，过杨家村和李家村的东南直到杜家村东南，东端止于杜家村东南，全长约1700m。[1]考古勘察认为，依靠这条防洪堤，有效地阻止了骊山北

---

[1] 陕西省考古研究所，秦始皇兵马俑博物馆. 秦始皇陵园2000年度勘探简报［J］. 考古与文物，2002（2）：13-14.

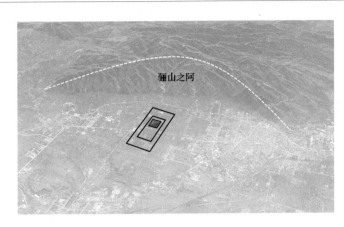

图 7-19　骊山之阿与
秦始皇陵园位置

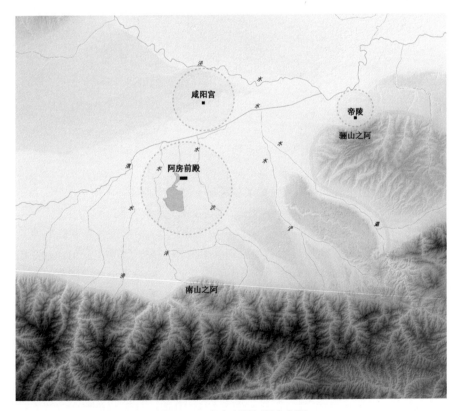

图 7-20　南山之阿与骊山之阿

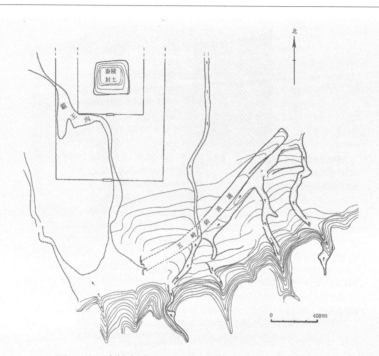

图 7-21 秦始皇陵园"五岭"防洪堤与霸王沟关系示意

（资料来源：底图来自"陕西省考古研究所，秦始皇兵马俑博物馆．秦始皇陵园 2000 年度勘探简报［J］．考古与文物，2002（2）：3-15"）

麓洪水对陵园的侵袭，并大大减少了陵区地下潜水的补给量（图 7-21）。[1]

　　《史记·秦始皇本纪》记载，秦始皇并天下后，"穿三泉，下铜而致椁"，所谓"穿三泉"是说与地下水工程处理有关的事。关于文献中所记载的秦始皇陵"下锢三泉"的实际情况，目前尚不得而知。2000 年秦始皇陵考古队在陵园考古勘探时，在秦始皇陵封土下发现了秦代深层地下阻排水系统，尽管并非是与棺椁直接相关的地下水处理，但是可以提供有益的参考。

⊙ 1 秦始皇帝陵博物院．秦始皇帝陵园考古报告（2009—2010）［M］．北京：科学出版社，2012：130-131.

辨方正位，望峰而筑陵

秦始皇陵定址于骊山北麓后，对这一地区的规划控制便成为建陵的关键，其中最为重要的就是确定秦始皇陵总体布局的方向，这涉及秦陵规画中如何进行"辨方正位"。《类编长安志》卷八曾转引《两京道里记》中记载："俗呼当陵南岭尖峰作望峰，言筑陵望此为准。"[1] 这是一个可信的传说，望峰就是正对陵墓封土的郑家庄山峰。通过地面实地观察知，此地点恰好位于骊山北麓分水岭一线的北侧，此处自北向南有四座山峰，而该地点即位于自北向南的第三座山峰上，海拔 1059m。从始皇陵的不同位置观察，望峰与周围的山峰对比特征明显。[2] 从鱼池遗址处南望封土与骊山，可以清晰地观察到望峰的形态由三座高低错落的尖峰构成，最高峰两侧的尖峰大致对称，位置相对凸前，高度略低。两侧尖峰之间的山谷及背后的最高峰正对封土，位于同一直线上，封土与望峰具有明显的对位关系（图 7-22、图 7-23）。

从望峰引向封土的直线，实际上就是秦始皇陵总体布局中轴线。外城垣和内城垣南、北两端共四座门址与封土的顶端，以及南端骊山的前山的最高峰——望峰，南北相对在一条直线上。这条轴线出外城北门，也正好与一条通往鱼池遗址西侧的南北向道路遗存相重合。2007 年，秦始皇兵马俑考古队在对秦陵及其周边地区进行的考古调查中，在秦陵外城北门以北的吴西村发现了一条南北向夯土带，这条夯土带现残长 1000m 左右，最宽处 100m 左右，南起吴西村中部，北至吴西村以北的渭河一级台地与二级台地的分界处。从分界处往北不远就是位于渭河一级台地上的秦时为修建秦陵而专门设置的新丰丽邑遗址所在地。这条道路往北，可以连接从汉代的长安通往函谷关的道路（今天西安至潼关的公路一线）。[3] 汉代时期，如果有人从长安前往秦陵参观、考察，必须顺着这条通往函谷关的大路至新丰丽邑，然后由丽邑上该大道，并首先到达秦陵外城北门。

---

[1] （元）骆天骧. 类编长安志 [M] // 中华书局编辑部. 宋元方志丛刊（第一册）. 上海：中华书局，2006：348.

[2] 张卫星，付建. 秦始皇陵的选址、规划与范围 [J]. 文博，2013（05）：40-45.

[3] 据《水经注·渭水》记载："昔文帝居霸陵，北临厕，指新丰路示慎夫人曰：此走邯郸道也。"意思是说，当年汉文帝出行，在霸陵休息时，站在北面临近霸水的地方，指着通往新丰的道路，告诉慎夫人说：这条路可通邯郸。

图 7-22　望峰的形态

图 7-23　秦始皇陵封土与骊山望峰的对应关系

（资料来源：底图来自 Google Earth）

　　望峰是秦始皇陵规划设计中的一个控制点，在帝陵营建过程中以望峰为准可以确定空间的位置关系，但并不是说，只是利用"望峰"这个单一的控制点来度量距离并确定方向。通过对不同的观测点进行"测望"，可以得出其地面标高，从而画出规划场地的"地形图"来。袁仲一指出，"始皇陵地区的地理形势是南高北低，中间高东西两侧低，呈窄长条形，这决定了陵高

图 7-24　从观测点（吴西村南）观测到的封土高度（张卫星　拍摄）

的测点必然要在陵的北边。"[1]在今天秦始皇陵园正北方的渭河二级台地一带，许多地点都能够看到秦陵的全貌。而在今吴西村南一带观察，观察者水平视域和垂直视域范围恰好涵盖骊山东西两侧前伸的山脚和山体高度，可以以自然视角感受到山体的整体形态，秦陵显得更加壮观和巍峨，这个观测点的现代地表海拔高度约为 415m 处。又，《汉书·楚元王传》载刘向曰："上崇山坟，其高五十余丈，周回五里有余"；《史记·秦始皇本纪·集解》引《皇览》曰："坟高五十余丈，周回五里余"；《三辅故事》曰："始皇葬郦山，起陵高五十丈"[2]。如果以秦代 1 尺合今 24cm（具体推论请见下文）推算，秦始皇陵"高五十余丈"就合今 120 多米。目前，秦陵封土最高点的海拔高度是 531.6m，那么，低于其 120m 的地点就应该在海拔 411.6m 处，与前述 415m 仅相差 3.4m。综合考虑吴西村现代地表与秦地表相差无几（可以忽略不计），长期以来封土高度有所剥落，综合判断，吴西村南海拔高度约为 415m 处可能就是测望封土并得出封土"高五十余丈"的位置；对于秦始皇陵的规画复原工作将表明，这个观测点也是秦始皇陵规画的圆心（图 7-24）。

　　沿着秦始皇陵中轴线自渭河而南上，随着海拔不断提高，秦始皇陵及其背后的骊山也展现出不同的景观效果，形成变化序列（图 7-25）。

计里画方，形数相合定宫邑

　　秦始皇陵园的城垣由内外两重构成，两座城垣都呈南北向的矩形，相互套合。经钻探测量，内城南北长 1355m，东西宽 580m，周长 3870m；内城

[1]　袁仲一. 秦始皇陵考古发现与研究［M］. 西安：陕西人民出版社，2002：23.
[2]　（清）孙楷. 秦会要［M］. 杨善群，校补. 上海：上海古籍出版社，2004：110.

图 7-25　渭河至骊山的南北轴线高程分布及观测效果

的中部有条隔墙，将内城分成南北两部分，南半部南北长 670m，北半部南北长 685m。内城垣内总面积 78.59 万 m^2。[1]1999 年 9 月陕西省考古研究所与秦始皇兵马俑博物馆联合考古队采用全球卫星定位系统（GPS）勘测，陵园外城的北城垣长 971.112m，南城垣长 976.186m，西城垣长 2188.378m，东城垣长 2185.914m，外城周长 6321.590m，外城垣以内总面积为 212.94826万 m^2。外城的四边并不互相平行，各对称边的尺寸略有差异。[2]根据这些测量数据可以发现：①陵园内城宽长比值为 0.4345，接近 4：9（误差 2.24%）。②陵园外城东、西两墙相差仅 2.464m，均长 2187.146m；南、北两墙相差仅5.563m，均长 973.894m。陵园外城宽长比值为 0.4453，也接近 4：9（误差2.03%）。③总体看来，内城与外城基本上是相似矩形。④内外城南北长度比值为 0.610，东西宽度比值为 0.596，接近 3：5（误差 1.67% 与 0.67%）；内外城垣面积比 0.369，开方为 0.607，也接近 3：5（误差为 1.17%）。因此，可以进一步推测：在秦始皇陵园设计方案中，内城与外城是相似矩形，内城

[1]　陕西省考古研究所，秦始皇兵马俑博物馆. 秦始皇帝陵园考古报告（1999）[M]. 北京：科学出版社，2000：10.

[2]　陕西省考古研究所，秦始皇兵马俑博物馆. 秦始皇帝陵园考古报告（1999）[M]. 北京：科学出版社，2000：34.

与外城的长宽比都为 4 : 9，内城与外城的长度比为 3 : 5。整组建筑轮廓方正，有明确的中轴线，地宫位于中轴线南部居中布置，地宫外覆土最高，其余部分东西对称布置，中心突出，主次分明，整个建筑群布局已经达到了很高的水平（图 7-26）。

在此基础上，可以对秦始皇陵营建的尺度作一探讨。1986 年，在甘肃天水放马滩的战国秦墓中发掘出一件用长条方木制成的木尺，长 90.5cm、宽 3.2cm、厚 2cm。一端呈圆形，另一端为柄，柄端削成圆角。正反两面有相同的刻度，共 26 条刻度线，间距 2.4cm，每 5 度为一组，用 "x" 标示，刻度部分长 60cm，为当时二尺半，每尺合今近 24cm。考古学家认为，从形状看当是民间木工用尺；秦墓年代为秦始皇八年。[1] 从这把木尺的形制来看，不似木工用尺。该尺全长 90.5cm，一端又有长柄，线纹只刻寸不刻分，估计它主要用于尺寸较大、对精度要求不是很高的测量，可能是测量地形等之用。[2] 出土这杆木尺的秦墓年代为秦始皇八年（公元前 238 年），这一年正值秦始皇陵选址布局乃至初步建设时，因此这个木尺对于认识秦始皇陵规划设计的尺度至关重要。木尺标识刻度的部分，每 5 度为一组，为当时二尺半，这在古代正好是一 "跬" 的长度。《小尔雅》："跬，一举足也。倍跬，谓之步。" 所谓 "跬" 是指迈出一足的距离，"步" 则是指迈出两足的距离。《考工记》谓 "野度以步"，说明 "步" 是古代相当重要的野外度量单位，而 "步" 又源于 "跬"。秦墓出土的这杆木尺长短适宜，便于携带，手柄部分方便测量操作，显然主要用于野外度量长度。根据秦墓出土木尺的标识，每尺合今近 24cm，考虑到年代久远，出土的木尺可能已经发生一定程度的变形（图 7-27）。

进一步结合前述秦始皇陵空间结构与形制特征，推测秦始皇陵规划设计中所采用的秦尺似以 24cm 合 1 尺为宜，1 步 = 5 尺，合 120cm；1 里 = 300 步，合 360m。秦始皇陵具体的规划尺度控制情况如下：

（1）秦始皇陵区外城垣，平均长度 2187.146m，合 9113.1 尺；平均宽

[1] 田建，何双全. 甘肃天水放马滩战国秦汉墓群的发掘［J］. 文物，1989（2）：1-11，31，98-99.

[2] 丘光明，等. 中国科学技术史·度量衡卷［M］. 北京：科学出版社，1992：179.

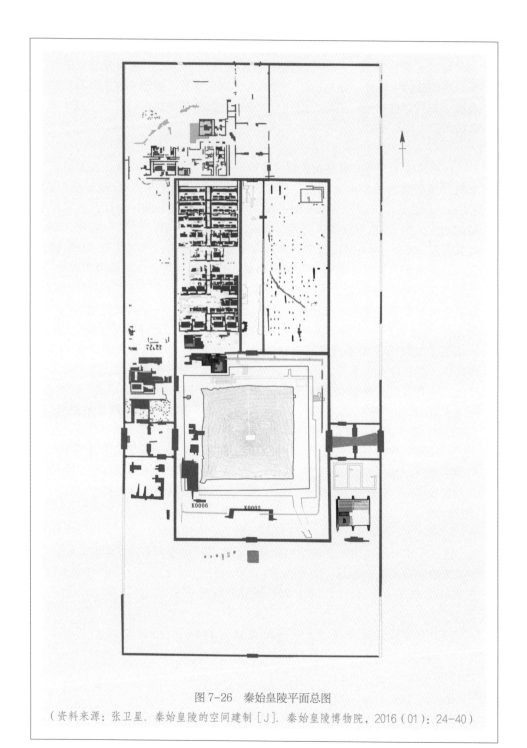

图 7-26　秦始皇陵平面总图

（资料来源：张卫星. 秦始皇陵的空间建制［J］. 秦始皇陵博物院，2016（01）：24-40）

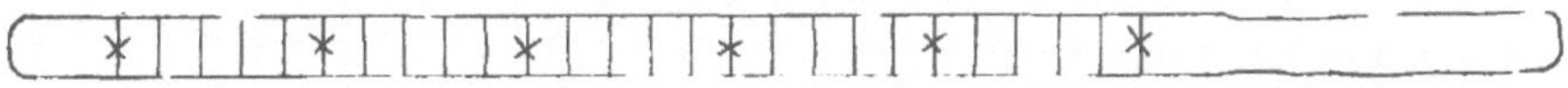

图 7-27　甘肃天水放马滩战国秦墓出土的木尺

（资料来源：田建，何双全. 甘肃天水放马滩战国秦汉墓群的发掘［J］. 文物，1989（2）：
1-11，31，98-99）

度 973.894m，合 4057.9 尺。推测规划时外垣南北长按 9000 尺控制（误差
1.26%），东西宽按 4000 尺控制（误差 1.45%）。也就是说，规划外城周长
按 26000 尺控制，即 2600 丈，合 17.33 里，事实上建成后周长 6321.590m，
合 17.56 里（误差 1.33%）。

（2）秦始皇陵区内城垣，内城南北长 1355m，合 5645.8 尺；东西宽 580m，
合 2416.7 尺。推测规划时内垣南北长按 5400 尺控制（误差 4.55%），东西宽
按 2400 尺控制（误差 0.70%）。也就是说，规划内城周长按 15600 尺控制，即
1560 丈，合 10.40 里，事实上建成后周长 3870m，合 10.75 里（误差 3.37%）。

（3）秦始皇陵区封土，南北长 515m，合 2145.8 尺；东西宽 485m，合
2020.8 尺。推测规划时封土南北长按 2150 尺控制（误差 0.20%），东西宽按
2000 尺控制（误差 1.04%）。也就是说，规划封土周长按 8300 尺控制，即
830 丈，合 5.53 里，事实上建成后封土周长 2000m，合 5.56 里（误差 0.54%）。

（4）据此，可以绘制控制秦始皇陵园规划设计的经纬网格，每格 100 尺
见方，即方 10 丈（即 50 步），合今 24m。总体上，秦始皇陵区外城纵向自
南端外墙起，至北端外墙为止，共计 90 格，横向自东端外墙起，至西端外
墙为止，共计 40 格；内城纵向自南端外墙起，至北端外墙为止，共计 54 格，
横向自东端外墙起，至西端外墙为止，共计 24 格（图 7-28）。

基于考古所得秦始皇陵的形态特征，从规划设计角度推定一个与已知
的战国尺和秦尺长不同的尺度关系，这对进一步认识有关秦始皇陵的文献
记载，具有重要意义。例如，前文已引《汉书·楚元王传》所载"上崇山
坟，其高五十余丈，周回五里有余"，封土建成后周长合 5.56 里，即"周回
五里有余"。又，《类编长安志》卷八曾转引《两京道里记》中记载"陵高

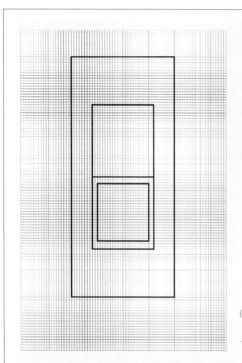

图 7-28　秦始皇陵园规画模数

（资料来源：武廷海，王学荣. 秦始皇陵规画初探［J］. 城市与区域规划研究，2015，7（2）：132-187）

一千二百四十尺，内院周五里，外院周十一里。"◎1 所谓"内院周五里，外院周十一里"，"内院"可能是指"封土"，封土建成后周长合 5.56 里，即"内院周五里"；外院可能是指"内城"，内城建成后周长合 10.75 里，亦即"外院周十一里"。《类编长安志》卷八转引《关中记》记载"秦始皇陵在骊山之北，高数十丈，周六里。"这里"周六里"也与封土建成后的 5.56 里相差无多，反映了五里有余的真实情况。

又，《文献通考》引《汉旧仪》记载制曰"其旁行三百丈乃止"，所谓"旁行三百丈"是指地宫基坑开口平面的广度，而与所谓的地宫位置"旁移"的长度无关。◎2 "旁行三百丈"的规模，即相当于"周回二里"或"周回六百步"，合今 720m。古时尽管不同朝代的尺制有所差异，但是差距有限，基本

◎1 （元）骆天骧. 类编长安志［M］//中华书局编辑部. 宋元方志丛刊（第一册）. 上海：中华书局，2006：348.
◎2 这是中国社科院考古研究所王刃馀的研究成果。

上是一个宫殿建筑群的规模，例如东吴太初宫规模即为"周三百丈"。

秦始皇帝陵区"考古遥感"项目通过物探，勘测出地宫建筑位置、埋深、大小、形状的初步状况，包括：地宫位于封土堆中部下方；开挖范围主体约东西长170m、南北宽145m；开挖范围主体和墓室均呈矩形；封土堆中细夯土墙东西长约145m、南北宽约（外沿）125m、高约30余米；石质宫墙顶深约469m（海拔高程）、高约14m、宽约8m；东西长145m、南北宽125m。石质宫墙之上的细夯土墙与石质宫墙位置、范围基本一致，高约30余米；墓室位于地宫中央，顶深约475m（海拔高程）、高15m左右、东西长约80m、南北宽约50m，主体尚未完全坍塌；两千年来阻排水渠的阻水效果仍然存在，墓室尚未进水。[1]值得注意的是其中145m×125m的宫墙范围，以及170m×145m的地宫开挖范围（图7-29、图7-30）。

所谓145m×125m的宫墙范围，以及170m×145m的地宫开挖范围，实质上分别代表的是地宫底部平面和基坑开口平面的尺度，也即地宫基坑开口部位东西长约170m，底部平面长约145m；地宫基坑开口部位南北宽约145m，底部平面宽125m。按照1尺＝24cm计，地宫基坑开口规模为170m×145m＝708.3尺×604.2尺，推测设计时可能为700尺×600尺（70丈×60丈），周回260丈；地宫底部平面规模为145m×125m＝604.2尺×520.8尺，推测设计时可能为600尺×500尺（60丈×50丈），周回220丈。果如此，则基坑开口平面与底部周回尺度相比相差40丈，每边长度相差10丈。也就是说基坑底部的四至相对于开口部位均回缩了5丈。非常巧合的是，地宫开口平面周回260丈的尺度与文献记载的"旁行三百丈"差距也为40丈，一定程度上也可以理解为四至每边相差10丈，也就是说，"旁行三百丈"的范围边界在物探推定的地宫开口平面外围相距5丈的位置。因此，推定"旁行三百丈"的形态是为东西80丈＝192m，南北70丈＝168m，周回计720m。可以看出，物探推定的基坑开口平面的规模与底部平面的每边多出10丈，同时又与按"旁行三百丈"核算下来的数据每边也少了10丈，据此我们或许可以推测，所谓"旁行三百丈"，从空间设计的角度看，可能是基坑外围的控制线。由图7-29所示地宫规画模数与秦始皇陵地宫基坑及

[1] 秦始皇帝陵考古遥感与地球物理综合探查［M］//陕西省考古研究院，秦始皇兵马俑博物馆. 秦始皇帝陵园考古报告（2001—2003）. 北京：文物出版社，2007：100.

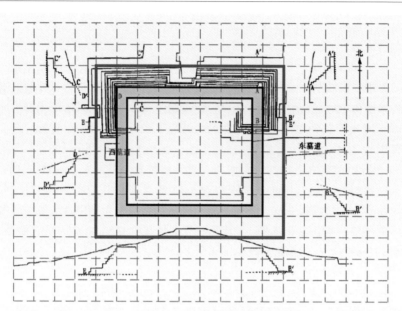

图 7-29　地宫规画模数

（资料来源：武廷海，王学荣. 秦始皇陵规画初探 [J]. 城市与区域规划研究，2015，7（2）：132-187）

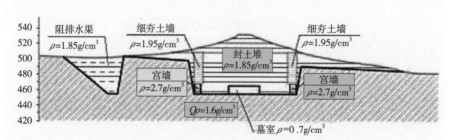

图 7-30　阻排水渠、石质宫墙、细夯土墙的位置关系

（资料来源：刘士毅. 秦始皇陵地宫地球物理探测成果与技术 [G]. 北京：地质出版社，2005：32）

地面建筑遗存等相互关系推断，这个控制线或许与地面封土中的"夯土台体"（即被粗夯土覆盖的夯土台体）的平面规模也有关系。

元代《类编长安志》引《三辅故事》曰："始皇陵周七百步"[1]；清代《秦会要》引《三辅故事》曰："始皇葬郦山，起陵高五十丈，下锢三泉，周回七百步。"这个 700 步，合 350 丈，说的是地面封土中的堂坛尺度，显然比"旁行三百丈"又扩大了一圈。尽管"夯土台体"的规模略有扩大，但是形态一致，这也证明了本节对"旁行三百丈"的推测，即指圹内广度的控制线，而与所谓的地宫位置"旁移"的长度无关。

置陈布势，形成帝陵总体布局

秦始皇陵规划布局有着突出的礼制象征与安全保障需要，主要包括两方面的内容：一方面，作为秦始皇陵核心的地宫及内城位置的选择，要突出重点；另一方面，确定秦始皇陵的空间范围与布局结构，统筹协调其他功能区与核心区的关系，以及不同功能区之间的关系，形成相辅相成、相得益彰的空间整体。在前述仰观俯察、相土尝水、辨方正位、计里画方等研究基础上，推测秦始皇陵规画中置陈布势的工作主要包括确定规划布局的中心控制点、确定内城与丽邑位置、内外城布局、建立三重陵园制度等。兹分述如下。

第一，确定规划布局的中心控制点。经过仰观俯察、相土尝水，秦始皇陵选址于骊山之阿，并以望峰为准，定下空间布局的南北中轴线。自渭水（通往关东大道）沿中轴线而南上，跨入二级阶地，随着海拔高度的变化，骊山北麓表现出步移景异的空间形态。行至吴西村南夯土建筑基址（O）南望，骊山北麓的整体轮廓清晰显现。从观测点到骊山东西两端的水平视线夹角刚好 120°，是人眼所及的最大可视域。在秦始皇陵规划布局中，这是一个十分特殊的点，此其一。其二，这个点南至骊山山脚（Q）的距离，与北至渭水的距离大致相等。以此为半径作圆所圈定的范围，正是可供秦始皇陵规划布局的实际空间范围。其三，这个点也正是前文所说的后来观测到秦始皇

---

[1] （元）骆天骧. 类编长安志［M］// 中华书局编辑部. 宋元方志丛刊（第一册）. 上海：中华书局，2006：348.

陵封土高度为"五十余丈"的点。因此，本书认为，位于吴西村南建筑基址上的点（O）是自然的望峰（P）外，一个人为的规划设计基准点，是规划布局的中心控制点。以这个规划设计基准点（O）为圆心，弧 D–A–E 为骊山之阿的山脚线，所确定的大圆范围，东至戏水，西至五里河，北至渭河，这正是秦始皇陵的景观控制区域（图 7–31）。

第二，确定内城与丽邑位置。在可供秦始皇陵规划布局的实际空间范围内，以中心控制点（O）为分界，南北中轴线可以分为南段（OQ）和北段（OR）两部分。相应地，沿着中轴线的规划范围可以分为两个圆形地区：北部之圆，即陵邑布局范围，圆心（M）正与丽邑相近；南部之圆，即陵区布局范围，圆心（N）正是内外城的中心点所在。以南、北两圆为主体，整个陵区可以分为南、北两大功能区。南为陵园区，位于山前洪积平原，以"丽山"为中心展开；北为陵邑区，位于渭河二、三级阶地，以"丽邑"为中心展开。西汉高祖七年（公元前 200 年），在秦丽邑基础上置"新丰"[1]。在山前平原与渭河阶地之间地区，分布有高级别宫殿建筑组群（鱼池、吴中、吴西）（图 7–32）。

第三，内外城结构与功能布局。前文已经指出，在秦始皇陵园设计方案中，内城与外城是相似矩形，内城与外城的宽长比都为 4：9，内城与外城的长度比为 3：5，地宫位于中轴线南部居中布置，其余东西对称布置。之所以形成这样的特征，可能是多方面因素综合作用的结果。这里要指出的是，由于"霸王沟"的自然存在，规划设计必须保证"霸王沟"不能穿越内城，因此"霸王沟"实际上为内城南界和西界设置了天然的界线，在"霸王沟"的影响下确定了内城与外城。众所周知，内城是秦始皇陵区的中心，但是，内城规划设计时并没有采用中山王陵《兆域图》所展示的选择兆域之中心区布置主体陵墓的做法，而是采用了"前朝后寝"的做法，将内城分为南、北两部分，选择南半部分的中心区域布置帝陵的核心地宫，覆土建设后作为"后寝"；相应地，在北半部分，东西对称布置形成南北轴线，作为"前朝"。从内城设计来看，主要轴线应当是南北向，而不是东西向。

---

[1] 《汉书·地理志上》记载："新丰，骊山在南，古骊戎国。秦曰骊邑。高祖七年置。"应劭注曰："太上皇思东归，于是高祖改筑城寺街里以象丰，徙丰民以实之，故号新丰。"见：（汉）班固. 汉书（第六册）[M]. 北京：中华书局，1962：1543–1544.

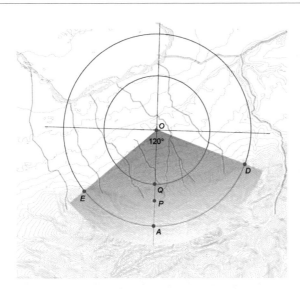

图 7-31　秦始皇陵区规画的控制点

（资料来源：武廷海，王学荣. 秦始皇陵规画初探［J］.
城市与区域规划研究，2015，7（2）：132-187）

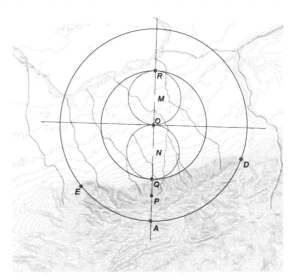

图 7-32　陵邑与陵区的关系

（资料来源：武廷海，王学荣. 秦始皇陵规画初探［J］.
城市与区域规划研究，2015，7（2）：132-187）

封土及其下的墓室是陵园的核心，将陵墓置于陵园内城偏南部，高度达到"五十余丈"，且占据内城南部三分之二面积的规模，这是先秦陵园中所未见的，显示了秦始皇陵一陵独大、唯我独尊的气势。封土北侧为鳞次栉比的建筑群，内城北部东侧小城内为中小型陪葬墓区。封土外围为两重城垣，陪葬坑、建筑遗址、陪葬墓区等如众星拱月般环绕在墓室周围；众多规模不等、形制各异、埋藏内容不同的陪葬坑构成了秦始皇陵的外藏系统，并且因每座陪葬坑所处的位置不同分为不同的层次，每个层次的陪葬坑以其与封土的远近分别具有不同的含义。从外城垣北侧向南，地势渐次高陡，南部的骊山与陵园封土浑然一体、气势雄伟。

在内外城地区，由于东西向墙垣的分隔，中轴线自南而北分成了四段，长度比例为2：3：3：2。根据前文推测外城南北长六里，即1800步，因此这四段中轴线的长度分别为360、540、540、360步。

内外城地区是秦始皇陵的主要组成部分，也是规划设计的重点所在，除了平面的功能布局外，还需要进行三维的空间环境的推敲，规划设计中对地宫的位置（穴位）及高度、形态等，结合轴线（山向）、底景、对景等四至景观，进行权衡。从建成效果看，从陵园外城北门门址南望，视线因自然地形的高差而呈仰视状态，随着观察者与封土的距离逐渐缩短，封土与望峰的距离在视觉上显得更为接近，望峰与封土的对位关系显得更为清晰；从陵园内城北门门址南望，观察者视点抬高，视线呈现平视状态，封土在较为平坦的周围地形映衬下形象突出，成为视觉的焦点，随着观察者与封土的距离进一步缩短，封土与望峰的距离在视觉上更为接近，望峰与封土的高度比例，在此视点观察接近2：1，望峰的宽度与封土的宽度几乎相等。并且，如果从封土东望，正好对着"骊山北阿"的东端，且距离骊山两端的长度基本相等（6623m），骊山北麓东西两端，犹如后世风水学说中的左右护砂之峰。推测秦始皇陵规划设计时，正是由于望峰确定的中轴线位置、霸王沟的形态以及与"骊山北阿"两端的空间关系，共同锁定了地宫与封土的位置，即处于对准望峰的轴线与对准骊山北麓东端的轴线交会之处，犹如后世风水学说中的"天心十道"（图7-33）。

第四，建立三重陵园制度。目前学者普遍认为，秦始皇陵区采用双重陵垣布局，并将秦始皇陵分为"内城""外城"或"内陵园""外陵园"。规画推测秦始皇陵存在内、中、外三重陵园制度。所谓"内"，是指内城之内的

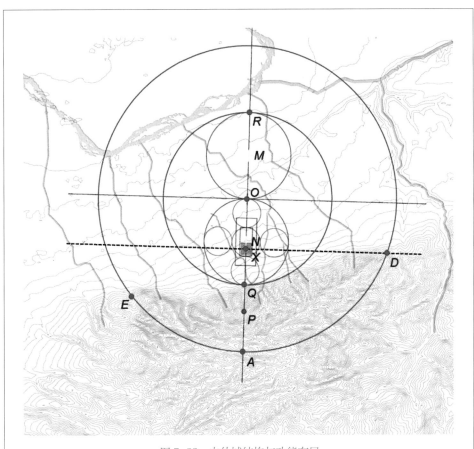

图 7-33　内外城结构与功能布局

（资料来源：武廷海，王学荣．秦始皇陵规画初探［J］．城市与区域规划研究，2015，7
（2）：132-187）

范围（其南端为地宫与封土）；"中"是指今内、外城之间的范围；"外"指
外城之外的范围。对于"内"与"中"，即通常所谓的内城与外城，已经毋
庸置疑，需要进一步探讨的是究竟外城之外这个"外"圈层及其边界何在。

　　回顾前文确定内城与丽邑位置时，在内外城的外围，有一个半径为
1975m的圆周。按照前文推测的秦代尺制（1尺＝24cm，1里＝360m），则
圆的半径5.486里，圆周34.45里，这个尺度接近郦道元《水经注·渭水》
中对秦始皇陵的记载："渭水又东合沙沟水，水即符愚之水也。南出符石，

迳新丰县故城北，东与鱼池水会。水出丽山东北，本导源北流，后秦始皇葬
于山北，水过而曲行，东注北转。始皇造陵取土，其地汙深，水积成池，谓
之鱼池。池在秦皇陵东北五里，周围四里，池水西北流，迳始皇冢北。秦始
皇大兴厚葬，营建冢圹于丽戎之山，一名蓝田，其阴多金，其阳多玉，始皇
贪其美名，因而葬焉。斩山凿石，下涸[1]三泉，以铜为椁，旁行周回三十余
里[2]。上画天文星宿之象，下以水银为四渎、百川、五岳、九州，具地理之
势。宫观百官，奇器珍宝，充满其中。令匠作机弩，有所穿近，辄射之。以
人鱼膏为灯烛，取其不灭者久之。后宫无子者，皆使殉葬甚众。坟高五丈，
周回五里余，作者七十万人，积年方成。而周章百万之师，已至其下，乃使
章邯领作者以御难，弗能禁。项羽入关，发之以三十万人，三十日运物不能
穷。关东盗贼，销椁取铜，牧人寻羊烧之，火延九十日，不能灭。北对鸿门
十里，池水又西北流，水之西南有温泉，世以疗疾。"[3]（图 7-34）

　　长期以来，学术界对这个"周回三十余里"的说法，不知何意，今从规
画来看，实际上就是指"外城"之外的圈层。这个范围基本上涵盖了五岭防
洪堤、兵马俑等与秦始皇帝陵相关的重要历史文化遗存。至于圈定这个"周
回三十余里"的边界，可以根据《水经注·渭水》的描述而推定：北界为鱼
池，东界鱼池水，呈环抱之势，西界亦水。重新审视五岭防洪堤与鱼池水的
形态特征，除了前述"相土尝水"部分所说的阻水功能外，它们可能还承担
着作为"外宫垣"的边界功能，体现着明显的规划设计构思（图 7-35）。

---

[1] "涸"字可能有误，当为"锢"字。详见本节前文"相土尝水，筑五岭穿三泉"。
[2] "旁行周回三十余里"一句不通。很明显在"旁行"后有遗漏，参照《史记·秦始皇
本纪》，在"旁行"后补全"三百丈，乃至"。此其一。其二，"周回三十余里"夹杂
在"旁行"与下文讲的是地宫内部的细节（所谓"上具天文、下具地理"）之间，显
然是串文了，应该放到"作者七十万人"之前，叙述秦始皇陵工程的空间范围之广与
用工人数之巨、修建时间之长。"周回三十余里"，也与后文的"三十万人""三十日"
等相呼应。
[3] 王国维.水经注校[M].袁英光，刘寅生，整理标点.上海：上海人民出版社，
1984：621-622.

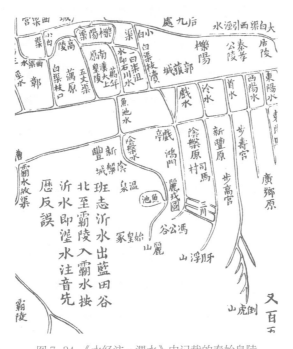

图7-34 《水经注·渭水》中记载的秦始皇陵

（资料来源：（清）杨守敬. 水经注图：外二种［M］. 北京：中华书局，2009）

因地制宜，营之以为园

秦始皇陵园整体布局气势磅礴，巧妙地利用了自然环境，把陵园与山水形势结合，不同功能的陵园建筑随着自然地形地貌展布，随形就势而又重点突出、主次分明。在秦始皇陵区规划设计过程中，由于要服从于整体的环境效果，形成一定的格局与结构，因此一些先天性的地理条件的缺陷，也成为次要的、局部的方面，可以通过人工改造来弥补。

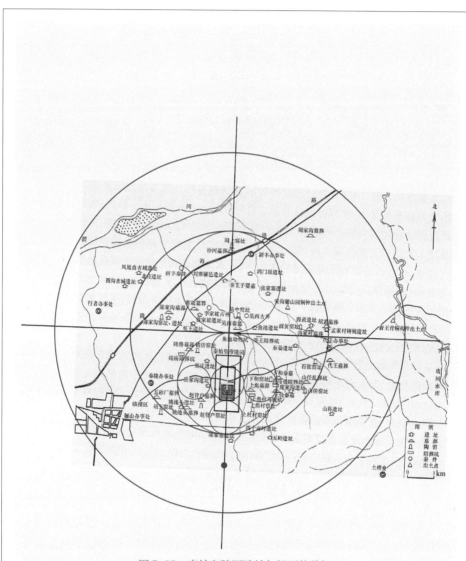

图 7-35 秦始皇陵区遗址与规画的叠加

（资料来源：武廷海，王学荣. 秦始皇陵规画初探 [J]. 城市与区域规划研究，2015，7
（2）：132–187）

中国古代建筑基础定位处理，有"定向、定平、筑基"之说，相当于现代施工所用的经纬仪测量、水平仪测量和基础垫层处理，它们是确定构筑物方向、台基水平度和解决基础承载力的主要内容。在秦始皇陵"定向、定平、筑基"的过程中，充分体现出因借地形的特征。

《史记·秦始皇本纪》记载了向地下的"穿三泉"工程与向地上的"树草木以象山"工程。《汉书·楚元王传》也记载"下锢三泉，上崇山坟"，其中"下锢三泉"是指往地下的工程，"上崇山坟"是指往地上的工程。《汉书·贾山传》进一步总结为"下彻三泉，中成观游，上成山林"，显然增加了"中成观游"的内容。目前，学界对文献记载的"中成观游"的具体内容，不知所指。如果我们联系到前述《史记·秦始皇本纪》与《汉书·楚元王传》的相关记载，就不难发现"下彻三泉"即"下锢三泉"、"穿三泉"，是指往地下的工程，即地宫工程；"上成山林"即"上崇山坟"、"树草木以象山"，是指往地上的工程，目的是象"山"，营建神仙之居，天宫也；而所谓"中成观游"，显然是与地下工程、地上工程相对而言，乃指地面的工程，其功能是为了"观游"。通过地下、地面、地上三个方面的工程建设，实际上形成了上、中、下三个世界，亦即天、地、人三界，这在战国后期以来的帛画中有很好的体现（图7-36）。

秦始皇陵充分利用骊山之阿的地形地貌特征，以鱼池水为边界，构建了以内外城为主体的陵园区。鱼池遗址也可能象征着一处秦代皇家苑囿，它也是少府所属的一个机构的象征，目的就是服务皇帝死后的日常行为和生活。[1] 因此，总体看来，"丽山"工程实际上是"丽山园"的建设。

在秦始皇陵规画研究中较为自觉地运用规画六法，对秦始皇陵区的选址与格局在前人认识的基础上有了更深入的整体的理解。例如，根据仰观俯察认识秦始皇陵选址于骊山之阿，骊山拱卫，气势浩大；根据辨方正位认识望峰筑陵，确认陵区布局的南北主轴线；根据置陈布势锁定规画的圆心，确定了陵区构图的中心；根据计里画方，运用形数相合的规律确定量地尺长，找到了定量认识秦始皇陵形态的空间钥匙。这些方面是相互关联和统一的，骊山之阿契合自然的环，望峰-鱼池轴线根据山川定位，圆心位于中轴线上的

⊙1 张卫星，陈治国. 秦始皇陵鱼池遗址的考察与再认识［J］. 文博，2010（4）：17-21.

图 7-36　湖南长沙马王堆帛画线稿图

（资料来源：湖南省博物馆，中国科学院考古研究所. 长沙马王
堆一号汉墓（上集）[M]. 北京：文物出版社，1973：40）

大环之中，若都邑的秦始皇陵镶嵌中规中矩。一方面，秦始皇陵是规画的实证，验证了规画六法行之有效；另一方面，通过规画复原揭示了秦始皇陵的空间奥秘。

经过长时期的思索，对骊山之阿秦始皇陵"若都邑"的印象至为深刻，时常浮现。一个副产品，就是对困惑已久的相地名篇张衡《冢赋》的认识变得豁然开朗起来。

张衡《冢赋》所见秦始皇陵规画意匠

张衡（78—139年）是东汉末叶杰出的文学家和科学家，时人崔瑗赞之"数术穷天地，制作侔造化"。《后汉书·张衡列传》记载："张衡，字平子，南阳西鄂人也。世为著姓。祖父堪，蜀郡太守。衡少善属文，游于三辅，因入京师，观太学，遂通五经，贯六艺。虽才高于世，而无骄尚之情。常从容淡静，不好交接俗人。永元中，举孝廉不行，连辟公府不就。时天下承平日久，自王侯以下，莫不逾侈。衡乃拟班固《两都》，作《二京赋》，因以讽谏。精思傅会，十年乃成。文多故不载。大将军邓骘奇其才，累召不应。""永和初，出为河间相。时国王骄奢，不遵典宪；又多豪右，共为不轨。衡下车，治威严，整法度，阴知奸党名姓，一时收禽，上下肃然，称为政理。视事三年，上书乞骸骨，徵拜尚书。年六十二，永和四年卒。"

张衡著述丰富，所著诗、赋、铭、七言、灵宪、应闲、七辩、巡诰、悬图凡32篇。其中，《温泉赋》记述他"游于三辅"时（公元93—95年）对骊山北麓临潼温泉的感受，充满青春气息："阳春之月，百草萋萋。余在远行，顾望有怀。遂适骊山，观温泉，浴神井，风中峦，壮厥类之独美，思在化之所原，嘉洪泽之普施，乃为赋云：览中域之珍怪兮，无斯水之神灵。控汤谷于瀛洲兮，濯日月乎中营。荫高山之北延，处幽屏以闲清。于是殊方交涉，骏奔来臻。士女晔其鳞萃兮，纷杂遝其如烟。乱曰：天地之德，莫若生兮。帝育蒸人，懿厥成兮。六气淫错，有疾疠兮。温泉汨焉，以流秽兮。蠲除苛慝，服中正兮。熙哉帝载，保性命兮。"

张衡著《冢赋》，在中国相地史上引人注目，常被视为风水形势宗的早期表现。元代赵汸《葬书问对》："予尝读张平子《冢赋》，见其自述上下冈陇之状，大略如今《葬书》寻龙捉脉之为者，岂东汉之末，其说已行于士大夫间？"《冢赋》全文如下：

> 载舆载步，地势是观。降此平土，陟彼景山。一升一降，乃心斯安。尔乃隮巍山，平险陆，刊蒙林，凿盘石，起峻垒，构大椁。高冈冠其南，平原承其北。列石限其坛，罗竹藩其域。系以修隧，洽以沟渎。曲折相连，迤靡相属。乃树灵木，灵木戎戎。繁霜峨峨，匪雕匪琢。周旋顾盼，亦各有行。乃相厥宇，乃立厥堂。直之以绳，正之以日。有觉其材，以构玄室。奕奕将将，崇栋广宇。在冬不凉，在夏不暑。祭祀是居，神明是处。修隧之际，亦有披门。披门之西，十一余半。下有直渠，上有平岸。舟车之道，交通旧馆。塞渊虑弘，存不忘亡。恢厥广坛，祭我兮子孙。宅兆之形，规矩之制，希而望之方以丽，践而行之巧以广。幽墓既美，鬼神既宁。降之以福，于之以平。如春之卉，如日之升。

通常认为，《冢赋》作于张衡任河间相时期，具体时间在汉顺帝永和二年（137年）或以后。孙文青《张衡年谱》认为"不能确指为何时所作，因字面与髑髅有关，故系于《髑髅赋》后"；"按平子《髑髅赋》乃假庄周'东水之凝，何如春冰之消；荣位在身，不亦轻于尘毛'之念，以表现其消极思想，是直由郁郁不得志而进于出世之界矣。故宜次之《四愁诗》后，及《归田赋》乞骸骨前。盖亦因世乱生愁，因愁生怨，因厌思归，因思归而上书乞骸骨之意也。又文有季秋之辰云云，当是本年秋末作也。"[1] 王志尧等《张衡评传》认为："汉顺帝永和二年作《四愁诗》，后接连写出了《髑髅赋》《冢赋》和《归田赋》。这些赋已经没有了《二京赋》中那样的气势，也不再对皇家建筑的瑰丽和皇帝出巡的壮丽加以歌颂，而是尽情抒发自己的忧虑情绪，甚至厌弃尘世到老庄的思想去求解脱。"[2] 王渭清《张衡诗文研究》认为："这篇赋应该和《髑髅赋》在精神实质上是一致的，都是在经历了现实的极端苦闷之后对生的厌弃，对死的礼赞，而就对精神自由的向往与追求而言，此赋似乎比《髑髅赋》更进一步，格调上更为超脱。"[3]

⊙ 1 孙文青. 张衡年谱 [M]. 上海：商务印书馆，1956：136-137.

⊙ 2 王志尧，等. 张衡评传 [M]. 开封：河南大学出版社，1997：108-109.

⊙ 3 王渭清. 张衡诗文研究 [M]. 北京：中国社会科学出版社，2010：109.

从《冢赋》结语"如春之卉，如日至升"来看，全然一片温暖与舒心，迸发的同样是青春的活力，难以感受到那种"经历了对现实的极度苦闷之后对生的厌弃，对死的礼赞"。考虑到《温泉赋》说温泉位于"高山"（骊山）之北，"荫高山之北延，处幽屏以闲清"，空间特征是"幽"，正与《冢赋》的环境描写相合："高冈冠其南，平原承其北"；"幽墓既美，鬼神既宁"。可以认为《温泉赋》中的"温泉"与《冢赋》中的"冢"有共同的自然环境与特征——高山之北、幽美之地。初步推测，《冢赋》是与《温泉赋》同时期——张衡游于三辅时期——的作品，而不是与《髑髅赋》同时期的作品。《温泉赋》热闹欢快，《冢赋》幽美明亮，都流露了早年张衡的青春愉悦之情，与晚年张衡的放达之情截然不同。

考察《冢赋》全文，实际上除了相地外，还有非常具体的墓冢营建内容，包括立基、立轴、制域、理水、树木、宵宇立堂、辨方正位、材分、营建、都邑之制、交通、祭祀、形制、营以为园等十分丰富的内容。总体看来，墓园若都邑宫阙，气势宏伟，规制严整，与张衡墓园相去甚远。关于张衡墓的状况，北魏郦道元《水经注》卷三十一《淯水》有记载："又迳西鄂县南，水北有张平子墓，墓之东，侧坟有《平子碑》，文字悉是古文，篆额是崔瑗之辞。盛弘之、郭仲产并云：夏侯孝若为郡，薄其文，复刊碑阴为铭。然碑阴二铭乃是崔子玉及陈翕耳，而非孝若，悉是隶字，二首并存，尝无毁坏。又言墓次有二碑，今惟见一碑，或是余夏景驿途，疲而莫究矣。"

"掖门之西，十一余半。下有直渠，上有平岸。舟车之道，交通旧馆"之句，明确指出自墓园掖门西去"十一余半"有水陆通道连通"旧馆"，空间具体，尺度明确，显然是对客观存在物的描写。其中的"十一余半"即"十一里半"（11.5 里）；东汉的 1 里合今 415.8m[1]，11.5 里合今 4782m。这个空间特征与秦始皇陵极为契合：西去十一里半，刚好抵达水陆两便的温泉池，即秦汉时期的"骊山汤"。"骊山汤"遗址已得到考古发掘证实，在今华清池南侧，骊山脚下正对南大街处，汉代又称"旧馆"。[2] 在 1966 年卫片上可以看到秦始皇陵至温泉池的古道，从秦始皇陵掖门北的缺口经今"临代路－秦陵

⊙ 1 汉代 1 里为 300 步，1 步为 6 尺，汉代 1 尺合今 0.231m，故汉代 1 里合今 415.8m。

⊙ 2 骆希哲. 秦汉骊山汤遗址发掘简报［J］. 文物，1996（11）：1，4-25，97；骆希哲，廖彩良. 唐华清宫汤池遗址第一期发掘简报［J］. 文物，1990（5）：10-20，98；骆希哲. 唐华清宫汤池遗址第二期发掘简报［J］. 文物，1991（9）：1-14，97.

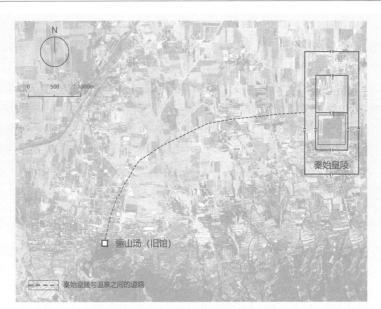

图 7-37 秦始皇陵至温泉的古道

（资料来源：底图为配准后的 1966 年卫片，来自美国地质调查局网站）

北路 – 东关街 – 东街巷 – 周家场巷"一线抵达温泉池，实测路程约 4750m，与《冢赋》中"十一里半"的里程相当（图 7-37）。

明代都穆《骊山记》印证了温泉池与秦始皇陵之间的道路联系："骊山在西安之临潼县南，半里即抵其麓。经雷神殿东折，门有棹楔，榜曰：'温泉池'。过此有室三楹，启其扃即温泉也，人呼为官池，盖非贵人不得浴此。池四周甃石如玉，环状中一小石，上凿七窍，泉由是出。相传甃石起秦始皇，其后汉武帝复加修饰……下山浴于官池，其清澈底，不火而热，肢体融畅，夙疴顿捐，快哉……东行八里，折而南二里，至秦始皇陵。陵内城周五里，旧有四门。外城周十二里，其址俱存。自南登之，二丘并峙。人曰：此南门也。"秦始皇陵内城南北长 1355m，东西宽 580m，周长 3870m；陵园外城周长 6321.590m[1]。都穆自临潼"东行八里"至秦始皇陵西门，明代 1 里

⊙1 武廷海，王学荣. 秦始皇陵规画初探 [J]. 城市与区域规划研究，2015，7（2）：132–187.

图 7-38　清代《天下名山图》中的《骊山图》

图中温泉位于山脚，与北面的临潼县城相望；秦始皇陵位于图面右上，表示位于温泉东北方位。
（资料来源：丹麦国家图书馆藏）

合今 576m，"东行八里"即 4608m，路程与东汉张衡《冢赋》"十一余半"
（4782m）相当，相差 100 多米。

　　秦始皇陵祓门西去十一里半为温泉"旧馆"，北魏郦道元《水经注》卷
十九"渭水"记载："始皇造陵，取土其地，污深水积成池，谓之鱼池也……
秦始皇大兴厚葬，营建冢圹于丽戎之山……斩山凿石，下锢三泉，以铜为
椁，旁行（三百丈），周回三十余里……周回五里余，作者七十万人，积年
方成。""北对鸿门十里，池水又西北流，水之西南有温泉，世以疗疾。《三
秦记》曰：丽山西北有温水，祭则得入，不祭则烂人肉。俗云：始皇与神女
游而忤其旨，神女唾之生疮，始皇谢之，神女为出温水，后人因以浇洗疮。
张衡《温泉赋序》曰：余出丽山，观温泉，浴神井，嘉洪泽之普施，乃为之
赋云。此汤也，不使灼人形体矣。"（图 7-38）

秦始皇陵与温泉池都位于骊山北侧，环境幽美，明代都穆、北魏郦道元、东汉张衡都注意到了秦始皇陵与温泉池的关联。据此可以断定，东汉永元五至七年（公元93—95年）张衡游于三辅，览帝陵，作《冢赋》；浴神井，作《温泉赋》。

以文证史，张衡《冢赋》揭示了秦始皇陵的规画意匠，具有系统性的特征。兹将《冢赋》按照规画技术分节，并概括其含义（括号中标注）如下：

载舆载步，地势是观。降此平土，陟彼景山。一升一降，乃心斯安。（言相地，仰观俯察，相其阴阳之和。）

尔乃骧巍山，平险陆，刊蓁林，凿盘石，起峻垒，构大椁。（言立基，相土尝水，尝其水泉之味。）

高冈冠其南，平原承其北。（言定轴，山川定位。）

列石限其坛，罗竹藩其域。（言制域，空间如罗城。）

系以脩隧，洽以沟渎。曲折相连，迤靡相属。（言理水，为沟洫，堤防引导。）

乃树灵木，灵木戎戎。繁霜峨峨，匪雕匪琢。周旋顾盼，亦各有行。（言树木，观其草木之饶。）

乃相厥宇，乃立厥堂。直之以绳，正之以日。（言筑室，辨方正位。）

觉其材，以构玄室。奕奕将将，崇栋广宇。在冬不凉，在夏不暑。祭祀是居，神明是处。（言营建，天地材工，讲究工巧。）

脩隧之际，亦有披门。（言门垣，若都邑也。）

披门之西，十一余半。下有直渠，上有平岸。舟车之道，交通旧馆。（言交通，西联胜景温泉池。）

塞渊虑弘，存不忘亡。恢厥广坛，祭我兮子孙。（言坛祭，子子孙孙莫相忘。）

宅兆之形，规矩之制。希而望之方以丽，践而行之巧以广。（言形制，形数相合，营以为园。）

幽墓既美，鬼神既宁。降之以福，于以之平。（言福荫，当其无有。）

如春之卉，如日至升。（言升华，回归自然。）

上述秦始皇陵规画意匠，可以归为三个方面：因其自然（相地－立基－定轴－制域－理水－树木）、惨淡经营（筑室－营建－门垣－交通－坛祭）、天地人和（形制－福荫－升华）。秦始皇陵规画复原研究表明，吕不韦主持秦始皇陵选址与营建，运用了都邑规划中仰观俯察、相土尝水、辨方正位、计里画方、置陈布势、因势利导等技术方法，张衡《冢赋》可以说提供了详细的文献证据。[1]

以史观文，可以重新认识张衡《冢赋》中从文学角度难以解释的问题。"高冈冠其南，平原承其北"实指秦始皇陵选址于骊山之阿，望峰筑陵。"系以脩隧，浍以沟渎。曲折相连，迤靡相属"指筑五岭防洪堤，形成霸王沟与鱼池。"乃树灵木，灵木戎戎。繁霜峨峨，匪雕匪琢。周旋顾盼，亦各有行"指"上成山林"[2]。"脩隧之际，亦有掖门。骊山之阿：掖门之西，十一余半。下有直渠，上有平岸。舟车之道，交通旧馆"，此句文学家最难解，特别是"十一余半"，实际上是指秦始皇陵若都邑，西部道路十一里半可以通达名胜温泉池。"宅兆之形，规矩之制"指形数相合。"希而望之方以丽，践而行之巧以广"指陵称丽山。又，《冢赋》文辞如"载舆载步""陟彼景山""繁霜""有觉其材""奕奕将将""塞渊""如日之升"等，都可以在《诗经》中找到出处，这也进一步印证了前述张衡年轻时模仿《诗经》而作《冢赋》的判断。

---

[1] 武廷海，王学荣. 秦始皇陵规画初探［J］. 城市与区域规划研究，2015，7（2）：132-187；郭湧，武廷海，王学荣. LIM模型辅助"规画"研究——秦始皇陵园数字地面模型构建实验［J］. 风景园林，2017（11）：29-34.

[2] 《汉书·贾山传》曰："死葬乎骊山，吏徒数十万人，旷日十年，下彻三泉，合采金石，冶铜锢其内，漆涂其外，被以珠玉，饰以翡翠，中成观游，上成山林。"

秦始皇陵是中国历史上第一座规模庞大，设计完善的帝王陵寝，有内外两重夯土城垣，若都邑之制。有关秦始皇陵的直接文献形成于秦汉时期，其中《史记》的记载是所有文献的基础，《汉书》中的个别内容对《史记》记载进行了补充，张卫星认为："关于秦始皇陵的最直接文献也仅仅有《史记·秦始皇本纪》的十六年条及三十七年条的记载以及《史记》其他章节的记载、《汉书》和《后汉书》相关章节的记载，但是这些记载相对简略。"[1]张衡《冢赋》是目前所见秦汉时期直接描写秦始皇陵的唯一的文学作品，以文学形式记载了秦始皇相地营建的完整技术体系，十分难得，具有十分重要的科技史料与规划学术价值。

第四节　元大都规画的综合创造

差不多在开展秦咸阳规画研究的同时，关于元大都规画的研究工作亦平行展开。由六朝而秦是为了溯规画之源，由隋而元则是为了辨规画之流。

元大内及大都城格局

蒙古中统元年（1260 年），元世祖忽必烈进驻燕京，居于琼华岛。中统四年（1263 年），刘秉忠请忽必烈定都于燕京。蒙古至元元年（1264 年），开始修建琼华岛。至元三年（1266 年），忽必烈下诏于燕京旧城东北相地营建新都。至元八年（1271 年）开始营建主宫大内，次年基本建成。考古勘察已经基本查明，大内的位置位于明清故宫紫禁城北部。其中，大内东西墙与紫禁城的东西墙相重合，南段压在紫禁城东西墙北段之下；大内南墙及正门崇天门在今太和殿一线，北墙及北门厚载门在今景山寿皇殿一线。

大内居于都城南部居中的位置，元人陶宗仪《辍耕录》卷二十一"宫阙制度"对其形制有详细记载："大内南临丽正门，正衙曰殿，曰延春阁。宫城周回九里三步，东西四百八十步，南北六百十五步……正南曰崇天……崇天

⊙ 1　张卫星. 礼仪与秩序：秦始皇帝陵研究［M］. 北京：科学出版社，2016：38-39.

之左曰星拱……崇天之右曰云从……东曰东华……西曰西华……北曰厚载……大明门在崇天门内，大明殿之正门也……日精门在大明门左，月华门在大明门右……大明殿乃登极正旦寿节会朝之正衙也……"显然，大内呈中轴对称布置，宫墙正南崇天门，正北厚载门，正东东华门，正西西华门。崇天门至厚载门连线即为大内轴线，在中轴线上大明殿和延春阁南北而列，以东华门至西华门连线为界，分为大内前宫和后宫（图 7-39）。大内的规模，东西 480 步，南北 615 步，四周合计 2190 步，按照周长 9 里 30 步计，则可推知大内营建时 1 里长 240 步。大内东西宽 480 步合 2 里，南北长 615 步合 2 里半又 15 步。

在大内南面正门崇天门向南有御道，直抵大都南面正门丽正门。关于大都的城市形制，《元史·地理志》记载："城方六十里，十一门：正南曰丽正，南之右曰顺承，南之左曰文明，北之东曰安贞，北之西曰健德，正东曰崇仁，东之右曰齐化，东之左曰光熙，正西曰和义，西之右曰肃清，西之左曰平则。"考古实测表明，大都城址周 28600m。其中，大都北城墙长 6730m，南城墙长 6680m，东城墙长 7590m，西城墙长 7600m[1]（图 7-40）。傅熹年从元代建筑上推知的元代尺长 31.5cm[2]，按里长 300 步计（注意这与前述大内里长 240 步不同），则元代 1 里合今 472.5m，北城墙长 14.24 里，南墙长 14.14 里，东墙长 16.06 里，西墙长 16.08 里，合计周长 60.52 里，与文献记载"方六十里"基本吻合。但是，大都的城市形态明显不是规整的"方"，城墙四边不等，四角不直。

大内正门崇天门与大都正门丽正门都是"五门"形制，两者之间建有皇城正门棂星门。在丽正门与棂星门之间夹道建有千步廊。

道桥与大内方向

元大都规划的决策者是忽必烈，刘秉忠则是最重要的参谋。清代徐氏铸学斋抄本《析津志》记载刘秉忠确定元大内方向："世皇建都之时，问于刘太保秉忠，定大内方向。秉忠以丽正门外第三桥南一树为向以对，上制可，

---

[1] 元大都考古队. 元大都的勘查和发掘 [J]. 考古，1972（1）：19-28，72-74.
[2] 傅熹年. 中国科学技术史·建筑卷 [M]. 北京：科学出版社，2008.

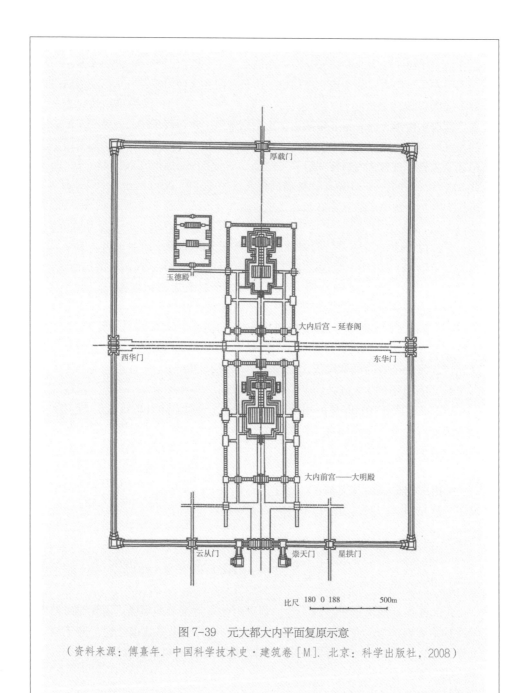

图7-39　元大都大内平面复原示意

（资料来源：傅熹年. 中国科学技术史·建筑卷［M］. 北京：科学出版社，2008）

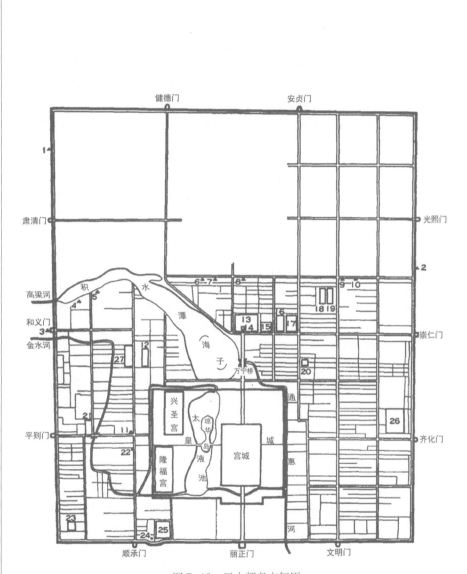

图 7-40　元大都考古复原

（资料来源：元大都考古队. 元大都的勘察和发掘［J］. 考古，1972（1）：19-28，72-74）

遂封为'独树将军'，赐以金牌。每元会圣节及元宵三夕，于树身悬挂诸色花灯于上，高低照耀，远望若火龙下降。树旁诸市人数，发卖诸般米甜食、饼馈、枣面糕之属，酒肉茶汤无不精备，游人至此忘返。此景莫盛于武宗、仁宗之朝。近年枯瘁，都人复栽一小者培植其旁，随年而长。"丽正门位于元大都城南墙正中（具体位置在今天安门广场国旗杆一带），《析津志》提到丽正门，那是用来说明桥和树的空间位置关系的，当然不是说此时丽正门已经建成。文献记载很细致，树旁为市，为游人提供饮食服务。经年累月，大树开始枯萎，人们又在边上栽了一棵小树，细心培植。这棵受封为"独树将军"的树很有名，身经元明两朝的张昱作《辇下曲》也有记载："四面朱栏当午门，百年榆柳是将军。昌期遭际风云会，草木犹封定国勋。"原来，独树将军是棵榆树，四面有红色栏杆围合，已经当作"文物"保护起来了。

为什么刘秉忠要对准一棵大树来确定大内朝向？忽必烈为什么接受了刘秉忠的决定，并封此树为"独树将军"？元代陶宗仪《辍耕录》记载了当时的一个习俗，可以为解答这些疑惑提供启发："今人家正门适当巷陌桥道之冲，则立一小石将军，或植一小石碑，镌其上曰'石敢当'，以厌禳之。"元人认为，当正门刚好冲着巷陌桥道时，就立一块小石头，称之为"石将军"，或者植一块小石碑，上面镌刻"石敢当"，无论"石将军"还是"石敢当"，其功能都是用来辟邪、止煞、压不祥。不难理解，正对元大内的这棵"树"，之所以称其为"独树将军"，就是由于大内与都城正门适当城南桥道之"冲"，这棵大树是用来"厌禳"的，发挥着与"石敢当""石将军"一样的作用。

大内正门南出，经过丽正门及门外的第三桥，正对独树将军，这个独树将军是元大都规画中一个重要的控制点。独树将军的位置何在？这当然可以通过丽正门外第三桥的位置来定。对于丽正门外的桥梁，徐氏铸学斋抄本《析津志》记载："丽正门南第一桥、第二桥、第三桥"，注曰："此水是金口铜闸水，今涸矣。"这条文献虽短，但是包含的信息量很大。

首先，丽正门外确实有三座桥，这三座桥位于丽正门之"南"，应该是南北而列，这比起前述三座桥梁位于丽正门之"外"更为确切。丽正门南第一桥，由于是南出大都城外第一桥，又被称为"龙津桥"，具体位置可以根据元大都南墙与丽正门的位置来确定，约在今天安门广场旗杆以南。丽正门南第二桥、第三桥，并没有正式的名字。徐氏铸学斋抄本《析津志》记载：

"龙津桥在丽正门外，俗号第一桥"，"无名桥……丽正门外二"。

其次，注文说桥下之水源于"金口铜闸"，根据《顺天府志》引《析津志》记载："浑河金口铜闸，在宛平县西南三十五里东麻峪，乃卢沟之东岸。金大定二十七年始开之，名曰金口。卢沟以东流，其后水涨，恐为城患，乃埋之。至正元年因建言今上，敕太史院谘诹乡老利害，咸言累朝待开，于黎庶便益。以其文备申都堂宰执，以闻，可命太师脱脱仍以许右丞许有壬董其事。决其水流，自丽正门第二桥下通入运粮河，值水势建瓴，漫不可遏，居民遑遑，岸皆崩陷，奏旨，下铜闸塞之。"文献记载表明，金口河最初开凿于金代大定十二年（1172 年）。金口河位于元大都护城河之南，西起石景山永定河东岸的金口，上游利用车厢渠故道，向东经玉渊潭后，转而向南与金中都北护城河相接，沿金中都城向东，抵达通州。金口河建成后时而河道淤塞，时而泛滥成患，不得不在大定二十七年（1187 年）将河口封堵。元至正元年（1341 年），又决其水流，从丽正门第二桥下通入运粮河，为了避免水漫大都城而设置铜闸。实际上，在此期间，准确地说在至元二年（1265 年），郭守敬曾建议重开金口，并于次年实施。《元史·郭守敬传》记载："（至元）二年，授都水少监。守敬……又言：'金时，自燕京之西麻峪村，分引卢沟一支东流，穿西山而出，是谓金口。其水自金口以东，燕京以北，灌田若干顷，其利不可胜计。兵兴以来，典守者惧有所失，因以大石塞之。今若按视故迹，使水得通流，上可以致西山之利，下可以广京畿之漕。'又言：'当于金口西预开减水口，西南还大河，令其深广，以防涨水突入之患。'帝善之。"郭守敬建议重开金口并疏理水道意在一举两得，一是丽正门以西可以假水运致西山之利，二是丽正门以东可以理水以济漕运，具体工程做法是在金口西预开减水口，西南还大河，令其深广，以防涨水突入之患。郭守敬的建议很快被采纳，并于次年实施，《元史·世祖本纪》记载："至元三年，凿金口，导卢沟水以漕西山木石。"郭守敬的建议及其实施就发生在元大都营建之前一两年，因此上述记载正是当时丽正门外水道情况的反映。此时的金口河上游基本沿用金代故道，过中都城后向东连接通惠河。因此，丽正门南第二桥理应位于金口河上。

金时，金口河水在都城（金中都）之北流入郊野，丽正门外地势平衍，正是历史上金口河水泛滥之区，丽正门南第二桥、第三桥都是在金口河漫滩上架设的桥梁，由于年代久远，直接记载两桥具体位置的史料缺乏。但是，根据历史地理学研究，在国家大剧院工地发现了东西向的河道遗迹，有金代、元初和元末明初三个时期的沉积层，认为这是金元时期金口河故道，具体位置在今国家大剧院南门一带。据此可以推定第二桥约在今人民英雄纪念碑南侧附近。

至于丽正门南第三桥的具体位置，目前还不得而知，但可以确定的是，第三桥分布于第二桥以南，其北限约在人民英雄纪念碑与毛主席纪念堂之间。同时，第三桥可能分布的最南端位置，应该不会超过明清天桥。天桥一带地处都城南郊，是皇帝南出丽正门到郊天台祀天的必经之地，这里地势较为低洼，跨河建桥，形成了后来明清的天桥。天桥下的河流就是著名的"龙须沟"，是辽代萧太后运粮河故道。金口水自金中都北侧东出，顺地形向东南而去，其势不可能超过天桥的位置。

综上所述，独树将军可能分布的范围可以限定在一个区间内，即北限是今人民英雄纪念碑南，南限是明清天桥，南北直线距离 1.8km（图 7-41）。至于独树将军的具体位置究竟何在，待下文确定了中心台的位置后再进一步讨论。

丽正门南三座桥梁南北而列，表明刘秉忠规划元大内和都城时，向南已经存在一条南北大道，向北经过元大内，北去就是海子桥（今后门桥，元代又称万宁桥），再北去就到了元代齐政楼（今鼓楼）。总体看来，元大内实际上位于海子东侧的一条南北大道上。可以认为，刘秉忠定大内方向时，是以海子东侧的南北大道为基础，大内轴线位于"独树将军 – 丽正门 – 崇天门 – 厚载门—海子桥—齐政楼"一线，走向为北偏西 2.14°（图 7-42）。明成祖朱棣以北京为都，改造元大内，置景山，宫城轴线与元大内轴线重合。明代在齐政楼处置鼓楼，又增建外城，终于形成了南起永定门、北至钟鼓楼、长约 7.8km 的城市中轴线，都城轴线与宫城轴线重合。清代赓续未改。

中心之台

刘秉忠在大都规划建设中首创了"中心台"，作为全城中心点的标记。《析津志》《明一统志》《洪武图经》等诸多文献都记载："其台方幅一亩，以墙缭绕。正南有石碑，刻曰中心之台，实都中东、南、西、北四方之中也。"中心台处于都城之中心，是元大都规划的一个基本控制点。

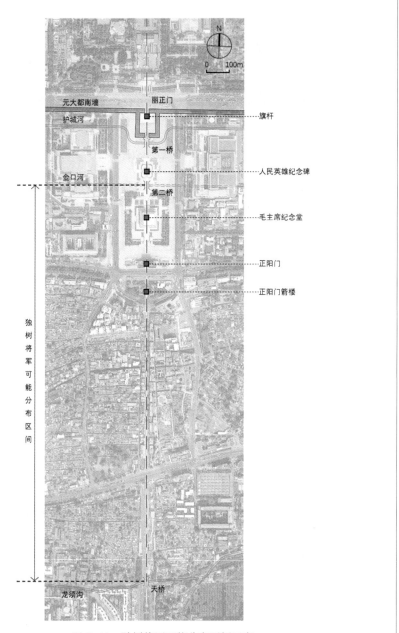

图 7-41　独树将军可能分布区间示意

（资料来源：武廷海，王学荣，叶亚乐. 元大都城市中轴线研究——兼论中心台与独树将
军的位置 [J]. 城市规划，2018，42（10）：63-76，85）

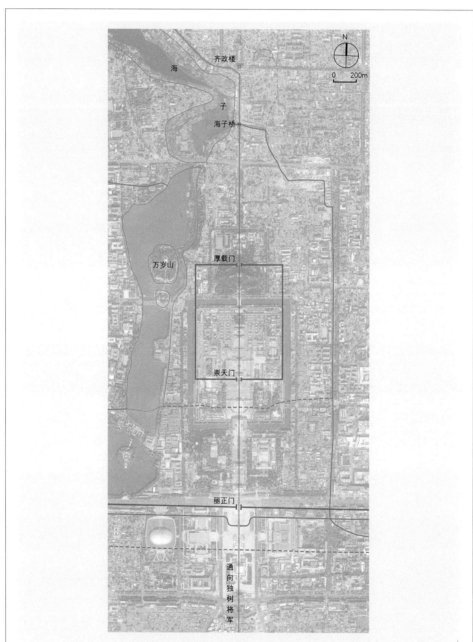

图 7-42 元大内轴线以海子东侧大道为基础

（资料来源：武廷海，王学荣，叶亚乐. 元大都城市中轴线研究——兼论中心台与独树将军的位置［J］. 城市规划，2018，42（10）：63-76，85）

由于中心台处于都城"四方之中",从理论上讲,根据都城形态是很容易确定这个中心点位置的。然而,由于事实上元大都的建成形态并不规整,因此我们无法直接从城市形态来推知中心台的具体位置。

文献上关于中心台位置的记载通常与"中心阁"有关。中心台临近中心阁,相距十多步,两者呈一东一西分布。但是,中心台与中心阁孰东孰西,根据目前所掌握的文献尚难定论。《明一统志》记载:"中心阁在府西……阁东十余步有台。"徐氏铸学斋抄本《析津志》记载:"在中心阁西十五步。"一说在东,一说在西,令人无所适从。

尽管如此,不可忽视的是,根据现有文献我们可以得到一个基本的认识,那就是中心台临近中心阁,中心台与中心阁是两个相互关联的城市标志。因此,我们可以通过中心阁来推定中心台的大致位置。

关于中心阁的位置,《日下旧闻考》引《析津志》明确记载,中心阁位于齐政楼之东:"齐政楼,都城之丽谯也。东,中心阁,大街东去即都府治所;南,海子桥、澄清闸;西,斜街过凤池坊;北,钟楼。"中心阁位于齐政楼之东,这对于元大都城市中轴线研究来说是一条至关重要的信息!中心阁位于齐政楼之东,即在今鼓楼之东,而中心台又临近中心阁,因此可以推知,元大都中心台位于齐政楼之东。换句话说,元大都的城市中轴线经过今鼓楼的东侧!基于这个判断,可以进一步探寻中心台究竟位于何处。

在元大都的相地与营城过程中,特别是在确定中心台的位置时,刘秉忠十分重视周围的地理形势,尤其是山势。徐氏铸学斋抄本《析津志》记述中书省选址时,对相地的总原则有明确论述:"盖地理,山有形势,水有源泉。山则为根本,水则为血脉。自古建邦立国,先取地理之形势,生王脉络,以成大业,关系非轻,此不易之论。"如何利用山体确定中心台的位置?从前述中国古代都城相地注重"生王脉络"与运用"参望之法",可以界定中心台分布的空间范围。

尽管元代以来,大都城中地面高程与地表形态已经有所变化,但是,从中心台一带北望燕山、西望太行的情形,效果相差并不大。今可以运用地理模型,模拟《大都赋》所描述的当时可能的观测效果。前文"风水"章已经根据《大都赋》中"顾瞻乾维"，表仰峰莲顶与玉泉三洞，确定了一条斜向参望线。两条直线相交得到一个点，刘秉忠确定中心台的具体位置还需要一条参望线。显然，这条参望线就是经过中心台的大都城市中轴线。

南北参望线

众所周知，从中心台一带南望，已经有"独树将军"作为参照物了，问题是北望燕山时用什么作为参照物呢？考虑到刘秉忠精于阴阳术数尤邃于《易经》，根据《大都赋》所言"近掎军都""向离明而正基"，可以进一步探寻这条南北参望线。

中心台处于都城四方之中，都城四面构筑城墙，布置城门。前文已经述及，四面共设十一门，北墙未开中门。值得注意的是，在这十一个城门中，有六个城门的名称都取义于《周易》，按照后天八卦来定方位，具有丰富的易学蕴含。其中，南墙中门丽正门，离卦之位，《周易·象传》："离，丽也；日月丽乎天，百谷草木丽乎土，重明以丽乎正，乃化成天下。柔丽乎中正，故亨"；南墙西门顺承门，坤卦之位，《周易·象传》："至哉坤元，万物资生，乃顺承天"；北墙西门健德门，乾卦之位，《周易·象传》："天行健，君子以自强不息"；北墙东门安贞门，位于都城东北方位，《周易·象传》："西南得朋，乃与类行；东北丧朋，乃终有庆。安贞之吉，应地无疆"；东墙南门齐化门，巽卦之位，《周易·说卦传》："齐乎巽，巽，东南也。齐也者，万物之洁齐也"；南墙东门文明门，《周易·文言传》："见龙在田，天下文明"（图 7-43）。

元大都北墙正中没有开设城门，按照易八卦方位，这里属于坎位。《周易·说卦传》："乾，健也；坤，顺也；震，动也；巽，入也；坎，陷也；离，丽也；艮，止也；兑，说也。"其中，乾、坤、巽、离，分别与健德门、顺承门、齐化门、丽正门等直接相关。元大都北墙正中没有开设城门，显然可能与《周易·说卦传》所谓"坎，陷也"有关。

《易经·坎》："六三：来之坎坎，险且枕，入于坎窞，勿用。"窞，就是深坑，坎呈现"险"且"枕"的意象。《周易·象传》："习坎，重险也……天险不可升也，地险山川丘陵也，王公设险以守其国，坎之时用大矣哉！"

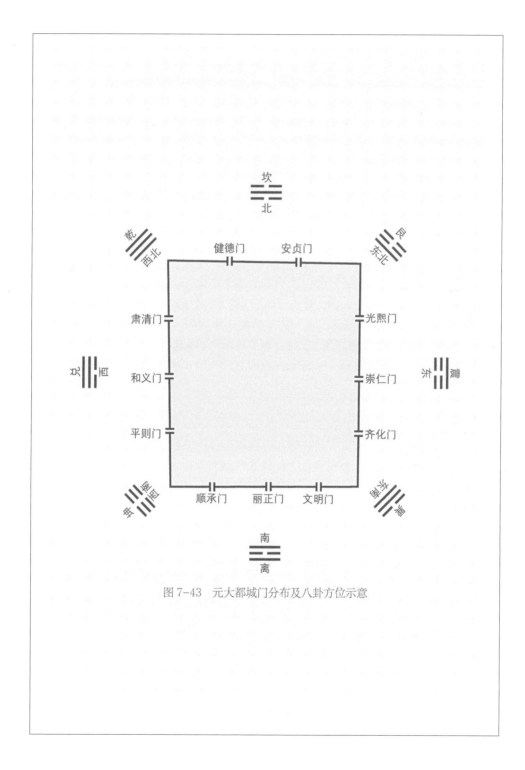

图 7-43　元大都城门分布及八卦方位示意

《周易》有关"坎"的文辞，落实到大都规划上究竟有什么具体指向？结合前文所述古代地理相其形势的"参望"之法，可以揭示其奥秘。

从元大都北望，远处燕山山脉有起有伏，轮廓明显，正对元大都有一明显的"V"形山谷，似双翼缓缓展开。"V"形山谷的谷底，是名为牛蹄岭的小山峰，距离元大都约36km，合76元里（图7-44）。

值得注意的是，这个山谷与前述独树将军分布区间南北限位置的连线，正好都经过元代齐政楼以东。其中，山谷与第二桥位置的连线走向为北偏东0.38°，西距齐政楼约180m，合114元步；山谷与天桥位置的连线走向为北偏东0.31°，西距齐政楼约258m，合164元步。这两条连线与大都北墙交点之间的距离只有73m，正好经过元大都北墙之中附近，都属于坎卦之位。山谷位于大都之北，也是坎位，呈现"陷""窞"的意象，山"险"，宜"守"，宜"枕"。坎、险、陷、窞、守、枕等种种迹象表明，这个山谷就是确定元大都中轴线北端的自然之象。"坎"而"勿用"，体现在都城营建上，可能就是北对山谷而不设城门。结合元大内南对独树将军的经验，可以推定，独树将军与燕山山谷连线，经过元大都中心台，并据此确定了都城轴线的走向（图7-45）。

综上所述，中心台位于独树将军与燕山山谷的连线，以及仰峰与玉泉山连线延长线的交点处。与独树将军的分布区间相对应，可以通过作图将中心台的分布区间限定在一线段上，线段西侧端点坐标为东经116°23'30"、北纬

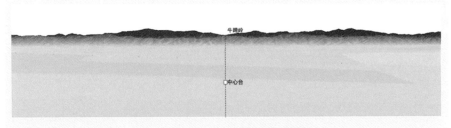

图 7-44　从中心台向北测望效果模拟

（资料来源：武廷海，王学荣，叶亚乐. 元大都城市中轴线研究——兼论中心台与独树将军的位置 [J]. 城市规划，2018，42（10）：63-76，85）

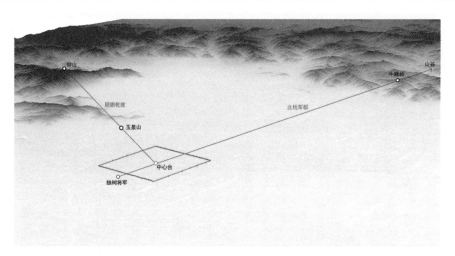

图 7-45　两条参望线确定中心台位置示意

(资料来源：武廷海，王学荣，叶亚乐. 元大都城市中轴线研究——兼论中心台与独树将军的位置 [J]. 城市规划，2018，42（10）：63-76，85)

39°56'24"，线段东侧端点坐标为东经 116°23'34"、北纬 39°56'23"，长度约为 77m（图 7-46）。

　　基于上述通过参望之法限定的中心台分布区间，通过实地踏勘与古图比对，结合具体的地形与建筑特征，可以进一步锁定中心台的位置。

实地踏勘锁定中心台位置

　　通过实地踏勘发现，在今鼓楼东侧地区，存在一相对低矮的岗地，以鼓楼东大街（下文涉及街道和胡同皆为当前名称）为界，路北和路南的岗地走势略有差别。

　　在鼓楼东大街以北，以南北走向的宝钞胡同所处地势最高，相当于岗地鱼脊；宝钞胡同以西的数条东西向胡同中，岗地坡脚也比较明显，如国旺东巷与国旺胡同的交会部位附近、豆腐池胡同位于钟楼北宏恩观前偏东地带、草厂北巷西口一带等，坡脚都比较明显。鼓楼东大街以南，南北走向的南锣

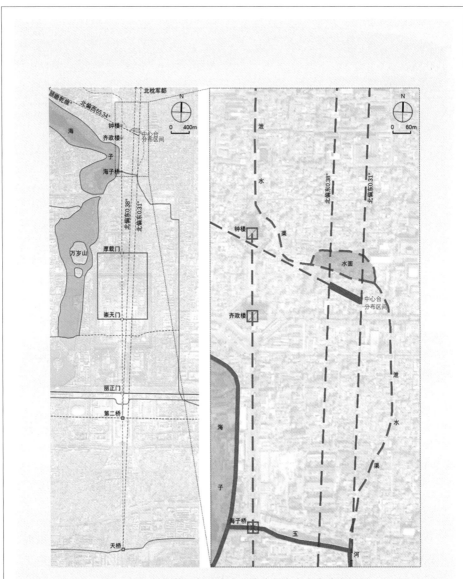

图 7-46 独树将军与燕山山谷连线限定中心台分布区间

（资料来源：武廷海，王学荣，叶亚乐. 元大都城市中轴线研究——兼论中心台与独树将军的位置［J］. 城市规划，2018，42（10）：63-76，85）

鼓巷位于岗地鱼脊上，岗地西侧坡脚在后鼓楼苑胡同（该胡同走向呈"Ꝉ"形，可分北、中和南三段，中段呈东西走向）南段及其往南的延长线东侧一带，坡度比较明显，略呈台地状。

在鼓楼东大街路南，南北向胡同中，后鼓楼苑胡同北段 – 南下洼子胡同一线北与宝钞胡同相对，南下洼子胡同东、西两侧的东西走向胡同错落分布，没有形成正常的相互对应格局。豆角胡同北接方砖厂胡同东口，南连位于通惠河（玉河）北岸的帽儿胡同，曲折蜿蜒的豆角胡同总体上位于地势相对低洼的地带，亦即其走势受低洼地所限，分布于低洼地中。

草厂胡同总体呈"厂"字形，东接草厂东巷。草厂胡同南北走向地段（即南段）的东侧，地势凸起明显，东西走向地段（即东段）之南侧也可以看到地势坡起的迹象，亦即位于鼓楼东大街以北、草厂胡同南侧和东侧，被草厂胡同半包围的地域是显见的"台地"。同时，总体看来，草厂胡同东段及其以北数十米，存在约略呈东西走向的低洼地。

草厂北巷南端一带地势相对低洼，并且往东与草厂胡同东段所处的低洼地连为一体。

钟楼湾胡同是位于钟鼓楼广场东侧的南北向道路，据称该道路因位于钟楼周围而得名，1947 年称钟楼湾，1949 年后称钟楼湾胡同（见图 7–47）。

《乾隆京城全图》完成于清乾隆十五年（1750 年），原图比例约为 1∶650，清楚地绘制了城市的街巷、院落、房屋甚至房间间数，是目前所见时代较早且最为详细的清北京城实测图。《乾隆京城全图》显示，自清乾隆时期以来钟鼓楼区域街巷格局变化并不大。其中，自豆腐池胡同以北，沿钟鼓楼广场往北的延长线地带，房屋明显较两侧稀疏。现草厂胡同东段为一东西贯通的胡同，东连宝钞胡同，西接钟楼南广场，同时现草厂胡同以北为大范围空旷地。在后鼓楼苑胡同北段 – 南下洼子胡同的西侧，与之平行，还有一条较窄的胡同，两条胡同相距很近，约面宽 5 间房的宽度（15m 左右）。同时，两条胡同之间的院落布局与周边街巷不太一致，空间填补痕迹比较明显。

图7-47　钟鼓楼附近街道胡同分布

（资料来源：武廷海，王学荣，叶亚乐. 元大都城市中轴线研
究——兼论中心台与独树将军的位置 ［J］. 城市规划，2018，42
（10）：63-76，85）

据此，初步推测后鼓楼苑胡同北段–南下洼子胡同及其西侧与之平行的胡同之间，原本是一条被填埋了的废弃河道，以该河道为界，亦即受河道影响，分布于其两侧的东西向胡同呈错落分布，没有相互对应。该古河道的南端连接通惠河（玉河），豆角胡同途经的低洼地带应与该河道相关。自豆腐池胡同以北，沿钟鼓楼广场往北的延长线地带，房屋明显较两侧稀疏，或许也是古河道因素造成。并且，河道水源应与途经旧鼓楼大街西侧大石桥和小石桥胡同一带往南流经的河道相关。因此，"钟楼湾"应该是较早出现的地名，或许与该条古河道在钟楼附近形成曲折有关，而非道路围绕钟楼。草厂胡同东段所途经的低洼地或也应是该条河道的残存，约成图于咸丰十一年（1861年）的《北京全图》显示这片低洼地为水面（图7-48）。所谓"钟楼湾"的真实寓意和指向或许是该古河道在钟楼东南东折，通往草厂胡同东段所在的水面。然后，古河道再南折，途经处于鱼脊的宝钞胡同西侧和草厂东巷（南段）之间，与位于鼓楼东大街南侧河道相连。总体看来，推测的古河道位于鼓楼地区以东的岗地西侧，河道沿钟鼓楼轴线方向南流至钟楼时东折，在宝钞胡同南段西侧再南折，往南流至通惠河。

前文已经指出，中心台临近中心阁，中心台与中心阁的相互位置是东西关系。关于中心台与中心阁周边的情况，徐氏铸学斋抄本《析津志》记载："初立都城，先凿泄水渠七所。一在中心阁后，一在普庆寺西，一在漕

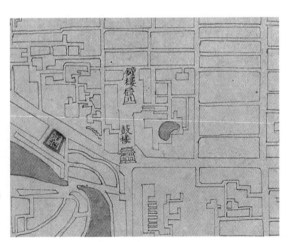

图7-48 咸丰年间《北京全图》
中草厂胡同附近的大水面
（资料来源：美国国会图书馆）

运司东，一在双庙儿后，一在甲局之西，一在双桥儿南北，一在乾桥儿东西。""中心台在中心阁西十五步……在原庙前。""原庙 行香 完者笃皇帝中心阁 正官 正月初八。"也就是说，营建元大都时，预先开凿了七条泄水渠进行理水，其中有一条就在中心阁后（北侧）；中心台在原庙前（南侧）。

将《乾隆京城全图》和实地踏勘发现的位于鼓楼东大街北侧且被草厂胡同半包围的"台地"进行叠置，可以发现：在"台地"中部有布局相对规整的三路建筑，以中路建筑为主体，东、西两路建筑呈对称状分布于其两侧，此其一。其二，草厂北巷、草厂胡同东段和草厂东巷三条胡同围合的区域，是一个相对独立的空间。

结合前文推测的河道遗存，可以发现《析津志》所记载、《乾隆京城全图》和实地踏勘所发现的迹象有诸多契合之处。第一，《乾隆京城全图》中标绘的前述位于鼓楼东大街以北的建筑群当与元代中心台和中心阁遗存有密切关系，这个地方也与前文通过参望之法求证的中心台分布区间契合。第二，位于其北侧被草厂北巷、草厂胡同（东段）和草厂东巷三条胡同围合的相对独立的空间，应该与原庙（万宁寺）有密切关系。第三，流经钟楼东侧称为钟楼湾的水道，约略在鼓楼东南折而东流经过中心阁北侧，又东南折，在海子桥东汇入通惠河。这条水道流经中心阁和中心台北侧，正好是元代万宁寺的南侧，水面放宽，形成较为开阔的"放生池"。从钟楼到中心台，钟鸣水流，社会文化生活丰富，元至顺三年（1332年）欧阳玄曾作《渔家傲》一词提到八月中秋该地景观，"疏钟断，中心台畔流河汉"。

有鉴于此，进一步大胆推测，中心阁与中心台位于万宁寺"放生池"之南侧，可能中心台在西，中心阁在东，中心台的地理坐标为东经 116°23'32"、北纬 39°56'24"（图 7-49）。相应地，将燕山山谷与中心台连线延长，可以将独树将军定位于正阳门前一带。

据此重新审视《乾隆京城全图》，结合清代城市肌理可以推测：元末金口新河东出金中都东墙后，摆向东南，经正阳门前流向今七里河一线；东出金中都施仁门外的道路斜向东北而去，在今正阳门前一带北折，直行经过元大都丽正门通往大内和齐政楼。因此，可以精确锁定独树将军位于这条道路转折之处，也正是丽正门南第三桥南的位置，地理坐标为东经 116°23'32"、

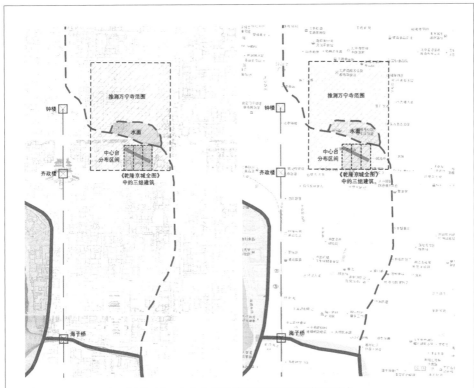

图 7-49　中心台相关空间遗存与现状位置对比

左图底图为《乾隆京城全图》，右图底图为天地图所示现状。

（资料来源：武廷海，王学荣，叶亚乐. 元大都城市中轴线研究——兼论中心台与独树将军的位置［J］. 城市规划，2018，42（10）：63-76，85）

北纬 39°56'24"（图 7-50）。总之，独树将军、中心台、燕山山谷三点一线，走向为北偏东 0.36°。

　　中心台是元大都规划设计中的一个控制点，经过元大都中心台有一条都城规划设计控制线，中心台以及经过中心台的南北向控制线位置的精确锁定，为进一步加深对元大都的认识提供了基础，并可开拓新的研究领域。从城市规划布局看，中心台作为四方之中，实际上是城市"中轴线"和"中纬线"的十字交会处，元大都规划设计中的"中纬线"还有待进一步发掘研究，这可能对于进一步探讨元大都东西两侧城墙上城门开设的位置，以及城市坊巷系统的布置，乃至城市总体布局等，都具有重要的参考价值（图 7-51）。

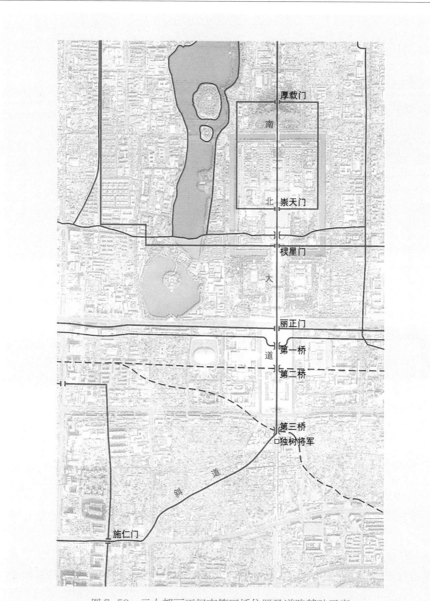

图7-50 元大都丽正门南第三桥位置及道路基础示意

（资料来源：武廷海，王学荣，叶亚乐. 元大都城市中轴线研究——
兼论中心台与独树将军的位置［J］. 城市规划，2018，42（10）：
63-76，85）

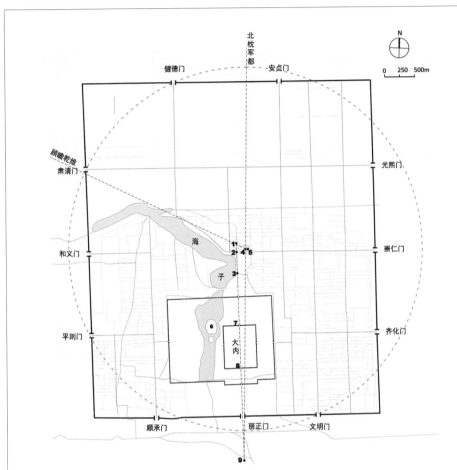

图 7-51　元大都中心台处于都城四方之中示意

1—钟楼；2—齐政楼；3—海子桥；4—中心台；5—中心阁；
6—万岁山；7—厚载门；8—崇天门；9—独树将军

元大内中轴线与大都规划设计控制线

　　古代都城规划设计讲究朝向，设置中轴线作为规划布局基准是一个初始
性的也是决定性的工作。传统中轴线是北京城市规划史研究及历史文化名城
保护实践中十分重要甚至居于核心地位的概念，保护传统中轴线是首都历史

文化特色保护中一个很重要的方面。由于北京老城是元明清三代都城空间的叠加,明清北京以元大都为基础而加以改建,并表现出复杂的承继关系,研究表明,元大内轴线方向为从独树将军至齐政楼,走向为北偏西2.14°,与今故宫－钟鼓楼轴线重合,北京城市总体规划所说的"传统中轴线"就是以元大内轴线为基础;元大都经过中心台的控制线方向为独树将军与燕山山谷连线,走向为北偏东0.36°,因北对山谷与元大内轴线并不重合。元大都的大内设计和都城设计有两根不同的控制线,并且有不同的尺度控制(大内规划里长240步,都城规划里长300步),这对元大都规划设计技术与方法研究都具有重要的基础性意义。

元初于金中都东北择吉地而建新都,吉地之"吉"的一个重要体现是城市中轴线所对的北部山体之"象"。比较处于元大内轴线上的齐政楼与处于都城轴线上的中心台,两者距离很近,但是刘秉忠规划元大都时并没有让两者重合,而是在大内轴线东侧仔细相度,选择了一处合适地点作为中心台,另行设置了都城控制线,其中自有原因。如果将元大都宫城轴线向北延长至燕山,落点正处于都城轴线所对山谷西翼斜坡上,东距谷底水平距离约1.8km,形态并没有什么特别之处;沿着元大都北望的斜坡西去,距离约23km处,有一名为凤驼梁的山头,海拔1530m,这个高峰正是金中都轴线北向所对,距离金中都68km。据此可以推知,刘秉忠在经营都城南北控制线时,对于北侧远山地理形势进行了综合考量,由于元大都位于金中都东北,不用担心"西益宅"的建造禁忌,可以在金中都中轴线东侧选择合适地点布置元大都南北控制线。但是,由于元大内以海子东侧的南北大道为基础,大内轴线北对远山的形态并不理想,于是在大内轴线东侧又选择了合适地址置中心台,另立都城规划控制线,北对山谷,正合坎位"设险以守其国"的易学蕴含。也就是说,在元大都尺度上,中心台与齐政楼的空间距离并不大,但是因此而确立的南北控制线的差别则是悬殊的(图7-52)。

元大都经过中心台的南北控制线与子午线的关系有待进一步研究。前文推定的元大都城市中轴线走向为北偏东0.36°,这与子午线方向偏差甚微,究竟是元大都规划设计根据子午线走向而确定城市南北控制线走向,选择了合适的中心台位置,还是确定了中心台的位置与城市南北控制线走向,发现恰好符合子午线的方向,这是值得进一步探讨的问题。如果有证据进一步论

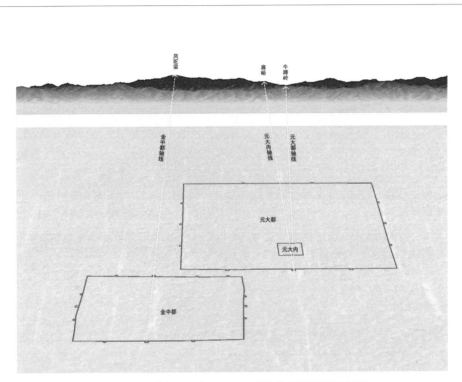

图 7-52　金中都、元大内、元大都轴线北望效果模拟比较

（资料来源：武廷海，王学荣，叶亚乐. 元大都城市中轴线研究——兼论中心台与独树将
军的位置 [J]. 城市规划，2018，42（10）：63-76，85）

定元大都城市南北控制线的确为子午线走向，那么本书推定的北偏东 0.36°，
相对 360° 的周角来说，比例仅占 1‰，也是可以接受的。在此基础上，似乎
可以进一步探讨中心台天学蕴含，这也符合文献所记载的刘秉忠精通阴阳术
数之说。

参望之法

元大都规画研究中，运用两条参望线锁定了中心台的位置，解决了中心台选址及其规画蕴含的难题。进一步探索参望之法，发现其源自先民早期的生产生活实践。"国必依山川"，上古有通过对山川的祭祀而立"国"的早期信仰。山川可以标识秩序，《尚书·舜典》记载："肆类于上帝，禋于六宗，望于山川，遍于群神……望秩于山川，肆觐东后。"在社会的世俗政治发达起来后，君王仍然对山川进行"望祭"。《说文》卷二，壬部："望：月满与日相望，以朝君也。从月从臣从壬。壬，朝廷也。"被"望祭"的山川，就有一种神圣性。从都邑规画来看，都邑的选址与布局都处于特定的地理环境之中，周边的山峰特别是标志性山峰可能具有独特的文化含义。随着《周易》"在天成象，在地成形"观念的建立，地面的山峰往往成为"星"的代表，具有不同的含义，如后世的"七曜"（图7-53、图7-54）。

从选址营建技术看，"准望"是一种基本的定向定位与测量方法。《诗经》记载公刘"乃陟南冈，乃觏于京"，"于京斯依"；记载卫文公"升彼虚矣，以望楚矣。望楚与堂，景山与京"，已经显露了观望山头推敲聚落的朝向与方位。《周髀算经》载周公问用矩之道于商高，商高答曰："平矩以正绳，偃矩以望高，覆矩以测深，卧矩以知远。"所谓"正绳"即确定水准，而"望高""测深""知远"则都必须在水准的基础上进行，表示"水准"的"准"字与"望"字组合为"准望"，即可表述地理测量之义。秦始皇陵南依骊山，有"望峰"，《两京道里记》记载"筑陵望此为准"，实际上还是将秦始皇陵纳入山水体系这一比较恒定的参考系中，是山川定位。《三国志》卷二六《魏书·牵招传》记载，牵招为曹魏雁门太守，郡治广武，井水咸苦，"招准望地势，因山陵之宜，凿原开渠，注水城内，民赖其益。"[1]

西晋时期，"准望"的实践经验已经总结上升为一条制图准则。裴秀（223—271年）《禹贡地域图序》总结提出"制图六体"，即绘制地图时应遵守六项准则：分率、准望、道里、高下、方邪、迂直，唐初官修类书《艺文类聚》所收最为详备，也属最早，兹移录如下：

---

[1]（晋）陈寿. 三国志（第三册）[M]. 辰乃乾，点校. 北京：中华书局，1982：732.

图7-53 新石器时代灰陶尊刻日与山形纹

大汶口文化遗址出土了距今5000多年的日与山形纹，刻画了太阳与山峰的位置关系，其间可能是云，亦或传说的负日之乌。

（资料来源：中国古代岩画·彩绘纹饰选［J］. 中国书法，2008（7）：1-11，138，141）

图7-54 癸山铭文

西周早期前段癸山簋，流失美国卢芹斋。铭文可能表示先民运用参望法观测山峰，并利用两条参望线交会来确定一个合适的地点。

制图之体有六焉。一曰分率，所以辨广轮之度也。二曰准望，所以正彼此之体也。三曰道里，所以定所由之数也。四曰高下，五曰方邪，六曰迂直，此三者各因地而制宜，所以校夷险之异也。有图象而无分率，则无以审远近之差；有分率而无准望，虽得之于一隅，必失之于他方；有准望而无道里，则施于山海绝隔之地，不能以相通；有道里而无高下、方邪、迂直之校，则径路之数必与远近之实相违，失准望之正矣，故以此六者参而考之。然后，远近之实，定于分率；彼此之实，定于准望；径路之实，定于道里；度数之实，定于高下、方邪、迂直之算。故虽有峻山巨海之隔，绝域殊方之迥，登降诡曲之因，皆可得举而定者。准望之法既正，则曲直远近无所隐其形也。

裴秀认为，前人绘制的地图因"不考正准望"，导致这些地图虽然某些部分画得准确但其他部分必定会出现差错；"准望"可以"正彼此之体"，也就是摆正各项地理要素的相对位置关系，因此"准望之法既正，则曲直远近无所隐其形也。"显然，所谓"准望"，不是单纯用以表示"方位"的概念，还应包含有距离要素在内。

制图学上的准望，从规画的角度看就是"参望"之法。准望表明观察点（观望者）与两个被观望的对象处于同一条直线上。《资治通鉴·齐武帝永明九年》："二国之礼，应相准望。"胡三省注："揆平之物；又其义，拟也，仿也。对看为望，月有弦望。《后汉·律历志》：'分天之中，相与为衡，谓之望。'月望，日月正相对，其平如衡。准望之言，义取诸此。"准含有揆平之义，所望之物与中间一物相与为衡，实际上呈三点一线的关系，这正与"参望"之义相同。测量时要求所观测的目标、所立的表与观测点之间呈三点一线，古代称之为"参""参相直"。参者三也，规画中三点一线的测望方法可以称为"参望"。对于规画研究来说，如果能确定两条相交的参望线，那么这个交点就是一个共同的参望点。元大都规画研究中，对中心台位置的探寻就是利用这个原理。

第五节　规圆矩方，神圣规画

方圆相割图

众所周知，中国古代城市的基本形态是"方"，正如《考工记·匠人营国》所记载的，方城之中，道路纵横交织，井然有序。郑孝燮认为，长期以来，中国城市在空间布局组织上普遍地有一种大同小异的"方形根基"贯串着，从民居、商店、作坊、庙宇到衙署，或到王府、宫禁，从里坊到内城、外郭，不论北方南方，沿海内地，都喜欢环境方正[1]。对于方城模式，西方学者也津津乐道，德国阿尔弗雷德·申茨（A.Schinz）著《幻方：中国古代的城市》，描绘了中国古代城市的方形特征及其背后隐藏的传统文化和文明演进[2]。本节要指出的是，方形背后实际上隐藏着一种圆形的结构，方圆的图式是统一的。

两种方位体系

早期古代方位观念的建立，可能源自对太阳视运动变化规律的认识。《考工记·匠人建国》记载了立表测影而取正辨方的技术方法，通过对日影变化的观测，人们认识了大地，建立了东西南北的概念。正东、正南、正西、正北4个方位称"四正"，东西、南北方向形成一个"十"字形，古人形象地称之为"二绳"。进一步细分，形成西南、西北、东北、东南4个方位，称之为"四维"，这是"四面八方"方位体系。

古代还存在一种十二方位体系，方位命名沿用地支，即子、丑、寅、卯、辰、巳、午、未、申、酉、戌、亥（图7-55）。这原本是对太阳位置的记录，《周礼·春官·冯相氏》："掌十有二岁、十有二月、十有二辰、十日、二十有八星之位，辨其叙事，以会天位。""十二辰"为夏历一年十二个月的月朔时，太阳所在的位置，是日、月的交会点。《淮南子·天文训》记载了四面八方与十二方位的对应关系："子午、卯酉为二绳。丑寅、辰巳、未申、

⊙ 1 郑孝燮. 关于历史文化名城的传统特点和风貌的保护 [J]. 建筑学报，1983（12）：4-13，82-83.

⊙ 2 SCHINZ A. The Magic Square: Cities in Ancient China[M]. Fellbach: Edition Axel Menges, 1996.

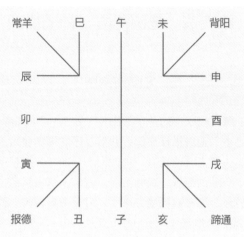

图 7-55　四面八方与十二方位体系对应关系示意

戌亥为四钩。东北为报德之维也，西南为背阳之维，东南为常羊之维，西北
为蹄通之维。日冬至则斗北中绳，阴气极，阳气萌，故曰冬至为德。日夏至
则斗南中绳，阳气极，阴气萌，故曰夏至为刑。"

井田格网蕴含十二方位体系

如何在大地上简便而精准地确定十二方位？在规画研究中发现，若干井
田阡陌相连，形成一张大网，在一个4×4格网状的正方形中内接一圆，此
圆与正方形内三纵三横线一共形成12个交点，这12个交点正好将圆周十二
等分（图7-56）。这是运用井田格网平分圆周角而获得确定十二方位的简易
方法，说明了方中函圆的事实，可以为都邑规画中精准地确定十二方位提供
一个简单而易行的方法。

圆周上的12个点，有4个点处于二绳之上，是边长为4的大正方形与内
接圆的切点，正好就是大正方形四边的中点；其他8个点，距离大正方形四
边的垂直距离相等。若正方形小格的边长为1，大正方形（4×4）内接圆的半
径为2，则临近大正方形四隅的交点与大正方形四边的垂直距离为（2-$\sqrt{3}$）。
这8个点实际上控制了一个新的割圆正方形，边长为2$\sqrt{3}$，相当于将大正方
形的四边都内收（图7-57）。

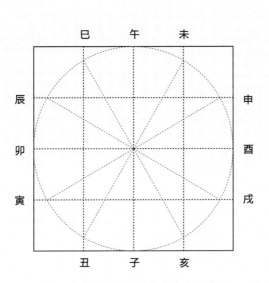

图 7-56　井田格网蕴含十二方位体系

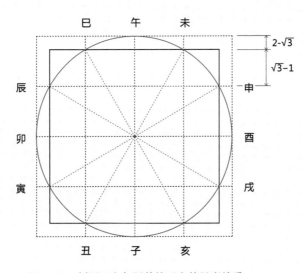

图 7-57　割圆正方与圆外接正方的尺度关系

割圆正方形与二绳相交，形成4个交点（割圆正方形四边的中点），与前述割圆的8个交点，一共也是12个点，这12个点是标志割圆正方形十二方位的点。圆与割圆正方形共同构成方圆统一的图式，可称为"方圆相割图"，对中国古代城邑规画有着广泛而深刻的影响。

方圆相割图体现早期宇宙观

方圆相割图凝聚着古老的天圆地方、天覆地载等思想观念，体现着中国早期宇宙观。人居天地间，天、地是最大的物，"天似穹庐，笼盖四野"，天地交接，大圆与大方之间是有矛盾的。如何处理这个矛盾？西汉《淮南子·览冥训》记载，传说远古时大地是缺四角的，四根天柱倾折，大地陷裂；天有所损毁不能全然覆盖万物，地有所陷坏不能完全承载万物。于是女娲炼出五色石来补天，斩断大龟的四脚来立为四根天柱（图7-58）。

传说中早期的大地形状缺少四角，呈⊙形，即"亞"形。艾兰认为，从两度空间看"亞"可分为平面的五部分：中、东、南、西、北，"亞"形结

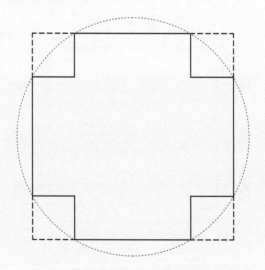

图7-58　传说"天不兼覆，地不周载"图解

构是后来土地是方形观念的来源[1]。殷商人把龟看作宇宙物理之形，圆形龟背象征天，"亞"形龟腹加上四角支撑正好象征传说中的地。

　　在早期的文字绘画中，⊙形很常见。姜亮夫认为："金文中还有大量的⊙形绘画……这是古代的祭祀的地方，是周以后的所谓明堂、辟雍、世室、重屋等，所谓三代损益之制。"[2]李振认为，"⊙是某种神圣区域的标示，这一神圣区域既可以是宗庙也可以是已经过限定的土地，但是⊙不会被用作神圣标志"[3]（图7-59）。初民的许多重要活动在"亞"形空间举行。亞形空间像是一个中央的方形空间，四面粘合了4个小矩形，据说是传统的庙宇的布局，一个太室（中堂），或是一个中庭，连着四厢。

殷墟晚期至商末

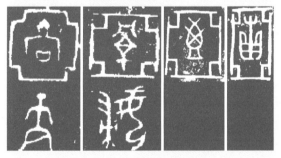

西周早期

图7-59　场所类系图像

（资料来源：李振. 早期中国天象图研究［D］. 上海：上海大
　　学，2015：66-67）

⊙ 1　艾兰. "亞"形与殷人的宇宙观［J］. 中国文化，1991（01）：31-47.

⊙ 2　姜亮夫. 古初的绘画文字［J］. 杭州大学学报（人文科学版），1962（02）：103-118.

⊙ 3　李振. 早期中国天象图研究［D］. 上海：上海大学，2015：58.

方圆相割图案的流行

至迟战国秦汉时期，方圆相割图案已经较为广泛地出现在器物形态与图像中。在山东临淄郎家庄一号东周殉人墓出土漆画中，有表现建筑的图案[1]。通常认为这是当时一般民居的形象，从复原图案的空间结构看，很明显符合方圆相割图的比例特征：四面建筑，每面三分，空间人居活动；建筑围合，中央正方形容有小圆；建筑外接大圆；四角空白区，布置植物（图7-60）。

西汉长安南郊礼制建筑可能与传说中的明堂有关，其复原图亦呈现方圆相割图的比例特征（图7-61）。《礼记·明堂阴阳录》曰："明堂阴阳，王者之所以应天也。明堂之制，周旋以水，水行左旋以象天。内有太室，象紫

图7-60　东周漆画图案符合方圆相割图比例特征

（资料来源：山东省博物馆. 临淄郎家庄一号东周殉人墓［J］.
考古学报，1977（1）：73-104，179-196）

---

[1]　山东省博物馆. 临淄郎家庄一号东周殉人墓［J］. 考古学报，1977（01）：73-104，
179-196.

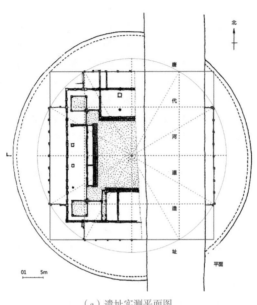

（a）遗址实测平面图

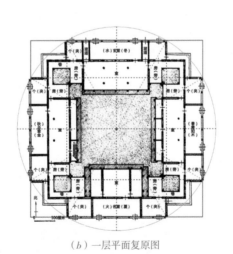

（b）一层平面复原图

图 7-61　西汉长安南郊礼制建筑辟雍遗址中心建筑平面符合方圆相割图比例特征
（资料来源：底图来自"杨鸿勋. 杨鸿勋建筑考古学论文集 增订版［M］. 北京：清华大学
出版社，2008：261，263"）

宫。南出明堂，象太微。西出总章，象五潢。北出玄堂，象营室。东出青阳，象天市。上帝四时各治其宫。王者承天统物，亦於其方以听国事。"[1]南北朝乐府诗《木兰辞》云，"天子坐明堂"。张衡《东京赋》描述明堂之制："八达九房，规天矩地"。

西汉铜镜中"TLV"图案很常见，又称规纹矩镜，说明方圆相割图案已经纹饰化，广泛渗透到社会生活中了（图 7-62）。

画圆以正方

"规画"，顾名思义，就是以"规""画""圆"。对于中国古代都邑来说，规画的目的就是"画""圆"以"正""方"。规画是结合山川环境进行人居总体与重要功能区布局，将营建技术上升为法度（中规中矩）的反映。

立　极

中国古代都邑在不同的空间层次上往往都有一个中心，空间要素布局也是围绕这个中心展开，"譬众星之环极"[2]。从规画的角度看，这个中心就是规画的圆心，确定圆心的过程可谓"立极"，至为关键。从秦始皇陵、六朝建康、隋大兴、元大都、明中都等规画复原经验看，圆心的确定需要经过综合的考量，并具有明确的、可验证的技术方法。

圆心的选择以地宜为前提，即经过仰观俯察、相土尝水确认，圆心处及其周边地区要符合一定的地理条件与特征。通常规画的圆心会选择在地形相对高耸之处，因其高可以极目环视，对较大尺度的地理环境进行整体把握，定为规画之圆心，甚至进一步建设城市标识加以强化，都是顺其自然；规画的都邑范围也是围绕圆心而向四面拓展，圆心周围需要有较大规模适宜的建设用地与空间，满足都邑不同功能布局与设施安排的需要。

⊙ 1　见："（宋）李昉. 太平御览［M］//（清）纪昀，等. 影印文渊阁四库全书（第八九八册）. 台北：台湾商务印书馆，1986：73-74"。
⊙ 2　见：张衡《西京赋》。

（a）西汉早期的大乐贵富铭博局蟠螭镜

（b）西汉早中期的常勿相忘铭简博四乳镜

（c）新莽时期的尚方作竟大巧铭四灵博局镜

图 7-62　西汉铜镜中"TLV"图案符合方圆相割图比例特征

（资料来源：底图来自"清华大学汉镜文化研究课题组. 汉镜文化研究（下）[M]. 北京：
北京大学出版社，2014：32，102，312"）

确定圆心的具体方法，可以归为两大类。一类是选定符合条件的既有人文或自然形胜作为圆心。例如，隋大兴城选址于龙首山以南地区，宇文恺为新都相地时，立足始建于晋泰始二年（266 年）的遵善寺而环顾，确定其为规画的圆心。原遵善寺选址主要考虑佛寺本身的用地要求，宇文恺以其作为大兴城规画之圆心，则要进一步考虑周围有较大规模的用地要求。又如，明中都选址于濠水之北、淮水之南，凤凰山横亘其中，规划时选择凤凰山的最高峰为"万岁山"，并作为都城的几何中心[1]；以其为圆心规画明中都，可以充分利用凤凰山两侧的"龟背形"地势，将更多适宜建设的用地纳入城中。

另一类是结合山水环境确定规画的圆心。研究发现，古人在规画时掌握了多种较为精确的确定中心点的方法，如"环中"或山川定位。"环中"就是通过观察和测量确定山水之间可用之地的中心，通常将山麓、水际作为用地的边界。山川定位，又称"参望"、"叁伍"[2]，即通过测量学上的准望法，将城市的中心确定在"望祭山川"的轴线上，或者两条轴线的交会处，使规画的圆心处于天造地设的山川秩序之中，实现"天 - 地 - 城 - 人"的和谐与统一。在秦始皇陵规画复原中发现，吕不韦可能综合运用了以上两种方法：秦始皇陵选址于骊山之阿，并以望峰（P）为准，定下空间布局的南北中轴线（PQ）；在主轴线上确定骊山山脚（R）至渭水（Q）之间的中点位置（O），即可用之地的中心，作为秦始皇陵总体规划布局的圆心；将位置（O）与骊山山脚（R）连线的中点（M）作为陵区规画的圆心，南部之圆作为陵区布局范围；将位置（O）与渭水（P）连线的中点（N）作为陵邑规画的圆心，北部之圆作为陵邑布局范围（图 7-63）。在元大都和六朝建康规画复原中，则发现可能运用了典型的山川定位方法：元大都利用测望之法，通过"北枕军都"确保独树将军（M）-圆心（O）-牛蹄岭（N）三点一线，"顾瞻乾维"确保仰山（P）-玉泉山（Q）-圆心（O）三点一线，确定圆心位置（图 7-64）；东晋建康将圆心锁定在朝对牛首山天阙轴线（NN'）和冶山（M'）-小茅山（M''）测望线的交会点上（图 7-65）。

规画圆心通常也是都邑中心，在都邑营建中具有特别的地位，通常会对

⊙ 1　王剑英. 明中都研究 [M]. 北京：中国青年出版社，2005：116.
⊙ 2　秦建明，赵琴华. "参五"与中国古代天文测量 [J]. 陕西历史博物馆馆刊，2002：86-91.

圆心处进行特别的处理。秦始皇陵陵区规画的圆心处位于封土之前，建有楼殿；东晋建康的规画圆心处建有最重要的朝殿——太极殿；隋文帝大规模扩建了大兴城规画圆心处原有的遵善寺，并以大兴之名改称"大兴善寺"，作为国寺；元大都在规画圆心处专门立碑称"中心之台"，并绕以墙垣，方幅一亩；明中都规画圆心处的凤凰山主峰被冠以"万岁山"之名，成为形胜，发挥统摄作用。

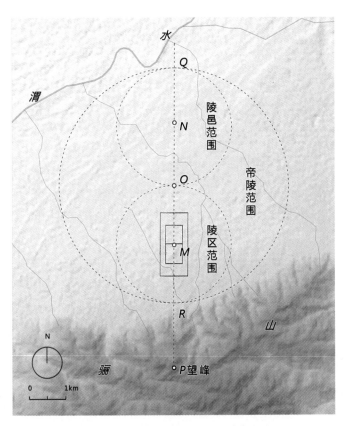

图 7-63　秦始皇陵规画圆心的确定方法

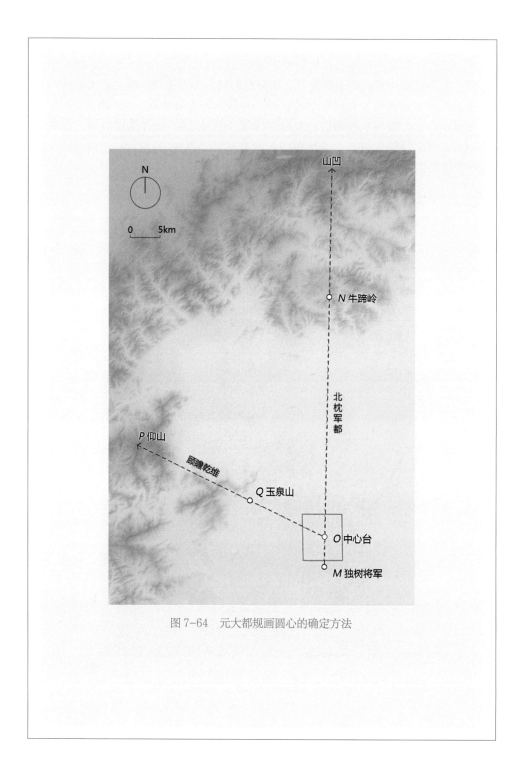

图 7-64 元大都规画圆心的确定方法

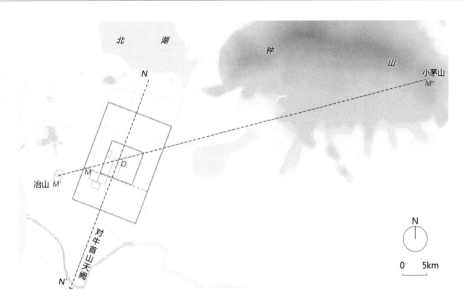

图 7-65　六朝建康规画圆心的确定方法

为　规

"为规"就是确定圆心之后，以特定的半径作圆。为规的半径通常与可用地的范围有关，如东晋建康规画的圆与石头山麓相切，隋大兴规画的圆与龙首原 470m 等高线处的陡坎相切，元大都规画的圆与南侧金口河相切，明中都规画的圆与北侧的方丘湖相切。为规步数多为 50 步或 100 步的整数倍（表 7-1）。

都邑规画的半径与对应的周长　　　　　　　　　　　　　　　　　　　表 7-1

都邑	周长（里）	为规半径（步）	里长（m）
秦帝陵	14.6	850	432.0
东晋建康	20.0	900	438.2
隋大兴	63.6	3000	576.8
元大都	60.2	2600	472.5
明中都	51.7	3100	576.0

在都邑及其周边地区，不同尺度的自然之环与人工之环，通常都会围绕规画的圆心，呈现环环相扣的特征。王树声等从人与自然山水的远近关系，将之归纳为内、外、远三个层次，又称为"三形"，即内形、外形、大形，其中内形指城内与居民生活最为密切的山水环境，与城市功能布局、规划建设、居民生活的联系最为紧密；外形指城市外围与城市关系密切的山水环境，常于此进行安全防御、宗教信仰、文化纪念、风景点缀等建设，平日居民行动可达；远形是相对郊野而言更远的、目之所览的大尺度山水环境，"能尽数百里之地"[1]。从规画复原实例看，秦都咸阳以咸阳宫为中心，在"旁二百里"的范围内规划建设，形成人工环境与自然环境相辅相成的都城地区，可以分为三个层次：里层以咸阳宫为中心，约15里为半径的范围，北起泾水，南抵渭水，除咸阳宫外还建有兰池宫、望夷宫和六国宫室等；中层约30里为半径的范围，至渭南龙首原下，建有章台宫、兴乐宫、信宫等宫室和泾阳等城邑；外层以100里为半径的范围，九嵕山、仲山、嵯峨山、骊山和终南山等三面环抱，为咸阳宫处目之所及的最大范围。元大都堪称形胜，"右拥太行，左注沧海，抚中原，正南面，枕居庸，莫朔方，峙万岁山，浚太液池，派玉泉，通金水，萦籧带甸，负山引河。"[2]在元大都的外围，由远及近，太行山、燕山和大海环护构成外环，温榆河、永定河和西山围合构成中环，11个城门及城墙构成内环（图7-66）。

正 方

中国古代城市的基本形态是"方"，规画时则画圆以正方，即通过不同空间尺度的圆、圈或环来处理都邑与具体山水形态的空间关系，为辨方正位提供基础和基准，亦为土地利用与功能区布置提出了形态与规模的要求与参考，将古人观念中的天地秩序融于建成环境之中，实现人工秩序与山水秩序的巧妙融汇。《管氏地理指蒙》[3]"形势异相第十五"记载："外势欲圜，内形欲方。外圜则无不顺，内方则无不正。""四势三形第十八"记载：

【原文】相之曰：周其圜外，巡浮鳖以如盘；即之方中，审弹虾而拱笏。

⊙ 1 王树声，石璐，朱玲. 三形：结合自然山水规划的三个层次 [J]. 城市规划，2017，41（1）：彩页.

⊙ 2 见：（元）陶宗仪. 南村辍耕录 [M]. 北京：中华书局，1959：250.

⊙ 3 推测为南宋至明时期的著作.

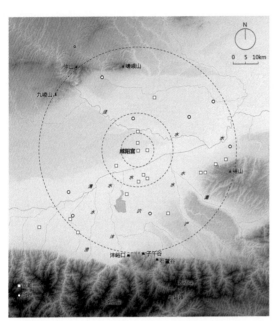

（a）秦咸阳地区宫室布局空间层次示意

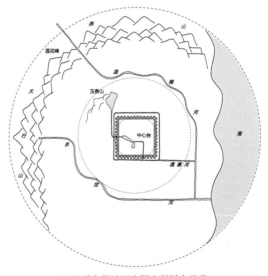

（b）元大都地区人居空间层次示意

图 7-66　都城空间布局中环环相扣的特征

【原注】鼓爪曰弹。此释外圆内方之象。旧注曰：肘之外曰浮鳖，腕之内曰弹虾。

【原文】又曰：外如龟，内如月。外如璧，内如窟。外如墙，内如室。外如趋，内如列。此内外之辨，寻龙之大率。

【原注】户内之方者为房。内外之辨，当是外环而内方也。

具体而言，"正方"可以归纳为内接于圆、外切于圆和割圆三种形式。秦始皇陵（图7-67）和明中都（图7-68）外城内接于圆，于圆上确定城角，进而确定城墙位置；六朝建康的台城和都城的南、北城墙外切于圆（图7-69）；隋大兴北墙切于圆，南墙内接于圆，东西墙割圆，是一种较为综合的形式（图7-70）；元大都呈现出典型的方圆相割特征，在方、圆交点处设置健德、肃清、平则、文明等门，与匠人营国图类似（图7-71）。相较之下，割圆是古代都邑规画"正方"时较为常用的方法。

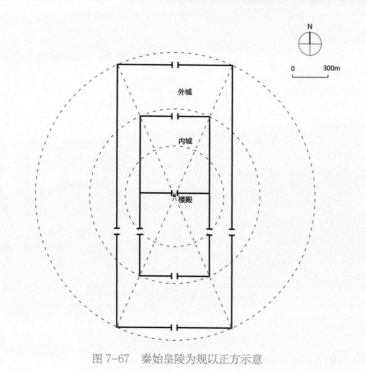

图 7-67　秦始皇陵为规以正方示意

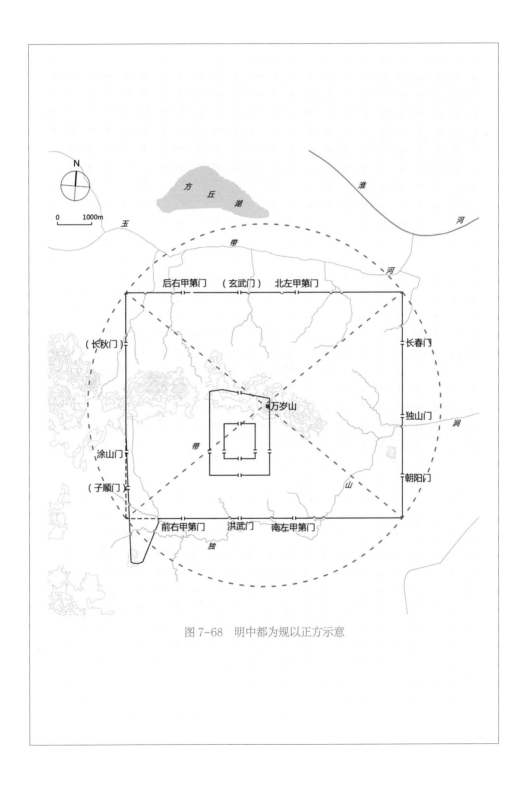

图 7-68　明中都为规以正方示意

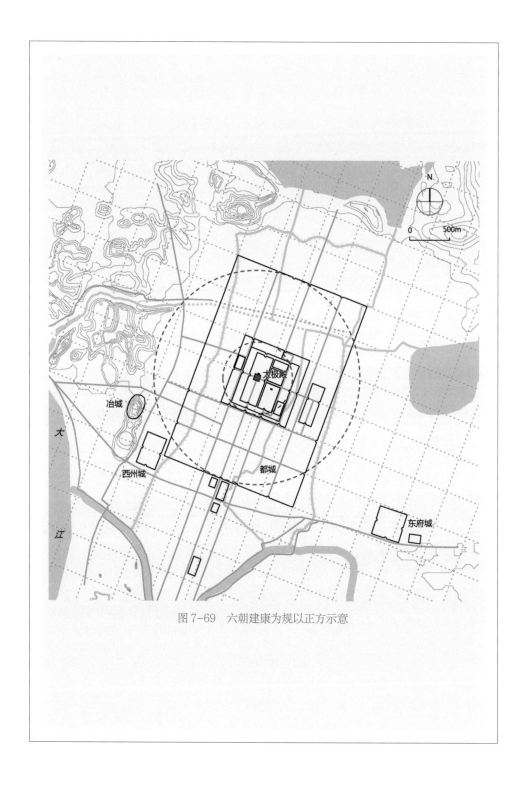

图 7-69 六朝建康为规以正方示意

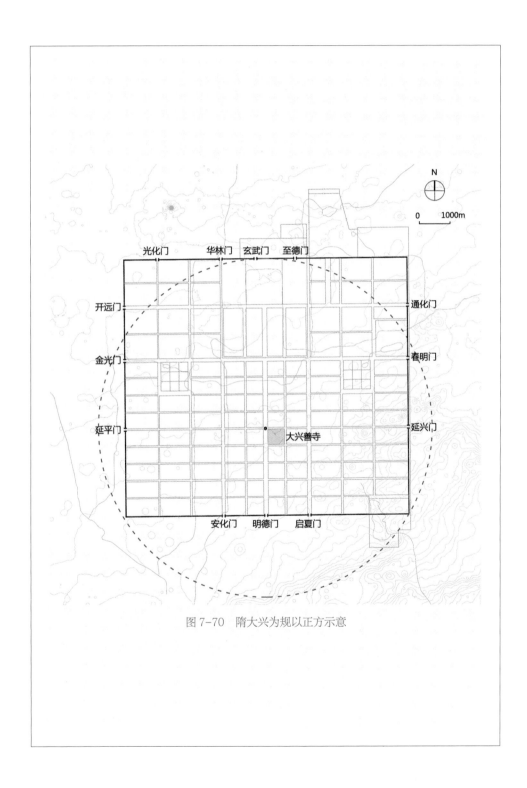

图 7-70　隋大兴为规以正方示意

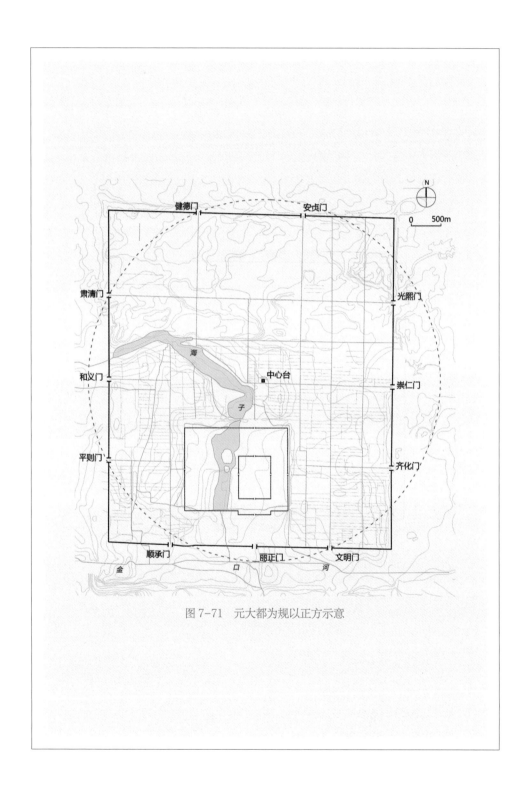

图 7-71　元大都为规以正方示意

中规中矩的"规画图"在具体的落地过程中，要尊重因地制宜的原则。《管子·乘马》提出："凡立国都，非于大山之下，必于广川之上。高毋近旱而水用足，下毋近水而沟防省。因天材，就地利，故城郭不必中规矩，道路不必中准绳。"[1]具体的城市形态实际上是规划图式与地利条件相结合的产物。

形数结合

中国古代都邑规画的圆是无形的圆，隐含在城邑与山水的关系之中，这些圆（古代又称"规"）是规画的匠心所在。都邑规画由"地"而"城"的过程，可以说是"地→圆→方→城"的过程。对都邑的规画复原研究，就是从"方"探寻"圆"，揭示规画之"规"。

人居天地间，根据山水城的总体形势进行规画，营应规矩，形数相合，尽精微而致广大。在规画图落地时，由于不可能在大地上进行画圆，因此需要通过化圆为方，天地间镶嵌着具有方形根基的匠人巧思。

数出于圆方

西汉《周髀算经》卷上记载商高回答周公之问"数安从出"："数之法出于圆方，圆出于方，方出于矩，矩出于九九八十一。"商高说明形数关系，数出于圆方，具体路径是"圆→方→矩→数"。接着，商高举例说明："故折矩以为句[2]广三，股修四，径隅五。既方之外，半其一矩，环而共盘，得成三、四、五。两矩共长二十有五，是谓积矩。"这是长期实践中发现的形数关系：斜边长度平方为两直角边长度平方之和；以斜边为直径画圆，直角顶点处于圆周之上。

---

[1] 见：《管子·乘马》。"乘马"一词，源于《易·系辞下》，"服牛乘马，引重致远，以利天下，盖取诸《随》"，《管子》中"乘马"的意思是筹划、规划的意思，"天下乘马服牛，而任之轻重有制。"

[2] "句"，通"勾"，后文同。

此言求圓於方之法

萬物周事而圓方用焉大匠造制而規矩設焉
或毀方而爲圓或破圓而爲方方中爲圓者謂
之圓方圓中爲方者謂之方圓也

图 7-72 《周髀算经》中的圆方图与方圆图
（资料来源：（汉）赵君卿. 周髀算经［M］//（清）
纪昀，等. 影印文渊阁四库全书（第七八六册）.
台北：台湾商务印书馆，1986：73-74）

关于"圆出于方"，有两种可能性。《周髀算经》卷上之二记载商高之言：
"此方圆之法，万物周事而圆方用焉，大匠造制而规矩设焉。或毁方而为圆，
或破圆而为方。方中为圆者谓之圆方，圆中为方者谓之方圆也。"《周髀算
经》注附有《方圆图》与《圆方图》（图 7-72）。显然，方圆图之"方"，以
及圆方图之"圆"，都是作动词用的，意思分别为"毁方为圆"或"破圆为
方"[1]。破圆为方是圆内接正方形，亦即正方形外接一圆；毁方为圆是正方形
内切一圆，亦即圆外接正方形。因此，"圆出于方"的一种可能是方外接一
圆，另一种可能是方内切一圆。相应地，所谓"数之法出于圆方"也有两种
可能性，就是在边长为 9 的正方形外接一圆，或内切一圆，两个圆的周长也
是可以具体度量的。由于正方形外接圆与内切圆的半径比值或周长比值是恒
定的（$\sqrt{2}$），因此下面只要讨论正方形外接圆这种情况即可。

众所周知，圆方关系牵涉到圆周率 π 和方斜率 $\sqrt{2}$，这是两个无理数，准
确的数值无法给出。《九章算术》刘徽注："假令句股各五，弦幂五十，开

---

[1] 李俨. 中国古代数学史料［M］. 上海：科学技术出版社，1958：9-10；陈遵妫. 中
  国天文学史（第二册）［M］. 台北：明文书局，1988：96.

方除之得七，有余一不尽。假令弦十，其幂有百，半之为句股二幂，各得五十，当亦不可开。故曰'圆三径一，方五斜七'，虽不正得尽理，亦可言相近耳。"刘徽没有明确提出"无理数"的概念，但已经认识到圆周率和方斜率"不正得尽理"。《宋史·律历志》载范镇曰："按算法，圆分谓之径围，方分谓之方斜，所谓'径三围九、方五斜七'是也。"

中国古代习惯用整数比（分数）来近似地表达圆周率和方斜率。"圆三径一"或"径三围九"都是以 3 作为 π 的近似值，"方五斜七"是以 1.4 作为 $\sqrt{2}$ 的近似值。但是，《周髀算经》表明，至迟汉代时已经较为精确地掌握了圆方的形数关系。古代"求圆于方"时，有一种做法是将边长为 9 的正方形（周长 36）外接一圆，圆的周长经验值为 40；或者说，圆内接方形周长与圆周长比为 9：10（图 7-73）。相应地，圆周率 π 与方斜率 $\sqrt{2}$ 之积为 40/9。如果取 $\sqrt{2}$=1.4142，π=3.1416，那么两者之积 $\pi\sqrt{2}$ 计算值约 4.4429，经验数据 40/9 与计算值 4.4429 的误差仅为 0.03%。

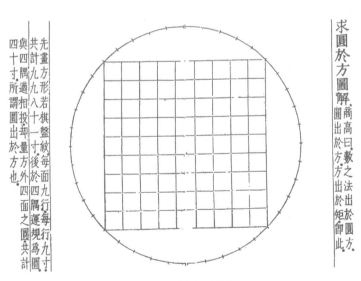

图 7-73　求圆于方图解

（资料来源：（汉）赵君卿、朱载堉. 古周髀算经圆方勾股图解［M］// 故宫博物院. 故宫珍本丛刊（第 401 册）. 海口：海南出版社，2000：3）

出于圆方的经验数据

中国古代数学对形数及其关系的认识水平，为人们认识都邑规画技术与方法的发展提供了科学的坐标。在规画实践中，根据精度需要，可能存在多组出于圆方的经验数据。

第一组，圆内接方 5 的正方形，圆周 22，圆周比方周 22/20 ＝ 11/10；圆外接方 7 的正方形，周长 28。圆周率 π 近似值为 22/7，方斜率 $\sqrt{2}$ 近似值为 7/5。这组数据最简单，即方五斜七方圆同径，与易理关系紧密（图 7-74）。

第二组，圆内接方 9 的正方形，圆周 40，圆周比方周 40/36 ＝ 10/9。圆周率 π 与方斜率 $\sqrt{2}$ 之积为 40/9。这组数据与《周髀算经》"矩出于九九八十一"关系紧密。值得注意的是，如果方形边长为 9，外接圆周长 40，那么割圆之方的边长则为 11（精确值为 $20\sqrt{3}/\pi$，近似值 11.0227，取值 11 的误差约 0.21%）。"弦九，弧十，方十一"，这组数据十分简洁，可以与《周髀算经》中记载的"句广三，股修四，径隅五"的直角三角形相观照（图 7-75）。

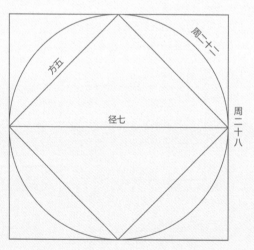

图 7-74 "方五斜七方圆同径"示意图解

（资料来源：武家璧，武旸. 中国古代"天圆地方"宇宙观及其数学模型 [J]. 自然辩证法通讯，2014，36（02）：30-37，125-126）

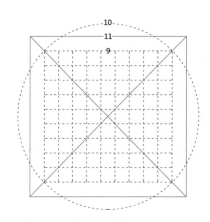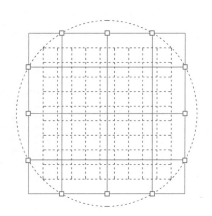

图 7-75 "弦九弧十方十一"示意图解

第三组，以边长为 10 的方，割半径为 6 的圆，弦长为 6，正方形边长分割约为 2∶6∶2。这组数据与《考工记》"匠人营国"关系紧密。匠人营国图中，"方九里"的城墙被"旁三门"分为三段，分别为 540 步、1620 步、540 步，长度比为 2∶6∶2（图 7-76）。

基于上述方法，为进一步提高精度可以推算另外两组数据。

第四组，以边长 14 的方，割直径 16 的圆，弦长为 8，正方形边长分割约为 3∶8∶3（图 7-77）。

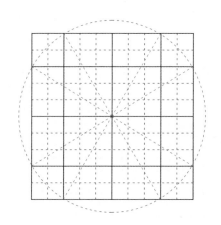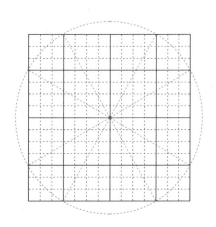

图 7-76 "匠人营国复原图式"示意　　　　图 7-77 "割方十四圆径十六"示意图解

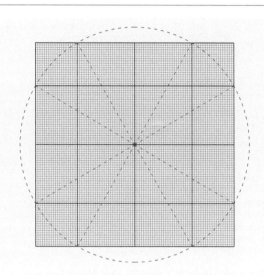

图 7-78 "割方九十圆径百四"示意图解

第五组，以边长 90 的方，割直径 104 的圆，弦长为 52，正方形边长分割约为 19 : 52 : 19。这组数据中，正方形边长为 90，如果按照《考工记·匠人》记载"方九里"可以直接换算，那么"旁三门"将城墙分为四段，分别为 1.9 里（570 步）、2.6 里（840 步）、2.6 里（840 步）、1.9 里（570 步），与前文定量推算的 540 步、810 步、810 步、540 步相差只有 30 步，考虑到城墙与道路的宽度问题，这两组数据可以相互印证（图 7-78）。

城邑规画根据山水城的总体形势，追求中规中矩，赋有天圆地方、天覆地载等文化蕴涵。但是，这些规画图落地时，实际上不可能在大地上画圆，规画的圆必须通过方的分割来实现。上述几组方圆相割数据，可以适合不同尺度或不同精度要求的人居规画的需要。

都邑规画的 $\sqrt{3}$ 体系

前述方圆相割图，实际上揭示了中国人居规画中的 $\sqrt{3}$ 体系。中国都邑规画客观上存在 $\sqrt{3}$ 体系，但是长期以来隐而不彰。上述研究表明，对于 $\sqrt{3}$，就像圆周率 π 和方斜率 $\sqrt{2}$ 一样，古人已经认识到其"无理数"的性质（"不正得尽理"），在实践中通过方圆图形关系已经发现了 $\sqrt{3}$ 体系的数量规律，并自

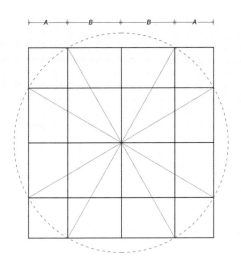

图 7-79　方圆相割规画图式

觉地运用这个规律，将割圆正方形的边长按照整数比例进行划分，从而获得了圆周的十二等分。

经过长期的实践积累，古人将 $\sqrt{3}$ 的数值用分数形式进行逼近，从而将理论上的"图形"化为用长度而不是角度标示的"数量"关系，构筑了基于不同精度的规画"图式"。运用现代数学知识，可以构造逼近 $\sqrt{3}$ 的分数数列 $\{x_n\}$，$x_{n+1}=(2x_n+3)/(x_n+2)$：$x_0=2$，$x_1=7/4$，$x_2=26/15$，$x_3=97/56$，$x_4=362/209$，$x_5=1351/780$，逼近 $\sqrt{3}$ 的误差迅速降低[1]。相应地，$\sqrt{3}-1$ 的真分数近似值为：3/4、11/15、41/56、153/209、571/780。其中 362/209 的计算已经繁杂，精度已经相当于圆周率 π 密率值 355/113，推测具体规画实践中，选用 7/4、26/15、97/56 等近似值（相应地，$\sqrt{3}-1$ 的真分数近似值为：3/4、11/15、41/56）已经可以满足一般工程需要。又，通过规画复原，$\sqrt{3}-1$ 的逼近值除了 3/4、11/15、41/56 外，较为简单的分数形式还可以有 2/3、5/7、8/11、19/26 等（图 7-79、表 7-2）。

⊙ 1　吴朝阳. 一种逼近 $\sqrt{3}$ 的分数数列及其逼近的误差 [J]. 中国科技教育，2015（8）：72-73.

方圆相割规画图式不同精度比较　　　　　　　　　　　　　　表 7-2

A	B	正方形边长 (2A＋2B)	($\sqrt{3}-1$) 的分数表示		与 0.732 比较	
			A/B	近似值	差值	误差（%）
2	3	10	2/3	0.667	0.065	8.9
3	4	14	3/4	0.750	0.018	2.5
5	7	24	5/7	0.714	0.018	2.5
8	11	38	8/11	0.727	0.005	0.7
11	15	52	11/15	0.733	0.001	0.1
19	26	90	19/26	0.731	0.001	0.1
41	56	194	41/56	0.732	0.000	0.0

其中，A/B 的分数值，5/7 的误差与 3/4 接近，19/26 的误差与 11/15 接近，8/11 的误差处于两组之间。2/3 的误差相对较高，但这正是匠人营国规画图式，从中可见匠人营国图的形成应该是比较古老的。至于古人在规画工作中究竟选用或惯用哪个分数值，这就要从具体的相关结果或过程中去寻找答案，具体问题具体分析，不能一概而论。

规画术

刘徽说"亦犹规矩、度量可得而共"，规与矩本是古代数学中的基本工具，规矩代表空间形态，度量代表数量关系，空间形态和数量关系是统一的。中规矩的方圆相割的规画图式讲究形数结合，富有哲学与文化蕴涵，是中国规画术的一个重要标志。

神圣规画

中国古代规画追求形数相合的人文蕴涵。方圆的数量关系通常用整数和简分数表示，希冀通过特别的数字含义来表现出神圣性。明代西方天文历法与算数等方面科学知识传入中国，明末桐城方氏易学（特别是方孔炤、方以智父子）开始以《周易》加以贯通。方以智所编《图象几表》谓河洛图书为算法之源，其"商高积矩图说"谓"大衍之数"为勾股算法之源，"河洛积数概"则列《河洛方百数母》图，并以之衍出三角形、圆形诸图。

　　清代康熙皇帝习几何学，但是并未倡导。康熙五十二年（1713 年）翰林院学士李光地（1642—1718 年）奉敕纂修《周易折中》二十二卷，康熙《御制周易折中序》曰："深知大学士李光地素学有本，易理精详，特命修《周易折中》。上律河洛之本，下及众儒之考定与通经之不可易者，折中而取之，越二寒暑，甲夜披览，片字一画，斟酌无怠，康熙五十四年春告成，而传之天下后世。能以正学为是者，自有所见欤？"《周易折中》卷二十一附图有《天圆图》《地方图》《大衍圆方之原》等。李光地列算法诸图，并谓其皆源于河洛图书，这是入清步方氏易学之后，进一步将自然科学知识同大衍之数、河图洛书、天数地数等内容相结合，堪称易学"数学化"或"科学化"（图 7-80、图 7-81）。

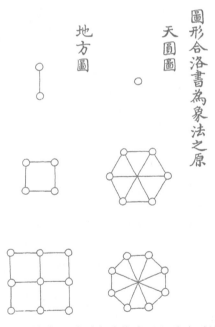

图 7-80　清李光地《周易折中》中的《天圆图》与《地方图》

（资料来源：（清）李光地，等. 周易折中 [M]//（清）纪昀，等. 影印文渊阁四库全书（第三八册）. 台北：台湾商务印书馆，1986：534）

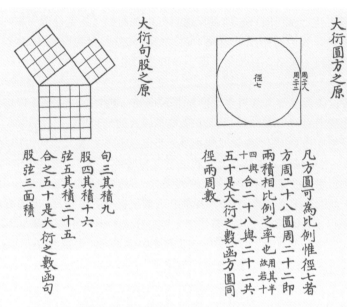

图 7-81　清李光地《周易折中》中的《大衍圆方之原》

（资料来源：（清）李光地，等. 周易折中［M］//（清）纪昀，等. 影印文渊阁四库全书（第
三八册）. 台北：台湾商务印书馆，1986：546）

　　李光地提到"方圆同径"，即圆外切正方形，方五斜七，外接圆周
二十二，再外切方周二十八。"方五斜七"，方斜率$\sqrt{2}$取 7/5，圆周率 π 取
22/7≈3.143，二者之积 22/5＝4.4，相应地正方形与外接圆的周长比为 22/20＝
1.1。相比之下，前述圆周长 40 内接正方形（矩出九九八十一）周长 36，周
长比为 40/36≈1.11 更为简洁，但是精度有所降低。根据《周髀算经》《周易》
等文献记载，基于长期的社会实践与总结，早在商高与孔子时代，关于圆周
与内接正方形的周长比例关系就已经较为精准地被掌握了，但是直到清代仍
然不惜牺牲计算的精度，其主要原因就在于这些简单的数中蕴含着"天圆地
方"的宇宙图式及其数学模型[1]。

---

[1]　武家璧，武旸. 中国古代"天圆地方"宇宙观及其数学模型［J］. 自然辩证法通讯，
　　2014，36（2）：30-37，125-126.

规画术与几何学

在世界数学史上，西方有发达的几何学（geometry），正三角形（60°角）是西方几何学最重要的图形之一，相应地，$\sqrt{3}$是重要的具有几何特征的无理数。西方城市规划设计中广泛运用几何学形态规律，特别是以广场为中心，不同的角度控制放射型道路走向（图7-82）。

客观上，中国都邑规画传统中方圆相割的规画图式也涉及30°、60°与$\sqrt{3}$，但是它与西方几何学轩然有别，有着不同的生成过程。在方圆相割的都邑图式中，圆可分为内圆与外圆（古代又称内规与外规），内圆半径是外圆半径之半，若内圆半径为1，则外圆半径为2；半径为2的圆与格方为1的方格网相割，才生成$\sqrt{3}$及与之相关的60°或30°角。值得注意的是，在规画术意义上规矩作图时，控制图形特征的是长度而不是角度，60°角或30°角是规矩作图的结果而不是原因，构造"直角三角形"的是勾股数（长度）而不是角度。事实上，在西方几何学传入之前，中国并没有用数字表示角度的传统，缺乏360°圆心角分度体系，《周髀算经》认为"周天三百六十五度四分度之一"（即周天度数为365¼，而不是360）；习惯于用一些特定的名称表示一些特定的角度，例如用矩表示直角，用十二地支表示十二个地平方位角。对于60°类特殊的角度，中国古代需要通过对规和矩实施几何操作而获得，例如《考工记·弓人为弓》针对弓的制作这一具体事件而规定"为天子之弓，合九而成规；为诸侯之弓，合七而成规；大夫之弓，合五而成规；士之弓，合三而成规"；《考工记·筑氏为削》规定"筑氏为削，长尺博寸，合六而成规"，这是一种"以规生度"的方法[1]。事实上中国古代规矩作图一直没有走向作三角形特别是"等边三角形"的"几何学"道路，因此用"三角形"或者"角度"来复原中国古代城市图是不符合中国古代都邑规画实际的。

与西方几何学相比，中国规画术也对城市布局与结构形态起到了重要的作用，但是两者起作用的方式不同。西方利用几何学实现城市构图几何化，既是手段，也是结果；中国利用规画术将富有哲学思想的空间图式转化为"数"的关系，使"数"组具有哲学内涵，规画图式作为哲学理念作用于城市营建的中间过程，而非结果。正是由于规画图式及其背后的哲学理念（具

⊙1 关增建.《考工记》角度概念刍议［J］. 自然辩证法通讯，2000（02）：72-76，96.

图 7-82 西方几何学控制的城市空间布局结构与形态示意

(a) 文艺复兴时期费拉尔特（Filarete）
提出的理想城市规划图

(b) 斯卡莫齐（Scamozzi）绘制的
理想城市平面图

(c) 霍华德（Ebenezer Howard）
"田园城市"理想规划图

（资料来源：(a) 贝纳沃罗. 世界城市史 [M]. 薛钟灵, 余靖芝, 葛明义, 等译. 北京: 科学出版社, 2000: 577；(b) 莫里斯. 城市形态史——工业革命以前（上册）[M]. 成一农, 王雪梅, 王耀, 等译. 北京: 商务印书馆, 2011: 439；(c) 霍华德. 明日的田园城市 [M]. 金经元, 译. 北京: 商务印书馆, 2000: 卷首）

有隐秘性）是隐含的，人们才往往只知方而不知与方相割的圆，更不知方圆之所以为方圆。

规画术与模数制

通过规、矩画理想图式的过程可以在纸上完成，但是无法直接在大地上简单重复，因为在大地上作圆并不容易。都邑营建时，实际上只能利用规画知识，将割圆、等分圆周、特定角度等蕴含哲学理念的平面形态关系，转化为数量关系，进而通过矩、尺等工具进行测量、放线，从而使理想城市图式落地。通俗地说，把方圆相割的复杂构图，转化成计里画方"数格子"。"数格子"和古代建筑史或营建史上的"模数制"[○1]是衔接的，但是规画理论的格子背后有哲学思想原型，控制线不是自下而上通过模数随机确定的，而是根据特定的理念整体生成的。规画术是将哲学理念融入城市营建的过程，即"哲学理念－规画图式－形数转换－落地营建"，这是规画术的本质特征之一。

古代建筑史已经注意到都邑营建中的形数关系，认为数具有文化意义，因此会采用一些特定的数来表达形，形是数的结果。问题是，如何采用这些数，并形成特定的关系？如果从规画术来解释，可能正好相反，是因为都邑的形具有特定的文化意义，因此要采用特定的数组（如2：3：3：2）来呈现这样的形，形是数的原因而不是结果。简言之，古代规画有立意、定形、成数的过程。

顺便指出，与规画术相关的方圆相割图，对于人们重新认识"圆出于方，方出于矩，矩出于九九八十一"也富有启发意义。清代人的解释是圆方内接外接问题，这并没有涉及勾股数（九九八十一）。从规画术的视角中，"圆出于方，方出于矩，矩出于九九八十一"表达的正是方圆相割图。建立起十二方位（或十二等分圆周）和"2：3：3：2"等数组的联系，可以加强对考工记匠人营国图及其流变的认识。

○1　傅熹年. 中国古代城市规划、建筑群布局及建筑设计方法研究［M］. 北京：中国建筑
　　工业出版社，2001：3.

规画六法再审视

前文指出，早期在六朝建康规划设计研究中已经概括出"规画六法"，即仰观俯察、相土尝水、辨方正位、计里画方、置陈布势、因势利导等六个方面，基本思路是"大地为证"，重视相地、布局等环节，关注从"地"到"城"的过程。本节研究进一步揭示，在从"地"到"城"的选址与布局过程中，规划师的立极、为规、正方起着十分重要的指导与控制作用（图7-83）。为规而方正，可以采用《周髀算经》所说的方中为圆或圆中为方，但更为普遍的是采用方圆相割，方中为圆或圆中为方都是方圆相割的特例。从都邑规画复原看，方圆相割追求形数结合，都邑布局往往符合十二方位体系的特征，《考工记》匠人营国图也不例外。画圆正方与规画六法这两个过程相辅相成、相得益彰，共同构成规画术的完整内涵。

中国古代城市规划的思想和方法浩阔，城市建设达到了很高的科学技术水平。本节在深入广泛的实践基础上，进行抽象概括和总结提高，揭示了画圆以正方的规画智慧，提炼出方圆相割的规画图式与规画术，这是中国古代

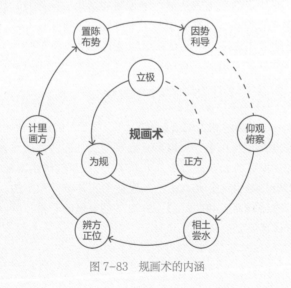

图 7-83　规画术的内涵

都邑规画基本理论、方法与技术的表现，对中国古代城市特别是都城规划设计的科学研究具有重要的意义。规画理论、方法与技术的简单易明与其广泛应用互相辉映，简单易行且行之有效。《周易·系辞上传》云："易则易知，简则易从。易知则有亲，易从则有功；有亲则可久，有功则可大；可久则贤人之德，可大则贤人之业。"相信古代规画亦属简易之道，掌握其基本原理，复原相关技术与方法，许多营建问题便可迎刃而解。

第八章

象天：参天营居，太紫圆方

象天法地思想影响和塑造了中国古代分
野、城市、建筑、园林、器物等不同尺度和
类型的空间建构，最早出现于战国秦汉帝
王、帝都观念形成时期，明显具有大一统的
时代特征。秦咸阳先后产生了两种不同的象
天模式，西汉长安有斗城之说，元大都象天
设都，凡此都表明象天法地思想影响之广泛
与深远。

第一节　天象与象天

天下文明

　　天高地卑，人居其间。"居"是人在大地上立足的方式，人通过"居"在大地扎根，从此与大地建立了稳定的联系，大地也因"人""居"成为生活的世界。

　　长期的人居实践孕育了"天下"的概念。"天下"作为一种空间性观念，至迟在西周时期就已经形成了，《诗经·小雅·北山》云"普天之下，莫非王土；率土之滨，莫非王臣"。天下思想很朴实，认为人类社会都处于同一个"天"之下，世界上只有一个"天下"。因此，中原与周边民族集团同属一个"天下"，这正是后来中国统一的多民族国家思想的起源。理想的境界是"天下为公"（《礼记·礼运》），"天下非一人之天下也，天下人之天下也"（《吕氏春秋·贵公》）。人居天地间，形成一种有序的平面结构，从个人（身）、家庭（家）通向更为广阔的国家（国）、天下。

　　天下是天空之下，也是大地之上，实际上是天地之间。在中国传统观念中，人居是与天地相关联的。人居世界不是人类独自的家园，而是人类与天地共存的空间。人类社会的一切现象和规律都体现了天地的意志，人类社会的历史就是人与天地共同度过的时间。城邑作为人们聚居的地方，追求的是天地人和的境界。

　　人居的天下是文明的天下。《周易·文言传》云："见龙在田，天下文明"，这是人们仰观天象的经验总结：每当黄昏日没之后，苍龙之角宿初现于东方之后，这一天象就是所谓的"见龙在田"。[1]初民根据龙星东升天象的观测以行农事，便会始生万物而享有丰年，乐其处而有长居之心，终致天下文明。[2]《周易·象传》云："刚柔交错，天文也。文明以止，人文也。

⊙1　冯时. 中国天文考古学［M］. 北京：社会科学文献出版社，2001：382-383.
⊙2　冯时. 文明以止：上古的天文、思想与制度［M］. 北京：中国社会科学出版社，2018：3.

观乎天文，以察时变。观乎人文，以化成天下。"先民观测天象，发现斗转星移时刻变化，"变"是天象的基本特征；人文制度的基本特征则是"止"，要相对不变，先民求天文之变以建立时间，求人文之不变以形成天下的形式。[1]

天文或天象

先秦时代，天上的日月星辰所表现的图画与颜色被称为"天文"或"天象"。《周易·系辞上传》："在天成象，在地成形，变化见矣。""仰以观于天文，俯以察于地理，是故知幽明之故。""天垂象，见吉凶，圣人象之。"

天象是天体根据自然规律而运行的时空表现。通过观测天象而不断总结天体运行的规律，制定历法，敬授人时，从而指导农业生产与社会活动，这是性命攸关的大事，也是圣人之所以神圣的表现。根据《史记·五帝本纪》，传说黄帝曾"迎日推策"，"顺天地之纪"；颛顼能"养材以任地，载时以象天"；喾能"顺天之义……历日月而迎送之"。至尧之时，则组织了全国范围的观测活动："乃命羲、和，敬顺昊天，数法日月星辰，敬授民时。"对天象规律有更加精准的掌握，"岁三百六十六日，以闰月正四时。信饬百官，众功皆兴"。舜"在璇玑玉衡，以齐七政"，提出了帝王的首要任务就是依据四时的变化规律，处理好天地人之间的关系的见解。舜在巡狩中还要向四方君长"合时月正日"，说明"天子"才能拥有颁布节气晦朔的无尚权力（图8-1）。

《周礼》记载了一个名为"保章氏"的官，专门负责观察明显反常的星象和气象："掌天星，以志星辰日月之变动，以观天下之迁，辨其吉凶。以星土辨九州之地，所封封域皆有分星，以观妖祥。以十有二岁之相，观天下之妖祥。以五云之物辨吉凶、水旱降、丰荒之祲象。以十有二风，察天地之和、命乖别之妖祥。"这些反常的星象和气象，可谓天之"章"，借此可以辨别吉凶妖祥。

⊙1 王柯. 从"天下"国家到民族国家：历史中国的认知与实践［M］. 上海：上海人民出版社，2020：12-13.

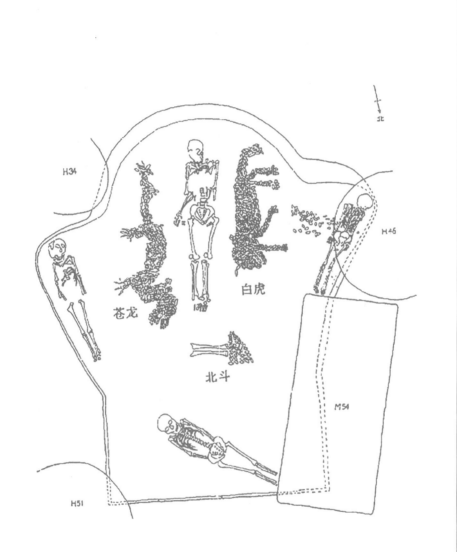

图 8-1　河南濮阳西水坡遗迹出土的龙虎图属于鸟兽之文

河南濮阳西水坡 45 号墓，约距今 6500 年前仰韶早期，被解读为中国最早的天文宗教祭祀遗迹，是目前已知此类星图之最早实物。

（资料来源：冯时．河南濮阳西水坡 45 号墓的天文学研究 [J]．文物，1990（3）：52–60，69）

天空的秩序

西汉司马迁《史记·天官书》记载了97个星官，把天区作为一个整体，分为中宫、四象（四宫）、二十八宿。开篇为中宫天极星，即"帝星"，居于紫微宫之中心。

中宫天极星，其一明者，太一常居也；旁三星三公，或曰子属。后句四星，末大星正妃，余三星后宫之属也。环之匡卫十二星，藩臣。皆曰紫宫。

前列直斗口三星，随北端兑，若见若不，曰阴德，或曰天一。紫宫左三星曰天枪，右五星曰天棓，后六星绝汉抵营室，曰阁道。

紫微垣内有北斗七星，根据斗柄所指方向可以判定时节变化，"斗"又被称为天帝乘坐的"帝车"。

北斗七星，所谓"璇玑玉衡，以齐七政"。杓携龙角，衡殷南斗，魁枕参首。用昏建者杓；杓，自华以西南。夜半建者衡；衡，殷中州河、济之闲。平旦建者魁；魁，海岱以东北也。斗为帝车，运于中央，临制四乡。分阴阳，建四时，均五行，移节度，定诸纪，皆系于斗。

紫微垣四周为东、南、西、北四宫。东宫苍龙，有天市四星。南宫朱鸟，有衡称太微，是天帝南宫，日、月、五星三光之廷，中央有"五帝座"。西宫咸池，有天潢，为五帝车舍。北宫玄武，有营室星，旁有六星，被视为天子之别宫。

东宫苍龙，房、心。心为明堂，大星天王，前后星子属。不欲直，直则天王失计。房为府，曰天驷。其阴，右骖。旁有两星曰衿；北一星曰牵。东北曲十二星曰旗。旗中四星天市；中六星曰市楼……

南宫朱鸟，权、衡。衡，太微，三光之廷。匡卫十二星，藩臣：西，将；东，相；南四星，执法；中，端门；门左右，掖门。门内六星，诸侯。其内五星，五帝坐。后聚十五星，蔚然，曰郎位；傍一大星，将位也。月、五星顺入，轨道，司其出，所守，天子所诛也……

西宫咸池，曰天五潢。五潢，五帝车舍……

北宫玄武，虚、危……营室为清庙，曰离宫、阁道。

天象体系是人类社会的投影，上述以天帝所居中宫为中心的五宫格局，实际上是人间社会皇帝、皇宫为天下之中心思想的直接反映。随着秦汉大一统专制帝国的建立，这一专制思想愈发巩固（图8-2）。

象天筑城

古代有"制器尚象"的传统，最大的象莫过于天地，在天成象，在地成形，天地成为制器所象的对象。《考工记·辀人》记载："轸之方也，以象地也。盖之圜也，以象天也。轮辐三十，以象日月也。盖弓二十有八，以象星也。龙旗九斿，以象大火也。鸟旟七斿，以象鹑火也。熊旗六斿，以象伐也。龟蛇四斿，以象营室也。弧旌枉矢，以象弧也。"《大戴礼记·保傅》云："古之为路车也，盖圆以象天，二十八橑以象列星，轸方以象地，三十辐以象月。故仰则观天文，俯则察地理，前视则睹鸾和之声，侧听则观四时之运。此巾车教之道也。"

长期观测而掌握的天象知识，也是大地上人居空间营建参照的对象，成为空间选址和布局的依归。东汉初年赵晔著《吴越春秋·阖闾内传·阖闾元年》记载，春秋末年伍子胥采用"象天法地"之法为吴王阖闾筑大城：

阖闾曰："……吾国僻远，顾在东南之地，险阻润湿，又有江海之害；君无守御，民无所依；仓库不设，田畴不垦。为之奈何？"子胥良久对曰："臣闻治国之道，安君理民是其上者。"阖闾曰："安君治民，其术奈何？"子胥曰："凡欲安君治民，兴霸成王，从近制远者，必先立城郭，设守备，实仓廪，治兵库。斯则其术也。"阖闾曰："善。夫筑城郭，立仓库，因地制宜，岂有天气之数以威邻国者乎？"子胥曰："有。"阖闾曰："寡人委计于子。"

图 8-2　麒麟岗墓顶天象图

中央人像四旁为四灵（四象）。青龙、白虎两侧为人首蛇身的伏羲、女娲形象，伏羲捧日，女娲捧月。伏羲之外为北斗七星，女娲之外为南斗六星。四象、日月，南北斗有序地组合在一起，形成一幅系统的天象图。按照《史记·天官书》的说法，"中宫天极星，其一明者，太一常居也"，中央人像应是天极星太一，即最高天帝。南阳麒麟岗汉画像石墓 [M]. 西安：三秦出版社，2008：62）

（资料来源：黄雅峰、陈长山.

子胥乃使相土尝水，象天法地，造筑大城。周回四十七里，陆门八，以象天八风，水门八，以法地八聪。筑小城，周十里，陵门三，不开东面者，欲以绝越明也。立阊门者，以象天门通阊阖风也。立蛇门者，以象地户也。阖闾欲西破楚，楚在西北，故立阊门以通天气，因复名之破楚门。欲东并大越，越在东南，故立蛇门以制敌国。吴在辰，其位龙也，故小城南门上反羽为两鲵鳝以象龙角。越在巳地，其位蛇也，故南大门上有木蛇，北向首内，示越属于吴也。

吴王阖闾（公元前537—前496年）执政期间，以楚国旧臣伍子胥（公元前559—前484年）为相。如果伍子胥确实利用"象天法地"之法来造筑吴大城，那么根据《吴越春秋》的说法，"象天"主要体现在城门方位与名称的设置上，运用"天气之数""以威邻国"，这种"象天"明显具有阴阳数术的意味。《汉书·艺文志》记载很多阴阳家和数术家的著作，可惜后来大多散佚了，具体情形已经不得而知。《吴越春秋》记载的伍子胥象天法地造筑吴大城，主要是服务于军事需要，可谓"战国"的先声。

战国秦汉时期，随着天下由王国向帝国、由霸王向帝王的演进，都城布局从列国都城向帝都转变，在空间结构安排上也出现象天的追求，秦都咸阳与西汉长安城都是象天设都以示天下大一统的典型案例。

第二节　秦都咸阳两种象天模式

在中国古代都城规划史上，秦都咸阳具有继往开来的重要地位。从秦孝公定都咸阳到秦二世而亡（公元前350—前206年），历经144年，秦都咸阳经历了咸阳作为战国时期区域性的"一国之都"（秦国都城）到作为大一统帝国的"天下之都"（秦代都城）的转变。在此过程中，秦咸阳规划中的象天法地先后出现了两种象天法地的模式，即秦昭襄王时期以渭北为中心的"横桥南渡"模式，以及秦始皇时期以渭南为中心的"阿房渡渭"模式。

秦国都城"横桥南渡"模式

秦孝公之子秦惠文王[1]对咸阳宫进行了大规模扩建，范围处于泾渭之间。《汉书·五行志下》记载："惠文王初都咸阳，广大宫室，南临渭，北临泾。"

至秦昭襄王时期（公元前306—前251年在位），渭南建有"兴乐宫"，修建横桥联系渭北"咸阳宫"。《史记·孝文本纪》《正义》引《三辅旧事》云："秦于渭南有兴乐宫，渭北有咸阳宫，秦昭王欲通二宫之间，造横桥，长三百八十步。"有关横桥的规模，在《三辅黄图》中，无论是古本还是今本，都有着非常翔实的记载："桥广六丈，南北二百八十步，六十八间，七百五十柱，一百二（或作一）十二梁。"如此精确的横桥数据，推测是实际情形的记述。今考古发现的厨城门1号桥为南北走向，东西宽约为15.4m，南北长约为880m。

随着渭南宫室的建设，秦都咸阳一河两岸呈现出"渭水贯都"的格局。北魏郦道元《水经注》引古本《三辅黄图》，揭示秦咸阳规划的象天色彩："此水又东注渭水，水上有梁，谓之渭桥，秦制也，亦曰便门桥。秦始皇作离宫于渭水南北，以象天宫。故《三辅黄图》曰：渭水贯都，以象天汉；横桥南渡，以法牵牛。"[2]文中以渭水对应天汉、横桥对应牵牛。之后的文献如《太平寰宇记》《长安志》、今本《三辅黄图》等，在"渭水贯都，以象天汉；横桥南渡，以法牵牛"一句之前，还有"因北陵营殿，端门四达，以则紫宫，象帝居"的记载，说明咸阳宫对应紫宫。可见，随着渭南建设，已经有象天设都的考虑，由北而南呈现出"紫宫－天汉－牵牛"的格局，可称之为"横桥南渡"模式（图8-3）。

《水经注》所引古本《三辅黄图》的这段话中，咸阳宫、横桥等建筑物，事实上早在秦昭襄王时期即已存在。段首的"秦始皇作离宫于渭水南北，以象天宫"一句，推测是后人误将秦昭襄王时期的建设当作秦始皇时期的建设。

⊙1 秦惠文王，又称秦惠王，公元前337—前311年在位，公元前325年改"公"称"王"，并改元为更元元年，成为秦国第一王。

⊙2 （北魏）郦道元. 水经注［M］//（清）纪昀，等. 影印文渊阁四库全书（第五七三册）. 台北：台湾商务印书馆，1986：293-294.

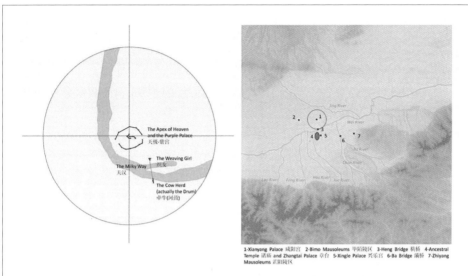

1-Xianyang Palace 咸阳宫 2-Bimo Mausoleums 毕陌陵区 3-Heng Bridge 横桥 4-Ancestral Temple 诸庙 and Zhangtai Palace 章台 5-Xingle Palace 兴乐宫 6-Ba Bridge 灞桥 7-Zhiyang Mausoleums 芷阳陵区

图 8-3　秦昭襄王时期都城咸阳象天法地的"横桥南渡"模式

（资料来源：Tinghai Wu, Bin Xu, Xuerong Wang. How Ancient Chinese Constellations Are Applied in the City Planning? An Example on the Planning Principles Employed in Xianyang, the Capital City of Qin Dynasty［J］. Science Bulletin, 2016, 61(21): 1634-1636）

总体看来，这段话极有可能是对秦昭襄王时期都城咸阳空间立意的描写，记载了重要的规划设计思想：一方面，咸阳城的规划设计早在秦昭襄王时期就融入了"象天法地"的规划思想；另一方面，尽管当时渭河两岸都有宫室建设，但都城布局的中心仍在渭北咸阳宫。

秦昭襄王在位时，秦国领土不断向东扩张，称帝灭周，第一次拥有了君临天下的地位。秦昭襄王十九年（公元前 288 年），秦昭襄王与齐湣王并称"西帝"、"东帝"，瓜分天下。据《史记·秦本纪》记载："十九年，王为西帝，齐为东帝，皆复去之。"秦昭襄王的这次称帝，在《史记·穰侯列传》中，更是被司马迁直言为"称帝于天下"："而秦所以东益地，弱诸侯，尝称帝于天下，天下皆西乡稽首者，穰侯之功也。"秦昭襄王称"帝"比秦始皇称"皇帝"要早半个多世纪，但从"西帝"这个名称也可以看出，其统一大业只完成了一半。都城咸阳早在秦昭襄王时期就出现了象天法地的意象，与其"称帝于天下"的大背景紧密相关。

秦代都城"阿房渡渭"模式

始皇二十六年（公元前 221 年），秦初并天下。如何将有上百年发展历史的咸阳故城改造为统一帝国的国都，更好地为专制的中央集权服务？首先是充实和扩建都城咸阳。《史记·秦始皇本纪》记载：

> （始皇二十六年）徙天下豪富于咸阳十二万户。诸庙及章台、上林皆在渭南。秦每破诸侯，写放其宫室，作之咸阳北阪上，南临渭，自雍门以东至泾、渭，殿屋复道周阁相属。所得诸侯美人钟鼓，以充入之。

> （始皇二十七年）为[1]作信宫渭南，已更命信宫为极庙，象天极，自极庙道通郦山。作甘泉前殿，筑甬道，自咸阳属之。是岁，赐爵一级。治驰道。

这项工作包括两部分：一是渭北部分，包括徙民充实都城，人口规模达 12 万户，约 60 万人，相当于如今一个中等城市规模，这些人口显然是在较广的都城地区分布的；仿建六国宫室；建设离宫及宫殿间的交通甬道与复道。二是渭南部分，建设"信宫"，后来更名"极庙"。

总体看来，一方面，渭北咸阳宫仍然是重要的朝宫。《史记·刺客列传》记载秦王政听说荆轲带着地图和樊於期的首级过来，"大喜，乃朝服，设九宾，见燕使者咸阳宫。"《史记·秦始皇本纪》则有秦始皇三十四年"置酒咸阳宫"；三十五年"听事，群臣受决事，悉于咸阳宫"的记载。另一方面，渭南的地位急剧上升，特别是建设信宫，尽管规模不大，但是位置和地位非常重要。虽然渭南信宫仍然利用咸阳宫轴线，但是"更命信宫为极庙，象天极"表明，渭南已经计划成为秦代都城的中心了。

秦始皇统一六国，在霸业上超越了昭襄王，在称号上也超越了昭襄王。事实表明，利用原咸阳宫轴线来建设渭南宫室的做法，已经满足不了始皇帝的雄心壮志。终于，始皇三十五年（公元前 212 年），始皇帝提出一个新的

---

[1] 原文作"焉"，推测应当作"为"（"为"的繁体"爲"与"焉"形似）。"为作"的含义同"作为"，如"作为咸阳"。

战略性规划，构图重心转向极庙以西的阿房宫。《史记·秦始皇本纪》记载：

> 三十五年，除道，道九原抵云阳，堑山堙谷，直通之。于是始皇以
> 为咸阳人多，先王之宫廷小，吾闻周文王都丰，武王都镐，丰镐之间，
> 帝王之都也。乃营作朝宫渭南上林苑中。先作前殿阿房，东西五百步，
> 南北五十丈，上可以坐万人，下可以建五丈旗。周驰为阁道，自殿下直
> 抵南山，表南山之颠以为阙；为复道，自阿房，渡渭，属之咸阳，以象
> 天极，阁道绝汉，抵营室也。[1] 阿房宫未成；成，欲更择令名名之。作
> 宫阿房，故天下谓之阿房宫。

秦始皇三十五年的帝都规划，将渭南新朝宫与渭北咸阳宫通过跨越渭水
的复道连为一体，具有鲜明的"象天法地"特征。文中的天极、天汉、阁道、
营室都是星名，都可以在《史记·天官书》中找到相应记载。《史记·天官
书》将"天极"归为"中宫"，"营室"归为"北宫"，联系天极和营室的六
星被称为"阁道"。比对地面遗址，可以发现以阿房前殿象天极、复道象阁
道、渭水象天汉、咸阳宫象营室。秦始皇在渭河南北两宫之间的活动，犹如
天帝通过跨越银汉的阁道星，往来于天极星和营室星。这一新的象天法地模
式，可称之为"阿房渡渭"模式（图8-4）。

"为复道，自阿房，渡渭，属之咸阳"这句话与前文"为阁道，自殿下
直抵南山"是并列关系，都以阿房前殿为出发点，差别在于一个向北，一个
向南。总体看来，自南山之巅，北经阿房前殿构成了一个新轴线，其北端是
嵯峨山（图8-5）。

"阿房渡渭"模式集中反映了秦始皇对都城咸阳新规划的意图，表明秦
咸阳规划史上的结构性变化。在秦始皇三十五年的规划中，通过在渭南上林
苑中营建新朝宫，帝都的中心已经明显地从渭北转移到渭南，并且规划了选
址于渭南上林苑中的新朝宫，气势恢弘，十足的帝王之气。单从前殿阿房宫
的规模来看，既大且高，并"周驰为阁道，自殿下直抵南山，表南山之颠以
为阙"，与自然的南山融为一体。

---

[1] "为复道，自阿房，渡渭，属之咸阳，以象天极，阁道绝汉，抵营室也。"文中标点为
作者所加。

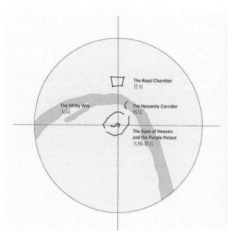
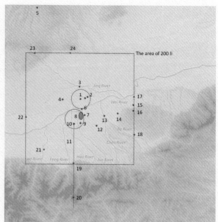

1-Xianyang Palace 咸阳宫 2-Lanchi 兰池 and Lanchi Palace 兰池宫 3-Wangyi Palace 望夷宫 4-Bimo Mausoleums 毕陌陵区 5-Ganquan Palace 甘泉宫 6-Heng Bridge 横桥 7-Xingle Palace 兴乐宫 8-Ancestral Temple 诸庙, and Zhangtai Palace 章台 Temple of the First Qin Emperor 极庙 9-Altar of Land and Grain 社稷 10-Front Palace of Epang 阿房前殿 11-Shanglin Gardens 上林苑 12-Yichun Palace 宜春宫 13-Ba Bridge 灞桥 14-Zhiyang Mausoleums 芷阳陵区 15-Lishan Mausoleum 骊山陵园 16-Peak Wang of Mount Li 骊山望峰 17-Xinfeng 新丰 and Hong Gate 鸿门 18-Lantian 蓝田 19-Feng Valley 丰峪口 20-Peak of Mount South 南山之巅 21-Hu County 户县 22-Feiqiu 废丘 23-Gukou 谷口 24-Foot of Mount North 北山山脚

图 8-4　秦始皇时期都城咸阳象天法地的"阿房渡渭"模式

（资料来源：Tinghai Wu, Bin Xu, Xuerong Wang. How Ancient Chinese Constellations Are Applied in the City Planning? An Example on the Planning Principles Employed in Xianyang, the Capital City of Qin Dynasty[J]. Science Bulletin, 2016, 61(21): 1634-1636）

象天布局有"明堂"

随着新朝宫的规划建设，秦咸阳的都城范围也进一步扩大。《史记·秦始皇本纪》"三十五年"条记载："乃令咸阳之旁二百里内，宫观二百七十，复道、甬道相连，帷帐、钟鼓、美人充之，各案署不移徙。"所谓"咸阳之旁二百里内"，就是方圆二百里的范围，这是由北山、南山、骊山等自然地理边界所限制出的大咸阳地区，其中分布有秦咸阳的宫殿、离宫、陵墓和苑囿等，山环水绕，要素丰富，涵盖了都城的主要功能。无疑，渭南新朝宫是这"咸阳之旁二百里内"都城地区宫观体系的中心。

现代考古学成果表明，秦代阿房宫其实并没有建成。[1]但是，基于规模

⊙ 1　李毓芳. 彻底揭开秦阿房宫的神秘面纱［J］. 文史知识，2008（4）：4-7.

图 8-5　阿房宫大轴线

宏大的阿房宫前殿遗址及其文献记载，根据"阿房渡渭"模式的构思，可以进一步探索以阿房宫为中心的象天布局体系。

阿房前殿的功能是新朝宫，即帝王主要居所，属于"明堂"建筑。明堂，传说在远古时代始于黄帝，是专为祭祀昊天上帝而特地设立的。《考工记·匠人营国》记载，周人称"明堂"，殷人称"重屋"，夏人称"世室"。明堂即"明正教之堂"，是"天子之庙"，《新论·正经》曰"王者造明堂、辟雍，所以承天行化也，天称明，故命曰明堂"，《礼含文嘉》曰"天子造明堂，所以通神灵，感天地，正四时，出教化，崇有德，重有道，显有能，褒有行者也"。明堂的主要意义在于借神权以布政，宣扬君权神授。

关于明堂之制，西汉刘向的《七略》曰："王者体天而行，明堂之制，内有太室，象紫微宫。"这里的"明堂"是个大概念，包括中央太室及四周的四堂十二室，总体上呈"亞"字形（详见"规画"章）。在四堂十二室中，南面为明堂三室，这是一个小明堂的概念。清戴震和王国维有《明堂图》可供参考（图 8-6）。

（a）明堂图（戴震）　　　　（b）明堂图（王国维）

图 8-6　明堂图

（资料来源：改绘自"（a）戴震. 考工记图［Z］. 清乾隆曲阜孔继涵微波榭刊本；（b）王国维. 明堂寝庙通考［Z］//王国维. 观堂集林"）

　　天覆地载、天圆地方本是源自神话的远古宇宙观念。战国末年吕不韦《吕氏春秋》引入阴阳观念，对此予以论说又增附新义。《吕氏春秋·序意》云："尝得学黄帝之所以诲颛顼矣，爰有大圜在上，大矩在下，汝能法之，为民父母。盖闻古之清世，是法天地。凡《十二纪》者，所以纪治乱存亡也，所以知寿夭吉凶也。上揆之天，下验之地，中审之人，若此则是非可不可无所遁矣。"仿效圣王，建立清世之治，要效法天地之道，以规范人间政世事，确定其是非与可否。这种天地人调和的模式，完整地保存在《吕氏春秋·十二纪》的月令模式里。《吕氏春秋》记载，天子按照春夏秋冬四季的十二个月份，分别居于东南西北四堂的十二室，其中夏季居南面明堂（表8-1）。

《吕氏春秋》所载十二纪与天子居 表8-1

季节与月份		天子所居	
春	孟春纪 / 正月纪	青阳左个	青阳
	仲春纪 / 二月纪	青阳太庙	
	季春纪 / 三月纪	青阳右个	
夏	孟夏纪 / 四月纪	明堂左个	明堂
	仲夏纪 / 五月纪	明堂太庙	
	季夏纪 / 六月纪	明堂右个	
秋	孟秋纪 / 七月纪	总章左个	总章
	仲秋纪 / 八月纪	总章太庙	
	季秋纪 / 九月纪	总章右个	
冬	孟冬纪 / 十月纪	玄堂左个	玄堂
	仲冬纪 / 十一月纪	玄堂太庙	
	季冬纪 / 十二月纪	玄堂右个	

　　月令，又称明堂月令，是指天子居于明堂，按月施政的古制，蔡邕《月令篇名》云："因天时，制人事，天子发号施令，祀神受职，每月异礼，故谓之月令。"《礼记》亦有《月令》篇，《礼记正义·月令》疏引郑玄《目录》云："名曰《月令》者，以记十二月政之所行也。本《吕氏春秋·十二月纪》

之首章也。"日本学者能田忠亮按《月令》提供的星象进行计算，认为《月令》成书于公元前 620 年左右，最早不过公元前 820 年，最迟不过公元前 420 年，远较《吕氏春秋》成书于公元前 239 年为早。[1]

"亞"字形大明堂蕴含象天图式。《周书·明堂》曰："明堂方百一十二尺，高四尺，阶广六尺三寸。室居中方百尺，室中方六十尺。东应门，南库门，西皋门，北雉门。东方曰青阳，南方曰明堂，西方曰总章，北方曰玄堂，中央曰太庙。以左为左个，右为右个也。"《文选·西都赋》注："王者师天地，体天而行，是以明堂之制，内有太室，象紫微宫，南出明堂，象太微。"《太平御览》卷五百三十三《礼仪部十二》明堂，引《礼记·明堂阴阳录》曰："明堂阴阳，王者之所以应天也。明堂之制，周旋以水，水行左旋以象天。内有太室，象紫宫。南出明堂，象太微。西出总章，象五潢。北出玄堂，象营室。东出青阳，象天市。上帝四时各治其宫。王者承天统物，亦于其方以听国事。"这段文献很重要，以太室紫微宫为中宫，北宫象营室，正合秦咸阳"阿房渡渭"的模式，可称之大明堂模式。

阿房前殿表南山以为阙，说明南山是作为都城构图的一部分来考虑的。从广义的明堂概念看，南山居于狭义的明堂之位，象征"太微"。《淮南子·天文训》曰："太微者，天子之庭也。紫宫者，太一之居也。"由此可知紫微垣是君主居住之地，太微垣是政府发号施令，治理天下者，故曰"太微南垣，旁照四极"[2]。"普天之下，莫非王土"也。"四极"者，东南西北，四方无隅也。

众所周知，秦代"数以六为纪"，但是在前引《史记·秦始皇本纪》中有多次出现"五"这个数字，所谓"东西五百步，南北五十丈，上可以坐万人，下可以建五丈旗"，实际上强调的正是"亞"字形这个大明堂图式的隐喻。按图索骥，可以进一步推论"阿房渡渭"模式的象天之思：阿房宫之西，属于天之五潢，又称咸池。《史记·天官书》："西宫咸池，曰天五潢。五潢，五帝车舍。"司马贞索引《元命包》云："咸池主五谷，其星五者各有所职。咸池，言谷生于水，含秀含实，主秋垂，故一名，'五帝车舍'，以车载谷而

⊙ 1 李约瑟. 中国科技史·第四卷·天文学气象学［M］. 北京：科学出版社，1975：59.
⊙ 2 引自《九天玄女青囊经》，见：国家图书馆藏明抄本《宅葬书十一种》。

贩也。"南朝·陈·徐陵《丹阳上庸路碑》："在天成象，咸池属于五潢；在地成形，沧海环于四渎。"阿房宫之东，霸水以至丽山（秦始皇陵）方位，属于天市。"天市东宫"即天文中的"天市垣"，按《步天歌》主要由22颗星组成，分东西两区，以帝座为中枢，成屏藩的形状，星名都用各地方诸侯命名（图8-7）。

无论"横桥南渡"模式还是"阿房南渡"模式，都有一个共同特点，那就是都城夹渭河两岸建设，城市呈现"一河两岸"的格局。贯都的河流正合"天汉"之象，这为后来夹水而建的都城象天布局开了先河。

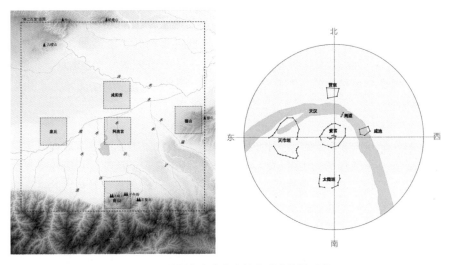

图 8-7　以阿房宫为中心的大明堂格局示意

第三节　汉长安斗城初论

城俤北斗

　　汉长安有"斗城"之说。《长安志》引《三辅旧事》云"长安城似北斗"。唐代崔镇作《北斗城赋》曰："昔炎汉之开国，宅咸阳而设规。辟都邑之壮丽，纷制作而多仪。象蓬岛以疏岳，拟天河而凿池。馆倚南山，撥云霞而上出；城俤北斗，仰星汉而曾披。"[1]宋代宋敏求《长安志》引北周《周地图记》曰："长安城南为南斗形，北为北斗形。"叶廷珪《海录碎事》卷四上《地部下·城郭门》引《三辅黄图》云："斗城，长安故城，城南为南斗形，城北为北斗形，故号为北斗城。"明胡震亨《唐音癸签》卷十六《诂笺一·北斗城》亦云："《三辅黄图》：长安故城，城南为南斗形，城北为北斗形，故号斗城。何逊《咸阳诗》：'城斗疑连汉'，杜：'秦城近斗杓'，'秦城北斗边'。'北斗故临秦'，以此。"秦建明等、李小波认为长安城市形制与北斗七星、勾陈、北极、紫微右垣星座的星图完全吻合，这是当时天人相应和法天象地文化思想的体现。[2]

　　元人李好文《长安志图》不同意长安城仿天象而为，指出地形和河流是造成长安不规则形状的主要原因。贺业钜、马正林、王社教、刘庆柱与李毓芳等认为，长安城的不规则形状与当地的地势和河流分布有着密切关系。[3]董鸿闻等根据对长安城测绘指出，如果长安城北墙不顺应河势自东北向西南斜行，而是以东北城角为基准，东西一线的话，则城墙西北郊就会落在渭河高水位线下。[4]

[1] （清）董浩，等．全唐文（五）［G］．北京：中华书局，1983：4030．
[2] 秦建明，张在明，杨政．陕西发现以长安城为中心的西汉南北超长建筑基线［J］．文物，1995（3）：4-15；李小波．从天文到人文——汉唐长安城规划思想的演变［J］．北京大学学报，2000（2）：61-69．
[3] 贺业钜．论长安城市规划［M］//建筑历史研究．北京：中国建筑工业出版社，1992；马正林．汉长安形状辨析［J］．考古与文物，1992（5）：87-90；王社教．汉长安城斗城来由再探［J］．考古与文物，2001（4）：60-62，84；刘庆柱，李毓芳．汉长安城［M］．北京：文物出版社，2003．
[4] 董鸿闻，等．汉长安城遗址测绘研究获得的新信息［J］．考古与文物，2000（5）：39-49．

西汉长安象天设都应当无疑，汉人明确记载以未央宫比拟天帝所居紫微垣。汉人辛氏《三秦记》之"未央"条："未央，一名紫微宫"；东汉张衡《西京赋》云："正紫宫于未央，表峣阙于阊阖"；东汉班固《西都赋》云："其宫室也，体象乎天地，经纬乎阴阳。据坤灵之正位，放太紫之圆方……徇以离宫别寝，承以崇台闲馆，焕若列宿，紫宫是环"。

本书推测汉长安斗城说可能与萧何营建未央宫时附会"斗为帝车"的社会文化有关。

斗为帝车

北斗七星，即天枢、天璇、天玑、天权、玉衡、开阳、瑶光七星，位于北极附近，显著而明亮，是古代观象授时的最重要的标志。古人把这七星联系起来想象成为古代舀酒的斗形，其中天枢、天璇、天玑、天权组成斗身，古曰魁；玉衡、开阳、瑶光组成斗柄，古曰杓。前文已引《史记·天官书》记载：

> 北斗七星，所谓"璇玑玉衡，以齐七政"。杓携龙角，衡殷南斗，魁枕参首。用昏建者杓；杓，自华以西南。夜半建者衡；衡，殷中州河、济之闲。平旦建者魁；魁，海岱以东北也。斗为帝车，运于中央，临制四乡。分阴阳，建四时，均五行，移节度，定诸纪，皆系于斗。

这段文献十分重要。战国文献《鹖冠子·环流》记载斗柄所指方向与季节变化的关联："斗柄东指，天下皆春；斗柄南指，天下皆夏；斗柄西指，天下皆秋；斗柄北指，天下皆冬。"北斗星斗柄所指，古代天文学称为"建"，一年之中斗柄旋转而依次指为十二辰，称为"十二月建"，夏历（农历）的月份即由此而定，"月建"（斗建）的说法在古代非常普遍。

古代将北极星视为上帝的象征，环绕北极星而转动的北斗则是上帝出巡天下所驾的御辇，即"斗为帝车，运于中央，临制四乡"。一年四季由春开始，此时斗柄指东，因此上帝从东方开始巡视，即《周易·说卦传》所云"帝出乎震"，震卦在东（图 8-8）。

图 8-8　武梁祠 "斗为帝车" 画像石

（资料来源：俞伟超，等. 中国画像石全集（第 1 卷）[G]. 济南：山东美术出版社，2000：49）

运用"斗为帝车"的观念来考察西汉初年未央宫的营建,可以揭开斗城说的奥秘。

从覆盎到覆斗

都城建设从宫室开始,这是古代都城营建的一个传统。汉初长安城建设是利用秦渭南章台、兴乐宫基础修葺改建而成。"长乐"宫名寓意帝王"君与臣民长和"之愿望,"未央"宫名意在汉朝传之久远"千秋万岁",寓意天子与君民长和,传国千秋万岁。长乐宫、未央宫东西而列,长乐宫亦称"东宫",西汉初皇帝在此理政,惠帝以后为太后所居;未央宫又称"西宫",惠帝以后皇帝在此朝会,是西汉王朝的政治中枢。总体看来,汉初长乐与未央两宫是作为一个整体来看待的(图8-9)。

图8-9　汉代"长乐未央"铭文瓦当

(资料来源:中国社科院考古研究所. 西汉礼制建筑遗址 [M].
北京:文物出版社,2003:图版320)

刘瑞《汉长安城的朝向、轴线与南郊礼制建筑》指出了直城门 – 霸城门大街这条唯一横贯全城东西大道的重要性："霸城门内的大街无论从规格还是位置，都应该属于城内的骨干大街，而不是一般的宫内道路。……霸城门内大街应是城内的骨干大街，大街南侧是汉初在秦代兴乐宫基础上修葺而成的长乐宫，而其北侧是汉代建设的明光宫。从汉长安城内建筑布局看，这条霸城门 – 直城门大街对城内建筑布局具有非常重要的影响。"[1]值得注意的是，未央宫和长乐宫都位于霸城门 – 直城门大街以南，这里地形相对较高，也是秦代渭南宫室旧址所在，横街以北地形相对较低，可以俯瞰渭水（图 8-10）。

汉长安横街以南未央和长乐二宫建成最早，中间置有武库。长乐宫与未央宫是汉初长安城的军事防卫的重中之重，刘邦在长安城周边建立了"南北军之屯"，南军担任的是未央宫、长乐宫等宫殿的防御，北军担任的是整个都城的防守，武帝时曾将两万人的南军减为一万人。[2]武库之北，隔横街又建有北宫，与长乐、未央，合之即为汉初始建的"三宫"。[3]三宫皆位于都城南部，围绕武库而建，均为高祖时创设。宫殿群北面与渭河所夹地区是大面积的居民区、市场区以及其他功能区。这就是刘邦修建长乐宫以后 10 年间的城市形态。[4]

汉惠帝元年至五年（公元前 194—前 190 年）修筑城墙。《史记·汉兴以来将相名臣年表》记载：孝惠（汉惠帝）元年（公元前 194 年），"始作长安城西北方"。《汉书·惠帝纪》："（五年）九月，长安城成。"《史记·吕太后本纪》索引，引《汉官阙疏》云："四年，筑东面；五年，筑北面。"实际上，南面亦当修筑城墙。长安城共有 12 座城门，每面 3 座城门。其中，南墙中段南凸，中间为安门，安门东、西、北三宫呈品字形鼎立之势，后世又称"鼎路门"，《三辅黄图》卷一载"长安城南出第二门曰安门，亦曰鼎路门，北对武库。"入安门北去是纵贯全城的南北大道安门大街。安门大街与东西大街交会，形成"大十字街"，将后来的长安城长乐宫居于安门大街以东，

⊙ 1　刘瑞. 汉长安城的朝向、轴线与南郊礼制建筑［M］. 北京：中国社会科学出版社，2011：22-24.
⊙ 2　侯甬坚. 历史地理学探索（第三集）［M］. 北京：中国社会科学出版社，2019：266.
⊙ 3　傅熹年. 中国科学技术史·建筑卷［M］. 北京：科学出版社，2008：115.
⊙ 4　唐晓峰. 君权演替与汉长安城文化景观［J］. 城市与区域规划研究，2011，4（3）：17-29.

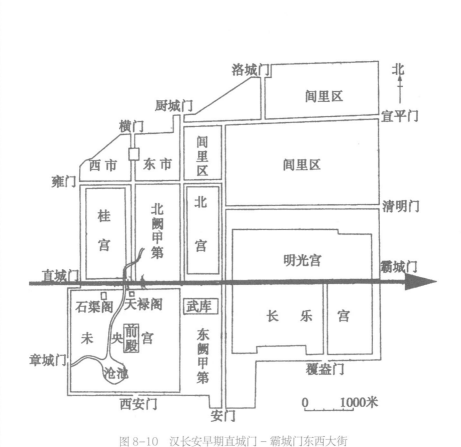

图 8-10　汉长安早期直城门 - 霸城门东西大街

（资料来源：刘瑞. 汉长安城的朝向、轴线与南郊礼制建筑［M］. 北京：中国社会科学出
版社，2011：29）

武库与未央宫、北宫位于安门大街以西。南面东门为长乐宫南门覆盎门，南面西门为未央宫南门西安门（图8-11）。

长乐宫南门名为"覆盎"，盎是古代的一种盆，盛肉的瓦器皿。《说文》："盆也。从皿，央声。"《尔雅·释器》："盎谓之缶"。《疏》："瓦器也。可以节乐，可以盛水，盛酒"。顾名思义，"覆盎"可能表明长乐宫形似覆盎。长乐宫位于横街之南，总体上呈现横长之状，进深较小。长乐宫主要是基于秦旧宫修葺而成，形成较早，在规模与气势上都弱于未央宫。

未央宫建成于长乐宫之后，花了不少人力财力，堪称"壮丽"，建成后作为朝宫之所。值得注意的是，未央宫形态规整，宫城四角，加上南凸安门东西城墙两端，以及其间折线连接的拐点，一共七个点，总体上呈"覆斗"之形。朝宫未央宫正好位于"斗"中，正合"斗为帝车"之说。称之为"斗城"真是再合适不过了。

汉代以"长安"为都城，都城南面正门取名"安门"，其西朝宫正门取名"西安门"，最先建成的两大宫殿取名"长乐未央"，凡此都强烈地表达出汉初政治集团希望长安久长的意愿。未央宫之布置附会"斗为帝车，运于中央，临制四乡"，这与未央宫特殊的性质与地位，汉初的未央宫与城墙的形态，以及统治者的意愿都是吻合的，推测是当时社会文化心理的客观反映，这也为后人从"斗城"之说来窥探其真相与事实提供了消息与线索。

放太紫之圆方

既然未央宫之布置附会"斗为帝车"，相应地，未央宫就处于紫微垣的位置。东汉班固《西都赋》云："其宫室也，体象乎天地，经纬乎阴阳。据坤灵之正位，放太紫之圆方"，其中"据坤灵之正位"说明萧何规画长安城时，运用"形法"置未央宫于九宫之坤位（详见"形法"章）；"放太紫之圆方"则说明萧何还运用"象天"之法，将未央宫附会天象之紫微垣。

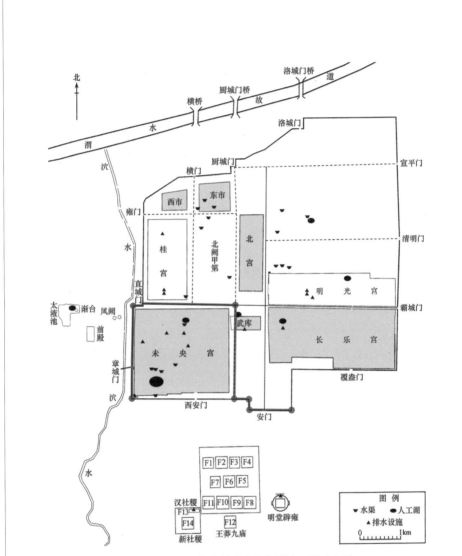

图 8-11　西汉长安城十字街与覆盏、覆斗之形

（资料来源：底图改绘自"张建锋．汉长安城地区城市水利设施和水利系统的考古学研究
[M]．北京：科学出版社，2016：102"）

需要进一步思考的是，"放太紫之圆方"除了提到紫微垣外，还有太微垣。李贤注《后汉书·班彪列传》曰：

> 圆象天，方象地。南北为经，东西为纬。杨雄《司空箴》曰："普彼坤灵，侔天作合。"放，象也。太、紫谓太微、紫宫也。刘向《七略》曰："明堂之制：内有太室，象紫宫；南出明堂，象太微。"《春秋合诚图》曰："太微，其星十二，四方。"《史记·天官书》曰："环之匡卫十二星，藩臣，皆曰紫宫。"是太微方而紫宫圆也。

太微垣位于紫微垣之南（更确切地说是东南），根据上一节所说大明堂图式，紫微垣居中为太室，太微垣居南为明堂，这为进一步探讨王莽时期于长安城南郊建设明堂建筑提供了启发。

王莽托古改制，《周礼》是其重要依据之一，他改未央宫前殿为"王路堂"，就是仿照《周礼》"路寝"；他为汉室开展"建郊宫、定桃庙、立社稷"三大工程，恰好就是位于汉长安城南郊由东而西并列的三座建筑群基址，其中东组建筑群是祭祀天地为主的郊宫，又称"辟雍"和"圜丘"；西组是祭祀土地社神和后稷的"社稷"；两者之间的中组则是以祭祀祖宗为主的"桃庙"（图 8-12）。

王莽礼制建筑工程或明堂建设都是附会周礼。《逸周书·明堂解》言周公于东都作明堂之制："明堂者，明诸侯之尊卑也。故周公建焉，而朝诸侯于明堂之位，制礼作乐，颁度量而天下大服，万国各致其方贿，七年致政于成王。"《逸周书·作雒解》记载周公所营洛邑规模与方位："城方千七百二十丈，郭方七十里，南系于雒水，北因于郏山……乃位五宫、大庙、宗宫、考宫、路寝、明堂。咸有四阿、反坫、重亢、重郎、常累、复格、藻棁、设移、旅楹、春常、画旅、内阶、玄阶、堤唐、山墙、应门、库台、玄阃。"洛水与郏山相距二十余里，南门距离洛水只有四五里，明堂就是位于南门外与洛水之间（图 8-13）。

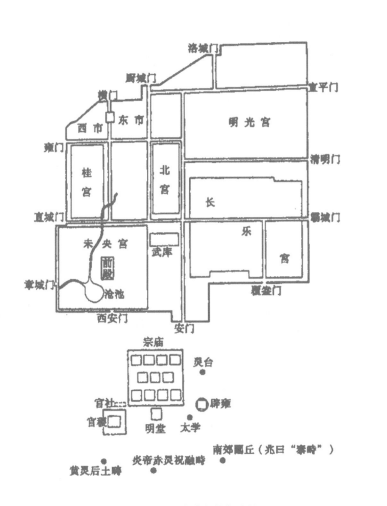

图8-12　汉长安南郊礼制建筑

（资料来源：改绘自"姜波. 汉唐都城礼制建筑研究 [M]. 北京：文物出
版社，2003：20"）

图 8-13 《群经宫室图》中的《明堂图》

（资料来源：（清）焦循. 群经宫室图（卷下）[M]. 无锡：南菁书院，1888：18）

第四节　元大都两种象天格局

齐政楼以齐七政

　　元大都规画的一个创设，就是在都城中心地带设置齐政楼。"齐政"一语出自《尚书·舜典》："在璇玑玉衡，以齐七政"。《尚书》之言十分简略，汉代以来对"璇玑玉衡"就有两种不同的看法，一种是星象说，主张璇玑玉衡就是北斗七星，"璇玑"是指北斗七星中的前四颗，"玉衡"是指后三颗，直接观测北斗七星来获悉季节性变化以及星象特征；另一种是仪器说，通过璇玑、玉衡等观测仪器来测定日月五星在二十八宿的运行位次。无论哪种说法，其目的都是一致的，那就是"以齐七政"，"七政"即"七正"，日、月和金、木、水、火、土五星蕴涵着阴阳、五行的因子，在某种程度说"齐七政"就是"正天时"。《元史·志第五·历二》记载："夫七政运行于天，进退自有常度，苟原始要终，候验周匝，则象数昭著，有不容隐者，又何必舍目前简易之法，而求亿万年宏阔之术哉？"掌握了"七政"在天上的运行规律就可以用来推算历法，这是简单易行的方法，也是元大都设置齐政楼的根本原因。

齐政楼、钟楼和鼓楼都是元大都中心的标志性建筑。《析津志》记载了"钟楼"与"齐政楼"的形象特征及其空间位置关系：

> 钟楼。京师北省东，鼓楼北。至元中建，阁四阿，檐三重，悬钟于上，声远愈闻之。

> 钟楼之制，雄敞高明，与鼓楼相望。本朝富庶殷实莫盛于此。楼有"八隅四井"之号，盖东、西、南、北街道最为宽广。

> 齐政楼。都城之丽谯也。东，中心阁，大街东去即都府治所。南，海子桥、澄清闸。西，斜街过凤池坊。北，钟楼。此楼正居都城之中，楼下三门，楼之东南转角街市俱是针铺。西斜街临海子，率多歌台酒馆，有望湖亭，昔日皆贵官游赏之地。楼之左右，俱有果木、饼面、柴炭、器用之属。齐政者，书璇玑玉衡，以齐七政之义。上有壶漏、鼓角。俯瞰城垣，宫墙在望，宜有禁。[1]

《析津志》，又称《析津志典》《析津府志》，是元朝后期熊梦祥撰写的志书，成书于1362年以后，当时正值元末明初战乱时期。[2]两条文献相互参看，

---

[1] 转引自《日下旧闻考》卷五十四城市。

[2] 《析津志》记述了元顺帝至正壬寅（至正二十二年，1362年）的故事。见：王灿炽. 熊自得与《析津志》[J]. 江西社会科学，1982（5）：121–125.

可以发现元代大都城之齐政楼、钟楼与鼓楼地皆密迩，都位于京城中心。其中，特别值得注意的是，两条文献分别提到，齐政楼北为钟楼以及钟楼在鼓楼北，看似矛盾，实际上表明了元代齐政楼位于今鼓楼的位置（图 8-14）。[1]

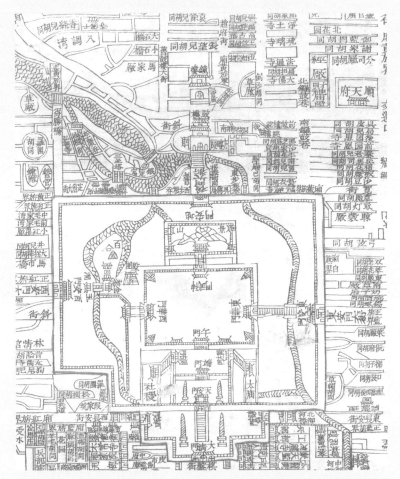

图 8-14 《首善全图》所见位于中轴线北端的钟鼓楼及旧鼓楼大街

在今北京中轴线北端，耸立着两座著名的历史文物鼓楼与钟楼，南北相对，十分雄伟。明永乐十八年（1420 年），在今址落成鼓楼和钟楼这两座地标性建筑，距今（2020 年）刚好 600 年。在钟鼓楼的西侧，有一条南北大街，称旧鼓楼大街，传说与元代鼓楼有关。

---

[1] 武廷海. 元大都齐政楼与钟鼓楼研究——兼论钟鼓楼地区规划遗产价值［J］. 人类居住，2020（3）.

《析津志》所见象天格局

元世祖即位后，命刘秉忠、许衡酌古今之宜，定内外之官。《元史·百官志一》载："其总政务者曰中书省，秉兵柄者曰枢密院，司黜陟者曰御史台。体统既立，其次在内者，则有寺，有监，有卫，有府；在外者，则有行省，有行台，有宣慰司，有廉访司。其牧民者，则曰路，曰府，曰州，曰县。官有常职，位有常员，其长则蒙古人为之，而汉人、南人贰焉。于是一代之制始备，百年之间，子孙有所凭藉矣。"

百官之中，以中书省、枢密院、御史台最为关键。至元五年十月陈佑《三本书》中"元代奏议集录"称："修军政，严武备，辟疆场，肃号令，谨先事之防，销未形之患，士马精强，敌人畏服，此枢密之任也。若夫屏贵近，退奸邪，绝臣下之威福，强公室，杜私门，纠劾非违，肃清朝野，非御史不能也。如斗之承天，斟酌元气，运行四时，条举纲维，着明纪律，总百揆，平万机，求贤审官，献可替否，内亲同姓，外抚四夷，绥之以利，镇之以静，涵养人才，变化风俗，立经国之远图，建长世之大议，孜孜奉国，知无不为，作新太平之化，非中书不可也。"

中央机构空间位置安排的重要依据或方法是取象星辰。《析津志》记载："世祖皇帝统一海寓，定鼎于燕。省部院台、百□庶府、焕若列星。"[1] 其中，中书省、枢密院、御史台三个特别重要的中央机构，因其地位特殊，位置都由刘秉忠亲自选定。

刘秉忠规划大都城时，首先考虑的是大都城整体的地理形势（参见"风水"章）。中书省的位置系通过"法地"而确定，其地在风城坊北的岗地上，接近城市中心，形势称胜，"其地高爽，古木层荫，与公府相为樾荫，规模宏敞壮丽"[2]。从象天的角度看，这里属于紫微垣的位置。枢密院与御史台也分别有明显的象天含义。会稽徐氏铸学斋抄本《析津志》记载：

> 北省始创公宇，宇在凤池坊北，钟楼之西。

⊙ 1 《析津志》"中书断事官厅题名记"。
⊙ 2 《析津志辑佚》中的"朝堂公宇"门所载之文。

中书省。至元四年，世祖皇帝筑新城，命太保刘秉忠辨方位，得省基，在今凤池坊之北。以城制地，分纪于紫微垣之次。枢密院在武曲星之次。御史台在左右执法天门上。太庙在震位（即青宫）。天师宫在艮位（鬼户上）。[1]

枢密院是掌管军队的行政机构，刘秉忠将枢密院对应于武曲星，武曲星属于北斗七星中的第六星开阳星，又名将星，在阴阳五行中属阴金。刘秉忠将御史台置于大都城西墙北门肃清门内，对应于"左右执法天门"，有肃清朝野之意，如秋冬之萧瑟，寒气逼人（图8-15）。

值得注意的是，在星图上"紫微垣–武曲星–左右执法天门"刚好呈一直线分布。三点一线的位置关系表明，这不是偶然的，实有着明显的人为规

图8-15　刘秉忠规划元大都城之中书省、枢密院、御史台象天格局
（资料来源：底图由徐斌提供）

---

[1] 《析津志》"中书省照算题名记"。

划的痕迹。考虑到元大都确定中心台位置时，选取了仰峰－玉泉山连线作为一条参望线，这条参望线也刚好经过中书省（参见"风水"章），可以进一步推定，枢密院与御史台很有可能也都处于这条参望线上。从复原图看，仰峰－玉泉山－中心台参望线刚好经过肃清门，推测元初规划的御史台位于肃清门内大街南侧；枢密院居于中书省与御史台之间，推测元初大都规划时可能位于健德门大街西侧（图8-16）。

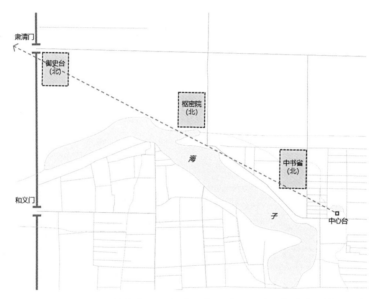

图 8-16　元初规划"中书省－枢密院－御史台"三点一线的位置关系示意

《大都赋》所见象天格局

元初刘秉忠规划元大都，中书省处于紫微垣位置[1]，东南大内则处于太微垣位置。由于御史台、枢密院和中书省这些中枢机构距离大内较远，交通不便。因此，在后来城市运行过程中，省、院、台三大机构的位置或多或少地发生变化，总体上是移向大内附近。

御史台负责监察事务，刘秉忠规划御史台始建于至元五年（1268年），其

⊙1《析津志》"中书省工部题名记"亦称："奠安以新都之位，罾居都堂于紫微垣。"

位置距离大内最远。后来，新御史台官衙被安排在皇城东南面的澄清坊东，哈达门第三巷。[1]枢密院掌管全国军务，后来衙署建于皇宫东面的保大坊内。[2]中书省总管全国政务，至元四年（1267年）置于凤池坊北；至元七年（1270年）朝中宰臣阿合马请于中书省之外另立尚书省，专掌财政，得到元世祖的支持，于是在皇城东南面五云坊再建尚书省衙署；至元九年（1272年），元世祖下令将尚书省合并到中书省，阿合马等人仍任中书省官，于是有了"南省""北省"的区别；至元二十四年（1287年），以桑哥为尚书左丞相，又以五云坊东为尚书省；至元二十九年（1292年），尚书并入中书，桑哥移中书于尚书省。中书省经过三番五次的变更，最终定位于五云坊东；至顺二年（1331年），位于凤池坊北的中书北省成为翰林国史院之所。

元大都的修建工程从1267年正月启动，完成于1293年，历时26年。从至元二十二年（1285年）起，皇室、贵族、中央机构相继迁入大都城。大德二年（1298年），李洧孙抵京师献《大都赋》，对建成入住不久的新大都格局有详细描述，其中关于象天布局如下：

> 爰取法于大壮，盖重威于帝京。揭五云于春路，呀万宝于秋方。上法微垣，屹峙禁城。竦五门之高阙，拔埃壒而上征。撤斗杓之嵘嵘，对鹑火之炜煌。苍龙夭矫以奋角，丹凤藏蕤以扬翎。象黄道以启途，放紫极而建庭。榱题炳乎列宿，栋梓凌乎太清。抗寥阳而设玉陛，轶倒景而居填楲。扬翠气之郁葱，流红采之晶荧。

> 道高梁而北汇，堰金水而南萦。俨银汉之昭回，抵阁道而经大陵。山万岁之嶙峋，冠广寒之峥嵘。池太液之浩荡，泛龙舟之欸翔。酌文质而适宜，审丰约而中程。左则太庙之崇，规遵重屋，制堂室之几筵，班祖宗之昭穆。右则慈闱之尊，功侔娲石，歌肃雍之章四，颂怡愉之载亿。

> 既辨方而正位，亦列署而建官。都省应乎上台，枢府协乎魁躔。霜台媲乎执法，农司符乎天田。

---

[1] 徐苹芳. 元大都御史台址考 [C] // 中国社会科学院考古研究所. 中国考古学论丛. 北京：科学出版社，1993：490-494.

[2] 徐苹芳. 元大都枢密院址考 [C] // 《庆祝苏秉琦考古五十五年论文集》编辑组. 庆祝苏秉琦考古五十五年论文集. 北京：文物出版社，1989：550-554.

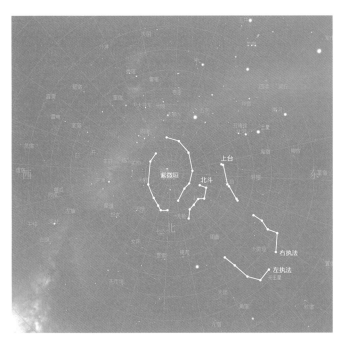

图 8-17　大德二年星图"紫微垣－北斗－上台－左右执法"的位置关系示意

（资料来源：徐斌.元大都象天法地规划初探［C］// 董卫. 城市规划历史与理论 04. 南京：东南大学出版社，2019：12-28）

　　《大都赋》描绘大都象天格局表明，元大都入驻之时，已经将大内比附为紫微垣，"上法微垣，屹峙禁城"说的是元大内；"都省应乎上台"说的是中书南省，应紫微垣外的上台；"枢府协乎魁躔"说的是枢密院；"霜台媲乎执法"说的是御史台。此外，大都城建设之初就设立了司农司掌管农事，"农司符乎天田"说的是司农司对应于天田星官。◎1 总体看来，"紫微垣-武曲星-左右执法天门"仍然呈直线分布，但是位置已经从远离大内的城北移到了大内附近的城南（图 8-17、图 8-18）。

◎ 1　徐斌. 元大都象天法地规划初探［C］// 董卫. 城市规划历史与理论 04. 南京：东南大学出版社，2019：12-28.

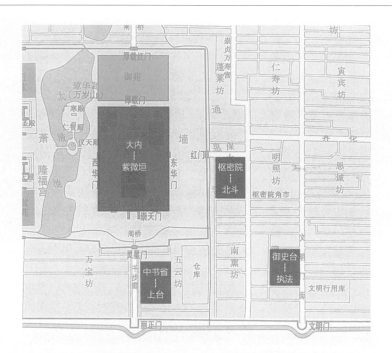

图 8-18 大德二年"中书省－枢密院－御史台"的位置关系

（资料来源：改绘自"徐斌. 元大都象天法地规划初探[C]// 董卫. 城市规划历史与理论04. 南京：东南大学出版社，2019：12-28"）

第五节　象天与法地

从思想史看，自春秋战国时期开始，诸侯纷争，其中一个重要的内容就是强调政权的正当性、权威性和合法性以示"君权神授"、"受命于天"，从文献上看，各国描述中涌现出对自身族群起源的追述，一改夏商周三代时的天人感应而生的传统方式，纷纷将自己化身为著名神话人物的后裔，于是伏羲、黄帝、炎帝、尧、舜、禹等神话人物爆发式地登场。在此背景下，象天设都在操作层面上无疑带有对法地和王权的附会或依附成分，具有解释和补充的层面意义。

在中国古代都城制度的发展和演变过程中，皇权至上思想是一条贯穿始终的主线。都城作为"天下之极"，是"天地之所合、阴阳之所和"的场所，也是施行"帝王之治"的着力点，都城规划比附天象的做法开始普遍起来。在秦咸阳从王国都城走向帝国都城的过程中，因势利导地出现了两种象天法地的模式，无论"横桥南渡"抑或"阿房渡渭"，其基本模式都由三部分构成：天极（紫宫）、天汉和位于天汉另一侧的星宿。象天法地规划的核心是确定天极（紫宫）的位置，与天极（紫宫）相对应的地面建筑是朝宫，也就是天子施政的地方。朝宫在哪里，天极（紫宫）就在哪里。秦咸阳的两个象天法地规划模式，都是对朝宫选址合理性的天学解释。

所谓"象天法地"，实际上是"居地法天"，即地面建筑在先，而天文意象在后。法地的重要性优先于象天，强调象天的主要目的在于突出法地的权威性和正统性。象天是礼制、精神层面的东西，法地是实用层面的东西。如果说法地的精髓在于选地、确定地用的尺度，以满足实际需求，那么象天的精髓则在于确定布局和对布局合理性的解释。

正是这个原因，对于同一座都城，其象天的方式或解释也会随着社会文化形势或人的行为而产生规模和格局的变化。例如从秦昭襄王到秦始皇，咸阳经历了从"秦国首都"到"秦帝国首都"的变化；又如元大都，从初期刘秉忠的规划建设到后来具体运行时，枢密院、御史台、中书省的位置都发生了变化。对于都城象天中的这种变化，古人灵活地采取了"为我所用"的办法，秦咸阳通过选取不同的天文模式，既保持了朝宫的"天极（紫宫）"含义不变，又适应了都城空间结构的变化；元大都则通过主要职能机构与部分位置的调整，保持了其原有的象天蕴含，又突出了大内作为"紫微垣"的核心位置。

后世风水学说强调"帝都必合星垣"。明代《人子须知》称："夫帝都者，天子之京畿，万方之枢会。于以出政行令，莅中国，抚四夷，宰百官，统万民，天下至尊之地也。地理之大，莫先于此。必上合天星垣局，下钟正龙王气，然后可建立焉。盖在天为帝座星宫，在地为帝居都会，亦天象地形自然理耳。"（图 8-19）故宫藏《新刻石函平砂玉尺经》，题为元太师文正赵国公邢州刘秉忠述，明太师文成诚意伯青田刘基解，此书可能并非刘基所解、刘秉忠所述[1]，不过从文献学角度看此书系明代万历丙午（万历三十四年，1606 年）汇贤斋刻本，实为罕见之善本。《平砂玉尺经》卷一"审势篇第一"

⊙ 1 （清）蒋大鸿. 平砂玉尺辨伪［M］// 蒋大鸿. 地理辨正. 台北：集文书局，1989：227-285.

图 8-19　三垣星图及其相应的地形图

图片来源：（明）余象斗. 影印四库存目子部善本汇刊18：全本地理统一全书［M］. 郑同，校. 北京：华龄出版社，2019：50-51.

开篇即云："天分星宿，地列山川。仰观牛斗之墟，乃见众星之拱运；俯察冈阜之来，方识平原之起迹。"经文中关于天地大势的论述，包括"冈阜"与"平原"之间的关联，及其与星相的呼应，都是中国传统的空间观念。相应的"解文"更加深入具体，论述了仰观天象所见紫微太极、天市东垣、少微西掖、太微南极的方位及其形势关系：

> 五行之气，在天成象，而日月星辰见焉。紫微太极起于亥子之中，天市东垣起于寅卯之区，少微西掖在坤兑之间，太微南极在巽巳丙之首。中有一星，尊居于内，而二十八宿环绕于外。故斗牛之墟，左为帝星所居之处，其列宿则随斗柄所指而拱向之，附天而行，是谓天经。五行之气，在地成形，峙而为山冈垄阜，散而为平原都隰，流而为江淮河汉。故山川之流峙，莫非是气之凝布。然平原旷野，皆根于冈垄，分布四维而成形，故察冈阜之所来，则知平原之发迹也。

这段"解文"与前述《史记·天官书》对天空秩序的记载相参照，可以看到战国秦汉以来天象对人居形态的深远影响。

象天是古代都城规画中常用的一种手法甚至可以说一个传统，象天研究需要对相关文献进行仔细的甄别与解读，复原象天设都及其变化的真相；同时，象天设都的复原也为正确认识文献产生的背景，还原似非而是的文献记载的本来面目提供了可能。

结语

一、人居天地间

本书成稿之时，2020 年 7 月 31 日上午北斗三号全球卫星导航系统正式开通。凭借突飞猛进的卫星遥感技术，人类可以从浩渺的星空俯瞰苍穹，地球只是宇宙中的一个星球，大约数百万年前人类的先祖才开始出现在这个星球上。

人猿揖别，从空间的角度看，关键在于"落地"，人以站立的姿态与大地直接发生联系，产生了一系列突破：一是双手被解放出来，开始制作和运用石器工具，"技术"开始了。人们依靠"技术"，在大地上劳作，从事生产生活实践；二是人们为了维系生存，通过群体的分工与合作，结成"社会"，共同抵御来自自然的威胁，共同面对生产生活中的各种挑战，中国荀子总结为能"群"而有"分"。第三，先民早期生产实践中产生了语言（"说"）、思维（"想"），人类"文化"的创造开始了。总体看来，先民在大地上从事迁徙性的狩猎 – 采集行动，居无定所，那时所谓的人居实际上就是营地，是幕天席地。这是一个漫长的过程，占据了人类历史 99% 以上的时间。

大约从 1 万年前开始，众多族群从狩猎和采集过渡到农业和畜牧业。在农业社会，男人承担了大部分繁重的劳作，女人可以投入更多的精力生养子女，人类生育率上升，人口开始明显地增长，人们有了固定的居所。美国城市学家芒福德将"容器"的出现归功于女性主导工艺的发展，村落正是最常见的人的"容器"，就如同孕育生命的子宫。[1] 村落改变了人类生活，中国哲学家老子称之为"小国寡民"的世界，人们"甘其食，美其服，安其居，乐其俗"。

由于农业革命及其相应的居住革命，人类合作与分工的规模扩大，孕育日益复杂的社会。终于在大约 5000 年前，更复杂的社会组织形式"国家"开始了。国家至少包括三个阶级：统治阶级、行政官僚阶级与劳动阶级，《周礼》称之为"王""官""民"。国家代表着不平等的阶级制度，相应地出现了新的聚落形态——城市。城市中庞大的公共建筑往往和统治阶级的特定需求有关，比如墓葬、信仰和行政用途等。为了防御不同族群间的冲突，城市往往注重防

---

[1] MUMFORD, LEWIS. The City in History: Its Origins, Its Transformations, and Its Prospects [M]. New York: Harcourt Brace Jovanovich, INC., 1961: 15–16.

御性，"筑城以卫君，造郭以守民"。城市是重要的人居地，在一定地域范围内具有统率性、战略性，通过城市（"国"）对更广阔的地域（"野"）进行控制，称之为"体国经野"。在西方，城市是文明的发祥地，人类依靠城市追求更加健康、富足、安全的生活。这是人类历史上第一批城市的形成，可谓"城市革命"。城市是人类进步的摇篮，开始在全球范围内产生与初步发展。

近 500 年来，特别是 18 世纪中叶工业革命以来，科学技术加速发展，带来了人类社会的巨大进步，使人类成为地球系统变化的主导力量。

20 世纪中叶开始，地球演进进入人类主导的"人类世"（Anthropocene）。[1]人类世的开启正值世界城市化快速发展阶段，1950 年世界城市化率为 29.3%，2010 年达到 51.7%，预计到 2050 年将达到 68.4%。[2]在此意义上说，城市关系人类未来。

中国未来城市如何发展？从中与西、古与今的广阔视野中，可以展望中国未来城市与规画的走向。

二、重新认识中国城市在中华文明中的价值

人类在漫长的历史长河中，创造和发展了多姿多彩的文明。在人类文明史上，中国社会发展表现出鲜明的特征：一是中国幅员广袤，纵横上千万平方公里，圣哲立言常以国与天下对举；二是中国开化甚早，上下五千年，历久犹存；三是人口众多，长期占到世界人口的五分之一至三分之一，是统一多民族国家。中国究竟采用的是什么思想、方法与技术，开拓、团结此"天下"，巩固、发展此"天下"的？

众所周知，以农业和农村为根基是中华文明演进的一个基本特征，农业

⊙ 1 人类世是新的地质纪元，2000 年由诺贝尔化学奖得主保罗·约瑟夫·克鲁岑（Paul Jozef Crutzen）首先指出，2019 年国际地层委员会人类世工作小组明确其始于 20 世纪中叶。

⊙ 2 1974 年联合国在《城乡人口预测方法》中详细论证了城市化率随时间增长的"S"形变化规律。当城市化率处于 25%~30% 至 60%~70% 之间时，属于城市化加速发展阶段。

和农村人口一直占据中国人口的大多数，直到 2010 年城镇化率（城镇人口占全国总人口的比例）才超过 50%。因此，长期以来无论从文明的角度看中国城市还是从城市的角度看中华文明，都一直没有引起足够的关注，中国城市的性质及其与中华文明的关联也一直没有得到足够的认识。

事实上，城市的出现是中华文明形成和成熟的重要标志之一，《周礼》所表达的等级制度和秦汉推行的郡县制在很大程度上可以视为国家层面上成文的城邑秩序或体系，并为后世所传承。历经 5000 年不断发展、优化和规范，城市体系与行政体系高度吻合，与交通网络相辅相成，共同在广域国土空间控制与社会治理中发挥了枢纽与关节作用。广域的统一多民族国家的形成，不仅有着内在的天下思想贯穿其中，而且有赖于以一个个城市为支撑性节点和纽带，不断实现空间的整合与传承。因此，需要重新认识城市在中华文明中的价值，重视中华文明的城市维度。

三、以城市复兴助力中华民族伟大复兴

从世界范围看，近 500 年来，西方经历文艺复兴、启蒙运动和科技革命，现代城市不仅成为人口聚集之地，而且发展成为教育、文化、思想、政治、经济与科技创新之中心，西方科技文明发展迅速并占据优势地位。英国霍尔（Peter Hall）《文明中的城市》（Cities in Civilization）指出，西方历史上的每一个黄金时代都是城市时代，城市为创造力提供了一个熔炉，城市创新表现于艺术发展、技术进步、文化与技术结合以及解决不断演变的问题。毋庸讳言，工业革命以来中国城市发展相形落后，城市作为科技与文化创新中心的功能欠缺。中华民族的伟大复兴，在相当程度上有赖于现代科技文明中的城市复兴。

改革开放以来，中国经历了大规模快速城镇化，2019 年城镇化率已经达到 60.6%，人均国内生产总值达到 1 万美元，城镇化与城市发展的动力及其形态都已经发生显著变化。特别是随着国内外发展环境发生深刻变化，国家致力于推动形成以国内大循环为主体、国内国际双循环相互促进的新发展格局，城镇化与城市高质量发展成为建设社会主义现代化国家进程中重大而关键的问题，迫切需要从国家发展全局的高度进行战略性谋划布局和整体推

进。为今之计，宜积极汲取并融汇中华古代文明和现代科技文明成果，促进城市与科技发展的良性互动，点燃城市创新活力的火焰，为城市高质量发展培育持久活力和不断重生的创造力，在中华民族伟大复兴进程中实现伟大的城市复兴。

未来城市将成为人类主要的聚居地，地球村的"村民"就是未来城市的"市民"。我们需要重新认识中华规画在世界人居文明中的独特价值，传承利用大自然法则处理人地关系的规画遗产，继往圣开来学，积极探索基于自然（或人法自然）的未来城市解决方案，通过城市复兴助力中华民族伟大复兴，为构建人类命运共同体提供宝贵经验和借鉴。

图书在版编目（CIP）数据

规画：中国空间规划与人居营建／武廷海著．—
北京：中国城市出版社，2020.12
ISBN 978-7-5074-3335-7

Ⅰ．①规… Ⅱ．①武… Ⅲ．①城市规划－研究－中国
－古代 Ⅳ．①TU984.2

中国版本图书馆 CIP 数据核字（2020）第 263323 号

责任编辑：焦　扬　陆新之　范业庶　张　磊
书籍设计：张悟静
责任校对：芦欣甜
封面题字：武廷海

规画：中国空间规划与人居营建

武廷海　著

＊

中国城市出版社出版、发行（北京海淀三里河路9号）
各地新华书店、建筑书店经销
北京锋尚制版有限公司制版
北京富诚彩色印刷有限公司印刷

＊

开本：787毫米×1092毫米　1/16　印张：30　字数：550千字
2021年5月第一版　2021年5月第一次印刷
定价：198.00元
ISBN 978 - 7 - 5074 - 3335 - 7
　　（904328）